液体推进剂污染治理及泄漏防控技术

侯瑞琴 主编

化学工业出版社

·北京·

内容简介

《液体推进剂污染治理及泄漏防控技术》介绍了航天发射场液体推进剂的环境污染控制及泄漏应急处置技术。第1章介绍了液体推进剂的定义、分类、污染来源及其危害、常用的卫生环境质量标准；第2章介绍了推进剂污染物的常用监测技术；第3章介绍了推进剂的废气处理技术；第4章介绍了推进剂废液回收资源化利用及无害化处理技术；第5章介绍了推进剂废水污染处理技术；第6章介绍了推进剂泄漏污染物扩散模拟评估技术；第7章介绍了推进剂泄漏的粉剂处置技术及其装置；第8章介绍了液氢推进剂的泄漏防控技术；附录1是常用推进剂的物理化学性质；附录2是推进剂水污染物排放标准。

本书涵盖了航天发射场液体推进剂废弃物的资源化、污染物的环境监测、废气废液废水污染物的无害化处理、泄漏模拟评估及粉剂处置技术，既有理论研究，又有工程应用。

本书适用于从事液体推进剂研究、生产、运输和使用的管理及其科研技术人员，也可作为高等院校相关专业师生的参考书。

图书在版编目（CIP）数据

液体推进剂污染治理及泄漏防控技术 / 侯瑞琴主编.
—北京：化学工业出版社，2021.7
ISBN 978-7-122-39081-3

Ⅰ. ①液⋯　Ⅱ. ①侯⋯　Ⅲ. ①液体推进剂-污染防治
Ⅳ. ①V511②X5

中国版本图书馆 CIP 数据核字（2021）第 085039 号

责任编辑：高　钰　　　　　　　　　　文字编辑：丁海蓉
责任校对：张雨彤　　　　　　　　　　装帧设计：刘丽华

出版发行：化学工业出版社（北京市东城区青年湖南街 13 号　邮政编码 100011）
印　　装：北京虎彩文化传播有限公司
787mm×1092mm　1/16　印张 20¼　字数 474 千字　　2022 年 1 月北京第 1 版第 1 次印刷

购书咨询：010-64518888　　　　　　　　售后服务：010-64518899
网　　址：http://www.cip.com.cn

凡购买本书，如有缺损质量问题，本社销售中心负责调换。

定　　价：108.00 元

液体推进剂是液体火箭发动机的动力源泉，是将空间飞行器推送至太空的高能物质，是目前世界各航天大国主用推进剂。液体推进剂生产、运输、使用过程的环境安全保障是航天发射任务顺利实施的前提。

液体推进剂主要包括四氧化二氮（N_2O_4）、红烟硝酸等硝基氧化剂，偏二甲肼（UDMH）、无水肼（HZ）、甲基肼（MHZ）、单推-3 等肼类和液氢、液氧、煤油等低污染推进剂，这些推进剂在生产、运输、贮存和使用过程中的主要环境安全问题包括泄漏事故和废气、废液、废水等污染问题。液体火箭推进剂泄漏的主要危害是人员伤亡、财产损失、发射失败和对周边生态环境的污染。

笔者针对航天发射场液体推进剂的环境污染治理和泄漏应急防控需求，开展了长期的研究工作，构建了液体推进剂的环境安全保障技术体系，研制了系列装置，研究成果应用于航天发射场和推进剂生产企业，取得了很好的社会效益和环境效益，为航天发射活动提供了重要的环境安全保障。

本书主要内容包括：液体推进剂的污染监测技术；推进剂废液的回收利用技术；推进剂的废水、废气、废液污染治理技术；推进剂泄漏及污染扩散模拟评估；硝基氧化剂和肼类泄漏粉剂处置技术及装置；液氢推进剂的泄漏评估及安全防控。附录中列出了我国常用液体推进剂的物理化学性质、污染物排放标准等。

本书是编者团队多年的研究成果和实践经验集成，具有以下特点：

1. 系统全面。分析了航天发射场液体推进剂污染物产生原因，系统提出了推进剂环境污染监测、废弃物资源综合利用、污染治理及推进剂泄漏应急处理技术，覆盖了推进剂的废气、废液、废水等污染要素。

2. 实用性强。针对每一种污染物，分析了资源回收综合利用的可行性和污染物危害机理，在污染物无害化治理技术研究基础上，进行了工程化应用，有工程应用案例，可推广应用于类似工业污染监测和治理中。

3. 图文并茂，条理清晰。本书附有多种工艺流程图和工程设备图。

本书由航天低温推进剂技术国家重点实验室侯瑞琴研究员负责总体技术策划并担任主编，第 2 章液体推进剂环境污染监测技术由马文、曹晔、侯瑞琴编写，张立清研究员、方小军和徐泽龙工程师编写了第 3 章、第 4 章、第 5 章部分章节内容，第 8 章由陈虹研究员编写，李慧君完成了附录部分的编写，其余章节由侯瑞琴编写。张统研究员、张光友研究员负责全书的审核。

书中不妥之处，敬请批评指正！

编者

2021 年 6 月

目录

第3章　液体推进剂废气处理技术　/　059

第6章　液体推进剂泄漏危害及模拟　/　221

第 **1** 章

概论

1.1 液体推进剂定义

依靠推力作用改变物体运动轨迹的过程，称为推进。将航天器或导弹等推送至预定目的地的高能物质，称为推进剂。使用于不同型号火箭中的高能物质称为火箭推进剂，火箭推进剂可以装填于火箭的助推器中或火箭不同芯级中，也可以装填于航天器中用于飞行过程姿态调控。

根据能源种类不同，化学能、核能、太阳能均可以作为火箭推进剂。根据火箭推进剂形态不同又可以分为液体、固体、气体和混合推进剂。以液体状态存在的火箭推进剂，简称液体推进剂，是通过液体化学物质反应或热力学变化为火箭或航天器系统提供能量的物质。

1.2 液体推进剂分类及性质

1.2.1 液体推进剂的分类

通常根据推进剂的组分、贮存条件、点火方式不同进行分类。

根据组成多少，液体推进剂可以分为单组元液体推进剂、双组元液体推进剂和多组元液体推进剂。液体推进剂一般包括氧化剂和燃烧剂，在液体化学反应过程中起氧化作用的物质称为氧化剂，起还原作用并释放能量的物质称为燃烧剂。可以通过自身燃烧或分解提供能量和工质的液态均相推进剂，称为单组元液体推进剂，兼有氧化剂和燃烧剂的性能。作为液体推进剂的化学物质可以是单质、化合物或混合物。单组元推进剂可分为三类：其一是分子中同时含有可燃性元素和氧化性元素，如硝酸甲酯、硝基甲烷等；其二是在常温下互不反应的稳定混合物，如过氧化氢-甲醇等；其三是在分解时可放出大量热量和气态产物的吸热化合物，如肼等。单组元液体推进剂能量低，一般仅用在燃气发生器或航天器的小推力姿态控制发动机上。其推进系统结构简单、使用方便。

双组元液体推进剂是常用的推进剂，由分别储存的氧化剂和燃烧剂两部分组成。作为氧化剂的常用物质有液氧（LO）、四氧化二氮（N_2O_4）、红烟硝酸；作为燃烧剂的常用物质有液氢（LH）、偏二甲肼（UDMH）、无水肼（HZ）、甲基肼（MMH）、烃类燃料等。氧化剂和燃烧剂分别贮存于各自的贮箱，并有各自的输送管。根据氧化剂和燃烧剂在直接接触时的化学反应能力，可将双组元推进剂分为非自燃推进剂和自燃推进剂。如肼类燃料与氧化剂（如四氧化二氮、硝酸）属于自燃双组元推进剂，适用于需要频繁启动（姿态控制）的火箭发动机，并可提高发动机稳定性，简化双组元发动机的结构设计。

三组元液体推进剂主要有两类：一类是指一种氧化剂与两种不同类别的燃烧剂形成的液体推进剂，如发动机在火箭下面级工作时，以氧为氧化剂，以煤油为燃料，并辅以少量液氢燃料；另一类是由双组元液体推进剂和添加剂形成的推进剂，添加剂的加入可以提高能量，获得更大比冲，添加剂一般为铍、锂等轻金属或轻金属的氢化物。

液体推进剂的分类及使用性能如表 1-1 所示。

⊡ 表 1-1　液体推进剂的分类及使用性能

	分类	组成物性	使用性能
按照化学组成分类	单组元液体推进剂	单一均相化合物或常温下稳态混合物	通常情况下较稳定，加热、加压或加催化剂使其分解成分子量小的气体，产生推力。推进剂系统简单，使用方便，能量低但比推力小，用于小型火箭发动机、姿态控制、速度修正、变轨飞行等。有硝基甲烷和肼等
	双组元液体推进剂	氧化剂和燃烧剂分别贮存，工作时混合反应	氧化剂和燃烧剂分别贮存在贮箱内，使用时泵至燃烧室，点火燃烧产生推力。能量较高，比冲较大，在发射场使用较多
	三组元液体推进剂	在双组元推进剂中加入第三组分，通常为另一种燃烧剂或添加剂	第三种组分的加入可大幅度提高推进剂的能量，获得较大比冲。推进系统较复杂，目前尚未使用
按照贮存条件分类	可贮存液体推进剂	在常温环境条件下可以长期贮存	可以在发射场或火箭中贮存的，有醇、烃、胺、肼类、硝酸丙酯、硝酸、四氧化二氮
	不可贮存液体推进剂	在常温、常压环境条件下不可长期贮存	在通常情况下在特殊容器中贮存时损耗较大，一般根据任务需求提前一定时间生产，可避免长时间贮存的损耗。如低温推进剂液氢、液氧、液氟等。大型运载火箭常用液氧、液氢推进剂
按照点火方式分类	非自燃液体推进剂	需要外加火源点燃	氧化剂和燃烧剂在燃烧室接触不能自燃，需要点火。如液氧和煤油、液氧和液氢等
	自燃液体推进剂	自身可燃或两种物质接触后即燃	氧化剂和燃烧剂接触后瞬时自燃，如红烟硝酸和偏二甲肼、四氧化二氮和偏二甲肼等

我国航天发射场常用的单组元液体推进剂有无水肼、单推-3；常用的双组元液体推进剂有液氧/液氢、液氧/煤油、四氧化二氮/偏二甲肼、四氧化二氮/无水肼、四氧化二氮/甲基肼。三组元液

体推进剂由于推进系统复杂，尚未正式投入使用。

　　四氧化二氮（N_2O_4）是挥发性的红棕色液体，是强氧化剂，其中含有约 70% 的活性氧。红烟硝酸是指 N_2O_4 含量为 7%~52% 的硝酸，红烟硝酸可与胺类燃料、肼类燃料组成可自燃的推进剂。由硝酸或氮氧化物组成的氧化剂统称为硝基氧化剂。如图 1-1 所示是航天发射火箭常用的推进剂。

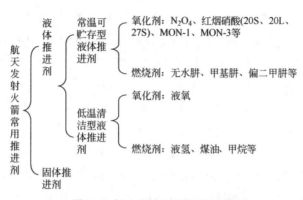

图 1-1　航天发射火箭常用推进剂

　　在 N_2O_4 中加入一氧化氮（NO）可抑制其对高强度低密度材质的应力腐蚀作用，改善其使用性能，可以降低推进剂的冰点。在 N_2O_4 中加入一定的 NO 形成的绿色混合物称为绿色四氧化二氮，其中 NO 质量分数为 1% 的称为 MON-1，NO 质量分数为 3% 的称为 MON-3。

　　液氢（LH）/液氧（LO）是一组低温双组元推进剂，由于其比冲高、排气清洁，因此在航天发射中应用日益广泛。

　　液氧/煤油组合推进剂是 20 世纪六七十年代苏联和美国开发研制的新型高比冲液体火箭推进剂，具有无毒无污染、成本低廉、经济可靠、供应充足等特点，常用于大推力运载火箭。经过几十年的发展，使用液氧/煤油推进剂的液体火箭发动机技术日臻成熟，在航天发射和太空探索领域得到了广泛应用。

　　甲烷（CH_4）作为推进剂家族中的新贵成员，由于其优良的性能在国内外航天发射中使用量日益增多。

　　常用液体推进剂的物理化学性质见附录 1。

1.2.2　硝基氧化剂类推进剂

　　（1）物理性质

　　硝基氧化剂主要包括红烟硝酸、四氧化二氮（N_2O_4）和绿色四氧化二氮（MON-1、MON-3）。

　　红烟硝酸是由硝酸、N_2O_4 和水组成的红棕色液体，在空气中冒红棕色烟，即二氧化氮（NO_2）气体，具有强烈刺激性臭味。我国使用的红烟硝酸主要有 N_2O_4 浓度为 20%、27% 两类，名称为硝酸 20S、硝酸 20L、硝酸 27S 三种，名称中数字表示 N_2O_4 质量分数，字母 L 表示仅加入磷酸缓蚀剂，S 表示加入磷酸与氢氟酸混合缓蚀剂。红烟硝酸中的 N_2O_4 是 NO_2 和 N_2O_4 的平衡混合物。研究表明红烟硝酸中存在以下化学平衡：

$$2HNO_3 \rightleftharpoons NO_2^+ + NO_3^- + H_2O \tag{1-1}$$

$$2NO_2 \rightleftharpoons N_2O_4 \rightleftharpoons NO^+ + NO_3^- \tag{1-2}$$

$$2HNO_3 + NO_3^- \rightleftharpoons NO_3(HNO_3)_2^- \tag{1-3}$$

纯 N_2O_4 是无色透明液体，常温下易挥发形成强烈刺激气味的 NO_2 红棕色气体。N_2O_4 和 NO_2 在一定条件下可以相互转化，NO_2 是具有顺磁性的单电子分子，易发生聚合作用生成抗磁性的二聚体 N_2O_4。聚合体中 N_2O_4 和 NO_2 的组成与温度有关：在极低温度下以固态存在时，NO_2 全部聚合成无色的 N_2O_4 晶体；当达到冰点 $-11.23℃$ 时，N_2O_4 发生部分解离，其中含有部分 NO_2，故液态 N_2O_4 呈黄色；当达到沸点 $21.15℃$ 左右时，红棕色气体为 NO_2 和 N_2O_4 的混合物，其中约含 15% 的 NO_2；在 100℃ 的蒸气中含 90% NO_2，当温度升高到 140℃ 时，N_2O_4 完全解离为 NO_2 气体。N_2O_4 和 NO_2 共存的温度范围为 $-11.23 \sim 140℃$。航天发射用红色 N_2O_4 液体是 NO_2 和 N_2O_4 的平衡混合物，常温下 N_2O_4 部分解离成 NO_2，二者存在以下平衡。

$$N_2O_4(g) \xrightleftharpoons[\hspace{1.5em}]{262\sim413K} 2NO(g)；\qquad \Delta_r H_m^\ominus = 57\,kJ \cdot mol^{-1} \tag{1-4}$$

MON-1 和 MON-3 绿色四氧化二氮均为清澈、均相绿色液体，汽化后为红色 NO_2 气体。

硝基氧化剂类推进剂的主要物理性质参数如表 1-2 所示，其中 MON-1 和 MON-3 的参数为 15℃ 时的数值。

⊡ 表 1-2　硝基氧化剂类推进剂的主要物理性质参数

项目名称	硝酸20	硝酸27	N_2O_4	MON-1	MON-3
分子量/（g/mol）	63.84	66.14	92.02	—	90.57
冰点/℃	≤−50	≤−50	−11.23	−12.1	−13.6
沸点/℃	48	46	21.15	18.0	18.0
密度（20℃）/（g/cm³）	1.589	1.605	1.446	1.4547	1.4497
饱和蒸气压（20℃）/Pa	150.0	214.0	9.5×10^4	9.05×10^4	9.07×10^4
黏度（20℃）/mPa·s	1.68	2.09	0.419	0.444	0.443
表面张力（15℃）/（N/m）	4.69×10^{-2}	4.74×10^{-2}	2.66×10^{-2}	2.75×10^{-2}	2.84×10^{-2}
热膨胀系数（20℃）/℃⁻¹	1.08×10^{-3}	1.06×10^{-3}	1.65×10^{-3}	—	—
电导率（20℃）/（S/m）	1.34×10^{-3}	—	2.22×10^{-9}	—	—
热导率（20℃）/[W/（m·K）]	0.386	0.264	0.1535	0.133	0.136
比热容（20℃）/[J/（kg·K）]	1.863×10^3	1.913×10^3	1.516×10^3	—	1.528×10^3

（2）化学性质

红烟硝酸具有较强的氧化性和酸性，热稳定性较好，50℃ 以下密闭贮存不发生分解；50℃ 以上随温度升高分解速度加快，分解为 NO_2、水和氧气。红烟硝酸可以与碱性物质发生中和反应放出热量，此特性可用于废液的处理，但由于浓氨水与红烟硝酸反应放热较大，有火灾危险，所以一般不用氨水作为废液处理的中和剂。红烟硝酸与肼类推进剂能快速自燃，如与偏二甲肼常温下着火延迟期不大于 5ms。

四氧化二氮是强氧化剂，和肼类推进剂接触能自燃，和碳、硫、磷等物质接触容易着火，与许多有机气体混合易发生爆炸。纯四氧化二氮腐蚀性很小，随着其中水含量增大其腐蚀性加剧。

四氧化二氮可与碱性物质发生中和反应。

绿色四氧化二氮化学性质与四氧化二氮性质相似，二者与空气接触均不自燃，仅可助燃。

1.2.3 三肼及单推-3推进剂

（1）物理性质

三肼（无水肼、甲基肼、偏二甲肼）和单推-3推进剂的主要物理性质参数如表1-3所示。

无水肼（HZ）和甲基肼（MMH）是具有类似氨臭味的无色透明、易燃、有毒液体。偏二甲肼（UDMH）是一种易燃、有毒、具有类似鱼腥味的无色或淡黄色透明液体。三肼均有很强的吸湿性，均为极性物质，易溶于极性物质，能与水、胺类、醇类及大多数石油产品互溶。

单推-3（DT-3）是无水肼、硝酸肼、水、氨的混合物，因此其性质与无水肼相似。DT-3的沸点和饱和蒸汽压与其中的氨含量有关，表1-3中DT-3的沸点和饱和蒸汽压是氨含量为0.2%时的数值。

⊡ **表1-3 三肼和单推-3推进剂的主要物理性质参数**

项目名称	无水肼（HZ）	甲基肼（MMH）	偏二甲肼（UDMH）	单推-3（DT-3）
分子量/（g/mol）	32.05	46.08	60.10	35.125
冰点/℃	1.5	−52.5	−57.2	−30
沸点/℃	113.5	87.5	63.1	110
密度（20℃）/（g/cm³）	1.008	0.8744	0.7911	1.112
黏度（20℃）/mPa·s	0.971	0.775	0.527	2.24
饱和蒸气压（20℃）/Pa	1.413×10^3	5.3×10^3	1.60×10^4	2.67×10^3
表面张力（20℃）/（N/m）	6.980×10^{-2}	3.39×10^{-2}	2.473×10^{-2}	7.18×10^{-2}
比热容（20℃）/[J/（kg·K）]	3.086×10^3	2.94×10^3	2.721×10^3	3.09×10^3

（2）化学性质

三肼和DT-3均为还原性物质，均为弱碱性物质，无水肼（HZ）和DT-3具有比氨稍弱的碱性，HZ的pH值为8.07，UDMH碱性比HZ强。三肼和DT-3与液氧、红烟硝酸、四氧化二氮、过氧化氢等强氧化剂接触时，立即自燃。

三肼和DT-3暴露于空气中会发生自动氧化。HZ和DT-3在空气中的氧化产物主要有氨、氮气和水等；MMH在空气中氧化会生成叠氮甲烷、氨、甲胺等；UDMH在室温下会被空气缓慢氧化生成偏腙、水和氮气。

HZ、MMH和DT-3与某些金属氧化物接触时发生氧化分解反应，会导致着火或爆炸。

三肼和DT-3的热稳定性尚好，对冲击、压缩、振动、摩擦等均不敏感。

1.2.4 液氢推进剂

（1）物理性质

高纯度的液氢是一种无色无味的透明液体，外观似水，常温下处于沸腾状态，在大气中可将空气中的水分凝结成蒸汽云。液氢沸点很低，需要在绝热良好条件下贮存，即使如此，液氢也会蒸发损失，如 3.785m³ 的液氢在 24h 内蒸发率约 1.5%。

氢可微溶于水，在标准状态下，100 体积水可溶解 2.148 体积的氢。氢也可微溶于液氨，其溶解度随温度升高而增大。除氦可轻微溶解（约可溶 1%）于液氢中之外，其他物质基本不溶于液氢中。

许多金属可以吸附氢，如铁、金和铂，特别是钯，可吸附大量的氢，在常温下，1 体积钯黑能吸附约 870 体积氢气。在高温下，氢可以穿过许多金属制成的容器壁而逸去。金属氧化物可作为氢气的贮存介质。

由于液氢温度很低，黑色金属在其中会变脆，失掉延展性。润滑油脂在其中也会凝固变脆而失效。

液氢的低温决定了除氦以外几乎所有气体都会凝固在其中，凝固的气体易堵塞有限空间或小孔（例如阀门），致使设备在运行时因压力过大造成破裂事故。

氢是最轻的气体，其分子运动比其他气体快，因此具有扩散速度快、热导率大的特点。在常温和 1atm（1atm=101325Pa）下，氢的热导率比空气大 7 倍左右。

液氢属非导电体，当其在管路中高速流动时，会产生高达数千伏特的静电。若管道中混有固态氧或固态空气，极易发生爆炸。液氢在管路出口与空气相遇，易产生静电放电引起着火或爆炸。

氢的主要物理常数列于表 1-4。

☐ 表 1-4　氢的主要物理常数

项目名称	条件	数值	项目名称	条件	数值
分子量/(g/mol)	—	2.016	热膨胀系数/℃⁻¹	沸点时，0.2MPa	0.0156
冰点/℃	常压下	−259	介电常数	沸点时	1.2278
沸点/℃	常压下	−253	电导率/(S/m)	—	$4.6×10^{-17}$
密度/(g/cm³)	沸点时	0.07077	热导率/[W/(m·K)]	—	1.179
饱和蒸气压/Pa	沸点时	$1.01×10^5$	比热容/[J/(kg·K)]	—	$2.38×10^3$
黏度/mPa·s	沸点时	0.013	三相点温度/℃	仲氢	−259.2
表面张力/(N/m)	沸点时	$2.008×10^{-3}$		正氢	−259

（2）化学性质

现代氢气生产方法主要有：烃类与水蒸气转化法、烃类部分氧化法、石油加工法、水电解法。最近几十年，以天然气和部分原油为原料的氢气生产方法发展迅猛。其中，烃类与水蒸气转化法和烃类部分氧化法是目前最经济的氢气生产方法，也是氢气生产厂目前最常用的两种方法。液氢是通过氢气的液化获得的。在液氢温度下，除氦气之外，所有其他气体杂质均已固化，有可能堵塞液化系统管路，尤其固氧阻塞，极易引起爆炸。因此液氢生产时原料氢气必须严格纯化，氢气液化制备液氢一般可采用三种液化循环方式，即节流氢液化循环、带膨胀机的氢液化循环和氦制冷氢液化循环。

液氢没有腐蚀性，是一种强还原性物质，很多金属可与氢直接化合形成氢化物。液氢和气氢可与液氟或气氟以及液体或气体三氟化氯接触自燃，组成自燃推进剂。液氢和一些氧化剂形成的混合物，极易起火或爆炸。氢气和空气组成的混合物，有很宽的可燃极限，且只需极小的引燃能量（0.019mJ），故非常易燃易爆。

液氢化学稳定性很好，氢分子仅在极高温度下才明显离解：

$$H_2 + 434.1kJ \longrightarrow 2H \tag{1-5}$$

在 2000K 时，氢分解率为 0.122%，5000K 分解率为 94.2%。

氢气与氧气、空气形成的混合物燃烧爆炸极限见表 1-5。

⊡ 表 1-5 氢气与空气、氧气混合气体的燃烧爆炸极限

名称		数值	名称		数值
自燃温度/℃	在空气中	574	不燃范围	空气-氢气-二氧化碳	氧气<8.4%，CO_2>62%
	在氧气中	560		空气-氢气-氮气	氧气<4.9%，N_2>75%
可燃极限/%	空气中氢气体积	4.0%~75%	燃烧热/（J/mol）		$2.847×10^5$
	氧气中氢气体积	4.5%~94%	火焰温度/℃		2045
爆炸极限/%	空气中氢气体积	18.3%~59%	火焰发射率		0.10
	氧气中氢气体积	15.0%~90%	火焰速度/（cm/s）		270
最小点火能量/mJ	在空气中	0.019			
	在氧气中	0.007			

纯氢在空气中燃烧时会产生较高温度的无色火焰，因火焰不易察觉容易引起烧伤。

在化合物分子中，氢总是一价的，既可处于离子键，又可处于共价键。在有些化合物中，氢有与负电性元素（Fe、O、N、C、B、Cl、S、P）一起形成"氢"键的趋势——不同分子中或同一分子中的两个原子通过氢原子相结合。

1.2.5 液氧推进剂

（1）物理性质

液氧通常以空气为原料，采用深冷分离法制得。高纯度的液氧是一种无味、淡蓝色的透明液体，沸点为-183.0℃，冷却到-218.8℃时凝结成蓝色晶体，在环境温度下可剧烈沸腾。1t 液氧完全蒸发可以得到20℃和0.1MPa 的氧气750m^3，因此 1t 液氧完全蒸发为气体后，在密闭容器中压力将增加 750 倍以上。

氧气标准状态下的密度为 1.429g/cm^3。液氧和气氧都具有感磁性，在磁铁作用下可带磁性，并被磁极所吸引。液氧不导电，但有电的积蓄，如沸腾时因摩擦而产生电荷积存。

在液氧的沸点温度下，多数普通溶剂被固化，液氧与液氮、液态甲烷是完全互溶的。轻馏分的烃类亦在液氧中溶解，乙炔在液氧中溶解的体积分数不大于$4×10^{-6}$。

氧的物理常数见表 1-6。

⊡ 表 1-6 氧的物理常数

项目名称		数值
分子量		32.00
冰点/℃		−218.8
沸点	温度/℃	−183.0
	气体密度/（g/cm^3）	0.0045
	液体密度/（g/cm^3）	1.14

项目名称		数值
沸点	汽化热/(J/mol)	6812.3
	液体黏度/Pa•s	$186×10^{-6}$
	液体表面张力/(N/m)	$13.2×10^{-3}$
	比热容/[J/(mol•K)]	54.43
	热导率/[W/(m•K)]	0.1528
临界点	温度/℃	−118.4
	压力/MPa	5.08
	密度/(g/cm³)	0.436
三相点	温度/℃	−218.79
	压力/Pa	146.33
	气体密度/(g/cm³)	$1.0358×10^{-5}$
	液体密度/(g/cm³)	1.306
	固体密度/(g/cm³)	1.359
介电常数		1.46
蒸气压（−178.2℃）/Pa		$1.63×10^5$
溶解热/(J/mol)		444.8

（2）化学性质

液氧和气氧均是强氧化剂，可强烈助燃，但不能自燃。液氧与脂肪、凡士林、苯、酒精和润滑油等接触时，可发生剧烈反应，加压时常常会爆炸。液氧蒸发生成的氧气与乙炔、氢气、甲烷等可燃性气体按一定比例混合极易形成爆炸混合物。浸泡过液氧的棉花、煤粉和木炭等多孔物质，通常就作为采矿用的炸药。

液氧与铜、铝、不锈钢等不发生作用，而与普通结构钢、铸铁等接触时，会使这些金属变脆。

液氧化学性质较稳定，对撞击不敏感，也不易分解。在环境温度下，液氧可以贮存在绝热性能良好的容器中，1.7m³容器中的液氧在24h内的蒸发率可低至1.4%，5.1m³容器中其蒸发率约为0.4%。

1.2.6　烃类燃料推进剂

烃类燃料推进剂主要包括航天煤油、航空煤油、甲烷、丙烷等。此处重点介绍煤油和甲烷。

（1）煤油的物理性质

煤油是由链烷烃、环烷烃和少量芳香烃组成的混合物，不同型号烃类燃料的馏分范围、闪点、自燃温度差别较大，故煤油的性质是所含组分的综合反映。不同型号的煤油组分含量不同，即使是同一型号煤油，不同生产批次，其性质也有差异。

作为推进剂使用的主要为航天煤油。航天煤油集中了烃燃料中的优异组分，极大限度地去除了各种劣质组分，使其具有高密度、低凝固点、高热安定性等优良性质。

航天煤油为无色均匀透明液体，不溶于水，易溶解于有机溶剂。

美国 RP-1 煤油和俄罗斯 RG-1 煤油的烃类组成见表 1-7。

测量参数	RP-1	RG-1
超临界液体色谱法质量分数/%		
饱和烃及烯烃	96.03	96.87
单环芳香烃	2.44	2.65
双环芳香烃	1.52	0.48
总芳香烃	3.97	3.13
分光光度测量法质量分数/%		
烷烃	39.00	24.00
单环烷烃	41.00	33.00
双环烷烃	14.00	37.00
三环烷烃	3.00	5.00
总环烷烃	58.00	75.00
总芳香烃含量/可检测到的	2.00/1.50	2.00/0.00
飞行时间质谱法质量分数/%		
链烷烃	29.2	8.4
环烷烃	62.4	86.3
芳香烃	8.4	5.3

美国 RP-1 煤油和俄罗斯 RG-1 煤油的性质见表 1-8。

⊡ 表 1-8　美国 RP-1 煤油和俄罗斯 RG-1 煤油的性质

项目名称	RP-1	RG-1	项目名称	RP-1	RG-1
密度（22℃）/（g/cm³）	0.806	0.832	分子量	167.4	178.34
沸程/℃	175~275	195~275	临界压力/MPa	2.148	2.392
闪点/℃	68	71	临界温度/℃	410	391.2
冰点/℃	−49	−47	比热容/[J/（kg•K）]	2093	1980
净热值/（MJ/kg）	43.38	43.15	饱和蒸气压/kPa	2.0（71℃）	0.773（20℃） 35.018（160℃）
黏度/（mm²/s）	0.917（16℃）	2.90（20℃）	硫质量分数/%	0.014	0.011
氢/碳	1.952	1.946			

（2）煤油的化学性质

煤油是可燃性液体，其蒸气和空气能形成爆炸混合物，具有着火危险性和爆炸危险性。

航天煤油化学稳定性好，热稳定性高，结焦倾向性小，可有效提高火箭发动机的工作效率。但是煤油暴露在高温和饱和氧状态下，会加速生成胶质和沉淀。

（3）甲烷的物理、化学性质

甲烷是无色无味液体，沸点低，常温下处于沸腾状态。微溶于水，可溶于乙醇、乙醚、苯等有机溶剂。

甲烷化学性质稳定，通常条件下与强酸、强碱或强氧化剂等不反应。甲烷在隔绝空气条件下加热至 1000℃可分解，产物为炭黑或氢气。

甲烷的主要物理性质如表 1-9 所示。

表 1-9 甲烷主要物理性质

项目名称			数值
分子量			16
冰点/℃			-182
闪点/℃			-188
沸点		温度/℃	-161
		气体密度/（g/cm³）	$1.819×10^{-3}$
		液体密度/（g/cm³）	0.426
		汽化热/（kJ/kg）	509.74
临界点		温度/℃	-82.5
		压力/MPa	4.64
		密度/（g/cm³）	0.1604
三相点		温度/℃	-182
		压力/kPa	11.65
		液体密度/（g/cm³）	0.4507
黏度（101.32kPa，0℃）/mPa·s			0.0103
表面张力（-170℃）/（mN/m）			15.8
比热容/[J/（kg·K）]			3480
热导率（101.32kPa，0℃）/[mW/（m·K）]			32.81
饱和蒸气压（-168.8℃）/kPa			53.32
溶解热/（kJ/kg）			58.19

1.3 液体推进剂的环境污染及危害

1.3.1 液体推进剂的污染来源

液体推进剂中液氢/液氧类推进剂属于清洁型推进剂，在使用过程中主要应防止安全事故和泄漏引起的爆炸隐患，液氢使用过程中产生的废弃液体收集后由氢燃烧池燃烧后排放，或经过高空点火装置处理后排放。常规可贮存液体推进剂产生的废气、废水、废液污染需要经过专用处理设施处理无害后达标排放。

常规液体推进剂在航天发射场的使用过程见图 1-2，主要包括以下几个步骤。

① 运输：使用专用铁路槽车或贮罐的长途运输和短途公路运输车的短途运输。运输过程中曾发生过运输容器的焊缝或罐体腐蚀穿孔引发泄漏的事故，1994 年某辆车在运输 N_2O_4 过程中，由于贮罐有裂缝在铁路沿线形成了黄烟污染带。

② 转注：将铁路（公路）槽车内的推进剂转注到发射场库房贮罐中。

③ 加注：用泵将库房贮罐中推进剂加注到发射火箭贮箱内的过程。各种作业环节中，均有可能发生泄漏，经常会在管廊和泵间发生泄漏。

④ **泄回**：火箭贮箱加注完毕后，加注管道的剩余推进剂泄回回库房贮罐或发射任务因故推迟，将火箭贮箱内推进剂重新泄回回库房贮罐的过程。

⑤ **取样检验**：推进剂贮存期间要定期进行取样检验，发射任务前要进行加注系统全面检查并对推进剂取样分析。

⑥ **日常检查**：由于硝基氧化剂具有强腐蚀性、易挥发且毒性大，当贮罐人孔盖、焊缝、法兰连接处等部位被腐蚀后会发生渗漏或泄漏。

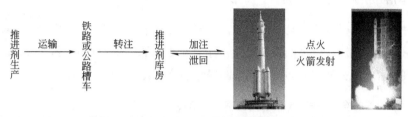

图 1-2 常规液体推进剂在航天发射场的使用过程

在上述各个过程中均有可能发生泄漏，由于液体推进剂均有挥发性，一旦泄漏就会有废气、废水、废液等污染物产生，如果不能及时处理，可能会引起爆炸、火灾等隐患，会对环境造成不同程度的污染，甚至会伤及工作人员。

推进剂废气污染主要来源有：推进剂转注、加注和推进剂质量检测取样过程。以常规双组元液体推进剂四氧化二氮/偏二甲肼为例，废气主要来自转注、加注过程中四氧化二氮挥发后形成的二氧化氮红烟和肼类挥发气体。

发射场推进剂气体污染物主要为二氧化氮、肼类废气、烃类挥发气体。废气排放主要特点为：

① 废气排放时浓度高，接近饱和蒸汽浓度，偏二甲肼废气浓度可达 5%～15%，四氧化二氮排出的废气二氧化氮浓度可达 50%；

② 废气排放过程是间断性的，一般在一次加注过程中分三次排放；

③ 废气排放时间短，一次加注累计排放 3～4h，每次 0.5～1h。

推进剂废液污染主要来源于推进剂久置变质液体、推进剂槽车贮罐管道排空废液、分析化验取样剩余液体及推进剂泄漏过程的大量废液。一般四氧化二氮类推进剂遇水后即形成酸性溶液，将其视为废水，可采用酸碱中和法处理。肼类推进剂废液和废水根据其污染指标 COD 值大小不同选用不同的处理技术。

推进剂废水污染主要来源于：火箭发动机试车产生的废水，火箭发射过程产生的废水，推进剂槽车、贮罐、管道清洗过程产生的废水，推进剂库房地面清洗废水。推进剂废水具有水质水量变化大、间歇排放、成分复杂、毒性大等特点。以四氧化二氮/偏二甲肼双组元液体推进剂为例，火箭发动机试车台废水检测分析结果表明其中含有偏二甲肼、亚硝基二甲胺、硝基甲烷、四甲基四氮烯、氢氰酸、有机腈、氰酸、甲醛、二甲胺、偏腙、胺类等等，其中亚硝基二甲胺是世界卫生组织公认的致癌物质。槽车贮罐清洗过程中产生的废水成分较单一，由清洗容器贮存的介质而定，当多种废水汇集后，其成分变得较复杂，有些中间产物比偏二甲肼的毒性还大。推进剂废水水质水量波动较大，一般一次任务产生的废水量为 30～500t，废水中污染物偏二甲肼浓度不定，早期由于不注意过程清洁控制，一次产生的废水中偏二甲肼最高含量达 2105mg/L，近年来操作人员加强了过程污染控制，强化了操作管理，多次检测产生的推进剂废水中偏二甲肼含量一般为 50～200mg/L。

推进剂使用过程中会产生不同浓度、不同量的废气、废水、废液，如果不经处理直接排放，会对环境造成污染。

1.3.2 液体推进剂的泄漏危害

液体推进剂在使用过程中一旦发生泄漏，不仅会污染环境，甚至会造成生态灾难，还会由于处置不当，引发爆炸，造成巨大的财产损失，甚至人员伤亡。国内外不乏因推进剂泄漏爆炸造成星损人亡的例子，其中公开的液体推进剂泄漏爆炸事故见表 1-10。

⊡ 表 1-10 国内外公开的液体推进剂泄漏爆炸典型事故一览表

时间	国别	推进剂类型	事故原因	污染范围	伤亡人数
1960	苏联	N_2O_4/UDMH	泄漏	发射场	死亡 165 人
1978	美国	N_2O_4/UDMH	加注活门失灵	堪萨斯州麦康内尔导弹发射井 3km	—
1986	美国	液氢/液氧	泄漏	发射场	死亡 7 人
1994	中国	N_2O_4/UDMH	泄漏	调试厂房	—
1995	中国	N_2O_4/UDMH	泄漏爆炸	7km 土地和周边大气污染	57 人中毒，6 人死亡
1996	中国	N_2O_4/UDMH	控制失误	局部土地污染	伤数十人
1999	中国	N_2O_4/UDMH	操作失误	推进剂加注槽车	2 人受伤

1960 年 10 月 24 日，苏联新研制的"东方红"运载火箭在拜科努尔航天发射场 41 号发射台准备发射一颗月球探测器时出现了故障。在运载火箭的液体推进剂尚未完全泄空的情况下，技术人员靠近火箭进行故障检查，火箭发生爆炸，导致现场工作人员 165 人全部遇难，包括时任苏联国防部副部长、火箭部队司令员米·尹·涅杰林。

1978 年 8 月，美国堪萨斯州麦康内尔大力神Ⅱ导弹发射井，因加注活门失灵，大量泄漏，范围达 3km。同年 8 月 24 日，美国另一口大力神Ⅱ导弹发射井在加注时因连接器故障，大量 N_2O_4 泄漏产生的红色烟云飘浮在发射井周围上空，当局不得不一度将该井附近小城罗克城镇内的居民紧急疏散。

1986 年 1 月 28 日，美国挑战者航天飞机点火升空后 73s，由于火箭发动机液氢和液氧贮箱破裂，大量液氢和液氧泄漏，引起爆炸，航天飞机炸毁，7 名宇航员全部遇难。这一巨大惨案震撼了在现场观看的政府要员和 10 多万观众。

1994 年 4 月 2 日，我国"风云二号"卫星在某卫星发射中心卫星厂房调试的最后阶段，由于助推火箭中推进剂泄漏，导致卫星爆炸。1995 年 1 月 26 日，我国在卫星发射中心用"CZ-2E"运载火箭发射"亚太二号"通信卫星时，点火升空 50s 后，发生爆炸，星、箭炸毁，残骸落在距离发射场以东约 7km 的狭长地带。火箭上剩余的液体推进剂除部分爆炸燃烧外，其余全部落在残骸落区，推进剂液体蒸发产生的毒气造成地面人员伤亡和局部地区土壤污染。57 人中毒，6 人死亡，并造成很大的经济损失。1996 年 2 月 15 日，我国在某卫星发射中心用"CZ-3B"运载火箭发射

"国际708"通信卫星，点火后约2s，由于制导和控制系统故障，导致火箭姿态失稳，22s时星、箭在距发射工位约2km处发生触地爆炸，产生强烈冲击波，造成局部环境污染，伤数十人，部分建筑物和地面设施被毁，损失巨大。

由于推进剂四氧化二氮和肼类沸点低、易挥发，腐蚀性和吸附穿透性强，均为中等毒性以上物质，可经过皮肤和呼吸道引起化学中毒和化学灼伤。排放进入环境，不易被微生物降解，会在水体、土壤等自然介质中不断累积，破坏原有的生态系统平衡，给人类赖以生存的环境造成巨大威胁。因此，推进剂会对人体、动植物、生态系统造成危害。

1.3.3　肼类推进剂的毒性及危害

常用的肼类推进剂偏二甲肼（UDMH）、甲基肼（MMH）和无水肼（HZ）均是无色、透明的液体，具有鱼腥味，具有毒性，其毒性大小顺序为：甲基肼>肼（即无水肼，下同）>偏二甲肼。《剧毒化学品目录》（2015版）中规定了三肼属于剧毒化学品，肼类推进剂对人体不同器官和组织的毒理作用不同，主要表现为：

① 对神经系统表现为强直阵型痉挛，并会出现癫痫样发作的脑电图。甲基肼和偏二甲肼对中枢神经系统具有兴奋作用。大剂量肼可使动物死于早期的痉挛发作，小剂量肼对大白鼠操作式电防御条件反射有较明显的抑制作用。甲基肼对条件反射的影响比肼小，偏二甲肼基本无影响。

② 肼类对肝脏有一定的影响。甲基肼中毒不损伤肝脏；偏二甲肼急性重症中毒可出现轻度肝功能障碍，亚急性和慢性中毒可引起轻度脂肪肝和转氨酶活性升高；肼中毒可引起脂肪肝，肼所致脂肪肝不经特殊处理可自行恢复。

③ 肼类对血液系统的影响主要表现为不同程度的溶血性贫血，肼和偏二甲肼的溶血作用远比甲基肼弱。

④ 肼类对肾脏的危害表现为肼、甲基肼急性中毒可导致肾小球过滤、肾有效血浆流量等下降。偏二甲肼对肾脏无明显影响。

⑤ 对循环系统的影响表现为：当中毒低于非致死剂量时，无特异影响；高于致死剂量的肼、甲基肼、偏二甲肼可导致血压逐渐下降、心肌缺血和心电图异常。

⑥ 肼类溅入眼睛，有发痒、烧灼感、流泪、结膜充血等症状，若不及时冲洗治疗会引起结膜炎、角膜炎、角膜水肿等，愈后有时留下白斑，影响视力。溅入眼睛内，有时会引起暂时性失明，经治疗2天后可恢复视力。

肼类中毒后在人体器官中无特别的富集现象，经过一段时间后可以肼类原态或代谢产物排出。肼在体内的代谢产物主要有甲乙酰肼、双乙酰肼、吡哆腙、r-谷氨酰胺；甲基肼的代谢产物有甲胺、甲醛；偏二甲肼的代谢产物有葡萄二甲腙、酰肼。

1.3.3.1　急性中毒

偏二甲肼、甲基肼和肼可以经过皮肤和呼吸道吸入引起急性中毒。

急性中毒的症状主要分前驱期、痉挛期和痉挛后期。

前驱期的症状首先是呼吸道和眼睛的强烈刺激感，随后出现恶心、呕吐、头痛、头晕、步态蹒跚、无力等症状。肼中毒还可以出现呼吸减慢、表情淡漠、虚脱等症状，甲基肼中毒可出现发绀和呼吸困难。中毒严重者会进入痉挛期。

痉挛期表现为恐惧、躁动、肢体抽搐等先兆，进一步表现出典型的强直痉挛，突然跌倒、牙关紧闭、口吐白沫、瞳孔散大、神志不清、大小便失禁。轻者可逐渐恢复意识，重者会发生多次痉挛，每次持续时间数分钟至数十分钟。更严重者发作期越来越长、缓解期越来越短、持续癫痫、昏迷不醒，最终因呼吸衰竭而死亡。部分呼吸道中毒者会出现肺水肿、脑水肿症状。

痉挛后期症状主要表现在呼吸系统、消化系统、血液系统、泌尿系统和神经系统方面。呼吸系统会出现咽喉炎、呼吸道感染和肺水肿。消化系统可出现恶心、呕吐、腹胀、拒食、肝功能障碍等。血液系统主要表现为不同程度的溶血性贫血。泌尿系统主要是甲基肼中毒会诱发血红蛋白尿性肾病，重者可出现急性肾功能衰竭，甚至导致死亡。神经系统可出现头痛、头晕、软弱无力、失眠、肢体麻木、意识不清，甚至并发脑水肿。

因此一旦急性中毒，首先应阻止中毒物质继续进入人体，其次到专门的医院进行利尿促排、抗毒治疗和对症治疗。

1.3.3.2　慢性中毒

慢性中毒是指长期在低浓度污染物的环境中工作引起的中毒。

三肼中在体内蓄积毒性高低程度为：肼＞甲基肼＞偏二甲肼。以职业暴露方式实施动物试验的结果为：基本无害的浓度是肼 7.14mg/m³（5ppm）、甲基肼 0.411mg/m³（0.2ppm）、偏二甲肼1.34mg/m³（0.5ppm）；能引起轻度症状的浓度分别为肼 7.14mg/m³（5ppm）、甲基肼 2.05mg/m³（1ppm）、偏二甲肼 13.4mg/m³（5ppm）；对于动物能出现毒性症状但无累积致死效应的剂量分别为肼 10～20mg/kg、甲基肼 5mg/kg、偏二甲肼 30mg/kg。

慢性中毒的症状主要是头昏脑涨、注意力难集中、记忆力减退、烦躁易怒、失眠多梦等神经衰弱症状和恶心、呕吐、腹胀、肝功能异常等消化系统症状，慢性中毒也会引起不同程度的溶血性贫血。

1.3.3.3　致突变、致癌、致畸胎

肼是确定的致突变和致癌物质，甲基肼特别是偏二甲肼可以使动物诱变肿瘤。肼、甲基肼、偏二甲肼对鸡、蟾蜍的胚胎有致畸效应，但对哺乳动物不会引起致畸胎影响。

1.3.3.4　肼类推进剂危害

偏二甲肼是一种强还原剂，空气中可被缓慢氧化，是一种具有特殊鱼腥臭味的油状液体，属极性物质，能溶于水，可与极性、非极性液体（水、乙醇、无水肼）互溶。呈弱碱性，可与酸及盐类发生化学反应。热稳定性好，耐冲击。冰点低，-57.2℃。吸湿性强，不易扩散，吸附性强，大气中与水蒸气结合冒白烟。嗅阈较低，为 0.804～2.68mg/m³（0.3～1ppm）。

偏二甲肼的危险性除毒性外，主要是着火爆炸危险。

偏二甲肼的着火与爆炸极限宽，闪点低，属Ⅰ类易燃品，Ⅱ级爆炸物，Ⅲ级可燃液体，遇明火极易发生爆炸，并可产生气相火焰。爆炸温度极限为-10.5～57.5℃，沸点低，蒸气压高，从而

极易在空气中形成爆炸的混合物，最易爆炸的浓度为7.0%～7.5%，各种催化剂和氧化剂均可加速它的分解和引发爆炸着火。

偏二甲肼的泄漏污染：单独泄漏在混凝土、沥青、泥土以及水的表面上均不会发生着火，只是在表面上因蒸发与空气中水分生成白色烟雾，泄漏发生在氧化剂存在或有干草的场合则可发生爆炸及着火。曾在32℃、风速为1.6m/s条件下把5kg的UDMH和HNO_3-27分别放在铝盘中，在下风向0.5m处测得UDMH浓度<1%，NO_2浓度<3%，故它们在空气中极难着火、爆炸。

大量的调查研究证明，偏二甲肼废水对农作物种子发芽无不良影响。低浓度的废水可以浇灌农作物，起到施肥作用；高浓度的废水可造成农作物产量明显减少，并出现周边群蜂死亡现象。当地下水位高时，偏二甲肼废水可引起地表层水污染。

因此肼类物质不仅有急性中毒、慢性中毒、致突变、致癌、致畸胎等毒性危害，还有爆炸、着火危害，不仅对人体和动植物有危害作用，对生态环境也有一定的危害。在各种作业环境中，工作人员要加强个体防护，并对各个作业单元进行严格检测防控，发现问题及时采取有效措施，尽可能将危害降低到最小水平。

1.3.4　硝基氧化剂类推进剂的毒性及危害

常用的氧化剂类推进剂有四氧化二氮、红烟硝酸。四氧化二氮和红烟硝酸在空气中冒红棕色烟雾，即二氧化氮气体；有强烈的刺激臭味；是强氧化剂，能氧化多种有机物，反应强烈时可以起火；具有强烈的腐蚀性，能腐蚀大部分金属。氮氧化物在大气中与臭氧发生剧烈的反应，破坏臭氧层对太阳射线的阻隔作用，致使太阳光中对人体有害的红外线、紫外线等有害物质直接照射到人体表面，增大人类患皮肤癌的概率。

（1）毒性

四氧化二氮和红烟硝酸的挥发气体可以通过呼吸道吸入引起肺水肿和化学性肺炎，由于氮氧化物在水中溶解较慢，可达下呼吸道，引起细支气管及肺泡上皮组织广泛损伤，并发细支气管闭塞症。人对二氧化氮的毒性反应：10.3mg/m³（5ppm）的浓度吸入5min无明显影响；51.3mg/m³的气体浓度吸入5min后鼻、胸部不适，肺功能改变；205mg/m³的浓度吸入后明显刺激喉部，引起咳嗽；616～821mg/m³（300ppm～400ppm）吸入数分钟，可患支气管炎、肺炎而死亡；$1.03×10^3$mg/m³（500ppm）吸入数分钟，可因肺水肿而死亡。长期接触4.11～10.3mg/m³（2～5ppm），可出现慢性呼吸道炎症。

四氧化二氮、红烟硝酸挥发气体进入人体内后可以使血红蛋白变成高铁血红蛋白，当高铁血红蛋白量达15%以上时，会引起紫绀。急性吸入高浓度二氧化氮气体时，有眼、鼻、咽喉刺激症状，离开高浓度二氧化氮气体环境后，进入潜伏期，潜伏期一般不超过24h，潜伏期内多数人无明显症状，少数人有头昏、无力、烦躁、失眠等症状，随着病情的加剧，由潜伏期进入肺水肿发作期，肺部换气功能损坏，缺氧严重，引起脑及心肌受损，出现呼吸道循环进行性衰竭，面色苍白，血压下降，神志不清甚至死亡。中度肺水肿一般在24～48h内进入恢复期，经一周左右可基本痊愈。重度肺水肿经过积极治疗后，在半月至1个月内可痊愈。经常在超过标准浓度的二氧化氮区域内工作可引起慢性中毒，表现在头痛、失眠、无力、食欲不振、面色苍白、体重减轻、血红蛋白增多、轻度贫血、眼部及上呼吸道有慢性炎症。

（2）酸雨

氮氧化物废气具有很强的还原性，氮氧化物废气一旦排放到空气中，会和水蒸气发生化学反应生成硝酸，是酸雨产生的主要原因，会腐蚀水泥、石灰建造的建筑物，从而缩短建筑物的使用寿命，进而影响到使用安全性。酸雨落在人体表面上，对人体的皮肤产生破坏，酸雨对植物和庄稼也会造成严重的损坏。

如果氧化剂类推进剂泄漏到环境中，不仅会造成植物烧伤损坏，废水随意排放还会造成地下水亚硝酸盐浓度超标，引起环境水体污染。

（3）光化学烟雾

光化学烟雾是大气中烃类和氮氧化物等一次污染物在紫外线作用下发生光化学反应生成的二次污染物，与一次污染物混合形成的有害浅蓝色烟雾，其主要成分是臭氧、醛类、过氧乙酰基硝酸酯、烷基硝酸盐、酮等一系列氧化剂。光化学烟雾的形成经历了一系列化学反应，包括链引发、链传递和链终止反应。NO_2 的光解反应是光化学烟雾形成的主要引发反应：

$$NO_2 + h\nu \xrightarrow{\lambda < 430nm} NO+O \tag{1-6}$$

$$O+O_2 \longrightarrow O_3 \tag{1-7}$$

$$O_3 + NO \longrightarrow NO_2 + O_2 \tag{1-8}$$

所产生的 O_3 要消耗在 NO 的氧化上而无剩余，所以产生光化学烟雾必须有烃类，烃类被 ·OH、·O 和 O_3 氧化，产生醛、酮、醇、酸等产物以及中间产物 RO_2、HO_2· 及酰基等重要自由基，过氧自由基引起 NO 向 NO_2 转化，并导致臭氧和过氧乙酰硝酸酯（PAN）等氧化剂的生成，形成稳定的最终产物，使自由基消除而终止反应。

链传递反应为：

$$RH+HO\cdot \xrightarrow{O_2} RO_2\cdot + H_2O \tag{1-9}$$

$$RCHO+HO\cdot \xrightarrow{O_2} RC(O)O_2\cdot + H_2O \tag{1-10}$$

$$RCHO+h\nu \xrightarrow{2O_2} RO_2\cdot + HO_2\cdot + CO \tag{1-11}$$

$$HO_2\cdot + NO \longrightarrow NO_2 + HO\cdot \tag{1-12}$$

$$RO_2\cdot + NO \xrightarrow{O_2} NO_2 + R'CHO + HO_2\cdot \tag{1-13}$$

$$RC(O)O_2\cdot + NO \xrightarrow{O_2} NO_2 + RO_2\cdot + CO_2 \tag{1-14}$$

链终止反应为：

$$\cdot OH + NO_2 \longrightarrow HNO_3 \tag{1-15}$$

$$RC(O)O_2\cdot + NO_2 \longrightarrow RC(O)O_2NO_2 \tag{1-16}$$

$$RC(O)O_2NO_2 \longrightarrow RC(O)O_2\cdot + NO_2 \tag{1-17}$$

光化学烟雾对人的明显危害是对眼睛的刺激作用，还可以促使哮喘病患者发作，能引起慢性呼吸系统疾病恶化、呼吸障碍、损害肺部功能，PAN 还可能引起皮肤癌。光化学烟雾对植物的伤害主要表现在表皮褪色、呈蜡质状，经过一段时间后色素发生变化，叶片上出现红褐色斑点。PAN

使叶子背面呈银灰色或古铜色，影响植物的生长，降低植物对病虫害的抵抗力。光化学烟雾还会影响建筑使用材料的寿命，从而影响建筑的使用安全性。日常生活中，光化学烟雾明显降低了大气的能见度，可妨碍交通工具的安全运行，导致交通事故增多。所以二氧化氮的污染治理是一个研究热点。

发射场主要推进剂的危险性及毒性如表 1-11 所示。LD_{50} 即半致死剂量（median lethal dose），LC_{50} 即半致死浓度。

▣ 表 1-11　发射场主要推进剂的危险性及毒性一览表

序号	物料名称	危险性		毒性		
		贮存物品的火灾危险等级[①]	主要危险特征[②]	LD_{50}/LC_{50}[③]	毒性[④]	临界不良健康效应[⑤]
1	四氧化二氮	—	氧化性	LC_{50}：126mg/m³（大白鼠，4h）	—	上呼吸道和皮肤刺激；眼损伤
2	肼	甲 B	易燃	LD_{50}：60mg/kg（大鼠经口）；	剧毒	上呼吸道癌
3	偏二甲肼	甲 A	易燃	LD_{50}：122mg/kg（大鼠经口）；LC_{50}：618mg/m³（大鼠吸入）	剧毒	上呼吸道刺激；鼻癌
4	甲基肼	甲 B	易燃	—	剧毒	上呼吸道刺激；眼刺激；肝损害

① 《石油化工企业设计防火规范》（GB 50160—2008）。
② 《常用危险化学品的分类及标志》（GB 13690—2009）。
③ 《液体推进剂》李亚裕主编（2011）。
④ 《危险化学品名录》（2015）。
⑤ GBZ 2.1—2019《工作场所有害因素职业接触限值　第 1 部分：化学有害因素》。

1.4　液体推进剂污染治理对策及标准规范

由于推进剂废气、废液、废水产生的作业单元不同，其浓度和污染物产生量也不同，所以不能采用单一的治理技术进行治理，往往需要多种技术组合治理。

1.4.1　清洁生产

清洁生产是指不断改进设计、使用清洁的能源和原料、采用先进的工艺技术与设备、改善管理水平、提高原材料的综合利用水平，从源头削减污染、减少或避免生产或产品使用过程中污染物的产生和排放，以减轻或者消除对人类健康和环境的危害。

《中华人民共和国清洁生产促进法》中提出的具体实施措施有：

① 采用无毒、无害或者低毒、低害的原料，替代毒性大、危害严重的原料。在液体推进剂的使用过程中尽可能使用清洁型推进剂液氢、液氧。

② 采用资源利用率高、污染物产生量少的工艺和设备，替代资源利用率低、污染物产生量多的工艺和设备。主要体现在推进剂加注流程的优化，推进剂库房储存模式的优化，推进剂加注

后各种管件、阀门清洗流程的优化，推进剂质量检测分析化验取样流程的优化和推进剂废气、废液、废水处理工艺流程的优化。

③ 对生产过程中产生的废物、废水和余热等进行综合利用或循环使用。在推进剂使用过程中难免会有废推进剂产生，采取有效措施合理利用这部分推进剂即变废为宝。在推进剂废液燃烧处理过程中利用反应余热维持反应的进行，减少能量的使用。

④ 采用能够达到国家或者地方规定的污染物排放标准和污染物排放总量控制指标的污染防治技术。要求环保工作者在进行推进剂污染物防治和削减时使用先进可行的技术，确保所用技术能使污染物处理后达到相关标准要求。

清洁生产的标准一般是根据生命周期分析原理，从生产工艺与装备、资源能源利用、产品、污染物产生、废物回收利用和环境管理等六个方面，对行业的清洁生产水平给出一定的指标要求，指导行业清洁生产和污染的全过程控制。所以在推进剂的使用过程中，也应该从上述六个方面制定相应的标准要求。生产工艺与装备主要指推进剂的运输、转注、加注过程的装备是否先进，自动化水平是否足够高，生产规模是否能满足需求，如果装备先进、自动化水平较高、规模适宜即可以减少事故的发生，减少污染物的产生。资源能源利用指标指生产单位产品所需的新水量、能耗和物耗，以及水、能源和物质的利用率、重复利用率等指标，如推进剂储罐、槽车清洗过程可以通过优化流程少用清洗水量，从而可以少产生污染物。产品指标主要指影响污染物种类和数量的产品性能、种类和包装，以及反映产品贮存、运输、使用和废弃后可能造成环境影响的指标。污染物产生指标即产污系数，在推进剂使用中每次任务、各型号火箭产生的废气、废水、废液量是多少，浓度范围是多少，产污系数越低越好。废物回收利用是反映生产过程中所产生废物可回收利用特征及废物回收利用情况的指标，废弃推进剂用于制造肥料或用于其他行业即是这一指标的体现。环境管理要求是指制定和实施各类环境管理相关制度、规章和措施的要求。

清洁生产是污染防控的最好手段，体现了"预防为主"的方针，强调从源头削减，尽可能将污染物消除或减少在生产过程中，减少污染物的排放量，且对最终产生的废物进行综合治理。

清洁生产实现了环境效益和经济效益的统一。清洁生产从工艺、装备入手，替代有毒有害的原料，优化生产工艺和技术装备，追求物料循环利用和废弃物的综合利用，在资源综合利用的同时，提高了生产效率，减少了污染物的排放，实现了经济效益和环境效益的高度统一。

1.4.2 污染物分类处置

发射场推进剂不同使用环节产生的废弃物种类不同，数量和浓度也不同，因此应分门别类使用不同的工艺进行处置。主要污染物有推进剂废液、废水和废气。

推进剂纯废液可以利用化学工艺进行纯化循环利用，或应用于其他化工行业中，如可以使用推进剂废液进行农用肥料的生产，变废为宝，可以大大减少污染物的排放。具有一定杂物、浓度较高的推进剂废液可以采用燃烧处理技术进行无害化处置；较低浓度的推进剂废液可以采用超临界水氧化等技术进行无机化、无害化处置。

推进剂废水可生化性较差，属于难降解废水范畴，考虑到废水不定期排放、污染物浓度变化较大等特点，一般采用 Fenton 试剂法、二氧化氯氧化法、臭氧-紫外光催化氧化法等化学氧化法处理。

推进剂废气的产生过程决定了其具有浓度范围变化大、间歇性排放的特点，可采用燃烧法、催化氧化处理法、吸附法或吸收法进行处理，处理过程产生的吸收液等进入推进剂废水处理设施一起处理。

1.4.3 环境质量卫生标准和污染物排放标准

1.4.3.1 推进剂污染物在环境中的质量标准

氧化剂类推进剂在气体中主要以氮氧化物形式存在，存在形态以二氧化氮为主，《环境空气质量标准》（GB 3095—2012）中规定了氮氧化物类污染物的环境质量标准，环境空气功能分为两类：一类为自然保护区、风景名胜区和其他需要特殊保护的区域；二类为居住区、商业交通居民混合区、文化区、工业区和农村地区。一类区域适用一级浓度限值，二类区域适用二级浓度限值。一、二类环境空气功能区推进剂污染物质量限值如表 1-12 所示。

⊡ 表 1-12　一、二类环境空气功能区推进剂污染物质量限值

污染物项目	平均时间	浓度限值/（μg/m³）	
		一级	二级
二氧化氮（NO₂）	年平均	40	40
	24 小时平均	80	80
	1 小时平均	200	200
氮氧化物（NOₓ）	年平均	50	50
	24 小时平均	100	100
	1 小时平均	250	250

苏联居民区大气中有害物质的最大允许浓度（CH 245—71）中规定：二氧化氮最大一次和昼夜平均允许浓度均为 $0.085mg/m^3$。

《地表水环境质量标准》（GB 3838—2002）中集中式生活饮用水地表水源地补充项目规定了硝酸盐氮的限值是 10mg/L，集中式生活饮用水地表水源地特定项目规定了甲醛标准限值是 0.9mg/L。

1.4.3.2 推进剂卫生标准

我国在 GBZ 2.1—2019《工作场所有害因素职业接触限值　第 1 部分：化学有害因素》中规定了肼、甲基肼、偏二甲肼、氮氧化物等推进剂气体污染物在工作场所的职业接触限值（occupational exposure limits，OELs）中的最高容许浓度（maximum allowable concentration，MAC）、时间加权平均容许浓度（permissible concentration-time weighted average，PC-TWA）、短时间接触容许浓度（permissible concentration-short term exposure limit，PC-STEL），其中 PC-STEL 表示 15min 的加权平均接触浓度，具体如表 1-13 所示。

⊡ 表 1-13 工作场所空气中推进剂气体浓度限值

项目	职业接触限值（OELs）/（mg/m³）		
	最高容许浓度 （MAC）	时间加权平均容许浓度 （PC-TWA）	短时间接触容许浓度 （PC-STEL）
肼	—	0.06	0.13
单推-3	—	0.06	0.13
甲基肼	0.08	—	—
偏二甲肼	—	0.5	—
氮氧化物（一氧化氮和二氧化氮）	—	5	10
过氧化氢	—	1.5	—

《室内空气中二氧化氮卫生标准》（GB/T 17096—1997）规定室内空气中二氧化氮一日平均最高容许浓度为 0.1mg/m³。

《生活饮用水卫生标准》（GB 5749—2006）规定了硝酸盐氮标准限值为 10mg/L、甲醛标准限值为 0.9mg/L。

美国关于肼、甲基肼、偏二甲肼工作场所的允许浓度如表 1-14 所示。

⊡ 表 1-14 美国肼类化合物 TLV[①]值   单位：mg/m³

肼类物质	职业安全与健康（OSHA[②]） 标准（1970 年提出）	ACGIH[③]标准 （1973 年提出）	美国职业安全与健康研究所 （NIOSH[④]）标准（1978 年提出）
肼	1.429	0.143	0.043
甲基肼	0.411	0.411	0.288
偏二甲肼	1.339	1.339	1.339

① TLV：threshold limid value，阈限值。
② OSHA：Occupational Safety and Health Administration，职业安全与健康管理局。
③ ACGIH：American Conference of Governmental Industrial Hygienists，美国政府工业卫生学家协会。
④ NIOSH：National Institute for Occupational Safety and Health，美国职业安全与健康研究所。

1.4.3.3 推进剂应急暴露限值

应急暴露限值是指在紧急情况下为抢救人员或设备所规定的蒸气浓度和允许停留时间。肼、甲基肼、偏二甲肼和四氧化二氮的应急暴露限值如表 1-15 所示。

⊡ 表 1-15 推进剂应急暴露限值

推进剂	应急暴露限值/（mg/m³）		
	10min	30min	60min
肼	42.9	28.6	14.3
甲基肼	173.0	57.7	28.8
UDMH	250	125	75
N_2O_4	54	36	18

1.4.3.4 推进剂污染物排放及控制标准

《石油化学工业污染物排放标准》（GB 31571—2015）规定了化工企业废气中有机特征污染物

及其排放限值，其中无水肼为 0.6mg/m³，甲基肼为 0.8mg/m³，偏二甲肼为 5mg/m³，建议发射场推进剂储存及处理场所排放废气执行此标准。

《大气污染物综合排放标准》（GB 16297—1996）规定了硝酸使用和其他场所氮氧化物排放限值，如四氧化二氮推进剂使用场所的氮氧化物最高允许排放浓度为 240mg/m³，无组织排放点下风向监控点的浓度限值为 0.12mg/m³。

《航天推进剂水污染物排放标准》（GB 14374—1993）和《肼类燃料和硝基氧化剂污水处理与排放要求》（GJB 3485A—2011）中规定了推进剂污水排放标准。具体见附录2。

《航天发射场液体推进剂废水处理系统设计规范》（GJB 7764—2013）规定了发射场废水常用的处理工艺及设计要求。《航天发射场液体推进剂废液燃烧处理系统设计规范》（GJB 9302—2018）规定了废液的收集和燃烧处理工艺设计规范，其处理设施可以根据需要设计为移动式和固定式。

推进剂对发射场的污染已经引起了重视，通过建立完善各个工艺的清洁生产流程，实施污染物的分类处置，规划设计适宜的污染物治理设施设备，加强污染物治理监控，可以实现推进剂污染物的资源化、减量化和无害化，从而为绿色环保航天发射场的建设奠定基础。

参考文献

[1] 国防科工委后勤部. 火箭推进剂监测防护与污染治理[M]. 长沙：国防科技大学出版社，1993.

[2] 靳玲侠，闫锁田，王志银，等. 二氧化氮二聚体及异构化机理的理论研究[J]. 陕西理工大学学报（自然科学版），2016，32（4）：51-53，92.

[3] 李亚裕. 液体推进剂[M]. 北京：中国宇航出版社，2011.

[4] 侯瑞琴，N_2O_4泄漏过程模拟与应急处置技术研究[D]. 北京：清华大学博士论文，2010.

[5] 陶双成，邓顺熙，李彦鹏. 光化学烟雾形成的化学动力学模拟研究[J]. 安全与环境学报，2011，11（4）：27-31.

[6] 郭强. 光化学烟雾的形成机制[J]. 山东化工，2019，48（02）：210-213.

第 **2** 章

液体推进剂环境污染监测技术

随着航天事业的快速稳步发展，发射场的生态环境规划、污染防控显得越来越重要，准确实时对发射场各个工作单元的环境进行监测、反馈是环境保护和污染治理的前提，也是预防各种事故隐患必不可少的措施，积极开展污染监测技术研究和采用信息化网络化先进手段对环境进行监测是做好污染治理的重要保障，也是确保航天任务快速圆满完成、防止事故发生、保障作业人员健康和安全的基础。

在火箭推进剂各项作业过程中，由于跑、冒、滴、漏以及突发事故等原因，不可避免地会对大气、水体、土壤和植被等环境介质造成污染，因此发射场的环境污染主要有大气污染和水污染，其次还包括发射过程的噪声污染和少量的土壤污染。本章节重点介绍发射场的气体污染、水体污染监测指标及监测技术。

2.1 液体推进剂气体污染监测技术

2.1.1 推进剂气体污染物监测指标

航天发射场的特征污染，主要来自发射所用的推进剂，发射场常用的推进剂有单组元推进剂无水肼、过氧化氢、单推-3 和双组元液体推进剂液氧/液氢、液氧/煤油、四氧化二氮（N_2O_4）/偏二甲肼（UDMH）、N_2O_4/无水肼（HZ）、N_2O_4/甲基肼（MMH）等。

N_2O_4/UDMH 双组元液体推进剂具有化学反应速率快、比冲高、易于储存等特点，在发射场应用量较多。低温推进剂液氢/液氧火箭发动机技术成熟后，会取代部分 N_2O_4/UDMH 双组元液体推进剂应用场所，但次级推进器及飞行器姿态调控级将继续使用 N_2O_4/UDMH 液体推进剂，因此 N_2O_4/UDMH 双组元液体推进剂和液氢/液氧类清洁型推进剂将会在发射场长期并存。

根据使用推进剂种类不同，各个作业过程的主要气态污染物有二氧化氮（NO_2）、氮氧化物（NO_x）、总悬浮颗粒物（TSP）、一氧化碳（CO）、非甲烷总烃和 HZ、MMH、UDMH 等，通常重点关注的气态污染物指标有 NO_2、NO_x、HZ、MMH、UDMH。

2.1.2 推进剂气体污染监测的模式

推进剂气体监测模式可分为在线监测和离线监测。在线监测指在污染现场对推进剂气体监测并得出浓度结果的模式，可采用检测管监测、气体检测仪监测等技术；离线监测指在污染现场进行气体采样，样品带回实验室，利用色谱分析法、光度分析法或滴定法等技术进行分析测试得出气体浓度结果的模式。在线监测数据量大，可快速得出该点位的浓度结果及其变化情况，但一般精度有限；离线监测结果精度高，准确性好，但不能立即得到结果。在实践中可根据需要进行选用。如需监测作业人员个体所受推进剂气体污染物剂量可佩戴基于比色原理的个人剂量计。

在进行推进剂气体监测的同时，一般应同时监测环境温度、湿度和大气压，以便计算在特定条件下气体污染物浓度是否超标。

2.1.3 推进剂气体监测的点位布设

推进剂气体监测点位的布设依照全流程控制的原理，从推进剂进场、储存、加转注、废液处理等节点进行分析，并以该节点为中心，采用不同的监测点位布设模式。

① 同心圆法：指以污染源为中心，在其周边不同方向布设监测点位。

② 极坐标法：指以污染源为起点，向极坐标方向，根据距离的不同设置监测点位。

③ 浓度梯度法：指根据浓度扩散的方向，设置在地面和空间不同位置的监测点位。

以上方法可根据需要进行选取。

2.1.4 推进剂气体污染物常用检测技术

推进剂气体检测方法有多种，包括化学分析法、仪器分析法、检测管法和气体检测仪法等。化学分析法包括气量法、铜试剂法、乙酰化法、比色法、毛细电泳法、库仑法等。仪器分析法包括傅里叶红外法、气相色谱法、液相色谱法、色质联用法、分光光度法、荧光法等。化学分析法和仪器分析法均需要现场采样，然后再进行实验室测定，其过程较烦琐，检测结果存在滞后性，不能满足推进剂作业现场实时泄漏检测、突发事故应急监测需求。气体检测管具有检测快速、携带方便、成本低廉的优点，因而在国际上应用较为广泛。气体检测仪能对推进剂作业场所推进剂毒气浓度进行在线监测报警，具有优良的稳定性和准确性，因此广泛应用于气体检测。

由气体传感器和二次仪表组合可构成各种气体检测仪器，并通过与计算机技术相结合，可以实现气体检测智能化、多功能化和信息化。因此采用传感器检测航天发射场特征污染物也是当前研究的热点。

气体传感器按照原理可分为三类：

① 利用物理、化学性质的气体传感器，如半导体式、催化燃烧式、电导式、化学发光式、光纤式等。

② 利用物理性质的气体传感器，如光电离式、热导式、CO_2 激光光声式、光干涉式、非分散红外吸收式等。

③ 利用化学性质或生化性质的气体传感器，如以电化学反应为基础的电化学传感器和利用生化性质的生物传感器。

在航天发射场特征污染物检测中，气体传感器研究较多，有不少气体在线检测仪已经比较成熟且投入应用，目前发射场应用较多的主要有基于电化学原理的气体检测仪和基于催化燃烧原理的可燃气体检测仪，其次还可采用光电离法、光谱法、半导体法等技术检测发射场特征污染气体。其中开放光路傅里叶变换红外光谱（OR-FTIR）技术检测多种气态污染物的方法尚在试用阶段。目前在发射场的气态污染物监测中以能够实现在线检测的气体检测仪法为主，化学分析法、检测管法为辅。

空气中"三肼"（无水肼、甲基肼、偏二甲肼）和二氧化氮的检测方法主要有化学法、检测管法、气体检测仪法。

2.1.4.1 气体检测管法

气体检测管起源于美国，自 1919 年哈佛大学的 A.B.Lamb 和 C.R.Hoover 发明了第一只一氧化碳气体检测管起，检测管的发展经历了三个阶段：

① 1919—1946 年，定性阶段。这一时期的检测管只能对某一种气体成分进行定性分析，其精度很低。

② 1947 年至 20 世纪 70 年代，定量阶段。这个时期的检测管经过很多改进，精度大大提高，可对某一种气体进行定量测定。

③ 20 世纪 70 年代至今，成熟阶段。气体检测管的品种已达几百种，准确度进一步提高，有的品种相对误差已达 10%以内，对车间及环境中的常见有毒有害气体均可检测，各国及各个国际组织还制定了相应的检测管的技术标准。随着检测管技术的日臻完善，其应用范围也在不断扩大，由最初的定性检测一氧化碳一种气体发展成为现在可定性定量检测分析几百种气体，由初期只用于矿井气体安全检测发展成为广泛应用于化工、冶金、地质领域安全检测及工艺过程分析和环境保护、劳动卫生检测、污染源及突发性事故检测等诸多领域的气体检测方法。目前气体检测管法已成为气体快速检测方法中的一种重要方法。

气体检测管装置由气体检测管和气体采样器组成。气体检测管是一种填充显色指示粉的细玻璃管。当被测气体通过检测管时与指示粉迅速发生伴有颜色变化的化学反应。根据指示粉颜色变化长度可以确定被测气体的浓度。用气体检测管法进行检测，无需复杂的前期准备工作和长时间的采样分析，便可以在几分钟之内测得结果，从而实现对有毒有害气体进行快速的定性和定量分析。

气体检测管结构如图 2-1 所示。

图 2-1　气体检测管结构示意图

1—检测管；2—堵塞物；3—预处理层；4—保护剂；5—指示粉；6—进气方向

通常用于检测管测量的化学反应有以下几类：

① 氧化还原反应。如五氧化二碘+硫酸还原为碘，一氧化碳、苯、甲苯、二甲苯、乙苯、乙炔、溴苯等检测管均应用此类反应；铬酸盐或重铬酸盐还原成亚铬离子，甲醇、乙醇、乙醚、乙酸乙酯、液化气、酮类、环己烷、环氧乙烷等检测管都应用此类反应。

② 沉淀反应。例如硫化氢、磷化氢等气体检测管。

③ 酸碱指示剂反应。例如二氧化硫、氨气、氯化氢、肼、二氧化硫、二氧化碳、氟化氢、醋酸、硝酸等检测管。

④ 染料生成反应。例如氯气、氮氧化物检测管利用其可与邻联甲苯胺生成染料的反应原理制成。

气体检测管在一些发达国家使用比较普遍，也衍生出一些有影响力的专业厂家，我国检测管厂家也有几十家，检测对象包括有机气体、无机气体，产品达 400 多个型号。检测管的显著特点是：

① 操作简便。采样和测试同时进行，只要按照操作使用说明书上的操作方法测试即可。

② 分析速度快，检测管适用于现场的快速检测。使用检测管进行测量，一般测试一个样品仅需几十秒至几分钟，可以很快得到测定结果。

③ 测量精度低，该方法属于定性半定量测量。

④ 适应性好。检测管有低浓度、常规浓度、高浓度三种，检测管的测定灵敏度在 $10^{-6} \sim 10^{-3}$ 之间，根据需要还可扩大到 10^{-7}（0.1ppm）到 50%，适用范围广。

⑤ 使用安全。使用时手动操作，无需电源、热源，在有易燃易爆气体的场所可安全使用。无需中间采样处理操作，减少了误差，还可以节省大量的人力和时间，提高工作效率。

⑥ 价格低廉、携带方便。检测管体积小、重量轻。便于操作人员在各种环境中使用。

进行测量时，需要配备手动采样器，将检测管两端封口打开，按检测管上标注的进气方向将检测管插在采样器上进行采样，根据检测管的变色长度得出测量结果。

气体采样器是使被测气体进入并通过气体检测管的装置。气体采样器一般分为正压式和负压式两种。正压式采样器通常可使用注射器，负压式采样器又可分为囊式采样器和真空式采样器。近年来又有电动采样器问世。

检测管显示值的读取直接影响到测定结果的准确性，因此在使用检测管时要特别注意。一般

应遵循以下原则:

① 测试后立即读数。使用过的检测管会随着时间的推移发生一些变化,如颜色变浅或褪色、界线模糊不清、变色长度变长等。因此,测试后应立即读数。

② 利用浅色背景读数或与未使用的管子对比读数。在遇到变色与底色对比较弱时,用这种方法会得到较准确的结果。

③ 当变色终点有偏流时,读数应为最长和最短变色的平均值。当偏流较严重时,应重新测定。

④ 当检测管变色终点颜色较浅或模糊时,读数以可见的最弱变色为准。

⑤ 测量过程中要注意观察检测管的变色情况。当被测气体浓度过高时,有些检测管可能发生瞬间全部变色。

使用检测管进行检测时,采样与测定同时进行,采样体积对测定结果有直接的影响。因此采样器的准确性显得尤为重要,一般气体采样检测前应进行校准,确保采样器不漏气。同时应确保检测管在有效期内,如果检测管放置时间延长,会由于载体的吸附量发生变化或指示剂发生变化或载体与指示剂发生反应而导致失效,一般检测管失效后会出现四种情况:变色,长度变长或变短,变色界线模糊,指示粉变色等。通常低温保存可延长有效期。

影响气体检测管测量准确度的因素有温度、流速、采气量、干扰气体。在测量时应按照说明书中注明的正常使用条件使用。由于一些检测管指示粉同时对几种气体有指示,因此生产厂家都尽可能地采取一些措施减少这些气体之间的干扰,但如环境中干扰气体浓度较大,而被测气体浓度较小时,建议同时使用其他方法进行检测,以保障测定结果的可靠性。随着技术的进步,一般检测管寿命在三年内,测量误差约为20%。

目前我国研制成功在用的推进剂气体检测管种类及浓度范围如表 2-1 所示,检测管寿命定为2年。

表 2-1 液体推进剂气体检测管种类及浓度范围

检测管名称	低浓度偏二甲肼检测管	高浓度偏二甲肼检测管	低浓度二氧化氮检测管	高浓度二氧化氮检测管	无水肼检测管
检测范围/10^{-6}	0.5~50	50~7000	0.5~50	200~10000	0.5~50

2.1.4.2 电化学检测仪法

电化学检测仪法是根据被测气体的电化学性能进行检测的方法,其工作原理是电化学传感器通过与被测气体发生反应并产生与气体浓度成正比的电流信号来工作,检测原理可分为控制电位电解式、离子电极式和电量式等。通常用于肼类推进剂气体检测的多为控制电位电解型气体传感元件。控制电位电解型气体传感元件是利用相对于参比电极的工作电极的电位恒定来进行电解的,测量此时的电解电流就能检测到气体浓度。

美国在 20 世纪 70 年代末即开始研究用于检漏的肼类电化学气体传感器。NASA(美国航空航天局)和海军曾委托 ESI 公司生产适合三肼的电化学传感式仪器,ESI 公司研制的改进型7660S/N BAFB-1 电化学传感器,采用碱性水溶液为电解质,金电极为敏感电极,量程为 $0\sim2\times10^{-6}$

和 0～2×10⁻⁵（体积比），仪器灵敏度较好，但响应时间较长，累积工作时间不能超过 50h。此后美国 ESI 公司继续改进传感器，用碱胶作电解液。进入 20 世纪 90 年代后，采用固体电解质的电化学传感器的研究取得了较大进展，其中以固体高聚物电解质（SPE）传感器的研究最为活跃。这类传感器通常以聚四氟磺酸盐阳离子交换膜（DuPont 公司注册商标为 Nafion 膜，是四氟乙烯和磺酰氟化乙醚的共聚物）等导电聚合物薄膜作为支持电解质的传感器，测量肼类气体浓度可至 $1×10^{-10}$，传感器在氨、胺和水蒸气存在的条件下对肼类推进剂有良好的选择性，可在干燥、阴凉环境下贮存数年，使用寿命比以往采用水溶液电解质的传感器长。

国内部分研究单位在 20 世纪 90 年代以后也开展了肼类电化学气体传感器的研究工作。其中，利用库仑滴定原理研制的肼类推进剂及硝基氧化剂浓度监测仪，以铂丝作为阳极，铂网作为阴极，活性炭作为参比电极，KI 缓冲溶液作为电解质。通过测量参比电极电流大小求得待测气体浓度，仪器检测精度为 13.1%。用研制的控制电位电解型气体传感器检测肼类和二氧化氮气体，灵敏度为 $0.1×10^{-6}$，浓度范围为 $0～1×10^{-4}$，检测精度为 10%。

电化学传感器一般包括三个电极，即工作电极、对电极、参比电极，结构如图 2-2 所示，一般包括透气膜、电极、电解质或电解液、过滤器。工作过程：待测气体首先通过微小的毛孔型开孔和疏水屏障层，到达工作电极表面进行氧化反应或还原反应，产生的与气体浓度成正比的电流在正负极间流动，通过测量电流可得知气体浓度。参比电极安装于电解质中，与工作电极临近，其作用是为工作电极提供稳定恒电势，控制工作电极的固定电压值。改变控制电位的大小直接影响传感器的相关性能，如灵敏度、响应时间、零位稳定性。使工作电极保持在最佳恒定电位，不仅有助于电化学传感器消除零位漂移、提高灵敏度，而且保证了这种气体传感器具有优良稳定的输出性能。只要加在参比电极上的电压不变，其输出响应就不会发生突变。

透气膜是待测气体的进气通道，又称疏水膜，它既要防止电解池内的电解液外泄，又要防止电解池外的水汽渗入，是一层疏水性强的薄膜。透气膜的作用除为传感器提供机械保护之外，还具有滤除不需要的粒子的功能，防止电解液漏到气相，而又能让高渗透性与高扩散速率的气体透过薄膜而溶入电极催化剂表面的电解液中。因此薄膜的材质和孔径很重要，通常采用低孔隙率特氟隆薄膜制成。

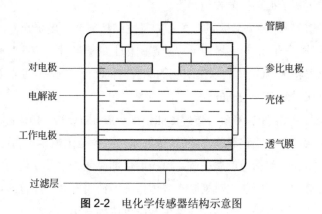

图 2-2 电化学传感器结构示意图

控制电位电解型气体传感器结构：目前多为三电极系统，传感器一般为圆柱形，也有长方形。

传感器早期多为主动抽气式，现在多为被动扩散式。传感器的 3 个电极分别称为工作电极、参比电极和对电极，三个电极大都为气体扩散电极，也有用其他可逆电极的。气体扩散电极由疏水性强的半透膜和导电性好的催化膜组成。一般选择具有电催化能力的贵金属和过渡金属为制作电极活性催化剂的材料，也可用金属氧化物或其他化合物，将其制成粉末状压制或烧结为多孔膜，或将它们沉积在炭上。待测气体浓度较大的可用催化金属片、金属网制作工作电极。三种电极可以采用不同的材料制作。气体催化电极的适宜膜厚、孔隙率、微孔直径及分布、膜内气-液相的表观曲折系数、膜内气-液相的有效扩散系数和膜的电阻率，都会影响极限扩散电流的大小。

电解液（电解质）是构成传感器的重要成分，它必须能确保进行电解反应，并有效将离子电荷传送到电极上，不出现干扰气体。电解液是工作电极和对电极之间的传导介质，是完成整个电极反应不可缺少的条件。如果电解液（电解质）蒸发过于迅速，传感信号会减弱，因此电解液应：具有较大的离子淌度，能溶解电极反应产物；最大限度地适应外界环境条件；不与待测气体发生化学反应；在一定时期内状态稳定等。最常用的电解液有硫酸、磷酸、氢氧化钾、磷酸氢二钠等酸碱类和它们的盐类水溶液。为了减少流动性，可使用电解液吸附质，如使用玻璃纤维、硅胶粉末等吸附质或制成凝胶。

过滤器一般安装在传感器前方，一般为洗涤式过滤器，目的是滤除不需要的气体。过滤器的选择范围有限，每种过滤器均有不同的效率，常用的滤材是活性炭，可以滤除多数化学物质，但不能滤除一氧化碳，通过选择正确的滤材，电化学传感器对其目标气体具有更高的选择性。

电化学传感器的检测性能：

① 选择性：传感器的选择性是由半透膜、电极催化剂、电极电位、电解液和腔体结构决定的。提高传感器选择性的途径之一是根据电极催化剂的电压-电流曲线来选择合适的工作电极电位；还可在传感器进气口加过滤器或过滤膜屏蔽干扰气体的影响。另外，传感器组合与计算机相连可有效提高传感器的选择性。

② 灵敏度：灵敏度是传感器的一个重要指标，是决定检测灵敏度和最小检测量的重要因素。同一气体传感器的灵敏度取决于工作方式、电极种类、电极面积、电极结构和电解液。一般主动抽气式传感器的灵敏度优于被动扩散式传感器。

③ 响应时间：响应时间与许多因素有关，如气室结构方式、电极尺寸、样气浓度以及被测气体取样流量等。另外，不同的传感器由于传感器制作上的离散性，响应时间有一定差异。控制电位电解型气体传感器检测 NO_2 达到示值 90% 的响应时间小于 30s。由于肼类气体的吸附性强，传感器检测三肼的响应时间在 1～5min。

④ 传感器的精度、稳定性和寿命：传感器的精度一般在 0.5%～10% 之间。影响传感器稳定性以及精度的主要因素是零点漂移和跨度漂移。传感器在寿命范围内零点和跨度漂移都比较稳定。影响传感器寿命的主要因素包括电解质干涸、电极催化剂晶体长大、催化剂中毒和传感器使用方式等。一般采用电解液的控制电位电解型肼类气体传感器使用寿命不超过两年，应用胶体或固体电解质能有效延长肼类传感器的使用寿命，使用寿命可达到三年。

⑤ 温度系数：在 0～40℃范围内，传感器温度系数不大，一般不用补偿。必要时，可在外接

电子线路中予以补偿。

电化学传感器的优点是灵敏度高、稳定性好，而且体积小、重量轻，易做成便携式，具有较高的性能价格比。但电化学传感器的缺点也比较明显，如：电化学传感器使用寿命较短（1~3 年）；响应时间和恢复时间不够理想；容易中毒，且需要经常校准。

2.1.4.3 光离子化检测仪法

（1）光离子化检测仪发展历程

光离子化检测技术以光离子化检测器（Photo-ionization Detector，PID）为基础，光离子化作为一种检测手段已有 30 多年的发展历史。早在 1957 年 Robinson 首先报道了这种仪器的研制。1961 年，Lovelock 评论了色谱分析各种离子化技术，其中包括光离子化和火焰离子化检测器（FID）。1984 年，Devenport 和 Adlard 对光离子化检测器做了评述。1974 年前后，PID 研制取得了突破性进展，进入了实用阶段。

1976 年，美国的 HNU 公司推出了首批 PID 商品仪器，立即引起了美国、加拿大、苏联、日本等国色谱分析工作者的重视。随即原加拿大的 Photovac 公司推出了超灵敏有毒气体分析仪，美国的 Tracor 公司和 Thermo Environmental Instruments 公司推出了 PID，同时，美国橡树岭国家实验室等著名公司和实验室也先后开展具有自己特色的光离子化仪器的研究工作。1983 年，光离子化检测技术被美国国家环保局（EPA）、美国职业安全与健康局（OSHA）和美国职业安全与健康研究所（NIOSHA）定为环境大气中有毒物质分析检测方法。

美国的华瑞（RAE）、英思科（Indsci）、热电（Thermo）、梅思安（MSA）以及英国的离子科学（Ion Science）公司均推出有自己特色的 PID 系列产品。1993 年 RAE 推出世界上第一台个人用便携式光离子化检测仪 Micro RAE，2004 年 RAE 推出世界上第一台结合 TVOC（总挥发性有机化合物）、可燃性气体、氧气、硫化氢和一氧化碳传感器于一体的佩戴式密闭空间气体检测仪 Entry RAE。此外，Ion Science 公司还生产出最低检出浓度可达 1×10^{-9} 的高精度 PID，其生产的 FIRSTCHECK6000EX 是世界上第一台具有 10^{-9} 级 PID 检测器的多组分气体检测仪，可以检测 O_2、CO、H_2S 等。2001 年 1 月俄罗斯莫斯科探测分析仪器制造局的专家也研制出光电气体分析仪，能快速准确地测定气体成分及浓度。中国科学院生态环境研究中心于 1987 年 6 月就开展了光离子化气体分析仪的研制工作，经过两年的努力研制出了我国第一台光离子化气体分析仪——110 型光离子化气体分析仪。复旦大学电光源研究所和复旦大学科学仪器厂也于 1988 年 8 月研制出便携式光电离有害气体检测仪。近年来 GC-PID（色谱-光离子化仪）技术的研究与应用愈加广泛，可以进行（超）痕量化学物质分析与检测，灵敏度高、检出限低，可进行体积分数小于 10^{-9} 级痕量气（汽）体分析，优于传统的氢火焰检测方法约两个数量级。因此，引起世界各国环境保护、劳动卫生、医疗保健、石油化工等领域分析工作者的重视。北京东西分析仪器有限公司研制出的 GC-4400 型便携式光离子化气相色谱仪获得金奖，标志着我国在色谱的微型化技术方面已跻身国际先进行列。

（2）光离子化检测仪工作原理

光离子化检测器由紫外线光源和离子化池组成。光源（离子源）是一种紫外灯，发射出具有一定能量（通常为 10.6eV、11.7eV）的光子，透过氟化锂或氟化镁窗口，直接照射在离子化室内被测物质蒸气分子上。气体分子吸收能量高于其电离能的光子后，就会发生光离子化作用，形成可被检测器检测到的正负离子，检测器测量离子化了的气体电荷并将其转化为电流信号，然后电流被放大并显示出浓度值。高能紫外光源辐射可使空气中大多数有机物和部分无机物电离，但仍保持空气中的基本成分如 N_2、O_2、CO_2、H_2O 不被电离。光离子化一个最显著的特点就是气体被检测后，离子重新复合成原来的气体和蒸气。其原理可分为直接电离和间接电离两种模式。

直接电离时被测组分 AB 吸收光子 $h\nu$ 后直接电离成正离子，放出电子，如下式：

$$AB + h\nu \longrightarrow AB^+ + e^- \tag{2-1}$$

间接电离的一种形式是被测分子吸收光子后成为激发态，然后发生电离：

$$AB + h\nu \longrightarrow AB^* \tag{2-2}$$

$$AB^* \longrightarrow AB^+ + e^- \tag{2-3}$$

间接电离的另一种形式是载气分子吸收光子后变为激发态，然后与被测分子碰撞，使被测组分电离，同时载气分子由激发态回到基态。过程如下：

$$C + h\nu \longrightarrow C^* \tag{2-4}$$

$$AB + C^* \longrightarrow AB^* + C \tag{2-5}$$

$$AB^* \longrightarrow AB^+ + e^- \tag{2-6}$$

产生的正负离子在两极形成离子流：

$$e^- + 阳极 \longrightarrow 离子电流 I \tag{2-7}$$

$$AB^+ + 阴极 \longrightarrow AB \tag{2-8}$$

离子电流大小可表示为：

$$i = I^0 F \eta \delta NL[AB] \tag{2-9}$$

式中　i——离子流；

I^0——光辐射强度；

F——法拉第常数；

η——光离子化效率；

δ——被测物质分子的吸收截面；

N——阿伏伽德罗常数；

L——吸收层厚度；

[AB]——被测物质浓度。

从上式可知，离子流与被测物质的浓度呈线性关系，检测灵敏度与被测物质的物理性质和化学性质有关，对有机化合物（例如液体推进剂）而言，与碳原子数目、官能团和化学键有关。很明显，只要待测物质蒸气分子的电离能小于光源光子的能量，就可以用此方法进行检测。

仪器由主机和探头两部分组成。探头部分有取样泵、离子化池、紫外灯及温湿度传感器等。主机由主放大器、显示器、电源及蓄电池组成。抽气泵将待测气体吸入过滤柱，滤去干扰气体后再进入离子化池中，在离子化池中待测气体受真空紫外灯的照射而被电离，形成正离子和电子。

正离子和电子被电离室中的离子收集极吸收，形成离子流。离子流与检测气体浓度成线性关系。离子流经前置放大器放大后，送入主机。温度及湿度传感器测量周围环境的温度、湿度，其信号也送入主机。前置放大器放大的离子流及温度、湿度信号，再由主放大器放大，由显示器显示气体浓度。

光离子化检测仪具有以下特点：

① 光离子化检测器对大多数有机物可产生响应信号，如对芳烃和烯烃具有选择性，可降低混合烃类中烷烃基体的信号，以简化色谱图。

② 光离子化检测器不但具有较高的灵敏度，还可简便地对样品进行前处理。响应速度快，不会被高浓度的待测物质影响，可检测浓度低至 $1×10^{-9}$ 的绝大多数有机物。在分析脂肪烃时，其响应值可比火焰离子化检测器高 50 倍。

③ 具有较宽的线性范围，电离室体积小，适合于配置毛细管柱色谱。

④ 可在常压下进行操作，不需使用氢气、空气等，简化了设备，便于携带。

只要待测物质蒸气分子的电离能小于其给定光源的光子能量，就可以用 PID 方法检测，肼的电离能（IP）为 8.74eV，大多数肼类化合物的电离能也小于所用光源光子的能量 10.6eV，所以利用 PID 可以检测出这些肼类化合物。虽然 PID 检测仪有选择性较差、干扰气体多的不足，但这并不影响其作为便携式仪器在特定单一气体推进剂作业场合的使用。在肼类推进剂贮存场所，由于 PID 对贮存容器清洗用的丙酮等试剂有响应，容易产生误报，不宜作为固定式泄漏检测仪使用。吴利刚等采用美国进口的 PID 检测器研制的肼类气体监测仪，在用肼类气体进行标定后，检测肼类气体浓度范围为 $0～1×10^{-4}$，测量精度为 10%，但对于肼类气体无特异性响应。用于检测肼类气体的光离子化检测仪在多次使用中，由于肼类气体的强吸附性，容易使肼类气体分子附着在光源上而导致检测灵敏度下降，因此在使用中需要采取必要措施保证光源的清洁。

2.1.4.4 光谱检测仪法

光学仪器是近年来应用于环境气体在线检测的新型仪器。光源发出的光在被测气体作用下，光的强度、波长、频率、相位等光学性质发生改变，再由光电探测器进行接收，处理探测器接收的信号就可以获得待测气体的信息。近年来，基于光谱吸收技术的气体检测仪在大气环境污染物检测中应用越来越多。目前，可用于肼类、硝基氧化剂和火箭煤油等推进剂污染监测的光谱学方法主要有：非分散红外法（NDIR）、可调谐二极管激光光谱法（TDLAS）、差分吸收光谱法（DOAS）和傅里叶变换红外光谱法（OP-FTIR）。其中傅里叶变换红外光谱法在对各类推进剂检测性能上优势较为明显。国际上已经将开放光程 FTIR 系统作为研究大气环境的有效手段，20 世纪 90 年代中期以来，开放光路 FTIR 开始得到应用。开放光路傅里叶变换红外光谱法以其测量速度快、选择性好、使用寿命长、可以同时监测多种气体成分的优点有望成为发射场多种推进剂环境污染物监测的重要发展方向。

傅里叶变换红外光谱法（FTIR）的基本原理是：光源发出的光被分束器分成两束，其中一束经投射到达动镜，另一束经反射到达定镜，两束光分别经定镜、动镜反射再回到分束器，动镜以一恒定速度做直线运动，因而经分束器分束后的两束光形成光束差，产生干涉。干涉光在分束器汇合后通过样品池，通过样品池含有样品信息的干涉光到达检测器，然后通过傅里叶变换对信号进行处理，最终得到透过率或吸光度随波数或波长变化的红外吸收光谱图。基于 FTIR 技术开发的 OP-FTIR 检测技术是在发射光源处安装了发射望远镜，光束通过检测气体样品后由接收望远镜接收，再进一步进行傅里叶变换对信号进行处理，其检测系统基本原理图如图 2-3 所示。

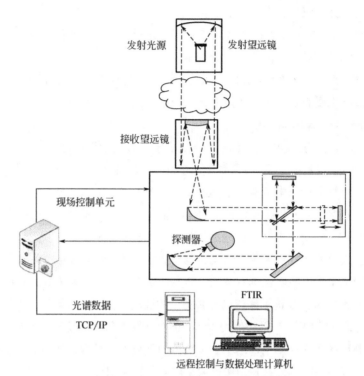

图 2-3　OP-FTIR 检测系统基本原理图

系统主要包括红外光源、发射望远镜、接收望远镜、FTIR 光谱仪和工控计算机五部分。接收望远镜和发射望远镜之间的距离设计小于 100m。入射光阑前加装了卡塞格林式望远镜以增加光通量，望远镜的口径为 25cm，视场角为 4.9mrad。接收望远镜也是卡塞格林式望远镜，口径为 170mm，视场角为 22mrad。通过编程自动完成开放光路中 UDMH 和 NO_2 的红外吸收光谱数据采集工作，并实时显示浓度信息及相应 UDMH 和 NO_2 对应吸收波段的光谱图。为了得到高分辨率的光谱，对测量光谱进行平均，光谱平均次数越多，测量光谱信噪比越高。其中 FTIR 光谱仪的光谱分辨率为 $1cm^{-1}$，时间分辨率为 4s。使用电制冷 MCT 探测器，工作波段为 $2000 \sim 5000cm^{-1}$。

偏二甲肼（UDMH）气体的检测主要是通过测量透过率光谱的 $2700 \sim 2830cm^{-1}$ 波段反演 UDMH 浓度。采用标准 UDMH 气体检测：气体平均浓度为 4.21×10^{-6} 时，检测结果的标准偏差为 0.03×10^{-6}；气体平均浓度为 7.87×10^{-6} 时，检测结果的标准偏差为 0.04×10^{-6}；气体平均浓度为 12.73×10^{-6} 时，检测结果的标准偏差为 0.07×10^{-6}；气体平均浓度为 17.88×10^{-6} 时，检测结果的标准偏差为 0.09×10^{-6}。

二氧化氮（NO_2）气体的检测是通过测量透过率光谱的 $2850 \sim 2950cm^{-1}$ 波段反演 NO_2 气体浓度。对 NO_2 标准气体的测量相对误差平均值为 4.6%。

采用 FTIR 技术检测推进剂气体的优点有：

① 信噪比高。傅里叶变换红外光谱仪所用光学元件少，没有光栅或棱镜分光器，降低了光的损耗，且通过干涉进一步增加了光的信号，因此到达检测器的辐射强度大，信噪比高。

② 重现性好。采用傅里叶变换处理光信号，避免了电机驱动光栅分光时带来的误差，故重现性较好。

③ 扫描速度快。仪器按照全波段进行数据采集，得到的数据是对多次数据采集的平均结果，且完成一次数据采集仅需一至数秒，因此速度快。

对于红外大气窗口 3～5μm、8～14μm 有特征吸收光谱的气体分子都可以采用 FTIR 方法进行其浓度探测。OP-FTIR 法可对肼类、氮氧化物和火箭煤油等多种特征污染气体进行远距离监测，可以同时给出一个区域多种污染物平均光程的测量值。此外，FTIR 是一种绝对测量技术，一旦给系统提供了适当的参考光谱就不需要常规的气体校准。该方法的缺点是室外测量中会受到水汽、气溶胶的干扰。

2.1.5　空气中推进剂污染检测方法

2.1.5.1　肼类推进剂气体检测技术

2.1.5.1.1　空气中肼的检测技术

（1）空气中无水肼的化学测试法

① 气量法。

气量法原理的化学反应为：

$$N_2H_4 + KIO_3 + 2HCl \longrightarrow KCl + ICl + N_2 \uparrow + 3H_2O \tag{2-10}$$

通过测量生成 N_2 的量即可换算出肼的含量。

② 比色法。

本方法常用 pH 值为 5.6 的柠檬酸-磷酸氢二钠缓冲溶液吸收空气中的肼类推进剂蒸气，再与氨基亚铁氰化钠缩合成棕色的物质，其颜色深浅与肼类物质浓度成正比，用光电比色法可得出肼类的浓度。另外，将肼类推进剂吸收之后，与磷钼酸作用生成钼蓝，或与对-二甲氨基苯甲醛在酸性条件下络合成橙色的吖嗪化合物，同样用比色的方法也可测得其浓度。

③ 固体吸附/分光光度法。

原理：空气中的微量肼通过涂硫酸的固体吸附剂浓集，与硫酸反应生成硫酸肼，脱附后在酸性条件下，硫酸肼与对-二甲氨基苯甲醛反应，生成黄色的联氮化合物。在 460nm 波长下测定，在测定范围内，反应生成液的颜色与肼的含量成正比。

测定范围：0.00714～1.00mg/m³。

精密度或允许误差：肼浓度在 0.00714～1.00mg/m³ 范围内的平均变异系数为 0.074。

④ 固体吸附/气相色谱法。

原理：空气中的肼通过涂硫酸的固体吸附剂吸附，用水解吸，加入糠醛衍生试剂生成肼的衍生物，采用乙酸乙酯萃取，萃取液进行色谱分离，采用氢焰离子化检测器检测，保留时间定性，外标法峰高定量。此方法也可用于检测气体中偏二甲肼浓度。

测定范围：肼 0.00714～1.00mg/m³，偏二甲肼 0.026～6.7mg/m³。测定上限可以扩展。

方法的最小检出浓度：肼，采样 60L 时为 0.0072mg/m³；偏二甲肼，采样 120L 时为 0.0208mg/m³。

精密度或允许误差：肼的平均相对误差为 3.7%，偏二甲肼的平均相对误差为 9.3%。

（2）空气中无水肼的检测管法

无水肼检测管的检测原理是无水肼气体与溴甲酚蓝显色剂反应后在检测管的长度上有明显的显色带，可以推算出无水肼的气体浓度。

检测管的制作过程：以石英砂载体浸渍一定量的溴甲酚蓝显色剂涂于玻璃管内壁。石英砂：45～80 目（粒度 0.325～0.18mm），用盐酸（3∶1）煮沸 10min 以上，用自来水洗净至中性，再用蒸馏水冲洗后烘干。玻璃管：内径为 4.2～4.4mm 的特硬中性玻璃管，用洗液洗净，用自来水、蒸馏水洗净烘干。不锈钢网：钢丝径 0.1mm，网孔 50 目，裁剪尺寸为 11mm×11mm，用于制作固定网圈，网圈根据玻璃管内径大小而定。无纺布：厚度约 0.3～0.5mm。

将上述备好的玻璃管一头封闭，从另一头装入无纺布挡片一层，装入塑料柱（中空塑料柱外径 3.1～3.2mm，长度约 6mm），在管外距离无纺布挡片 8mm 处做标记（成管后可去掉）。以石英砂浸渍溴甲酚蓝的无水乙醇填料约 50g 放入 100mL 锥形瓶中，将上述玻璃管斜插入瓶内填料中，不断将填料装入管中，不断提起管子通过敲击方式使填料紧密结实，直至填料装至 80mm 处。装入无纺布挡片一层，再装入不锈钢网一片以便固定。在距离管子封闭一端尖端 132mm 处做封管标记，用喷灯在标记处封管，一般封管后总长度为（140±5）mm。以放置不锈钢网端为进气端，起始于挡片下方填料处，在管壁上贴标签以指示进气方向。

使用时按照标签方向插入手动泵，抽气 6 次，抽气速度 1 次/30s，根据变色柱长度，由浓度标尺读取无水肼浓度，变色范围由黄色变为蓝紫色。

（3）空气中无水肼的电化学检测法

无水肼的电化学检测法的工作原理是在碱性条件下，在电极上发生如下反应：

$$N_2H_4 + 4OH^- \longrightarrow N_2 + 4H_2O + 4e^- \tag{2-11}$$

当电极的电势与催化活性足够高时，透过扩散介质进入电极的肼类气体迅速反应，所产生的电流大小由气体的扩散过程决定。由菲克斯扩散定律得出极限扩散电流与气体浓度的关系为：

$$I = \frac{nFAD}{\delta}C \tag{2-12}$$

式中，I 为极限扩散电流，A；n 为每摩尔气体产生的电子数；F 为法拉第常数（96500C/mol）；A 为气体扩散面积，cm²；D 为扩散系数，cm²/s；δ 为扩散层厚度，cm；C 为电解质溶液中电解气体的浓度，mol/mL。

在一定工作条件下，n、F、A、D 及 δ 均为常数，则可令：

$$K = \frac{nFAD}{\delta} \tag{2-13}$$

于是有 $I=KC$，即极限扩散电流与被测气体浓度成正比。测量流经工作电极同对电极间的电流，即可定量被测液体推进剂肼气体浓度。

（4）空气中肼类推进剂的光离子化检测法

利用光离子化技术检测推进剂肼类气体的工作原理如图2-4所示。

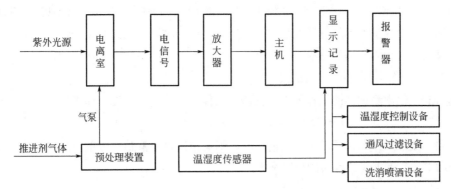

图2-4 利用光离子化技术检测推进剂肼类气体的工作原理图

工作空间的气体经过预处理去除干扰气体后，由泵送入电离室，在紫外光源的作用下进行电离，产生的电信号经放大后在主机上显示或形成记录文件，主机与采集到的环境温湿度进行比较，与预先设置的肼气体的报警值比较，必要时在发出报警命令的同时，发出温湿度调控命令和通风过滤、洗消喷洒等命令。

2.1.5.1.2 空气中甲基肼的检测技术

（1）空气中甲基肼的化学测试法

① 固体吸附/分光光度法。

原理：空气中的微量甲基肼通过涂硫酸的固体吸附剂浓集，与硫酸反应生成硫酸甲肼，解吸后硫酸甲肼与对二甲氨基苯甲醛（PDAB）反应，生成黄色的联氮化合物。在470nm波长下测定，在测定范围内，反应生成液的颜色与甲基肼的含量成正比。

测定范围：$0.010 \sim 2.5 mg/m^3$，大于$2.5 mg/m^3$时可稀释后测定。

检出限：采样总体积为100L时，最小检出浓度为$0.0031 mg/m^3$。

精密度或允许误差：该方法的平均变异系数为0.036，平均相对误差为5.5%。

环境温度对反应过程的发色和成色稳定性影响较大，发色时间一般为：10℃时，30~60min；20℃时，20~60min；30℃时，20~50min；40℃时，15~35min。应按照当天温度控制发色时间。

② 固体吸附/气相色谱法。

原理：空气中的微量甲基肼通过涂硫酸的固体吸附剂吸附，用氢氧化钠溶液解吸，2,4-戊二酮衍生，使甲基肼与之生成1,3,5-三甲基吡唑，用乙酸乙酯萃取，气相色谱分析，采用氢焰离子化检测器检测，保留时间定性，外标法峰高定量。

测定范围：$0.01 \sim 2.5 mg/m^3$，测定上限可以扩展。

最小检出浓度：$0.0042 mg/m^3$。

精密度或允许误差：该方法的平均变异系数为0.026。

（2）空气中甲基肼的检测管测试法

原理：甲基肼检测管是利用对二甲氨基苯甲醛与甲基肼反应生成粉红色，载体采用石英砂，选用细玻璃管作为检测管外管，抽气装置采用手动式采样器，每次采样抽气 50mL。

检测范围为 $1\times10^{-7}\sim5\times10^{-5}$，用不同浓度的甲基肼显色长度绘成标准曲线，分别取 1×10^{-7}、5×10^{-7}、1×10^{-6}、2×10^{-6}、3×10^{-6}、5×10^{-6}、1×10^{-5}、2×10^{-5}、3×10^{-5}、4×10^{-5}、5×10^{-5} 甲基肼浓度时检测管变色长度制成浓度标尺标明在检测管外壁上，使用时即可在采气量一定条件下根据检测管显色长度直读大气中的甲基肼浓度。

（3）空气中甲基肼的电化学测试法

甲基肼的电化学测试法的工作原理是在碱性条件下，在电极上发生如下反应：

$$CH_3NHNH_2+4OH^- \longrightarrow N_2+CH_3OH+3H_2O+4e^- \tag{2-14}$$

通过测量流经工作电极同对电极间的电流，即可定量被测液体推进剂甲基肼气体浓度。

2.1.5.1.3 空气中偏二甲肼的检测技术

（1）空气中偏二甲肼的化学测试法

① 固体吸附/分光光度法。

原理：空气中的微量偏二甲肼通过涂硫酸的固体吸附剂浓集，采用 pH 6.2 缓冲溶液解吸后的偏二甲肼与氨基亚铁氰化钠（TPF）在弱酸性条件下反应，生成红色络合物，在 500nm 波长下测定，在测定范围内，反应生成液的颜色与偏二甲肼的含量成正比。反应式如下：

$$(CH_3)_2N_2H_2+Na_3\left[Fe(CN)_5NH_3\right]\longrightarrow NH_3+Na_3\left[Fe(CN)_5(CH_3)_2N_2H_2\right] \tag{2-15}$$

涂硫酸的固体吸附剂采样管的制备：称取 10.0g 6201 担体 GF3W0.450/0.180～0.300/0.125（40～60 目），于 100mL 水中煮沸 3min，用水漂洗 5 次，每次用水 100mL。取上层清液，以水为参比，用 2cm 吸收池在 500nm 处测定吸光度，其值不大于 0.02 为合格，否则继续漂洗。用布氏漏斗将担体抽干，转移至表面皿上，70℃下干燥 40min，移入干燥器冷至室温。称取 4.0g 担体平摊在表面皿上，滴加 11.00mL 硫酸甲醇溶液，使担体均匀浸透。置于通风橱内风干，于 60℃±1℃下干燥 40～50min，至松散不结块，于干燥器中冷至室温。称取 300mg 已制备好的固体吸附剂，装入玻璃采样管中，两端用不锈钢网固定。采样管两端用聚乙烯帽密封，用黑纸包装，于干燥器中备用。

空气中氨、二氧化氮、二氧化硫、硫化氢、氯对该方法无干扰，肼低于 $0.3mg/m^3$、甲基肼低于 $0.5mg/m^3$，对偏二甲肼测定基本无干扰。

测定范围：$0.027\sim5.46mg/m^3$，大于 $5.46mg/m^3$ 可稀释后测定。

检出限：采用总体积为 120L 时，最小检出浓度为 $0.015mg/m^3$。

精密度或允许误差：偏二甲肼浓度低于 $0.134mg/m^3$ 时，相对标准偏差不大于 16%；浓度为 $0.134\sim5.46mg/m^3$ 时，相对标准偏差不大于 5.0%。

② 固体吸附/气相色谱法。

原理：用涂硫酸的固体吸附剂吸附空气中的偏二甲肼，用水洗提，加入糠醛衍生试剂，生成偏二甲肼的衍生物，采用乙酸乙酯萃取，气相色谱仪分析，采用氢焰离子化检测器检测。

测定范围：偏二甲肼 $0.026\sim6.7mg/m^3$，测定上限可以扩展。

方法的最小检出浓度：采样 120L 时为 $0.0208mg/m^3$。

精密度或允许误差：偏二甲肼的平均相对误差为 9.3%。

③ 溶液吸收/气相色谱-质谱（GC-MS）法。

原理：用含有衍生化试剂的甲醇溶液作为吸收液，采用 U 形多孔玻板吸收瓶串联连接以 0.2L/min 流量进行采样，采样 10min，吸收液样品在 30℃水浴中，UDMH 和 2-硝基苯甲醛发生衍生化反应，生成 2-硝基苯甲醛-2-2-甲基腙（2-nitrobenzaldehyde-2-2-dime-thylhydrazone，2-NDH）。反应 40min 后，进入 GC-MS 分析。

$$(C_6H_4)NO_2CHO+(CH_3)_2N_2H_2 \longrightarrow (C_6H_4)NO_2CHN_2(CH_3)_2 +H_2O \qquad (2-16)$$

吸收液 120L 时最低检出浓度为 $0.015mg/m^3$。

吸收液吸收 UDMH 气样的富集方法与固体吸附/分光光度法相比，省时省力，并且可使采样效率高达 99%，避免了固体吸附/分光光度法在解吸过程中产生的样品损失，保证了测量结果的可靠性。

（2）空气中偏二甲肼的检测管测试法

原理：以溴甲酚兰为指示剂，二氧化硅（石英砂）为载体，当偏二甲肼通过经溴酚兰处理过的载体时，载体由黄色变为蓝紫色，不同浓度的偏二甲肼显色长度不同，即可检测出气体浓度。偏二甲肼检测管产品于 1988 年研制开发成功，采用了德国 Drager 公司的手动按压式气囊装置进行采样。

检测管制作过程：以石英砂载体浸渍一定量的溴甲酚蓝显色剂涂于玻璃管内壁。石英砂：80～100 目（粒度 0.35～0.50mm），用盐酸（3：1）煮沸 20min 以上，用自来水洗净至中性，再用蒸馏水冲洗后烘干；玻璃管：内径为 4.5～4.7mm 的特硬中性玻璃管，用洗液洗净，用自来水、蒸馏水洗净烘干；不锈钢网：钢丝径 0.1mm，网孔 50 目，裁剪尺寸为 11mm×11mm，用于制作固定网圈，网圈根据玻璃管内径大小而定；厚度约 0.3～0.5mm 无纺布。试剂有溴甲酚蓝和 95%乙醇。

检测浓度范围：$5×10^{-7}$～$5×10^{-4}$。用不同浓度的偏二甲肼显色长度绘成标准曲线，分别取 $5×10^{-7}$、$2×10^{-6}$、$3×10^{-6}$、$5×10^{-6}$、$1×10^{-5}$、$2×10^{-5}$、$3×10^{-5}$、$4×10^{-5}$、$5×10^{-5}$ 的偏二甲肼浓度时的检测管变色长度制成浓度标尺标明在检测管外壁上，使用时即可在采气量一定条件下根据检测管显色长度直接读取大气中的偏二甲肼浓度。

低浓度检测管可检测 $0.5×10^{-6}$～$50×10^{-6}$，高浓度检测管可检测 $50×10^{-6}$～$7000×10^{-6}$（抽气 500mL）。

（3）空气中偏二甲肼的电化学测试法

偏二甲肼的电化学测试法的工作原理是在碱性条件下，在电极上发生如下反应：

$$(CH_3)_2NNH_2+2OH^- \longrightarrow (CH_3)_2N^+N^- + 2H_2O + 2e^- \qquad (2-17)$$

通过测量流经工作电极同对电极间的电流，即可定量被测液体推进剂偏二甲肼气体浓度。

许宏等利用电化学原理发明了一种快速检测气态偏二甲肼的气体传感器，通过改进电解液和催化剂，优化了传感器的敏感介质，提高了传质速率和信噪比，形成了敏感介质体系、优化电极面层结构的快速检测气体传感器，量程可达 $1000×10^{-6}$，响应时间可以缩短到 30s，可以满足实际现场检测需求。

2.1.5.2　空气中氮氧化物的检测技术

绿色四氧化二氮中的一氧化氮遇空气后大部分被氧化成二氧化氮，四氧化二氮在空气中很容易离解成二氧化氮，所以航天发射场硝基氧化剂中的主要挥发气体是 NO_x（NO 和 NO_2），NO_x 不仅能破坏臭氧层，转化成酸雨，且在阳光下易与烃类或挥发性有机物（VOC）作用，产生光化学烟雾，引起呼吸道疾病，严重威胁人类的生存与健康，不少国家已经立法对 NO_x 的排放进行严格控制。因此对 NO_x 的浓度进行定量监测与控制十分必要。

常用的监测 NO_x 的方法有化学测试法、气体检测仪法、检测管法等。

（1）空气中氮氧化物的化学测试法

① 盐酸萘乙二胺分光光度法。

《环境空气 氮氧化物（一氧化氮和二氧化氮）的测定 盐酸萘乙二胺分光光度法》（HJ 479—2009）规定了空气中氮氧化物的化学测定方法。

方法原理：空气中的二氧化氮被串联的第一支吸收瓶中的溶液吸收生成 HNO_2 和 HNO_3，其中的 HNO_2 又与吸收液中的对氨基苯磺酸发生重氮化反应，再与吸收液中的盐酸萘乙二胺偶合，生成粉红色偶氮染料，根据颜色深浅，用分光光度法进行比色定量测定。空气中的一氧化氮不与吸收液反应，通过氧化管时被酸性高锰酸钾溶液氧化为二氧化氮，被串联的第二支吸收瓶中的吸收液吸收并反应生成粉红色偶氮染料。生成的偶氮染料在波长 540nm 处的吸光度与二氧化氮的含量成正比。分别测定第一支和第二支吸收瓶中样品的吸光度，计算两支吸收瓶内二氧化氮和一氧化氮的质量浓度，二者之和即为氮氧化物的质量浓度（以 NO_2 计）。

测定范围：本方法检出限为 0.12μg/10mL 吸收液。当吸收液总体积为 10mL，采样体积为 24L 时，空气中氮氧化物的检出限为 0.005mg/m³。当吸收液总体积为 50mL，采样体积为 288L 时，空气中氮氧化物的检出限为 0.003mg/m³。当吸收液总体积为 10mL，采样体积为 12～24L 时，空气中氮氧化物的测定范围为 0.020～2.5mg/m³。

精密度和准确度：测定 NO_2 时，5 个实验室测定浓度范围在 0.056～0.480mg/m³ 的 NO_2 标准气体，重复性相对标准偏差小于 10%，相对误差小于±8%；测定浓度范围在 0.057～0.396mg/m³ 的 NO 标准气体，重复性相对标准偏差小于 10%，相对误差小于±10%。

样品采集和检测过程中的影响因素及注意事项主要有：

a．阳光的影响。若吸收液长期暴露在空气中，极易吸收空气中的氮氧化物，太阳光照能使吸收液显色，因此，在样品采集、运送及保存的过程中应避免光射。

b．大气中其他污染物的影响。当二氧化硫浓度较高时，会对氮氧化物的测定造成干扰，突出表现为吸收液的颜色明显减褪；当大气中臭氧的浓度超过一定标准时，会对氮氧化物的测定造成负干扰，吸收液呈微红色，因此，为了避免该现象的发生，一般在吸收瓶的入口端接一段硅橡胶管。

c．氧化管的氧化效率。氧化管适用于湿度为 30%～70% 的空气环境中，若空气湿度较大的话，应不断更换氧化管。另外，若氧化管在使用过程中出现吸湿情况导致其变成绿色，则表明氧化管已经失效。

d．吸收液倒吸。一般情况下，在 1h 内以每分钟 0.4L 流量进行采样，极易导致吸收液出现倒吸现象，这种情况发生的主要原因是吸收液中存在大量的磺酸根，而磺酸根作为磺酸盐型阴离子表面活性剂，在采样过程中极易产生大量泡沫。因此，为了避免吸收液发生倒吸现象，可在采样泵停止抽气的过程中，及时更换采样瓶，另外，吸收瓶的大肚直径若低于5cm极易发生倒吸现象，通常采用大肚直径为5～6cm的吸收瓶。

e. 玻板阻力的影响。通常吸收瓶在使用一段时间后都要开展玻板阻力测定试验，对通过玻板后的气泡分散程度进行检查，不允许使用阻力不满足要求或气泡分散不均匀的吸收瓶。另外，针对新使用的吸收瓶，应在使用前用盐酸浸泡24h，并用清水洗净后再进行检查。

f. 温度的影响。采样时最好让吸收液恒温在（20±4）℃，避免日光直射；采样后要在尽量短的时间里测定样品的吸光度，根据采样温度的不同，一般不能超过1h，若不能及时测定，应将样品放在低温环境中保存，显色温度是NO_x测定中主要的影响因素，样品的浓度一定要通过同温度下的标准曲线求得，若无法满足，至少要近似同温（温差小于5℃）。

g. 分析用水的影响。实验所用蒸馏水对结果也有明显的影响，最好用重蒸馏水，若条件无法满足，也可用去离子水再蒸馏或纯净水。

② 离子色谱法。

环境空气中氮氧化物以二氧化氮计，采用5%双氧水溶液作为吸收液，大气中的一氧化氮、二氧化氮、一氧化二氮等氮氧化物被吸收液氧化为硝酸根离子，用离子色谱法对吸收液进行测定，得出硝酸根离子浓度，将硝酸根浓度换算为二氧化氮浓度，再根据采样体积计算出空气中氮氧化物含量。

检出限：在采样体积为24L，吸收液体积为10.0mL的条件下，氮氧化物的最低检出浓度为0.004mg/m³。

用环境空气采样器采集空气样品后直接进行离子色谱分析测定环境空气中氮氧化物，离子色谱法的分离机理主要是离子交换，不同的阴离子根据在阴离子柱上亲和力的差异而进行分离，因此环境空气中常见的阴离子在该方法中对测定不会产生干扰。离子色谱法测定环境空气中氮氧化物操作简便快速，与盐酸萘乙二胺分光光度法相比缩短了分析周期，提高了工作效率。离子色谱法分离效能好，选择性高，方法所用试剂无毒无害，避免了对分析人员的身体伤害，能快速准确地测定环境空气中的氮氧化物。

（2）空气中氮氧化物的气体检测仪法

NO_x气体检测仪能满足简便、快速、现场检测等要求。NO_x气体检测仪原理上主要包括化学发光式传感器、光纤化学传感器、半导体传感器和电化学传感器等。

① 化学发光法。

化学发光式传感器是利用NO在氧化过程中产生的光测定氮氧化物的浓度。一般利用臭氧作为氧化剂，利用NO和O_3反应生成激发的NO_2，回到基态时发射光能，光电倍增管接受光能后转变成电信号输出。利用此原理，预测环境气体中所含NO_2，先要将其还原成NO，然后测量NO+NO_2。再根据NO的值，利用两者之差即可知NO_2的值。利用化学发光法测NO_2的浓度灵敏度高，动态范围广。但这种检测方法的主要缺点是结构复杂，不能直接对NO_2进行检测，需要一个连续的臭氧源。

② 光纤法。

NO_x光纤式传感器的原理同肼类光纤传感器。

采用方块菁染料（SQ）制备的单分子膜，在无 NO_2 气体条件下，用 He-Ne 激光束激发，薄膜产生荧光，在 770nm 处有一尖锐的吸收峰。暴露于 NO_2 气体中，荧光峰会急剧衰减，离开 NO_2 时荧光峰又会恢复，这种现象被称为"荧光淬灭"。荧光光纤传感器对 NO_2 具有相当高的灵敏度。

NO_x 光纤化学传感器具有灵敏度高、响应速度快、超高绝缘、抗电磁干扰、耐腐蚀、防爆、不干扰被测现场等优点。但此类传感器必须进行复杂的前处理、选择性较差、动力学测定范围较窄。

③ 半导体法。

作为半导体传感器材料的有金属氧化物和有机半导体。

单一金属氧化物有 WO_3、SnO_2 和 ZnO，其中 WO_3 是最有潜力的 NO_x 传感器无机材料，将 Pd、Pt、Ru 和 Au 等贵金属附在 WO_3 上作催化层，可以显著提高传感器的灵敏度和选择性。复合氧化物有 Al_2O_3-V_2O_5，可检测 $10^{-6} \sim 10^{-3}$ 的 NO 及 NO_2，且 CO 和 CO_2 干扰小。此外，Ni-Cu-O、ZnO-SiO_2-NiO 复合氧化物也可作为 NO_x 气敏半导体传感器材料。

有机半导体 NO_x 传感器可接近室温响应，常用的材料有金属酞菁化合物，如酞菁铅、酞菁铜、酞菁锌都能快速灵敏地与 NO_2 响应。

半导体 NO_x 传感器结构简单，制备方便，灵敏度高，但选择性较差，一般需在高温下操作，且易受环境温度、湿度的影响，元件的稳定性较差。

④ 电化学法。

NO_x 电化学传感器与其他类型传感器相比，具有选择性好、价格低廉、结构紧凑、携带方便、可实现现场连续监测等优点。

推进剂硝基氧化剂在空气中主要以二氧化氮形式存在，在酸性条件下，二氧化氮气体在工作电极上发生还原反应：

$$NO_2 + 2H^+ + 2e^- \longrightarrow NO + H_2O \tag{2-18}$$

同时在对电极上发生水的氧化反应：

$$H_2O \longrightarrow 2H^+ + \frac{1}{2}O_2 + 2e^- \tag{2-19}$$

总反应为：

$$NO_2 \longrightarrow NO + \frac{1}{2}O_2 \tag{2-20}$$

极限扩散电流与被测气体浓度成正比，测量流经工作电极同对电极间的电流，即可定量被测液体推进剂二氧化氮气体浓度。

电化学检测法的核心是传感器。NO_x 电化学传感器可分为液体电解质传感器、固体电解质传感器和固体聚合物电解质传感器 3 类。液体电解质传感器又分为电位型和电流型（定电位电解型和伽伐尼电池型），液体电解质 NO_x 电化学传感器由于测量精度高、浓度范围宽和可用于现场检测等优点而被广泛使用。但该类传感器使用水溶液作为电解质，易漏液、干涸，会使传感器失效。固态 NO_x 传感器中的固体电解质是一类介于普通固体与液体之间的特殊材料，由于它具有类似于液体的快速迁移特性，又被称为快离子导体或超离子导体，应用固体电解质可实现电化学传感器件结构的固态化，消除了电解液易渗漏、干涸等问题，提高了传感器的稳定性和实用性，便于器件的一体化和集成化。但目前大多数 NO_x 固体电解质传感器需要在高温条件下工作，限制了在常温下监测各种气体的应用。固体聚合物电解质（SPE）和以其为基础的气体扩散电极技术是一种结构紧凑、不含流动电解质溶液的气体传感器，具有稳定的化学性质、良好的离子导电性和离子选择性，既能避免流动电解质易漏液、干涸等缺点，又能避免高温固体电解质存在的缺陷，因而是一种理想的电解质材料。目前研究最多的是用 Nafion 膜作为固体聚合物电解质，因为它是一种具有良好化学稳定性和氢离子导电能力的阳离子交换膜，具有很大的实用价值，基于固体聚合物电解质和气体扩散电极制备的电化学 NO_x 传感器兼具各类电化学 NO_x 传感器的优点，将成为未来 NO_x 传感器开发的热点。

液体电解质传感器、固体电解质传感器和固体聚合物电解质传感器的特性比较如表 2-2 所示。

表 2-2　NO_x 电化学传感器分类及其优缺点

类别		原理	优缺点	应用
液体电解质传感器	电位型	利用电极电势和 NO_x 浓度（或分压）之间的关系进行测量	选择性很差，易受酸性物质的干扰	一般
	电流型	利用气体通过薄层透气膜或毛细孔扩散作为限流措施，获得稳定的传质条件，产生正比于气体浓度或分压的极限扩散电流。分定电位电解型和伽伐尼电池型	具有结构简单、响应快、灵敏度高、稳定性好等特点。易漏液、干涸使传感器失效	应用较广
固体电解质传感器		利用一类介于普通固体与液体之间的特殊固体材料作电解质，具有类似于液体的快速迁移特性	消除了电解液易渗漏、干涸问题，提高了传感器稳定性和实用性，便于一体化和集成化。缺点：需要在高温条件下工作	常温下监测各种气体应用受到限制
固体聚合物电解质传感器		以固体聚合物电解质（SPE）和气体扩散电极为基础形成的传感器	化学稳定性好、离子导电性和选择性好，既能避免流动电解质易漏液、干涸等缺点，又能避免高温固体电解质存在的缺陷	SPE/NO_x 将是下一步的研究重点

（3）空气中氮氧化物的检测管法

氮氧化物检测管选用一定粒度的特种硅胶为显色剂的载体，显色剂为 N,N-二苯基联氨。载体和显色剂的选择条件是载体应对显色剂和被测气体无任何化学反应发生，显色剂在一定条件下可均匀吸附其上。显色剂除要求自身有良好的稳定性外，还必须与 NO_2 反应生成的颜色变化要均匀、快速，色界整齐，被测浓度与色变长度成正比。

制作用料：60～80 目的硅胶在 500℃条件下活化 3h，管子为内径 4.0～4.2mm 的特硬中性玻璃管，N,N-二苯基联氨，直径 0.1mm、网孔 50 目的不锈钢丝，裁剪尺寸为 11mm×11mm，用于制作固定网圈，网圈根据玻璃管内径大小而定，厚度约 0.3～0.5mm 无纺布。制作过程与无水肼检测管的制作过程相似。

检测时，按照标签指示方向插入手动泵，抽气 10 次（约 500mL），抽气速度 1 次/15s，根据变色柱长度可以计算二氧化氮浓度，变色范围为黄色。常用的氮氧化物检测管有 5～100mg/m³、10～300mg/m³ 等规格。

实际使用中根据检测环境条件和检测精度要求，选用不同的氮氧化物检测技术。

2.1.5.3　其他类推进剂气体监测技术

其他类型的推进剂如液氢、液氧、火箭煤油、甲烷等虽然对周边环境的污染较轻，但由于其可能带来低温冻伤、泄漏爆炸等安全隐患，同时对浓度的监测可有效判断泄漏的点位与量级，因此也需进行环境监测。一般其环境监测均采用气体检测仪在线检测方式。

（1）低温推进剂环境气体监测方法

低温推进剂主要包括液氢、液氧，如果发生泄漏，常温下挥发出 H_2、O_2。对于液氢和液氧的泄漏检测可以采用相应的 H_2 检测仪和 O_2 检测仪，其核心是电化学传感器。目前用于液氧泄漏监测的 O_2 浓度检测仪主要采用电化学原理的气体检测仪，用于液氢泄漏监测的 H_2 检测仪主要采用两种不同原理的检测仪：电化学法和催化燃烧法。

① 电化学法。

氧气的检测目前主要采用电化学原理的检测仪，用于连续监测低温推进剂作业环境中氧气的百分比浓度。目前发射场氧气检测仪主要应用于两种场合：第一是用于液氧的泄漏监测；第二是用于某些作业环境缺氧指示。氧气检测仪具有精度高、灵敏度高、响应速度快等优点，方便在线零点校正，可在现场进行高限、低限声光报警，警示作业场所人员尽快撤离危险区域。通常氧气传感器的使用寿命为 1~2 年。

氢气由于分子很小，在储存、运输和使用过程中易泄漏，目前越来越多地使用检测精度和灵敏度更高的电化学原理的气体检测仪对液氢作业环境中的氢气含量进行检测并对其泄漏进行监测。测量范围为 $0\sim2000\times10^{-6}$，使用寿命 1~3 年。

目前发射场低温推进剂的泄漏监测主要采用电化学原理的气体检测仪进行在线检测，具有信号稳定、灵敏度及精度高等优点，3 线制隔爆接线方式适用于各种危险场所。

② 催化燃烧法。

液氢挥发的 H_2 属于可燃气体，检测高浓度氢气可采用基于催化燃烧原理的可燃气体检测报警仪。可燃气体检测仪的量程为 0~100LEL，LEL 是爆炸下限。

催化燃烧式气体传感器是利用催化燃烧的热效应原理，由检测元件和补偿元件配对构成测量电桥，在一定温度条件下，可燃气体在检测元件载体表面及催化剂的作用下发生无焰燃烧，载体温度升高，从而使平衡电桥失去平衡，输出一个与可燃气体浓度成正比的电信号。通过测量铂丝电阻变化的大小，就知道可燃性气体的浓度。该传感器主要用于可燃性气体的检测，具有输出信号线性好、价格便宜、不会受其他非可燃气体干扰的优点。但这种传感器测量精度较低，为 LEL 级别，远远大于 10^{-6} 级别，只能用于高浓度气体检测。另外，催化燃烧传感器的缺点是需要经常校准，使用寿命 3 年左右，高浓度下容易中毒。

（2）非甲基烷烃气体监测方法

液氧/煤油同样是航天发射常用的推进剂组合，多用于火箭第一级。土星五号的一级、俄罗斯安加拉火箭、SpaceX 的猎鹰火箭都使用液氧/煤油作为燃料。

煤油汽化后，会产生非甲基烷烃（烷烃、烯烃、炔烃、芳香烃等），其中有害成分主要是多环芳烃。因此，有必要对环境空气中非甲基烷烃浓度进行监测。

用于非甲基烷烃气体监测的主要有三种原理的气体检测法：催化燃烧气法、非分散红外法和光离子化检测法。

① 催化燃烧气法。

非甲基烷烃所挥发的气体属于可燃气体，高浓度的非甲基烷烃气体可使用催化燃烧原理的气体检测仪来检测。催化燃烧气法的优点是可检测所有的可燃性气体，而且价格低廉。

② 非分散红外法（NDIR）。

非分散红外法是可燃气体泄漏监测的另一种较为可靠的选择。与催化燃烧法相比，NDIR 传感器可靠性和稳定性更好，而且不需要经常校准，使用寿命更长，可达到 3～5 年。

NDIR 主要是利用气体对 3～10μm 范围内红外线的吸收来进行测量。非分散红外光谱是指使用含有待测气体的过滤器，在非分散光束中展示目标光谱的光谱印记。当红外光通过待测气体时，这些气体分子对特定波长的红外光有吸收作用，其吸收关系服从 Lambert-Beer（朗伯-比尔）定律。设入射光是平行光，其强度为 I_0，出射光的强度为 I，气体介质的厚度为 L，当由介质中的分子数 dN 的吸收所造成的光强减弱为 dI 时，根据朗伯-比尔吸收定律：

$$dI / I = -KdN$$

式中，K 为比例常数。经积分得：

$$\ln I = -KN + a$$

式中，N 为吸收气体介质的分子总数；a 为积分常数。显然，有：

$$N \propto cL$$

式中，c 为气体浓度。则式 $\ln I = -KN + a$ 可以写成：

$$I = \exp(a)\exp(-KN) = \exp(a)\exp(-\mu cL) = I_0 \exp(-\mu cL)$$

上式表明：光强在气体介质中随浓度 c 及厚度 L 按指数规律衰减。吸收系数取决于气体特性，各种气体的吸收系数 μ 互不相同。对同一气体，μ 随入射波长改变而变。若吸收介质中含 i 种吸收气体，则上式变为：

$$I = I_0 \exp(-L\sum \mu_i c_i)$$

因此浓度 $c = -\dfrac{1}{\mu L}\ln\dfrac{I}{I_0}$。

所以对于多种混合气体，为了分析特定组分，通常在传感器或红外光源前安装一个适合被测气体吸收波长的窄带滤光片，使传感器信号变化只反映被测气体浓度变化。

图 2-5 为非分散红外气体监测系统原理示意图，系统由电调制红外光源、窄带滤光片、气体吸收池和红外探测器等组成。红外光源发射出 1～20μm 的红外光，通过一定长度的气室吸收后，经过一个特定波长的窄带滤光片后，由红外传感器监测透过特定波长红外光的强度，以此表示待测气体的浓度。

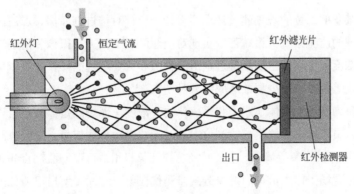

图 2-5　非分散红外气体监测系统原理示意图

③ 光离子化检测法（PID）。

火箭煤油沸点较高，不易挥发，在需要监测微小泄漏的场合可采用光离子化检测法（PID）。光离子化检测法是一种广谱的对于挥发性有机化合物具有极高灵敏度的检测方法。光离子化检测法对于火箭煤油在常温下挥发的芳香烃、不饱和烃等有灵敏响应，可结合先进的工业传感器网络技术以及自动控制、无线通信、数据库及网络工程等计算机应用技术，实现对厂界的排放进行实时监控，为环境应急监测提供先进的环境监控和预警、预报等服务。因此，光离子化检测仪用于火箭煤油的泄漏监测比催化燃烧法和非分散红外法等其他原理的可燃气检测仪具有更高的灵敏度。

（3）甲烷气体环境监测

甲烷气体的检测方法有许多种，常用的主要有催化燃烧法、非分散红外法、半导体法等。

催化燃烧法是目前检测甲烷类可燃气体最常用的方法，优点是响应快、精度较好、价格便宜。缺点是传感器易中毒，需要有氧环境，另外使用寿命较短，需定期标定。

非分散红外法的优点是测量精度高、稳定性好、使用寿命长。缺点是检测痕量气体没有优势，如有零点漂移也需要定期标定。

金属氧化物半导体传感器对甲烷也十分灵敏，优点是对可燃气体在低浓度区仍有较好的灵敏度，可测量到甲烷气体的微漏现象，而且价格低，体积小，使用方便。缺点是使用选择性较差，需要定期标定。夏慧等研制了一套基于可调谐半导体激光吸收光谱（TDLAS）技术的开放式长光程甲烷（CH_4）浓度实时监测系统，系统将波长调制和二次谐波探测相结合，并利用光强归一化的方法消除光强波动对测量结果产生的影响，证明采用消除光强波动的方法后使测量结果的误差小于 2%。利用该系统可实现 1～2km 范围的空气中 CH_4 浓度的实时在线监测。

甲烷的离子化电位高于 PID 紫外灯能量，因此不能用 PID 法检测。前面提到的光纤法、FTIR法等气体监测技术都可以用于检测甲烷气体。

基于不同传感器原理的气体检测仪都有各自的优缺点，选择仪器时主要从检测类型、仪器精度、灵敏度、量程范围、应用场所以及价格等各方面综合考察，结合使用需求进行选择。

2.1.6　基于气体检测仪的区域监测及定位系统

结合发射场某发射工位的规划建设需求，设计一套针对推进剂库房、加注区域和各个可能有推进剂气体的区域的监测系统，系统可以实现对上述区域工作人员摄像和现场进行实时监控、报警，并根据报警浓度范围，发出切断推进剂泄漏扩散和火灾蔓延的操作指令，也可以对现场工作人员发出逃逸躲避等指令，减少事故造成的人员伤亡。

系统监控对象为推进剂气体（肼类和氮氧化物）浓度，现场固定监测点可以设计为有线电缆输送信号，工作人员可以自带便携式检测仪，通过无线输送检测信号。无线监测及定位系统由佩戴式监测仪（定位节点）、参考节点、中转站及总控计算机组成。现场监控点和佩戴式监测仪是本系统的核心单元，现场工作人员可通过佩戴式监测仪在第一时间了解自己所处区域危险气体的浓度，控制室人员通过总控计算机接收有线信号（现场固定监测点）和佩戴式监测仪发射的无线浓度信号，实时了解危险气体区域内人员位置和区域气体浓度分布。无线传输采用 Zigbee 技术，并基于 Zigbee 技术构建一套监测区域内监测人员定位系统，组建一个无线定位网络。

系统包含佩戴式监测仪、参考节点、中转站、总控计算机、监测软件，流程如图 2-6 所示。

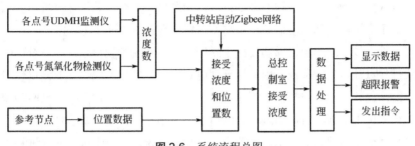

图 2-6 系统流程总图

工作时佩戴式监测仪作为定位节点可在监测区域内随工作人员移动，实时监测工作人员附近的危险气体浓度，保障人员安全。参考节点属于静态节点，其坐标值是固定的。中转站节点实现组建无线定位网络并实现数据的无线收发的功能，是系统中至关重要的模块。监测软件分为现场监测仪软件和总控制室计算机软件。监测仪软件主要完成现场气体监测数据的采集、数据存储、无线通信等功能。总控制室计算机软件完成各个监测点监测数据的采集、数据库整合分析比对、显示浓度信息和定位信息，并根据情况发出报警及控制的命令。

系统的移动或定位气体监测和位置定位功能不可分割，通过气体监测仪器可获知关注区域内固定点或人员工作区域的推进剂气体浓度，一旦监测到泄漏，总控计算机通过定位功能快速确定人员所在位置及浓度信息，在发出报警指令的同时，发出切断泄漏源、停泵等应急动作。同时定位功能可以了解到区域内人员情况。人员佩戴式监测仪的监测功能是通过无线发射单元将信号发出。无线发射单元发送的数据包括监测仪位置信息、泄漏气体种类和浓度信息、监测仪状态信息和电池状态信息等。

定位功能由固定式监测仪或佩戴式监测仪、参考节点、中转站和总控计算机共同实现。定位功能可以采用基于信号强度的三点定位方式，如图 2-7 所示，dbm 为信号强度单位，即分贝毫瓦；Lan 为计算机接口形式。

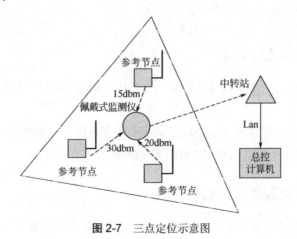

图 2-7 三点定位示意图

监测仪（可以是固定式的监测仪，也可以是佩戴式移动式的监测仪）向参考节点发送定位请求，参考节点接收后将参考节点位置序号发给监测仪。监测仪通过无线方式接收到参考节点位置序号后，同时周期采集浓度数据。监测仪将浓度数据和定位数据以数据帧格式无线发送给中转站，中转站以无线方式接收到位置序号和浓度数据后，通过串口发送给总控计算机，在总控计算机上运行监控程序显示定位结果和浓度值。定位精度可以实现在 3～5m 范围内。

韩卫济等根据现场需求和上述原理设计了系统的硬件系统和软件系统。系统硬件设计主要有佩戴式监测仪硬件设计，参考节点、中转站硬件电路设计。软件系统包括监测仪软件和总控计算机软件部分。监测仪软件主要包括核心程序模块、气体监测、无线通信、外设驱动和其他功能模块。总控计算机采用工业计算机，通过以太网口与中转站相连。上位机软件主要负责气体监测信息、定位信息和其他设备状态的显示。设计了定位测试系统，并对推进剂库房进行了实际测试，结果表明，实际距离和测试距离的误差为 0.2～3m。

区域监测和定位系统整合了有线、无线气体监测和定位技术，可用于推进剂厂房的气体浓度监测，以固定式监测仪、佩戴式气体监测仪为核心，通过参考节点、中转站和总控计算机的联合工作，实现了佩戴式监测仪同时具备气体监测和定位功能，可以实现推进剂库房、加注管线等特殊区域的远程监控功能，一旦总控中心计算机监测到某节点气体泄漏，可根据区域推进剂气体浓度的分布对人员逃生路线进行指挥控制，人员已离开的泄漏位置可根据泄漏级别启动智能处置措施，比如喷洒推进剂粉剂覆盖吸附或液态喷淋或其他堵漏处理装置，最大限度保证人员安全、降低财产损失。

2.2 液体推进剂水污染监测技术

2.2.1 推进剂水污染物监测指标

由于航天发射场常用的推进剂有单组元推进剂无水肼、过氧化氢、单推-3 和双组元液体推进剂液氧/液氢、液氧/煤油、四氧化二氮（N_2O_4）/偏二甲肼（UDMH）、四氧化二氮/无水肼、四氧化二氮/甲基肼等，各个作业过程的主要液体污染物有甲醛、氨氮、肼、甲基肼、偏二甲肼、硝酸盐氮、亚硝酸盐氮、氰化物。

2.2.2 推进剂水污染监测模式

① 在线监测：指利用各类水污染传感器进行直接监测，读取结果的监测模式。速度较快，但准确度和精度有限。

② 离线监测：指通过提取水样，并将其送回实验室进行分析的模式。通常实验室分析方法精度较高，但得到监测结果的时间周期受检测方法的限制。

2.2.3 推进剂水污染监测点位布设

① 河流污染：一般在河流上游、污染排放口、河流下游布设监测点位。

② 地下水污染：一般根据地下水流向，在污染场区周边布设点位，污染严重的，在地下水流向的下游方向加设监测点位。

③ 其他水体污染：根据污染特征和监测需求，在污染水体排放口和周边，根据污染扩散模式设置监测点位。

2.2.4 推进剂水污染检测方法

推进剂水污染检测方法包括化学分析法、仪器分析法等。其中化学分析法包括滴定法、铜试剂法、乙酰化法、比色法、库仑法等。仪器分析法包括傅里叶红外分析仪、色谱法、色质联用、分光光度法、荧光法等。以下按推进剂类别介绍水中推进剂污染物的检测技术。

2.2.4.1 硝基氧化物水污染物检测技术

四氧化二氮与水作用生成硝酸并放热，反应式如下：

$$3N_2O_4 + 2H_2O \rightleftharpoons 4HNO_3 + 2NO + 2.724 \times 10^5 J \tag{2-21}$$

绿色四氧化二氮中含有1%或3%的一氧化氮，在水中一氧化氮直接挥发到空气中，因此水中污染物主要以硝酸、亚硝酸和氨氮形式存在。

（1）水中硝酸盐氮的检测技术

硝基氧化剂和水反应后生成硝酸盐，水体中的硝酸盐氮是在有氧环境下氨氮、亚硝酸盐氮等多种形态的含氮化合物中最稳定的化合物，也是含氮有机物经过无机物作用分解的最终产物。亚硝酸盐经氧化后生成硝酸盐，硝酸盐在无氧环境下，在微生物作用下可还原为亚硝酸盐。硝酸盐对人体无毒或低毒，但是亚硝酸盐毒性较大，是硝酸盐毒性的 11 倍。亚硝酸盐可与人体血液作用，把血红蛋白中的二价铁转化为三价铁，这就使得红细胞变性从而形成了富铁血红蛋白，富铁血红蛋白使红细胞失去携氧功能，人会出现窒息缺氧等现象，抢救不及时可危及生命。此外，亚硝酸盐有致癌、致突变、致畸形的危害，严重影响了人体健康。因此《肼类燃料和硝基氧化剂污水处理与排放要求》（GJB 3485A—2011）中规定了处理后排水中硝酸盐氮含量≤30mg/L、亚硝酸盐氮含量≤0.1mg/L。准确快速测定硝酸盐氮、亚硝酸盐氮的含量显得尤为重要。测定水中硝酸盐氮含量的方法有很多，经常采用的有离子色谱法、酚二磺酸分光光度法和紫外分光光度法等方法。

① 紫外分光光度法。

《水质 硝酸盐氮的测定 紫外分光光度法》（HJ/T 346—2007）可以检测废水中硝酸盐氮的含量。

方法原理：利用硝酸根离子在 220nm 波长处的吸收而定量测定硝酸盐氮。溶解的有机物在220nm 处也会有吸收，而硝酸根离子在275nm 处没有吸收。因此，在275nm 处做另一次测量，以校正硝酸盐氮值。以 220nm 波长下的吸光度值减去 2 倍 275nm 波长下的吸光度值为纵坐标，以浓度为横坐标绘制标准曲线，然后根据曲线直接读出水样硝酸盐氮的浓度。

检出限：方法最低检出浓度为 0.08mg/L，测定下限为 0.32mg/L，测定上限为 4mg/L。

精密度和准确度：四个实验室分析含 1.80mg/L 硝酸盐氮的统一标准样品，实验室内相对标准偏差为 2.6%，实验室间总相对标准偏差为 5.1%，相对误差为 1.1%。

② 酚二磺酸分光光度法。

《水质 硝酸盐氮的测定 酚二磺酸分光光度法》（GB 7480—1987）规定了硝酸盐氮的酚二磺酸分光光度测定法。

方法原理：硝酸盐在无水情况下与酚二磺酸反应，生成硝基二磺酸酚，在碱性溶液中生成黄色化合物，于 410nm 波长处进行分光光度测定。

检出限：采用光程为 30mm 的比色皿，样品体积为 50mL 时，最低检出浓度为 0.02mg/L。

精密度和准确度：五个实验室分析含 1.20mg/L 硝酸盐氮的统一标准样品，实验室内相对标准偏差为 5.4%，实验室间总相对标准偏差为 9.4%，相对误差为-6.7%。

③ 离子色谱法。

依据《水质 无机阴离子的测定 离子色谱法》（HJ 84—2016）进行硝酸盐氮的离子色谱法测定。

方法原理：利用离子交换的原理，废水样品随淋洗液进入阴离子分离柱，由于被测离子对离子交换树脂的相对亲和力不同，样品中各离子被分离出。在流经抑制器时，由抑制器扣除淋洗液背景电导、增加被测离子的电导响应值和除去样品中的阳离子，最后通过电导检测器检测并绘出各离子的色谱图，以保留时间定性，峰面积（或峰高）定量。离子色谱主要由进样系统、分离系统、抑制系统、检测系统和仪器数据采集处理系统五个主要部分组成。离子色谱用泵为淋洗液（Na_2CO_3+$NaHCO_3$）输送动力，通过离子交换分离，色谱柱后连接抑制器来降低背景电导，运用抑制型 DS5 电导检测器进行检测。

检出限：当电导检测器的量程为 10μS，进样量为 25μL 时，NO_3^- 的检出限为 0.08mg/L，NO_2^- 的检出限为 0.03mg/L。

精密度和准确度：七个实验室分析实际水样，NO_3^- 的加标回收率在 95.0%～111.5%之间，相对标准偏差小于 4.6%；NO_2^- 的加标回收率在 89.6%～113.1%之间，相对标准偏差小于 9.6%。

当测定水样数量较少时，采用紫外分光光度法用时较短，方便快捷。分析大批量的水样时，用离子色谱法则更为便捷，且离子色谱仪可以同时测定多种阴离子，需要的样品量较少，前处理过程简单，可以更加省时省力，大大提高了工作效率。用紫外分光光度法测定水中硝酸盐氮只能用于未受明显污染的水样测定，用离子色谱法测定硝酸盐氮的干扰因素比紫外分光光度法少。当水样中浊度太大或有机物含量过高时，采用紫外分光光度法分析时需要进行预处理，减少对硝酸盐氮检测的干扰。陶辉等采用固相萃取柱（SPE）可消除浊质对硝酸盐氮测定的干扰，测试结果误差小于 1.0%，应用于实际水样分析检测中，相对标准偏差和准确度、精密度均有提高，且固相萃取柱再生后可重复使用。黄鑫等进行了紫外可见光谱快速测定水中硝酸盐氮的研究，将吸收光谱直接检测法引入水样分析中，比较了紫外分光光度法和紫外可见扫描光谱法这两种方法的测定结果，表明吸收光谱法能够快速测定实际水样中的硝酸盐氮，其中紫外可见扫描光谱法对于测定高浓度硝酸盐氮的准确性优于直接分光光度法，该方法可以推广应用于推进剂废水中的硝酸盐氮测定。

（2）水中亚硝酸盐氮的检测技术

亚硝酸盐氮是氮循环的中间产物，不稳定，根据环境条件不同，可被氧化成硝酸盐，也可被还原成氨，亚硝酸盐可与仲胺类反应生成具有致癌性的亚硝胺类物质，在 pH 值较低的酸性条件下有利于形成亚硝胺类物质。水中亚硝酸根的测定方法有分光光度法、离子色谱法、离子选择性电极法、气相色谱/质谱分析法等。常用的是分光光度法和离子色谱法。

① 分光光度法。

在磷酸介质中 pH 值为 1.8±0.3 时样品中的亚硝酸根离子与对氨基苯磺酰胺（p-aminobenzenesulfonamide）反应生成重氮盐，它再与 N-（1-萘基）乙二胺二盐酸盐[N-（1-naphthyl-1,2-diaminoethane-dihydrochloride]偶联生成红色染料，在 540nm 波长处测定吸光度，如果使用光程长为 10mm 的比色皿，亚硝酸盐氮的浓度在 0.2mg/L 以内，其吸光度与含量符合比尔定律。

测定上限：当样品体积为 50mL 时用本方法可以测定亚硝酸盐氮浓度高达 0.20mg/L。

最低检出浓度：采用光程长为 10mm 的比色皿，样品体积 50mL，以吸光度 0.01 单位所对应的浓度值为最低检出限浓度，此值为 0.003mg/L。采用光程长为 30mm 的比色皿，样品体积为 50mL，最低检出浓度为 0.001mg/L。

② 离子色谱法。

方法原理：利用离子交换的原理，连续对废水样品的阴离子进行定性和定量分析，水样中注入碳酸盐-碳酸氢盐溶液并流经系列离子交换树脂，基于亚硝酸根等阴离子对低容量强碱性阴离子树脂的相对亲和力不同而分开，被分开的阴离子，在流经强酸性阳离子树脂（抑制柱）或抑制膜时，被转换为高电导的酸型，碳酸盐-碳酸氢盐则转变为弱电导的碳酸（清除背景电导），用电导检测器检测被转变为相应酸型的阴离子与标准进行比较，根据保留时间定性，峰面积（或峰高）定量。

检出限：检测下限一般为 0.1mg/L。当进样量为 100μL，用 10μS 满刻度电导检测器时，NO_3^- 的检出限为 0.10mg/L，NO_2^- 的检出限为 0.05mg/L。

精密度和准确度：当标准样品浓度为 5mg/L 时，15 个实验室分析实际水样，NO_2^- 的室内相对标准偏差为 2.0%，室间相对标准偏差小于 10.20%。

（3）水中氨氮的检测技术

氨氮是指以游离态氨（un-ionized ammonia，NH_3）和离子态铵（ammoniumion，NH_4^+）的形式存在的氮。相对 NH_4^+ 而言，NH_3 更易透过生物膜，因此氨氮的毒性主要是指 NH_3 的毒性，且随着溶液碱性的增强而增大。二者的比例（NH_3：NH_4^+）由介质的 pH 值和温度决定，当 pH 值增大时，NH_3 的比例升高，反之 NH_4^+ 的比例升高。温度对它的影响和 pH 值类似，即温度升高时，NH_3 的比例升高，而温度降低时，NH_4^+ 的比例升高。

推进剂硝基氧化剂废水处理后的排水中有时会含有氨氮，水中氨氮超标是水体富营养化的重要原因，严重影响生态环境，危害人类和其他生物的生存，特别是鱼类的生存。因此，《肼类燃料和硝基氧化剂污水处理与排放要求》（GJB 3485A—2011）中规定了水中氨氮的排放标准值≤25mg/L。

水中氨氮的测定方法有纳氏试剂分光光度法（HJ 535—2009）、水杨酸分光光度法（HJ 536—2009）、蒸馏-中和滴定法（HJ 537—2009）、流动注射-水杨酸分光光度法（HJ 666—2013）、气相分子吸收光谱法（HJ/T 195—2005）等。相比较而言，纳氏试剂分光光度法和水杨酸分光光度法具有操作简便、快速、灵敏度高等优点，可适用于推进剂废水中氨氮的测定。在实际工作中，有许多因素影响本方法的检出限、灵敏度、测定结果的准确性及重复性。

① 水杨酸分光光度法。

《水质 氨氮的测定 水杨酸分光光度法》（HJ 536—2009）规定了氨氮的测定方法。

方法原理：在碱性介质 pH =11.7 和亚硝基铁氰化钠存在下水中的氨、铵离子与水杨酸盐和次氯酸离子反应生成蓝色化合物，在 697nm 处用分光光度计测量吸光度。

检出限：当取样体积为8.0mL、使用10mm 比色皿时，检出限为0.01mg/L，测定下限为0.04mg/L，测定上限为 1.0mg/L（均以 N 计）；当取样体积为 8.0mL、使用 30mm 比色皿时，检出限为 0.004mg/L，测定下限为 0.016mg/L，测定上限为 0.25mg/L（均以 N 计）。

分析检测时要用无氨水，可以采用蒸馏法或离子交换法制备无氨水。

② 纳氏试剂分光光度法。

《水质 氨氮的测定 纳氏试剂分光光度法》（HJ 535—2009）规定了水中氨氮的测定方法。

方法原理：以游离态的氨或铵离子等形式存在的氨氮与纳氏试剂（$K_2[HgI_4]$）在碱性条件下生成淡红棕色的络合物（NH_2Hg_2OI），此化合物在 420nm 的波长下有最大的吸光度，该络合物的吸光度与氨氮含量成正比。

显色反应原理为：

$$2[HgI_4]^{2-} + NH_4^+ + 4OH^- \longrightarrow [Hg_2ONH_2]I\downarrow + 7I^- + 3H_2O \qquad (2\text{-}22)$$

$$2[HgI_4]^{2-} + NH_3 + 3OH^- \longrightarrow [Hg_2ONH_2]I\downarrow + 7I^- + 2H_2O \qquad (2\text{-}23)$$

纳氏试剂中的显色物质为 $K_2[HgI_4]$，可由 $HgCl_2$ 与 KI 在碱性环境中以一定比例配制而成。反应原理为：

$$HgCl_2 + 4KI \rightleftharpoons K_2[HgI_4] + 2KCl \qquad (2\text{-}24)$$

其中 $HgCl_2$ 与 KI 的质量比为 20.44∶50，即 50g 的 KI 最多能与 20.44g 的 $HgCl_2$ 反应，生成 59.22g 的 $K_2[HgI_4]$。标准中规定的 $HgCl_2$ 与 KI 的质量比为 25∶50，$HgCl_2$ 过量会导致显色能力下降，因此于洋等通过实际分析检验，提出的改进的纳氏试剂分析法对标准有以下改进：

a. AR 级硫酸锌中含有大量的氨氮，应选用 GR 级硫酸锌作为前处理药剂；

b. 配制酒石酸钾钠的过程中应加入一小片氢氧化钾，以最大限度地去除氨；

c. 按照反应理论需求量，应严格控制 $HgCl_2$∶KI 为 20.44∶50，可以在低温加热条件下配制，以节省时间、防止红色沉淀提前出现；

d. 显色时间对实际水样影响较大，宜控制显色时间为 10min。

检出限：当水样体积为 50mL、使用 20mm 比色皿时，该方法检出限为 0.025mg/L，测定下限为 0.10mg/L，测定上限为 2.0mg/L（均以 N 计）。

准确度和精密度：氨氮浓度为 1.21mg/L 的标准溶液，重复性限为 0.028mg/L，再现性限为 0.075mg/L，回收率为 94%～104%；氨氮浓度为 1.47mg/L 的标准溶液，重复性限为 0.024mg/L，再现性限为 0.066mg/L，回收率为 95%～105%。

2.2.4.2 肼类水污染物检测技术

肼类废水处理中的中间产物主要是甲醛及少量氰化物，因此肼类液体污染物主要有肼、甲基肼、偏二甲肼、甲醛和氰化物。

（1）水中肼的检测技术

水中肼检测可以采用分光光度法、恒电流库仑法等。

① 分光光度法。

《水质 肼和甲基肼的测定 对二甲氨基苯甲醛分光光度法》（HJ 674—2013）规定了肼和甲基肼的测定方法。

原理：水中微量肼在硫酸介质中与对二甲氨基苯甲醛-乙醇溶液反应生成对二甲氨基苄连氮黄色化合物，该黄色化合物在458nm处有最大吸收波长，在测定范围内黄色的深度与水中肼的含量成正比。

测定范围：取水样50mL，采用5cm吸收池计算，方法检测限以肼计为0.003mg/L，定量测定范围为0.012～0.240mg/L。如采用1cm吸收池，方法检出限为0.015mg/L，定量测定范围为0.060～1.00mg/L。水样中肼浓度大于1.00mg/L时，可稀释后测定。

精密度：6个实验室测定肼浓度为0.021mg/L、0.152mg/L、0.392mg/L的统一水样，实验室内相对标准偏差分别为0.5%～6.1%、0.6%～5.7%、0.3%～2.5%，实验室间相对标准偏差分别为13.1%、7.0%、5.0%，重复性限分别为0.0019mg/L、0.011mg/L、0.017mg/L，再现性限分别为0.0078mg/L、0.031mg/L、0.057mg/L。

准确度：6个实验室对地表水加标0.020mg/L和0.010mg/L、工业废水加标0.10mg/L、0.40mg/L的4个样品进行了测定，加标回收率结果范围分别为96.9%～102.2%、98.6%～103.0%、95.5%～101.6%、98.1%～103.7%，回收率分别为（101.2±8.6）%、（100.2±3.0）%、（98.7±4.4）%、（103.0±4.4）%。

② 恒电流库仑法。

原理：库仑分析法是以测量电解反应所消耗的电量为基础的分析方法。恒电流库仑法是在样品溶液中加入辅助电解质，然后控制恒定的电流进行电解，辅助电解质由于电极反应产生一种能与待测组分进行定量滴定反应的物质，选择适当的确定终点方法，记录从电解开始到终点所需的时间，根据反应库仑数可求出被测组分含量。在肼的恒电流库仑法中是在0.3mol/L的盐酸溶液中，使0.1mol/L的KBr在铂电极（工作电极）上以恒电流进行电解，其反应为：

$$\text{阳极：} \quad 2Br^- \longrightarrow Br_2 + 2e^- \tag{2-25}$$

$$\text{阴极：} \quad 2H^+ + 2e^- \longrightarrow H_2 \tag{2-26}$$

阳极产生的Br_2与样品中的肼发生定量反应：

$$N_2H_4 + 2Br_2 \longrightarrow N_2 + 4HBr \tag{2-27}$$

以甲基橙为指示剂，过量的Br_2将指示剂氧化使之褪色，指示终点。停止电解，根据电流和时间计算溶液中肼的浓度。

实际使用中采用恒电流库仑法的SPJ-2E型便携式水中肼浓度检测仪，测量范围为0.1～1mg/L，最低检出限为0.03mg/L。

（2）水中甲基肼检测技术

水中甲基肼可采用分光光度法检测。

原理：水中微量甲基肼在酸性介质中与对二甲氨基苯甲醛反应生成黄色缩合物，在 470nm 处有最大吸收波长，在测定范围内吸光度与水中甲基肼的含量成正比。

测定范围：采用 2cm 吸收池、水样 15mL 计算，甲基肼检出限为 0.015mg/L，定量测定范围为 0.060～1.50mg/L。水样中甲基肼浓度大于 1.50mg/L 时，可稀释后测定。

精密度：6 个实验室测定甲基肼浓度为 0.043mg/L、0.103mg/L、0.396mg/L 的统一水样，实验室内相对标准偏差分别为 2.0%～6.6%、0.5%～8.7%、0.2%～2.8%，实验室间相对标准偏差分别为 10.2%、7.6%、4.2%，重复性限分别为 0.0049mg/L、0.012mg/L、0.021mg/L，再现性限分别为 0.013mg/L、0.025mg/L、0.050mg/L。

准确度：6 个实验室对地表水加标 0.040mg/L 和 0.100mg/L、工业废水加标 0.100mg/L、0.400mg/L 的 4 个样品进行了测定，加标回收率分别为（97.1±7.2）%、（99.2±4.0）%、（102.2±6.8）%、（102.8±6.0）%。

由于该方法的灵敏度随温度升高而降低，所以检测时应与校准曲线分析同时进行，较适宜的检测温度为 15～30℃。制作的校准曲线的回归方程相关系数应大于 0.999。

（3）水中偏二甲肼的检测技术

UDMH 很强的化学活性增加了微量 UDMH 检测的难度，环境样品中微量 UDMH 的测定是分析化学领域的研究热点之一。水中微量偏二甲肼的测定方法通常有经典化学法（气量法、铜试剂法、乙酰化法和比色法）、分光光度法、气相色谱法、液相色谱法、离子色谱法、电化学检测法和化学发光法。

《水质 偏二甲基肼的测定 氨基亚铁氰化钠分光光度法》（GB/T 14376—1993）规定了水中偏二甲肼的分光光度测定法，当水样中肼、甲基肼、甲醛含量在偏二甲肼含量 5 倍以上时会干扰测定，水样以当天测试为宜，需要保存时，可在每 100mL 水样中加入 1mL 硫酸，加硫酸后的水样可以放置 1d。该方法对于不同浓度的偏二甲肼水样，分析结果的允许误差不同，当浓度为 0.01～0.1mg/L 时，允许误差为 20%，当浓度为 0.1～1.0mg/L 时，允许误差为 10%。

UDMH 具有很高的活性和吸附性，在利用气相或液相色谱法直接测定时准确性和重复性较差。气相色谱法（GC）具有高灵敏度、高分离效能、高选择性、快速分析等优点，选择合适的检测器是影响 GC 分析灵敏度的关键，采用 GC 法分析 UDMH 时可选用的检测器主要有氮磷检测器（NPD）、质谱检测器（MSD）和火焰离子化检测器（FID）。其中，NPD 对氮磷化合物灵敏度高、专一性好，专用于痕量氮磷化合物的检测；MSD 既可对复杂样品进行总离子扫描，也可进行选择性扫描，适合定量分析；FID 几乎对所有的有机物均有响应，对烃类灵敏度高，且响应与碳原子数成正比，主要用于水中挥发性、极性有机物的痕量分析。

在用色谱法测定 UDMH 时，需要进行衍生化处理，常用于 UDMH 分析的衍生试剂有甲醛、水杨醛、2-硝基苯甲醛、4-硝基苯甲醛。其化学反应式为

$$(CH_3)_2 NNH_2 + HCR = O \longrightarrow (CH_3)_2 NNCHR + H_2O \qquad (2-28)$$

该反应为化学计量反应，所生成的中性腙对色谱柱无腐蚀。使用反相高效液相色谱（HPLC）时，因为 UDMH 缺乏疏水性而使它在疏水硅胶上的保留很弱，即使采用完全水性的流动相时，保留时间也低于 5min。而腙衍生物的疏水性更强，选择 HPLC 流动相组分时可能更灵活。衍生试

剂中甲醛毒性较大，当采用紫外检测器时，芳香族硝基化合物比水杨醛衍生物有更高的摩尔吸光度，因此，选用硝基苯甲醛进行衍生较好。研究者使 UDMH 先与 4-硝基苯甲醛反应生成腙后再进行 GC 分析，检测器分别选用 NPD、FID 和质谱（MS），结果表明信噪比为 3 : 1 时，使用 NPD 误差最小，采用 NPD 进行 GC 分析，实现了水中 UDMH 的检测，检测限为 0.03μg/L。

与气相色谱相比，高效液相色谱具有预处理简单、运行成本低的优点。HPLC 对分析物的性能无严格限制，可分析从自然材料中萃取的复杂混合物。通过改变流动相组成可改善分离效果，因此对于性质和结构类似的物质，分离的可能性比 GC 更大。另外，使用 HPLC 的费用远低于 GC-MS，特别是样品纯化技术的提高，使得具有高分离效率的 HPLC 法能准确定量分析样品中的微量组分。可用于 UDMH 分析的高灵敏度检测器主要有 UV 检测器、分光光度检测器和电化学检测器（EC）。其中，EC 不仅具有特殊的选择性，而且具有很高的灵敏度；电化学检测器所用的玻璃炭电极经电化学预处理，可采用非常低的氧化电势；使用 UV 检测器时，由于芳香族硝基化合物比水杨醛衍生物有更高的摩尔吸光度，故选用硝基苯甲醛衍生物检测效果会更好。另外，电化学检测器所用的玻璃炭电极的抛光情况可能影响分析结果，采用 UV 检测器时，为避免样品中其他组分干扰，可能需要复杂的样品预处理。韩莹等优化了 4-硝基苯甲醛作为衍生试剂分析 UDMH 的色谱条件和衍生条件，采用紫外检测器所建立的高效液相色谱法检测 UDMH 测定下限为 1.0μg/L，UDMH 水溶液的相对标准偏差≤1.69%，方法重现性较好，能够满足痕量检测时相对标准偏差≤5%的要求，水样的加标回收率为 95.7%～102.7%，平均回收率为 99.4%。

离子色谱法（IC）技术结合了经典离子交换方法、现代仪器分析技术与高性能树脂，应用前景广阔，但 IC 填充材料的主要性能（如选择性、保留行为、化学和机械稳定性及非特异性相互作用）受到树脂基体、官能团特性和离子交换容量的影响，实际应用效果和色谱性能与测试条件有关。离子色谱中常用的两种主要检测器是电化学检测器（包括电导检测和安培检测）和光学检测器。有报道将 MS 技术与 IC 联用可大幅度提高 IC 灵敏度，微量 UDMH 分析中可选用上述几种检测器。研究者采用填充二氧化硅阴离子交换剂的离子色谱，填充 Nucleosil 10 SA 的 HPLC 柱，采用电导检测器，醋酸铵缓冲溶液（pH 值为 6.9）为流动相，对肼、甲基肼和 UDMH 进行直接分析，结果表明三者可同时进行分析。水溶液中 3 种肼的检测限（信噪比为 2）分别为 0.2μg/L、0.5μg/L 和 1μg/L。优化 IC 分离的一种可行方法是开发性能更好的新型树脂。但在阳离子交换柱上，肼的保留时间与具有相似结构胺的保留时间相近。因此，如果样品中存在烷基胺，则可能由于发生色谱峰重叠而影响肼的测定，比如二甲胺会影响 UDMH 分析。

化学发光（CL）方法作为一种灵敏、快速和简单易行的检测手段，在分析化学中已经得到了广泛的应用。常见的化学发光体系主要由过氧化氢或其他氧化剂和鲁米诺（Luminol）组成，当鲁米诺氧化后由激发态回到基态时辐射出最大波长为 425nm 的蓝色光。利用化学发光法测定有机化合物就是利用有机物对鲁米诺反应体系的抑制（或增敏）作用或后发光性质来完成的。研究发现，肼类有机物注入已充分反应的高锰酸钾（$KMnO_4$）与鲁米诺混合液中时，会产生后化学发光。而偏二甲肼与反应后的 Luminol-$KMnO_4$ 化学发光体系混合后会发生更强的后化学发光反应，因此可据此监测废水中的痕量偏二甲肼。但由于化学发光反应的速度很快，即发光强度峰值衰减时间不到 10s，所以要得到稳定、重现性好的检测结果，必须保证样品与试剂能够快速、高效混合，将流动注射-化学发光法（FI-CL）两者结合可实现快速测定的目的。高碘酸钾、溴酸钾均可作为偏二甲肼后发光检测技术中的氧化剂，以溴酸钾为例，后化学发光反应机理可表示为：

$$KBrO_3 + Luminol \longrightarrow KBrO + 3\text{-}AP^* \tag{2-29}$$

$$3\text{-}AP^* \longrightarrow 3\text{-}AP + h\nu(\lambda_{max} = 425nm) \tag{2-30}$$

$$KBrO + UDMH \longrightarrow Product + E \tag{2-31}$$

$$E + 3\text{-}AP \longrightarrow 3\text{-}AP^* \tag{2-32}$$

在碱性条件下，溴酸钾和鲁米诺反应生成激发态 3-氨基邻苯二甲酸根离子（3-AP*）和 KBrO，当 3-AP* 回到基态时产生化学发光，回到基态的 3-AP 留于溶液中；当把偏二甲肼加入此反应后的溶液中时，溶液中过量的 BrO⁻ 与偏二甲肼发生氧化还原反应，释放出一定的能量，溶液中留存的 3-AP 吸收反应释放的能量而再次被激发，当 3-AP* 回到基态时，即产生后化学发光。采用化学发光测量仪分别测量空白信号强度（无偏二甲肼时）I_0 和样品（含有偏二甲肼时）信号 I_s，取 $I = I_0 - I_s$，根据相对发光强度 ΔI 值可定量求出 UDMH 浓度。

在上述众多方法中，后化学发光反应检测技术仍处于研究阶段，实际使用中以分光光度法为主流，辅以色谱法。传统的分光光度法检测水中微量 UDMH 选择性差，难以真正满足微量分析的需求。比如，我国规定水体中 UDMH 测定采用氨基亚铁氰化钠分光光度法，检测限为 0.01mg/L。大气中 UDMH 测定采用固体吸附-分光光度法，检测限为 0.015mg/m³。色谱分析技术可以提高肼类化合物测定的灵敏度，但实际应用中应关注以下问题：

① 色谱分析检测条件要求高，不仅需专门的仪器装置，样品需经衍生反应及预富集处理，不适用于现场分析。

② UDMH 具有强还原性，在水溶液中会迅速降解并生成毒性更大的含氮化合物，温度越高降解越快。因此，对于环境中的微量 UDMH，取样后应避免升温，应立即与芳香醛反应，并及时对所生成的腙进行萃取和测试，以尽量减小分析误差。

③ HPLC 衍生反应和产物稳定性受基体和过量试剂干扰，柱寿命有限，衍生试剂较贵，该方法对操作技术要求高。

④ IC 易受细菌干扰致使稳定性和重现性较差。

⑤ 由 UDMH 生成腙的反应在室温下速度较慢，且衍生物产率低，虽然升高温度可提高反应速率，但同时也可促进 UDMH 分解，所以衍生化反应的温度会影响分析的准确性。

（4）水中甲醛的检测技术

甲醛是一种具有刺激性气味的气体，易溶于水、醇和醚类，甲醛是最简单的醛，具有强还原性，甲醛易发生聚合反应，产物为多聚甲醛，该聚合物在室温下能释放出少量的甲醛到空气中。推进剂偏二甲肼在氧化处理过程中，降解产物有甲醛，因此推进剂废水排放控制标准规定了水中甲醛含量应低于 2mg/L。

水中甲醛的检测方法有分光光度法、荧光法、色谱法、极谱法、酶法和一些方法的联用技术，甲醛的分子结构决定了在紫外和荧光上无吸收峰，因此若采用紫外分光光度法和荧光光度法分析甲醛需要适宜的发色剂，通过发色剂与甲醛反应检测甲醛的浓度。采用色谱法检测甲醛需要采用衍生剂，采用 2,4-二硝基苯肼作为衍生剂和甲醛进行衍生，方法检测范围为 0.2～50mg/L，检出限为 0.1mg/L，该方法前处理简单，抗干扰能力较强，但是回收率偏低，准确度不是很好。

在甲醛的各种检测方法中，分光光度法由于仪器设备简单便宜、检测过程准确快速、干扰因素小等优点，是目前甲醛检测中的优选方法。分光光度法主要有：乙酰丙酮分光光度法、变色酸法、酚试剂分光光度法、AHMT 法、品红-亚硫酸法。

变色酸法检测甲醛的原理是在浓硫酸的介质中，变色酸与甲醛相互反应生成一种紫红色的物质，该物质在 570nm 处有紫外吸收峰，方法灵敏度较高，反应体系稳定，但容易受到酚类和其他添加剂的干扰，当样品甲醛浓度较高时，在浓硫酸存在下甲醛容易聚合，同时浓硫酸作为反应介质存在操作危险。

酚试剂即 3-甲基-2-苯并噻唑腙盐酸盐，简称 MBTH。甲醛与酚试剂反应生成嗪，在酸性溶液介质中，嗪可被铁离子氧化成蓝绿色的物质，该物质对 630nm 的单色光有最大的紫外-可见光吸收。该方法的缺点是显色剂 MBTH 液不够稳定，放置冰箱中可保存 3 天，而且反应受温度和显色时间影响很大，所以显色后吸光度的稳定性比乙酰丙酮差。

AHMT 即 4-氨基-3-联氨-5-巯基-1,2,4-三氮杂茂。AHMT 和甲醛缩合后经过高碘酸钾氧化成紫红色化合物，该物质在 550nm 处有最大的紫外吸收。该方法重现性较差，显色剂不稳定，显色的颜色随时间延长逐渐加深。

品红-亚硫酸法的主要原理是甲醛在浓硫酸介质中与品红-亚硫酸生产蓝紫色的物质，该物质在 570nm 处有最大的紫外吸收峰。该方法比色液稳定性较差，与乙酰丙酮法相比精确度不够高，且该方法受温度影响较大，不容易控制。因此，一般用于甲醛的定性分析。

因此，目前常用的甲醛检测法是乙酰丙酮分光光度法，《水质 甲醛的测定 乙酰丙酮分光光度法》（HJ 601—2011）是水中甲醛检测的国标依据。其原理是：甲醛在过量铵盐存在下，与乙酰丙酮反应生成黄色的 3,5-二乙酰基-1,4-二氢二甲基吡啶，该物质在 414nm 处有最大吸收，反应体系在 3h 内吸光度基本不变。当水样体积为 25mL、比色皿光程为 10mm 时，检出限为 0.05mg/L，测定范围为 0.20～3.20mg/L。在检测中一般加标浓度为原样品浓度的 0.5～2 倍，加标后总浓度不超过方法的测定上限浓度值，加标回收率应在 80%～120%。

（5）水中氰化物的检测技术

氰化物属于剧毒物，可引起组织缺氧窒息，极少量就可致命。因此 GB/T 14376 规定氰化物最高允许排放浓度为 0.5mg/L。

水中氰化物分为简单氰化物和络合氰化物两种。氰化物可能以 HCN、CN⁻ 和络合氢离子的形式存在于水中。

污水中氰化物的测定方法通常有硝酸银滴定法、异烟酸-吡唑啉酮分光光度法、异烟酸-巴比妥酸分光光度法。目前一般采用的方法是异烟酸-吡唑啉酮分光光度法。

异烟酸-吡唑啉酮分光光度法的原理是：样品中的氰化氢（HCN）在中性条件下与氯胺 T 作用生成氯化氰，后者与异烟酸反应经水解生成戊烯二醛，再与吡唑啉酮进行缩聚反应，生成蓝色化合物。根据蓝色深浅与含量成正比，在 638nm 波长下用分光光度法测定。该方法最低检出浓度为 0.004mg/L，测定上限为 0.25mg/L。

异烟酸-巴比妥酸分光光度法的原理：在弱酸条件，水样中的氰化物与氯胺 T 作用，生成氯化氰，然后与异烟酸反应，经水解而成戊烯二醛，最后与巴比妥酸作用生成一紫蓝色化合物，在一定浓度范围内，其色度与氰化物含量成正比，在 600nm 波长处用分光光度法测定。该法最低检出浓度为 0.001mg/L。异烟酸-巴比妥酸分光光度法测污水中氰化物灵敏度高，是易于推广的应用方法。

当水样中氰化物浓度含量在 1mg/L 以上时，可用硝酸银滴定法测定，测定上限为 100mg/L。此方法一般不适合监测推进剂废水中氰化物。

2.3　航天发射场推进剂污染监测技术展望

我国发射场推进剂气体实际检测常用方法有化学法、检测管法和气体检测仪法。经典的化学法需要在实验室分析后得到检测结果，不但需要现场采样，而且在分析中需要进行前处理，最终通过分光光度计或色谱仪等定量检测，样品采集分析流程较复杂，发射场特征污染物的环境监测已经逐渐被现场直接读取数据的气体检测仪和检测管法取代。化学法可用于对现场监测数据的仲裁或比对。气体检测管法具有检测快速、携带方便、成本低廉的优点，因而在国际上广为应用，研究应用检测管最多的国家是美国，已有 150 多种，德国有 130 多种，日本有 120 多种，我国亦有数十种。不同浓度的气体需要用不同浓度范围的检测管进行检测，使用时要注意适宜的浓度范围和检测管的有效期，严格按照说明书使用可以控制检测误差在 20% 以内。

本书中水污染物检测方法列出的都是化学分析法，目前，发射场各种水污染物的现场快速检测仪器、试纸也在研制完善阶段，不久的将来水污染物也可以实现现场快速检测。

电化学检测仪、PID 检测法等气体检测仪法，不仅能直接读取现场气体浓度数据，而且兼具实时在线监测报警功能，具有优良的稳定性和准确性，因此广泛应用于气体检测中。电化学传感器特别是控制电位电解型气体传感器由于其测量线性范围宽、体积小、测量精度高、可用于现场直接监测等优势，因此广泛应用于液体推进剂监测领域，技术相对较为成熟。目前产品主要有美国 Interscan 4000 系列检测仪、法国 Oldham（奥德姆）公司的系列检测仪和传感器，国内导弹卫星发射场除采用法国奥德姆公司生产的电化学式检测仪外，国产的肼类气体电化学检测仪、氮氧化物气体检测仪也开始大量投入使用，这些国产毒气检测报警仪，可对推进剂毒气浓度进行实时快速检测，结合有线、无线网络传输和计算机的预警控制软件，可在推进剂大量泄漏或着火爆炸等突发事故中快速确定危险区和安全范围，确定抢险救护人员允许停留的时间，结合推进剂个人剂量计可对人员中毒剂量大小进行推测，为医疗救护和事故调查分析提供科学依据。高效快速的液体推进剂检测仪器和先进的网络技术将为航天试验任务的顺利完成提供可靠的技术支持。

在未来发射场规划建设中，可将发射场气体污染、液体污染、噪声监测数据及现场气象数据整合形成完整的环境数据接收、处理、传输和存储信息系统，如图 2-8 所示。

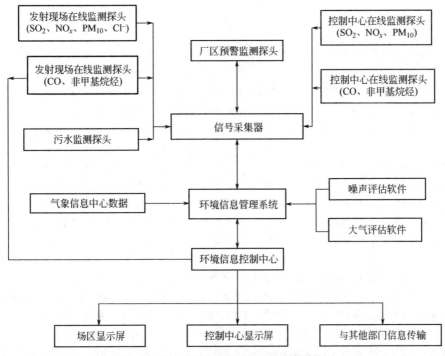

图 2-8　发射场环境信息采集处理分发系统图

通过在发射塔架周边、推进剂库房、环境信息控制中心、环境污染治理设施区域设立环境污染监测探头，采用在线监测的方式，对上述关键区域周边的常规环境现状和任务期间环境状况进行监控，了解环境状态的变化，为指挥决策和对外宣传提供有效的信息。监测的数据通过线路传输到数据处理中心的环境信息管理平台进行数据的存储、分析和处理，利用区域气象数据，采用预测模型进行污染物浓度预测，得出发射任务关键区域的污染物浓度分布规律。在沿海发射区域，可以添加区域的潮湿环境盐雾监测指标。通过建立数据信息的处理系统、实现数据在网络间的双向传输，将实时环境数据、气象数据和预测环境数据上传到控制中心，并分发到任务关键区域的指挥岗位和公众区域显示屏，为发射任务的完成提供服务。

参考文献

[1] 李亚裕. 液体推进剂[M]. 北京：中国宇航出版社，2011.

[2] 王栋. 气体检测管及其常见品种[J]. 劳动保护杂志，2000，2：37-39.

[3] 张帆，魏庆农，张伟，等. 光离子化技术发展综述[J]. 现代科学仪器，2007，2：8-15.

[4] 王彦召，尚爱国，董振旗. 基于 PID 技术的推进剂贮存环境监测控制系统[J]. 陕西理工大学学报，2004，20（2）：14-16.

[5] 张淑娟，黄智勇，吕晓猛，等. 基于推进剂使用安全的化学检测技术[J]. 公共安全中的化学问题研究进展，2015，4：152-155.

[6] 曹晔，张光友，丛继信. 控制电位电解型气体传感器在液体推进剂检测中的应用[J]. 导弹与航天运载技术，2006，1：49-53.

[7] 刘志娟，郭斌. 肼类火箭推进剂气体检测技术[J]. 低温与特气，2007，25（2）：37-42.

[8] 韩卓珍，曹晔，王力，等. 溶液吸收/分光光度法检测空气中偏二甲肼含量[J]. 环境科学与技术，2010，33（11）：102-105.

[9] 曹晔，张光友，王力，等. 气相色谱/质谱法测定空气中痕量偏二甲肼[J]. 分析化学，2010，38（12）：1817-1820.

[10] 曹晔，张光友，王力，等. 基于 OP-FTIR 技术的液体推进剂气体检测方法研究[C]. 中国化学会第八届全国化学推进剂学术会议，2017：293-296.

[11] 李宝庭，曹晔，彭清涛，等. 液体推进剂气体检测管的制作与测试[C]. 中国化学会第八届全国化学推进剂学术会议，2017：208-212.

[12] 高金燕，孙晓冷，郑江莉. 盐酸萘乙二胺法测定氮氧化物影响因素[J]. 油气田环境保护，2015，25（3）：50-53.

[13] 牟军，马艳，袁媛. 盐酸萘乙二胺法测定大气中氮氧化物影响因素分析[J]. 节能环保，低碳世界，2017，3：18-19.

[14] 王康丽，严河清，白延利，等. 氮氧化物电化学传感器[J]. 郑州轻工业学院学报（自然科学版），2004，19（4）：85-87.

[15] 张亚鹏. 离子色谱法测定环境空气中的氮氧化物[J]. 污染防治技术，2016，29（2）：65-66，87.

[16] 陶辉，刘丹，陈卫. 以 SPE 作为 UV 法测定硝酸盐氮的预处理方法[J]. 华中科技大学学报（自然科学版），2017，45（2）：128-132.

[17] 黄鑫，黄智峰，陈学萍，等. 紫外可见光谱快速测定水中硝酸盐氮[J]. 净水技术，2017，36（3）：111-114.

[18] 张卫，孙奕，王亮亮，等. 氨氮水杨酸分光光度测定法的改进[J]. 化学与生物工程，2017，34（8）：68-70.

[19] 于洋，纪峰，王龙岩，等. 纳氏试剂比色法测定水中氨氮影响因素的实验研究[J]. 中国给水排水，2017，33（12）：119-122.

[20] 封跃鹏，邱赫男，孙自杰. 纳氏试剂分光光度法测定水中氨氮研究进展[J]. 环境科学与技术，2016，39（S2）：348-352.

[21] 韩莹，陈忠林，沈吉敏，等. 高效液相色谱法测定水中痕量偏二甲肼[J]. 哈尔滨工业大学学报，2013，45（8）：34-38.

[22] 张有智，李正莉，王煊军，等. 微量偏二甲肼检测技术研究进展[J]. 化学推进剂与高分子材料，2008，6（3）：20-23.

[23] 刘全，许国根，夏本立，等. 流动注射化学发光法测定水中微量偏二甲肼[J]. 安全与环境工程，2009，16（5）：73-75.

[24] 张会坛，吴婉娥，张伟. 溴酸钾-鲁米诺后化学发光法检测水中微量偏二甲肼[J]. 分析科学学报，2011，27（3）：379-382.

[25] 吴婉娥，孟晓红，张会坛. 后化学发光法检测水中微量偏二甲肼[J]. 含能材料，2012，20（6）：789-793.

[26] 陈浩. 催化动力学光度法检测痕量甲醛的研究及应用[M]. 湘潭：湘潭大学，2012.

[27] 韩卫济，郝龙，徐光，等. 推进剂气体无线监测及定位系统的设计[C]. 中国化学会第八届全国化学推进剂学术会议，2017：245-250.

[28] 姚旭，张光友，王煊军，等. 环境中肼类燃料的分析方法研究进展[J]. 理化检验-化学分册，2018，54（1）：118-124.

[29] Brenner K P, Rose-pehrsson S L. Performance evaluation of a colorimetric hydrazine dosimeter，AD-A281249[R].Washington，D C：Naval Research Lab，1994.

[30] Brenner K P, Rose-pehrsson S L. Development of a dosimeter system for unsymmetrical dimethylhydrazine，monomethyl hydrazine and hydrazine, AD-A281679[R].Washington，D C：Naval Research Lab，1994.

[31] 许宏，马德常，刘朝阳，等. 一种检测肼气体泄漏的监测装置及其使用方法[P]. Zl201010269640.4.

[32] 环境空气总烃、甲烷和非甲烷总烃的测定 直接进样 气相色谱法 HJ 604—2017.

[33] 夏慧，刘文清，张玉钧，等. 基于激光吸收光谱开放式长光程的空气中甲烷在线监测及分析[J]. 光学学报，2009.

第**3**章

液体推进剂废气
处理技术

3.1 液体推进剂废气来源

液体推进剂废气来源主要有：推进剂转注、加注和推进剂质量检测取样过程。以常规双组元液体推进剂四氧化二氮/偏二甲肼为例，废气主要来源有：

（1）推进剂槽车转注

转注是将铁路（公路）槽车内的推进剂转注到发射场库房储罐中的过程，该过程产生的废气量与铁路（公路）槽车容积及转注压力有关，转注压力范围一般从 0.2MPa 降为 0.05MPa。按照 1 辆氧化剂槽车容积为 $30m^3$ 计算，1 辆槽车转注过程产生二氧化氮废气约 120~150m^3；按照 1 辆燃烧剂槽车容积为 $70m^3$ 计算，1 辆槽车转注过程产生肼类废气约 280~350m^3。氧化剂废气主要为四氧化二氮、绿色四氧化二氮、红烟硝酸等在空气中形成的红棕色二氧化氮气体。燃烧剂废气主要为甲基肼、无水肼、偏二甲肼、煤油等挥发物。

（2）加注过程

在每次加注任务过程中产生大量推进剂废气。产生的废气量与加注量、推进剂储罐容积和储罐泄压的压差有关，加注过程是采用高压泵将推进剂库房储罐中的推进剂挤压加入火箭或航天器中，空储罐中的高压气体泄压过程即会产生废气，如某火箭发射任务中产生二氧化氮废气 $170m^3$，偏二甲肼废气 160m³。神州系列任务加注过程产生的废气量为：二氧化氮废气 100～2000m³，偏二甲肼废气 100～1500m³。

（3）取样过程

推进剂质量检验取样过程和常规加注系统在流量计校验、模拟训练等过程中也会产生废气。这些过程产生的废气采用局部集气罩或通风橱设备收集后采用管道处理后达标排放。

（4）其他操作

推进剂在使用和存储过程中的气检、模拟加注（打回流）、调温等过程也会产生废气。气检是在火箭与加注管道连接后、开始进行推进剂加注前、对管路及火箭储箱的密封性进行检查的操作过程，该过程产生的废气与内外管线管径和长度、火箭上推进剂储箱容积及气检压力有关，一般产生的废气量为 30～200m³；模拟加注一般产生的废气约 30m³；调温过程是为了防止极端气候条件对发射产生不利影响，在推进剂加注前在库房储罐中对推进剂进行必要的温度调节，确保加注的推进剂满足火箭发射需要，该过程产生的废气量与温度调节幅度有关，一般量较少。

上述各个操作过程产生的推进剂废气浓度一般为：NO_2 15%～50%（体积分数）；肼类 3%～15%（体积分数）。气体污染物的主要污染因子：NO_2、肼、偏二甲肼、烃类。

废气排放主要特点为：

① 废气排放时浓度高，接近饱和蒸汽浓度，偏二甲肼废气浓度可达 3%～15%，氧化剂类推进剂排出的废气（二氧化氮）浓度可达 50%；

② 废气排放是间断性的，一般在一次加注过程中分多次排放；

③ 废气排放时间短，一般一次加注累计排放 3～4h，每次持续 0.5～1h。推进剂废气产生情况如表 3-1～表 3-3 所示。

▱ 表 3-1 液体推进剂使用中一次作业的废气产生情况

作业过程	转注	加注	取样化验	其他操作
废气产生量/m³	120～350	100～2000	约 20	50～200

▱ 表 3-2 不同温度下 UDMH/N₂O₄ 的饱和蒸气压

温度/℃	0	5	10	15	20	25	30	35	40
UDMH/kPa	5.57	7.30	9.50	12.3	15.7	20.0	25.2	31.6	39.4
N₂O₄/kPa	35.0	45.7	59.0	75.6	96.0	120.9	151.2	187.7	231.6

▱ 表 3-3 不同温度压力下 UDMH/N₂O₄ 废气理论计算浓度

温度/℃		0	5	10	15	20	25	30
UDMH	50kPa	3.71%	4.87%	6.33%	8.17%	10.5%	13.3%	16.8%
	100kPa	2.78%	3.65%	4.75%	6.13%	7.85%	9.98%	12.6%
	150kPa	2.22%	2.92%	3.80%	4.90%	6.28%	7.98%	10.1%
	200kPa	1.86%	2.43%	3.17%	4.09%	5.23%	6.65%	8.40%
N₂O₄	50kPa	23.3%	30.5%	39.3%	50.4%	64.0%	80.6%	—
	100kPa	17.5%	22.9%	29.5%	37.8%	48.0%	60.5%	75.6%
	150kPa	14.0%	18.3%	23.6%	30.2%	38.4%	48.4%	60.5%
	200kPa	11.7%	15.2%	19.7%	25.2%	32.0%	40.3%	50.4%

现场对偏二甲肼转注口附近排放的废气浓度进行了实际测量，当储罐内压力为 50kPa、环境温度为 20℃时，采用快速测定法，三次实际废气浓度测量分别为 10%、10%、11%，与表 3-3 中理论计算结果的 10.5%比较吻合。因此当无法进行现场检测时，可以将理论计算值作为现场气体浓度值。

二氧化氮在室温下是红棕色、有毒、顺磁性气体，可以聚合成 N_2O_4，聚合体中 NO_2 和 N_2O_4 的组成与温度有关，在极低的温度下以固态存在时，NO_2 全部聚合成无色的 N_2O_4 晶体。固体是无色的，且固体几乎全部是四氧化二氮。当达到熔点 264K 时，N_2O_4 晶体发生部分解离，其中液体含有 0.7%～1%的二氧化氮，故液态 N_2O_4 呈现黄色。当达到沸点 294K 时，红棕色气体为 NO_2 和 N_2O_4 的混合物，其中约含 15%的 NO_2，而在 100℃下的蒸气中含 90%二氧化氮，当温度达到 413K 时，N_2O_4 全部转化为 NO_2，所以 N_2O_4 和 NO_2 共存的温度范围为 264～413K。

推进剂废气的处理方法主要分为物理法、化学法和生物法。物理法又分为吸收、吸附法、冷凝回收法和高空稀释排放法；化学法主要有催化氧化法、酸碱中和法、燃烧法、低温等离子法；生物法有生物洗涤塔、生物滤池等。实际工程应用中以物理法和化学法为主。

3.2 吸收技术处理推进剂废气

吸收法净化气体污染物是利用气体混合物中各组分在吸收剂中溶解度的不同或化学反应特性的差异，使废气中的有害组分被吸收剂吸收，从而达到净化废气的目的。该方法不仅能去除气态污染物，还能回收一些有用的物质。吸收法的优点是工艺流程简单、吸收剂价格便宜、投资少、运行费用低，可适用于废气流量较大、浓度较高、温度较低和压力较高情况下气相污染物的去除，可用于吸收效率和速率较高的有毒气体的净化。

一般吸收系统包括集气罩、废气预处理、吸收液（浆液）制备和供应系统、吸收装置、控制系统、副产物的处置与利用装置、风机、排气筒及管道等。

吸收工艺的选择应考虑：废气流量、浓度、温度、压力、组分、性质、吸收剂性质、再生、吸收装置特性以及经济性因素等。

吸收工艺的主体装置和管道系统，应根据处理介质的性质选择适宜的防腐材料和防腐措施，必要时应采取防冻、防火和防爆措施。

3.2.1 气体吸收处理的一般设计选型原则

常用的吸收装置有填料塔、喷淋塔、板式塔、鼓泡塔等。按照气液相接触形态可以分为三类：第一类是气体以气泡形态分散在液相中的板式塔、鼓泡塔、搅拌鼓泡吸收塔；第二类是液体以液滴状分散在气相中的喷射器、文氏管、喷雾塔；第三类是液体以膜状运动与气相接触的填料吸收塔和降膜吸收塔。

吸收装置应具有较大的有效接触面积和处理效率、较高的界面更新强度、良好的传质条件、较小的阻力和较高的推动力。

（1）吸收塔的选择原则

一般填料塔适宜用于小直径塔和不易吸收的气体，不宜用于气液相中含有较多固体悬浮物的场合；板式塔适宜用于大直径塔及容易吸收的气体；喷淋塔适宜用于反应吸收快、含有少量固体悬浮物、气体量大的吸收工艺；鼓泡塔适宜用于吸收反应较慢的气体。

推进剂废气吸收处理中常用的塔型为喷淋吸收塔和填料吸收塔。

（2）吸收塔设计的一般原则

空塔气速是吸收塔设计的一个关键指标，该指标关系到处理效率和处理成本，一般根据被吸收气体、吸收液的物理化学性质、吸收塔形式和吸收效率选择经济合理的空塔气速。吸收塔的高度是决定被吸收气体和吸收液有足够接触时间的指标。吸收液与被吸收气体的比例（简称液气比）也是一个设计输入指标，一般容易吸收的气体可取小的液气比，不易吸收的气体宜取较大的液气比，特别难吸收的气体或一些特殊场合，宜采用大的液气比。在吸收塔的气体入口处一般应设置气体分布装置，气体出口处应设置除雾装置。在设计喷淋塔时应使吸收液喷淋效果均匀，防止发生沟流和壁流现象。

（3）吸收剂的选择原则

一般吸收液应对被吸收气体有较强的吸收能力和良好的选择性。吸收剂的挥发度（蒸气压）低，吸收液应具有黏度低、化学稳定性好、腐蚀性小、无毒或低毒、难燃等特性，在循环使用方面一般要求吸收液价廉易得、可重复使用，有利于被吸收组分的回收利用或处理。

3.2.2 吸收法处理肼类推进剂废气

3.2.2.1 国内肼类废气处理技术

肼类燃料为极性化合物，易溶于水或酸性水溶液，偏二甲肼在大气中与水蒸气可形成白烟，工程上通常采用水喷淋气体吸收塔或填料吸收塔吸收偏二甲肼类废气，水吸收偏二甲肼废气以物理吸收为主，兼有化学吸收，水与偏二甲肼的反应方程式如式（3-1）：

$$(CH_3)_2NNH_2 + H_2O \longrightarrow (CH_3)_2NNH_3^+ + OH^- \qquad (3-1)$$

用普通水对偏二甲肼废气进行了吸收试验，中型试验装置塔总高 2.3m，内径 0.184m，填料高度 1m，实验用的三种填料分别为：40 目聚丙烯网波填料，比表面积 653m^2/m^3；直径为 25mm、比表面积为 203～228m^2/m^3 的聚丙烯阶梯环填料；直径为 25mm、比表面积为 190m^2/m^3 的拉西环陶瓷填料。结果表明：三种填料吸收处理效果基本相同。当废气中偏二甲肼浓度小于 100×10^{-6} 时，吸收效率大于 93%；浓度为（100～500）$\times 10^{-6}$ 时，吸收效率为 95%～98%；浓度大于 500×10^{-6} 时，吸收效率大于 99%。当用循环水进行处理，水中偏二甲肼浓度低于 6000mg/L 时，吸收效果基本稳定，符合亨利定律。因此当循环水中偏二甲肼浓度大于 6000mg/L 时，必须排入废水池进行废水的统一处理。采用普通水吸收偏二甲肼废气结果如表 3-4 所示。

某单位建成的水吸收处理偏二甲肼废气工程设施经过一级喷淋塔和二级填料塔吸收后，可以实现气体达标排放。当检测到待处理废气低于 0.0196MPa 时，系统停止运行。废气处理量为

200m³/h，水耗为 11t/h。

▣ 表3-4 普通水吸收偏二甲肼废气结果

序号	吸收前浓度/（mg/m³）	吸收后浓度/（mg/m³）	吸收率/%
1	75000	225	99.7
2	9950	665	99.3
3	8775	0	100
4	22936.3	38.9	99.8
5	10687.5	21.37	99.8
6	127500	625	98
7	3925	0	100

采用水吸收和碱液中和工艺可以进一步强化肼类废气的处理效果。李进华等设计加工了型号为 KC-48 的肼类推进剂废气处理装置，其工艺流程如图 3-1 所示。

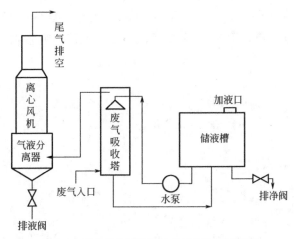

图 3-1　肼类推进剂废气吸收处理工艺流程图

其原理是利用肼类推进剂与水的互溶性，采用吸收喷淋和碱液中和的方法。该装置可有效地去除废气中的肼类成分。在肼类推进剂生产、试验和使用过程中，将肼类废气收集起来，泵送到废气处理装置中，通过喷淋吸收液与肼类废气发生中和反应，废气中的肼类含量可降至初始含量的 0.01%。该废气处理装置的处理能力为 600m³/h。该装置解决了肼类废气的处理难题。

由于水吸收法会产生大量的废水需要进一步处理，且水吸收过程有吸收塔、循环泵等设施需要维护管理，推进剂废气间歇性排放使设施不能连续运行，所以该方法早年在发射场有应用，逐渐被新技术新工艺取代。

3.2.2.2　国外肼类废气处理技术

（1）柠檬酸水溶液吸收处理甲基肼推进剂废气

1980 年美国空军环境委员会推荐一种吸收肼类蒸气的清洗装置，由两组并联装置组成，每组由两个吸收塔串联使用。两组装置分别处理两种不同流量范围的肼气体，其中一组的两个串联塔尺寸和填料相同，直径 0.46m、高 2.68m，填充 1in（1in=0.0254m）马鞍形陶瓷填料，处理对象肼类废气的流量为2.0~11.3m³/min，水的流量为0.006m³/min。

肯尼迪航天中心（KSC）设计的洗涤塔主要用于肼类燃料自燃蒸气的洗涤吸收，它由2个串联塔组成，每个尺寸均为ϕ0.76m×1.22m，填料为1.9cm陶瓷矩鞍环，质量分数14%的柠檬酸水溶液用作逆流吸收液，流速为0.36m³/min。该塔处理肼类燃料废气效果较好，当温度为20℃时，质量分数49140×10⁻⁶的甲基肼蒸气以11.3m³/min流速经该洗涤塔处理后，其含量理论上可降至0.03×10⁻⁶，实际测量结果小于3×10⁻⁶。

KSC目前仍使用质量分数14%的柠檬酸水溶液作为中和剂，利用液体吸收系统处理含肼废气，效果较好。但随着肼类燃料的大量使用，该中心处理废气后的废水也大量增加。由于吸收废气后的废水必须妥善处理，不能直接排放，否则只是将空气污染问题转化为水污染问题，因此后续的废水处理设施必须保证可将水溶液中的有机污染物无害化，实现达标排放。

（2）α-酮戊二酸（AKGA）处理肼类废气

α-酮戊二酸（AKGA）与肼类燃料反应生成稳定、无害、能生物降解的哒嗪衍生物。AKGA是氨基酸的前体，它是常用的膳食补充剂，不会造成二次污染。AKGA吸收液与肼（HZ）反应后的产物为哒嗪衍生物，可降解，不需要二次处理。AKGA与肼、甲基肼的反应产物分别为PCA和MPCA，化学反应式如图3-2所示。

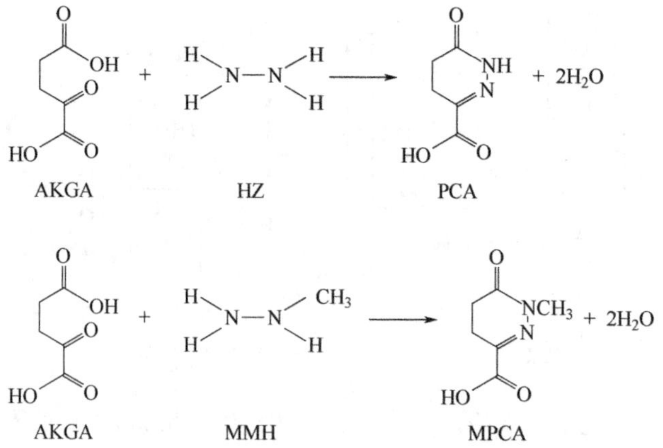

图3-2 α-酮戊二酸（AKGA）与肼类反应图解

上述反应产物PCA和MPCA可用来合成谷氨酸或谷氨酰胺，具有潜在的商业用途，对PCA和MPCA进行的生物降解和毒性评价表明为非危险品。肯尼迪航天中心（KSC）已开始研究使用AKGA溶液作为航天飞机MMH的净化系统和安全贮存的一种去污剂，KSC拟使用AKGA溶液取代质量分数14%的柠檬酸水溶液处理肼蒸气，并开展了相关实验。

早期试验在洗涤塔中使用0.7molAKGA溶液对肼蒸气进行吸收，发现有沉淀物形成，会影响洗涤塔的吸收效果。进一步试验表明沉淀的形成与AKGA溶液的浓度有关，采用几种不同浓度的AKGA溶液进行试验后，表明AKGA与HZ生成的PCA在水溶液中的溶解度为2.8%~3.8%，而AKGA与MMH生成的MPCA溶解度则没有限制，要比PCA溶解度高。

KSC的研究表明，在中和HZ和MMH的洗涤器中可以用AKGA水溶液取代柠檬酸水溶液作为中和液，当AKGA水溶液浓度为0.20mol/L（质量分数2.8%）时可确保不出现沉淀。但实际运行中低浓度的 AKGA 水溶液会减小设备的处理能力，需要频繁更换中和液，增加了操作和维护费用。

近年来 KSC 研究以 AKGA 作为一种固定床洗涤器处理含肼废气。首先将 AKGA 负载在二氧化硅上，形成 AKGA-二氧化硅固体处理废气，但在高浓度的 AKGA 下，沉积物黏度增大，导致处理效果较差。之后，KSC 在应用化学实验室中进行了 AKGA-二氧化硅气凝胶的制备，对低浓度和高浓度含肼废气进行了实验室规模的测试，取得了一定的效果，但仍有一些问题限制了其工程应用。

3.2.3 溶液吸收法处理二氧化氮废气

氮氧化物（NO_x）是酸性气体，可通过碱性溶液吸收实现净化目的。常见的吸收剂有：水、稀 NaOH、$Ca(OH)_2$、NH_4OH、$Mg(OH)_2$、尿素溶液等等。为了提高 NO_x 的吸收效率，可采用氧化吸收法、吸收还原法及络合吸收法等。氧化吸收法先将 NO 部分氧化为 NO_2，再用碱液吸收，常用的氧化剂有浓 HNO_3、O_2、$KMnO_4$ 等。吸收还原法应用还原剂将 NO_x 还原成 N_2，常用的还原剂有$(NH_4)_2SO_3$、$(NH_4)HSO_3$、Na_2SO_3 等。络合吸收法则基于 NO 与某些化合物可生成络合物，所生成的络合物加热时，可释放出 NO，从而可得到高浓度的 NO，常用的络合物有 $FeSO_4$、Na_2SO_3、EDTA 等。

3.2.3.1 尿素水溶液吸收二氧化氮废气原理

采用尿素溶液作为吸收液处理二氧化氮废气在某单位有工程应用。尿素又名碳酰胺，分子式为 $CO(NH_2)_2$，分子量为 60.06，纯尿素无色、无味、无臭。尿素有两种形状：结晶尿素呈针状或棱柱状晶形，吸湿性强，吸湿后结块，吸湿速度比颗粒尿素快 12 倍；粒状尿素粒径一般 1～2mm，半透明，外观光洁，吸湿性比结晶尿素好。尿素呈弱碱性，可与酸反应生成盐。尿素在酸性、碱性或中性水溶液中，60℃以下不发生水解，温度高于 80℃后其水解随温度升高而加剧，80℃时水解速度为每小时 0.5%，110℃时水解速度为每小时 3%，水解产物主要为铵盐。尿素的溶解度较高，结晶尿素溶解度为每升水中 0℃时可溶 400g，20℃时可溶 510g，40℃时可溶 630g。

尿素是一种还原剂，可与硝酸作用生成硝酸尿，在酸性条件下，尿素可将亚硝酸根还原成氮。因此，利用尿素水溶液吸收二氧化氮废气是可行的。

采用尿素水溶液吸收二氧化氮废气的化学反应式如式（3-2）～式（3-7）所示：

$$2NO_2 + H_2O \rightleftharpoons HNO_2 + HNO_3 \tag{3-2}$$

$$N_2O_4 + H_2O \rightleftharpoons HNO_2 + HNO_3 \tag{3-3}$$

$$HNO_2 + HNO_3 + CO(NH_2)_2 \longrightarrow N_2 + CO_2 + NH_4NO_3 + H_2O \tag{3-4}$$

$$2HNO_2 + CO(NH_2)_2 \longrightarrow 2N_2 + CO_2 + 3H_2O \tag{3-5}$$

$$3HNO_2 \longrightarrow 2NO + HNO_3 + H_2O \tag{3-6}$$

$$2NO + O_2 \longrightarrow 2NO_2 \tag{3-7}$$

首先是二氧化氮气体与水反应，生成硝酸和亚硝酸，亚硝酸可以与尿素反应，也可以自行分解，亚硝酸分解过程产生的一氧化氮可进一步被空气氧化为二氧化氮，虽然亚硝酸与尿素的中间反应过程较复杂，但在发射场各个环节产生的二氧化氮废气浓度较高，其被尿素水溶液吸收过程的总反应为式（3-8）：

$$2NO_2 + CO(NH_2)_2 \longrightarrow N_2 + CO_2 + NH_4NO_3 \qquad (3-8)$$

1g 分子尿素可以处理 2g 分子 NO_2，并产生 1g 分子硝酸铵，利用该反应原理可以处理推进剂氮氧化物气体。

3.2.3.2 尿素水溶液吸收二氧化氮废气工程应用

某单位的尿素水溶液吸收处理二氧化氮废气的工艺流程如图 3-3 所示。该系统处理气量 250～850m³/h，喷淋吸收溶液量为 2～3m³/h。该系统可以处理的二氧化氮废气范围为 5%～15%。

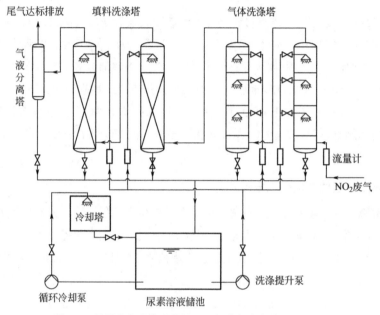

图 3-3 某尿素水溶液吸收处理二氧化氮废气的工艺流程

系统由 2 个气体洗涤塔、2 个填料洗涤塔、1 个气液分离塔、1 个冷却塔、1 个尿素水溶液储池、2 台泵（循环冷却泵和洗涤提升泵）和气体流量计、液体流量计、管道阀件等组成。

核心反应器为填料塔，由外壳、填料、填料支撑、液体分布器、中间支撑、再分布器和气体液体进出口接管等组成。一般要求填料具有较大的比表面积、较高的孔隙率、良好的润湿性、耐腐蚀、一定的机械强度、密度小、价格低廉。填料塔设计的参数为：压力损失为 300～700Pa、空塔气速为 0.5～1.2m/s，气速过大会形成液泛，喷淋密度为 6～8m³/（m²·h），液气比为 2～10。工程设计时根据需求确定方案后，针对处理的尿素和二氧化氮物系确定适宜的填料，早年工程应用中选择的是波纹填料，现在使用规整波纹填料、格栅填料，确定适宜的塔径、填料层高度等尺寸（兼顾考虑喷淋密度），计算塔高及填料层压降，最后进行系统的核算和平衡。

尿素溶液储池中存储吸收溶液，其浓度为 10%尿素、5%硝酸，配制好的吸收水溶液通过洗涤提升泵提升送至气体洗涤塔、依次经过填料洗涤塔后，吸收了二氧化氮废气的水溶液进入气液分离塔，在此经过气液分离后，气体可以达标排放，液体再回到尿素溶液储池，储池中的水溶液经过一段时间使用后，其中的浓度升高，不能再进行吸收处理，排入当地废水处理系统进行统一的废水处理，经过废水处理达标后排放。

尿素水溶液吸收二氧化氮的反应过程属于放热反应，温度可高达60℃，不利于后续的吸收反应，因此尿素溶液储池中的溶液需由循环冷却泵提升至冷却塔进行冷却处理，冷却后的溶液再次回到储池中，继续循环使用。

二氧化氮废气从气体洗涤塔的底部进入洗涤塔，经过第一级洗涤塔洗涤后，气体从塔的顶部出来串联进入第二个洗涤塔的底部，经过两级洗涤塔后的气体依次进入两级填料洗涤塔进一步进行气体的吸收处理。经过四级洗涤、吸收后的气液混合物经气液分离塔后气体从塔顶排出，经过检测达标后排放。两级气体洗涤塔内结构相同，每个塔内设计3个花板，以提高气液接触吸收率；两级填料洗涤塔内结构相同，塔内充填波纹填料，提高了气液接触效率，从而可以提高吸收效率。

系统所有单元和管件阀门均采用不锈钢材质制作，经过实践证明，系统尿素用量较大，在运行中难以准确把控，有时会出现废气浓度过高不能及时处理而导致二氧化氮红烟排出。另外，由于废气间歇排放导致处理系统间歇运行，系统管件阀门易腐蚀。

3.2.3.3 其他水溶液吸收二氧化氮废气

（1）稀硝酸吸收法

采用稀硝酸吸收二氧化氮气体原理是 NO 和 NO_2 在硝酸中的溶解度比在水中的溶解度大，低温高压有利于吸收。

采用稀硝酸吸收法处理二氧化氮气体的化学方程式主要如式（3-9）～式（3-15）所示：

$$2NO_2 \rightleftharpoons N_2O_4 \tag{3-9}$$

$$2NO_2 + H_2O \rightleftharpoons HNO_2 + HNO_3 \tag{3-10}$$

$$N_2O_4 + H_2O \rightleftharpoons HNO_2 + HNO_3 \tag{3-11}$$

$$3HNO_2 \longrightarrow 2NO + HNO_3 + H_2O \tag{3-12}$$

$$2NO + O_2 \longrightarrow 2NO_2 \tag{3-13}$$

$$NO + NO_2 \longrightarrow N_2O_3 \tag{3-14}$$

$$N_2O_3 + H_2O \longrightarrow 2HNO_2 \tag{3-15}$$

耿皎、张锋等研究了水和不同浓度的稀硝酸对 NO_2 的吸收性能，通过测量吸收液的组成和气相压力考察了吸收剂（水和稀硝酸）用量、稀硝酸的浓度（3%～30%）以及气相压力对 NO_2 吸收效率和产物的影响。

如图3-4、图3-5所示，对比了纯水作吸收剂和稀硝酸作吸收剂的吸收效果，增加水的质量，则吸收效率增加，而所得硝酸的浓度先增加后减小。稀硝酸对 NO_2 的吸收效果比水好，二氧化氮在稀硝酸中的吸收速度比在水中快，较高的气相初始压力（>90kPa）或较高的硝酸浓度（>7%，质量分数）都有利于吸收效率的提高。

当硝酸浓度大于12%（质量分数）时，NO 在硝酸中的溶解度显著增加，同时硝酸溶液的氧化性随着硝酸浓度的增加也逐渐增强，两者都有利于将 NO 氧化为 NO_2 再与水反应，使得吸收能力显著提高。研究结果表明，增加吸收剂用量、硝酸浓度和气相压力均能提高 NO_2 的吸收效率，其中稀硝酸用量对吸收效率的影响特别显著。

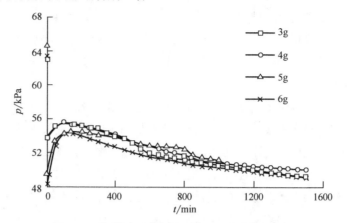

图 3-4 不同纯水吸收剂量对 NO₂ 吸收效果的影响

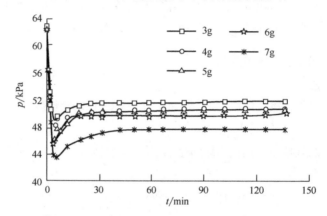

图 3-5 不同稀硝酸吸收剂量对 NO₂ 吸收效果的影响

水吸收 NO_2 是化学吸收与物理吸收并存的复杂过程，气液两相中存在溶质（NO_2、N_2O_4 等）和生成物（HNO_2、HNO_3 等）的物理扩散和化学反应，不同初始压力下，水吸收前和吸收平衡后气相中 NO_2 和 N_2O_4 的物质的量分别如图 3-6 所示。

分析纯水吸收前后气相中 NO_2、N_2O_4 的组成变化，证明了 NO_2 在水中的吸收是以 N_2O_4 与水的化学反应为主。通过反应关系分析和计算，可获得气相组成、N_2O_4 的转化率和 HNO_2 的分解率等参数，研究发现随着作为吸收剂的水的量增加，N_2O_4 的转化率逐渐增大，而 HNO_2 的分解率先增大后减小，在 NO_2 和水的物质的量的比为 0.024 时达到最大值。

稀硝酸吸收法特别适合于中高浓度 NO_x 废气的治理过程，与其他方法不同的是，采用水、硝酸等吸收剂可以在不消耗还原剂的前提下将 NO_x 变为有用的化学资源如制取肥料。不仅实现 NO_x 废气的达标排放，还能将废气中的 NO_x 进行有效回收和资源化，并根据实际需要生产出 10%～65% 浓度不等的硝酸产品供企业循环利用。

该方法的实施一般是氮氧化物气体从吸收塔下部进入，在 20℃ 下和稀硝酸（浓度 15%～30%）逆向接触，经稀硝酸吸收后，尾气排放，吸收氮氧化物的硝酸可以回收利用。当硝酸中 N_2O_4 含量高时，吸收效率会降低。所以应实时监控液体浓度，及时更换吸收剂，以便确保废气达标排放。

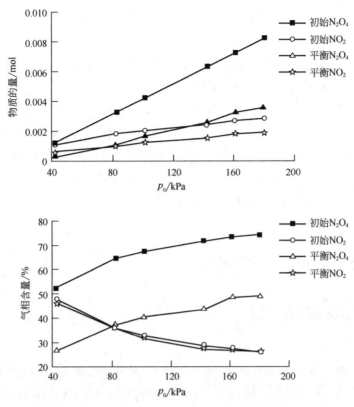

图 3-6 水吸收前后气相中 NO_2 和 N_2O_4 物质的量的对比

（2）硫酸亚铁络合吸收法

可以采用水-硫酸亚铁两段吸收法处理二氧化氮废气，其原理为水和二氧化氮反应后生成硝酸和亚硝酸，亚硝酸分解为 NO 和 NO_2，硫酸亚铁与 NO 可生成不稳定的络合物，反应式如式（3-16）所示。

$$FeSO_4 + NO \longrightarrow Fe(NO)SO_4 \tag{3-16}$$

（3）氨-碱溶液两段吸收法

第一段是氨溶液吸收，反应如式（3-17）所示。

$$2NH_3 + 2NO_2 \longrightarrow NH_4NO_3 + N_2 + H_2O \tag{3-17}$$

第二段采用氢氧化钠水溶液吸收，反应如式（3-18）所示。

$$2NaOH + 2NO_2 \longrightarrow NaNO_3 + NaNO_2 + H_2O \tag{3-18}$$

两级吸收后废气可以排放，碱液可以循环使用，一般控制碱液浓度在 30% 以上，可以达到较好的吸收效果，同时可以避免亚硝酸钠结晶堵塞管道。

（4）还原吸收法

第一段采用氢氧化钠水溶液吸收，第二段采用亚硫酸铵溶液吸收，反应如式（3-19）～式（3-21）所示。

$$2NaOH + NO + NO_2 \longrightarrow 2NaNO_2 + H_2O \tag{3-19}$$

$$(NH_4)_2SO_3 + NO_2 \longrightarrow (NH_4)_2SO_4 + NO \tag{3-20}$$

$$2(NH_4)_2SO_3 + 2NO \longrightarrow 2(NH_4)_2SO_4 + N_2 \qquad (3-21)$$

（5）氧化吸收法

在氧化剂和催化剂作用下，将 NO 氧化成溶解度高的 NO_2 和 N_2O_3（三氧化二氮），然后用水或碱液吸收脱氮。氧化剂可用臭氧（O_3）、二氧化氯（ClO_2）、亚氯酸钠（$NaClO_2$）、次氯酸钠（$NaClO$）、高锰酸钾（$KMnO_4$）、过氧化氢（H_2O_2）、氯（Cl_2）和硝酸（HNO_3）等。在以液化天然气为燃料的锅炉烟气净化中，采用 O_3 强氧化剂在气相中将 NO 氧化成容易被水、酸和碱液吸收的 NO_2 和 N_2O_3。氮氧化物脱氮率达 90% 以上。此法净化过程简单，运行可靠，对锅炉正常运转无影响，可回收高品位的 HNO_3。但 O_3 用量较多，NO 氧化成 N_2O_3 需要时间较长，氧化塔相应庞大。但在推进剂废气中主要以二氧化氮为主，NO 含量较少，可以采用该方法进行废气无害化处理。

3.3 吸附法处理推进剂废气

3.3.1 吸附原理及常用吸附剂

3.3.1.1 吸附基础理论

采用吸附法处理废气是利用固体吸附剂将污染气体从背景混合气中吸附到吸附剂上，实现污染气体从背景混合气体中的分离，达到去除污染气体的目的。吸附处理有毒有害气体是目前工业上处理废气的常用方法之一。固体吸附剂表面的分子或原子因受力不均而具有剩余表面能，某些物质碰撞到固体表面时，受到这些不平衡力的吸引而停留在固体表面上，这就是吸附（adsorption）。通常称固体材料为吸附剂（adsorbent），被吸附的物质为吸附质（adsorbate）。几乎所有的吸附都是一种界面（interface）/表面（surface）现象。

一般吸附工艺包括两个过程：

① 吸附剂吸附气体（吸附质）过程；

② 被吸附的气体（吸附质）从吸附剂上解吸过程。吸附剂的再生有以下几种方式：加热解吸再生、降压或真空解吸再生、溶剂萃取再生、置换再生、化学转化再生。

吸附是由于固体表面上存在未平衡和未饱和的分子引力或者化学键力，因此当固体表面与气体接触时可以吸附气体分子，将气体浓集并保持在固体表面。吸附包括物理吸附和化学吸附，物理吸附称为范德华吸附（分子引力吸附），气体分子与固体粉剂颗粒间形成范德华引力，该吸附为放热过程，吸附热一般高于被吸附物质的蒸发热，保持在气体分子与固体分子之间的范德华力易在外力作用下破坏，据此可进行吸附剂的再生。化学吸附是指吸附剂与吸附质之间发生了化学反应，一般不易解吸，化学吸附与吸附质、吸附剂的表面化学性质有关。

无论是物理吸附还是化学吸附，均发生在吸附剂的表面，因此吸附剂的表面特性在吸附过程中具有重要作用。吸附剂的表面特性主要包括比表面积、表面活性、表面化学性能。

比表面积是单位质量的吸附剂所具有的表面积，吸附剂的粒径越小，或微孔越发达，其比表面积越大，则吸附力越强。

表面活性是指促进化学反应或物理吸附的能力。固体的表面活性深受其比表面积和表面结构影响，固体的比表面积、晶格畸变和缺陷是产生活性的本质原因。因此，比表面积增加，表面活性增高；或使晶格畸变，结构疏松，结构缺陷增加，从而使固体的活性增加。

表面化学性能是指吸附剂表面存在的一定量的表面官能团种类和极性。晶体结构的周期连续性在固体表面处中断，使表面质点排列有序程度降低，晶格缺陷增多，结果导致表面结构不同于内部，含有不饱和的价键，使固体表面形成了带有不同极性的表面官能团，这些裸露的官能团带有表面悬空键和电荷，处于较高的能态，具有较强的选择吸附能力。矿物粉体的表面官能团不仅决定其表面活性位的特征与分布，还影响矿物表面的物理化学作用。

固体比表面积的大小决定吸附剂与吸附质的接触机会，表面活性决定吸附过程的强弱，吸附剂的表面化学性能在吸附过程中起主要作用。

吸附材料选用时应满足"相似相溶原理"和"孔径匹配原则"。"相似相溶原理"是指吸附剂与吸附质的化学组成和结构相似或相近的时候，两者之间的亲和力最大，吸附能力最强，因此常用于多种物质的吸附分离。"孔径匹配原则"指吸附剂内部孔道直径为吸附质分子尺寸一定倍数时，具有最高的吸附能力。吸附剂内部直径小于或者等于吸附质分子直径的微孔，既不能成为吸附质的扩散通道，也无法成为吸附质聚集的吸附场所。研究表明，只有那些孔径达到3~6倍吸附质分子直径的孔道，才属于吸附过程中最有效的热力学场所和吸附质扩散的最佳动力学通道。

一般选择吸附剂时要求：

① 比表面积大，即单位质量吸附剂的表面积大；

② 吸附容量大，即单位质量吸附剂能吸附的吸附质的量大；

③ 选择性高；

④ 化学性能和力学性能稳定，价格低。

3.3.1.2 常用吸附剂

常用的吸附剂有活性炭、活性氧化铝、硅藻土、硅胶、沸石分子筛、泥煤、吸附树脂等。

分子筛是沸石分子结构中的铝原子和硅原子采用其他离子置换后形成的多种类型吸附剂。沸石是碱性硅铝酸盐或碱土金属元素组成的结晶体，其主要结构单位是硅和铝——SiO_4 和 AlO_4 组成的四面体，可以组合成多面体结构，如立方体、六边形棱柱、八面体等等。硅原子和铝原子在四面体的顶角，通过共用的氧原子连接。根据催化作用需求，在沸石分子中采用不同的原子置换，形成不同的分子筛。常用的分子筛主要有丝光沸石 $Na_2Al_2Si_{10}O_{24} \cdot 7H_2O$。该物质对 NO_x 有较高的吸附能力，在有氧条件下，能够将 NO 氧化为 NO_2 加以吸附。泥煤法，国外采用泥煤作为吸附剂处理 NO_x 废气，吸附 NO_x 后的泥煤可直接用作肥料不必再生，但是机理很复杂，气体通过床层的压力较大，实际应用较少。硅胶法，以硅胶作为吸附剂先将 NO 氧化为 NO_2 再加以吸附，经过加热可解吸附，当 NO_2 的浓度高于 0.1%，NO 的浓度高于 1%~1.5%时，效果良好，但是如果气体含固体杂质时，不宜此方法，因为固体杂质会堵塞吸附剂孔隙而使吸附剂失去作用。

活性炭是由不规则的六边形碳层（典型的为 5nm 宽）堆积形成的网状结构，是由诸如木材、泥炭、煤、石油焦、椰壳、果核等炭质材料，经过低温炭化、活化制备的微小结晶体和非结晶体混合组成的炭素物质，是多孔性粉状或颗粒状物料。通过精确控制条件可以获得理想的孔结构和机械强度，比表面积 $300 \sim 4000 m^2/g$，其比表面积的大小和性质与原料、制造工艺及活化工艺有关。活性炭表面分布有大量的羧基、酚羟基、醌型羧基、正内酯基、环氧过氧基及类比喃酮结构基团等，这些基团的存在，特别是羟基、酚羟基的存在使活性炭不仅具有吸附能力，而且具有催化作用，同时活性炭属于非极性疏水性物质，因此适合于有机废气的吸附。结合吸附剂材料改性技术的发展，关于活性炭吸附处理肼类废气和二氧化氮废气的研究也越来越多。活性炭吸附热或键强度比其他吸附剂低，主要是因为活性炭吸附的主要作用力是非特异性作用力和范德华力，所以被吸附分子的脱附相对容易，且吸附剂再生能耗较低。

硅藻土主要成分为非晶质的 SiO_2，还有 Al_2O_3、Fe_2O_3、MgO 及一定的有机质，硅藻土具有独特的硅藻壳体结构，由硅氧四面体相互桥连而成的网状结构，由于硅原子数目的不确定性，导致网络中存在配位缺陷和氧桥缺陷等，因此在表面 Si—O—"悬空键"上，容易结合 H 而形成 Si—OH，即表面硅羟基，表面硅羟基遇水易解离成 Si—O$^-$ 和 H$^+$，使得硅藻土表面呈现负电性。另外，硅藻土比表面积大、孔隙率高、吸附性强，使其在污染物处理领域中具有天然的结构优势。未改性的硅藻土品位普遍较低，其中硅藻含量偏低，而杂质含量较高，应用中有一定的限制，纳米 TiO_2/硅藻土光催化复合材料能够长效降解肼类气体的原理在于：其兼具物理吸附和光催化氧化两种功能，该材料首先利用多孔性硅藻土的吸附作用将肼类气体捕捉，然后利用硅藻土壳体表面负载的纳米二氧化钛的光催化作用将吸附捕捉的肼类气体分子氧化分解为二氧化碳和水。基于这一特点，这种复合材料可以重复使用，进而持续吸附并降解肼类气体。可以将其应用于肼类推进剂废气处理中。

3.3.2　活性炭吸附处理肼类推进剂废气

活性炭吸附法处理肼类废气，是利用活性炭巨大的比表面积和丰富的孔结构，通过范德华力或化学键吸附肼类气体分子，净化后的气体可直接排放。当活性炭吸附饱和后，对吸附剂进行再生处理后可多次使用。

由于肼类属于弱碱性，为了提高活性炭吸附容量，研究人员采用各类无机酸、有机酸进行活性炭改性，Wang Huanchun 等研究了 $Zn(NO_3)_2$ 改性活性炭吸附偏二甲肼废气的性能。经 0.1mol/L $Zn(NO_3)_2$ 溶液浸泡 24h 后烘干得到改性活性炭，改性后活性炭的比表面积略微减小，平均孔径减小，微孔增多，由于金属离子的作用，化学吸附的吸附量明显增加。吸附实验结果表明，改性活性炭吸附偏二甲肼废气的量是未改性活性炭的 4.34 倍。

冯锐等研究了乙酸、草酸、柠檬酸、α-酮戊二酸改性活性炭处理偏二甲肼废气的性能，首先对活性炭进行预处理：将材料加入去离子水中，煮沸 2h；趁热倒出上清液，用去离子水洗涤固态活性炭 $3 \sim 5$ 次；之后将其置于干燥箱内于 105℃下通风干燥 6h，即得预处理的活性炭。酸改性：配制上述各种酸溶液，浓度为 0.1mol/L；取一定量的预处理活性炭放入锥形瓶中，加入适量有机酸溶液，液固比为 10mL：1g；然后于 30℃下水浴振荡 5h，倒去上清液，用去离子水漂洗 $4 \sim 5$ 次后过滤分离，于 80℃下干燥 6h 即可。试验结果表明：与未改性活性炭相比，有机酸改性后的活性炭样品的吸附穿透时间大大延长，活性炭原样的吸附穿透时间约为 40min；乙酸、草酸、柠檬酸、α-酮戊二酸改性之后活性炭样品对偏二甲肼气体的穿透时间分别延长了 14min、17min、34min、23min。有机酸改性后的活性炭在物理结构和化学性质两方面提高了对于偏二甲肼气体的吸附能力，柠檬酸改性之后不仅可以增大活性炭的比表面积以及孔容，还可以大幅提高样品表面羧基的含量；而草酸改性之后对活性炭表面的蚀刻作用更为明显，可能是由于草酸酸性较强，α-酮戊二酸的酸性很弱，其对于活性炭的改性更多地体现在增多活性炭表面含氧官能团数量方面；乙酸作为一元有机酸，其改性活性炭的效果较其他几种多元酸稍差。

黎波等研究了硝酸改性活性炭对偏二甲肼的吸附性能，试验结果表明硝酸改性使得活性炭的表面更加光滑，孔径更加均匀，比表面积和孔容增大，酸性含氧官能团数量增加，对偏二甲肼气体的饱和吸附量明显增加，从原活性炭的 113.248mg/g 增加至 142.915mg/g，增加了约 26.2%。

工程上用活性炭吸附法处理偏二甲肼废气是成功的，但是活性炭容量有限，存在吸附剂频繁再生、吸附质解吸后进一步处理的问题，该方法处理高浓度废气效果不佳。另外吸附法处理偏二甲肼废气是一个放热过程，系统温度升高不利于吸附过程进行，也制约该方法的推广应用。但吸附法处理废气方法简单，对于低浓度的偏二甲肼废气吸附效果较好。

3.3.3 活性炭吸附处理氧化剂废气

氧化剂四氧化二氮在常温常压下与二氧化氮处于平衡状态，氧化剂储罐内氮气保护氛围中二氧化氮的浓度可以通过理论计算求得，从储罐中排放的废气中二氧化氮浓度与储罐的温度和压力有关，室温下二氧化氮是红棕色，当二氧化氮浓度达 500×10^{-6} 时，观察可看到红烟。

活性炭吸附处理二氧化氮废气不仅有物理吸附过程，而且有化学吸附。氮氧化物废气中 NO_2 比 NO 无论是化学吸附还是物理吸附均较易发生，NO 的沸点是 $-152℃$，NO_2 的沸点是 $21℃$，因此室温下 NO_2 较易进入吸附剂的微孔和介孔并被吸附。

活性炭吸附氮氧化物的反应式如式（3-22）、式（3-23）所示，但该反应需要一定的温度，一般认为反应温度为 $250℃$ 左右。探讨该过程的反应温度影响机理及环境条件对处理效果的影响是解决该方法工程应用的关键。该过程又称炭固体还原法。

$$2C+2NO_2 \longrightarrow 2CO_2+N_2 \tag{3-22}$$

$$C+2NO \longrightarrow CO_2+N_2 \tag{3-23}$$

从日梅等研究了活性炭对二氧化氮废气的吸附及解吸性能，实验数据如表 3-5 所示。

⊡ 表 3-5 活性炭吸附二氧化氮气体及解吸实验数据

解吸方法	试样	1	2	3	4
加热烘干	第 1 次吸附 NO_2 质量/g	2.1716	2.8371	3.5157	3.0603
	第 2 次吸附 NO_2 质量/g	2.4676	2.6408	2.2216	3.1800
	活性炭减少质量/g	6.9948	7.6554	6.0681	5.6811
湿洗	第 1 次吸附 NO_2 质量/g	3.3443	4.4103	2.9839	3.0869
	第 2 次吸附 NO_2 质量/g	3.4650	3.1075	3.3446	4.1259
	活性炭减少质量/g	3.4447	3.4764	2.8628	2.3512

试验结果表明活性炭对四氧化二氮废气具有很好的吸附处理效果。通过加热烘干和湿洗进行活性炭的再生；加热烘干通过干燥箱加热方法实现，物理加热可以解吸吸附在活性炭上的 NO_2 气体；湿洗过程对活性炭造成的损失较小，吸附剂再生后的吸附效率明显高于加热烘干再生法，但湿洗再生易造成活性炭微孔堵塞，影响吸附性能。

分别采用加热烘干再生和湿洗再生两种方式进行试验，每次 4 个样品，每个样品均进行两次吸附，每次吸附后求出吸附的二氧化氮量，两次吸附后称重求出活性炭的减少质量。

表中实验数据表明：活性炭在试验过程中质量减少了，这主要是因为活性炭在吸附 NO_2 的过程中不仅仅是物理变化，还发生了碳与二氧化氮的化学反应。

上述试验中活性炭的吸附效率较低（10%～25%），主要是因为活性炭的表面与 NO_2 气体接触不够充分，活性炭利用率不高。

Ralph T. Yang 研究认为在吸附剂质量相同时，多壁碳纳米管（MWNT）比活性炭可以吸附更多的氮氧化物，相同条件下，所需活性炭的表面积是 MWNT 的两倍，主要是因为 MWNT 的圆柱几何孔状结构增强了其吸附性，这一点可以进一步试验验证。

为了实现活性炭吸附处理二氧化氮废气或肼类废气的工程应用，需要开展活性炭的表面改性处理，使其活性更高，从而提高其吸附效果。但是活性炭吸附需要再生，工艺流程较长，且后续处理繁杂，一般仅用于处理低浓度废气，大量工程应用难度较大。

3.4 等离子体技术处理推进剂废气

3.4.1 等离子体技术处理废气原理

等离子体是利用高能放电原理，在高频高压的工作状态下，产生包括高能电子、各种离子、氧自由基和羟基自由基在内的呈电中性的混合体，该混合体等离子态具有极高的能量和氧化性。等离子体分为低温等离子体与高温等离子体两种，通常情况下我们所接触的大多都是低温等离子体。在低温等离子体中的各种粒子如电子、离子、中性的原子分子等，质量不同，运动速率也不同。

等离子体活化法烟气脱硫脱硝技术发展于 20 世纪 80 年代，其特征是在烟气中产生自由电子和活性基团。根据等离子体中高能电子的来源，该法可分为两大类：电子束法（EBDC）和脉冲电晕等离子法（PPCP，也即电晕法）。前者利用电子加速器获得高能电子束（500～800keV），后者利用脉冲电晕放电获得活化电子（5～20eV）。

（1）电子束法

电子束辐照烟气脱硫脱硝最初由日本科学家提出，是利用高能射线（电子束或 γ 射线）照射待处理废气，使其发生辐射化学变化，从而将 SO_2 和 NO_x 除去。一般认为，该反应为自由基反应。高能射线照射使废气中水被分解为 HO·、O·、HO_2· 等自由基，这些极为活泼的自由基与 NO_x 反应生成酸，经分离达到净化目的。电子束法脱硫率达 90% 以上，脱硝率达 80%。此法工艺简单，投资低，占地少，但是需要昂贵的电子加速器，处理单位体积烟气的能耗也较高，并要求有 X 射线屏蔽装置，难以大规模推广。

（2）电晕法

电晕法由电子束法发展而来。由于该法克服了电子束法的缺陷，省掉了昂贵的加速器，避免了电子枪寿命和 X 射线屏蔽等问题，并能直接应用到现有电除尘装置上，故受到各国学者的广泛关注。其原理简述如下：电晕放电过程中产生的活化电子在与气体分子碰撞的过程中产生·OH、·N、·O 等自由基和 O_3。这些活性物质引发的化学反应首先把气态的 SO_2 和 NO_x 转变为高价氧化物，然后形成 HNO_3。在有氨注入的情况下，进一步生成硝铵等细粒气溶胶。产物由常规方法（ESP 或布袋）收集，完成从气相中的分离。此过程中离子/分子来不及运动，不耗能，气体温度也不会升高。所以这种方法也被称为"冷等离子体法"或"非平衡等离子体法"。脉冲电晕等离子体活化法烟气脱硫脱硝是一种物理和化学相结合的高新技术，其工业化过程的关键在于降低能耗[<3W·h/m³（标）]。此法占地少，设备费低，操作方便，无二次污染，具有很大的社会效益和市场应用潜力。

低温等离子体（non-thermal plasma，NTP）降解有机废气的机理为：外加电场的作用使介质气体放电产生大量的高能电子，这些电子一方面与气体分子或原子发生非弹性碰撞并将能量转换成基态分子或原子的内能，使其激发、离解或电离，从而使气体处于一种活化状态，同时会有 O·、HO·、HO_2· 及 O_3 等大量的活性氧物质生成，被活化的污染物分子经过等离子体的定向链化学反应后被分解为 CO、CO_2 和 H_2O；另一方面，当高能电子的能量大于污染物分子内的键能时，通过非弹性碰撞高能电子将其大部分能量传递给污染物分子，并破坏其化学键，污染物的分子结构一旦被破坏后，易被低温等离子体中的活性氧氧化分解从而达到净化目的。

低温等离子体技术的特点：

① 等离子具有较高能量，对异味分子进行断键、氧化等一系列物理化学反应，时间较短，在相同处理效果情况下，处理量较大；

② 等离子体发生器具有组合特点，可以结合不同生产，灵活整合；

③ 等离子体发生电极不与处理废气直接接触，使用寿命相对较长，运行稳定，效果持久性较好；

④ 等离子氧化系统空气阻力小，压降损失低，整体能耗偏低，无需频繁更换催化剂或吸附剂，最终产物是 CO_2、H_2O，无二次污染。

由于具有以上技术特点，等离子氧化技术可以广泛应用于工业废气处理、VOCs 处理、室内空气净化等各方面，但不建议直接应用在含有较高浓度易燃易爆溶剂性质废气的处理中。该技术在环境治理领域具有较好前景，是目前 VOCs 治理研究领域的前沿热点之一。

3.4.2 等离子体光催化氧化处理推进剂废气

独立使用低温等离子体技术处理废气存在去除率有限和选择性较差等问题，因此，将 NTP 技术协同其他处理工艺可有效解决独立使用低温等离子技术的问题，常用的技术有 NTP 与催化氧化相结合协同处理废气、NTP 与活性炭吸附协同处理废气。

NTP 协同催化技术处理推进剂废气的原理为：等离子体产生的高能电子、离子激发态原子、分子、活性自由基及丰富的紫外线，这些高活性物质可使常态难以发生或降解很慢的反应顺利进行。等离子体放电区覆盖光催化剂床层时，能量大于或等于能隙的光照射到光催化剂表面时，光催化剂微粒吸收光，产生电子-空穴对。电子与空穴分离并迁移到粒子表面的不同位置，从而参与加速氧化还原反应，进一步强化了推进剂废气的降解，可以提高处理废气的效率，该技术具有选择性好、副产物少、降解效率高、反应条件温和等特点。如 NTP 协同氧缺陷技术处理氮氧化物废气，NTP 能够在常温下产生以 N・和 O・活性自由基为代表的大量高能粒子，促进了 NO 向 N_2 的转化，氧缺陷提高了反应体系中的电子转移效率，提高了系统中高能电子的能量利用率，所以 NTP 协同氧缺陷技术可以提高氮氧化物的去除效率。

NTP 与活性炭吸附协同处理推进剂废气是将推进剂肼类废气首先经过低温等离子体降解，尾气进一步经过活性炭吸附处理，使其达到排放标准。

NTP 技术处理推进剂废气及其工程应用正在研究阶段，该方法在处理大流量低浓度废气中有较好的应用前景，发射场各种不同浓度的废气中低浓度废气适宜采用低温等离子体技术，浓度较高的废气需要进行联合工艺处理。该技术具有随时开启、随时停止的优势，没有外加其他污染源，无二次污染问题，因此，有较好的应用前景。

3.5 推进剂废气的燃烧处理技术

燃烧法可分为直接燃烧法、热力燃烧法、催化燃烧法三种。直接燃烧法是将偏二甲肼废气与天然气等直接在焚烧炉中燃烧，产物为无毒无害的小分子气体，燃烧温度高达 1200℃；热力燃烧法需添加辅助燃料维持燃烧，天然气、柴油、液化石油气或酒精等是常用的辅助燃料，燃烧温度一般维持在 500～800℃；催化燃烧是借用催化剂使废气在较低的温度下氧化分解，达到净化的目的，一般催化燃烧的反应温度在 200～400℃。

直接燃烧法所需温度高，耗能大，经济效益相对较低；热力燃烧法的燃烧温度较低，避免了直接燃烧法的缺点，而且添加燃料辅助燃烧，处理效果更好；催化燃烧法温度更低，但是所用的催化剂需要进一步处理。实际工程中热力燃烧法和催化燃烧法是研究的热点，也有工程应用。

3.5.1 热力燃烧法处理推进剂废气

热力燃烧法是利用废气自身具有一定的热值通过高温燃烧化学反应进行气体无害化处理的方法，一般应用于具有较高热值的废气处理中。UDMH 自身因热值高而应用于航天发射中，其废气自身具有一定热值，结合废气排放间歇性的特点，总装备部工程设计研究总院借鉴化工有机废气处理技术采用柴油助燃燃烧法处理推进剂废气，设计并建成了工程设施。

在航天发射场处理推进剂 NO_2 废气中曾针对发射场缺乏系统的、行之有效的推进剂废气处理技术，结合废液燃烧处理系统的试验研究，设计加工了一体化废气废液处理装置。

3.5.1.1 热力燃烧处理四氧化二氮废气原理

四氧化二氮液体挥发的废气是二氧化氮，利用柴油作为燃料进行二氧化氮废气处理的反应方程式如式（3-24）、式（3-25）所示。

$$74NO_2+4C_{12}H_{26} \longrightarrow 52H_2O(g)+48CO_2+37N_2 \tag{3-24}$$

$$37O_2+2C_{12}H_{26} \longrightarrow 26H_2O(g)+24CO_2 \tag{3-25}$$

同时二氧化氮废气在燃烧炉膛内还可以进行高温分解反应，如式（3-26）、式（3-27）所示。

$$2NO_2 \longrightarrow 2NO+O_2 \tag{3-26}$$

$$2NO \longrightarrow N_2+O_2 \tag{3-27}$$

在处理上述废气过程中，柴油作为还原剂和二氧化氮气体进行高温氧化还原反应。

3.5.1.2 热力燃烧处理偏二甲肼废气原理

由于偏二甲肼的热值较高，在燃烧处理过程中，柴油的主要作用是预热保持炉膛温度、提供反应环境温度。

利用柴油助燃处理偏二甲肼废气反应方程式为式（3-28）、式（3-29）：

$$4O_2+(CH_3)_2 N_2H_2 \longrightarrow 4H_2O(g)+2CO_2+N_2 \tag{3-28}$$

$$37O_2+2C_{12}H_{26} \longrightarrow 26H_2O(g)+24CO_2 \tag{3-29}$$

偏二甲肼废气在燃烧炉膛内还可以进行高温分解反应，如式（3-30）、式（3-31）所示。

$$(CH_3)_2 N_2H_2 \longrightarrow 2CH_4+N_2 \tag{3-30}$$

$$CH_4+2O_2 \longrightarrow CO_2+2H_2O(g) \tag{3-31}$$

3.5.2 热力燃烧处理推进剂废气工艺设计

根据发射场每次任务废气产生量，设计了移动式废气处理车，处理废气规模为 $150\sim200m^3/h$。废气来自推进剂储罐，将推进剂储罐内压力 $0.18\sim0.20MPa$ 的废气处理后降为 $0.02MPa$，推进剂储罐的温度一般为 $10\sim15℃$，可计算出废气的起始浓度约为：UDMH 为 $3\%\sim4\%$，N_2O_4 为 $20\%\sim25\%$。处理后气体应达标排放。

设计加工了 N_2O_4（NO_2）和 UDMH 废气处理车，为了提高处理车的利用效率，在设计中增加了废液雾化喷枪和废液管路，实现了一套装置既可处理废气又可处理废液的目标，两套处理车的工艺组成分为八大系统，各系统的具体组成及其功能见表3-6。

☐ 表3-6　废气燃烧处理系统组成及其功能

系统名称	系统组成	系统功能
燃烧炉主体系统	由卧式炉膛（设有夹层）、燃烧器和点火机组成。燃烧器由三个同心圆组成，分别进入废气、助燃柴油和助燃风	提供高温燃烧炉膛，供废气、废液充分燃烧
废气系统	由废气快速接口、各类阀件、压力表、流量计、废气管路、燃烧器等组成	将待处理的废气输送至燃烧炉的燃烧器入口处

系统名称	系统组成	系统功能
废液系统	由废液储存罐、废液快速接口、各类阀件、废液过滤器等组成	将废液储存罐内的废液送入燃烧炉的燃烧器内
氮气系统	由氮气快速接口、减压阀、氮气分气缸、吹扫电磁阀及氮气管线组成	氮气分别供给移动方舱、天窗、烟囱起降、各个气动阀动作和炉膛、管道吹扫
助燃燃料系统	由柴油油箱、油过滤器、油泵、阀件、油中间罐、一体化燃烧机、油泵、压力表及燃油管线组成	通过油泵将助燃柴油送入炉膛
供风系统	供风系统分一次风、二次风和强制排风三部分。分别由风机、压力表、调节阀、流量计及风管线组成	一次风和二次风从燃烧炉的不同部位进入，供燃烧反应需要的氧气，形成多级燃烧模式；强制排风从炉尾进入，通过抽吸使炉膛形成微负压环境，保证燃烧稳定
烟囱系统	烟囱系统分固定部分和活动部分。固定部分内置隔热材料，与炉体部分连接；活动部分闲置时处于平放状态，使用时通过气缸将活动部分推起直立与固定部分衔接	燃烧尾气通过烟囱排放
尾气检测系统	由烟囱取样口、管线和在线监测仪器组成	进行尾气的在线检测，超标时报警

设计的燃烧炉具有以下特点：

① 炉体设置夹层，既可使新风通过夹层提高温度后进入炉膛提高燃烧处理效率，又可降低炉体表面温度，起到安全保护作用；

② 沿燃烧炉长度方向多点进风，形成多级燃烧模式，提高了炉膛有效空间的燃烧效率。

燃烧炉头部内含有三根喷枪，分别将废液和助燃柴油引入炉膛，其中废液喷枪只有在处理废液时使用，其他两根喷枪分别喷入的助燃柴油量不等，根据处理过程的需要，可以通过调节使用一根喷枪或两根喷枪实现不同的喷入量，从而使目标污染物达标排放，同时节约能耗。布设喷枪的区域外围是一个同心圆夹层，空气与废气混合气体由此进入。待处理废物、助燃空气和助燃柴油在燃烧炉头部进入炉膛部位处通过一个精心设计的旋转板混合，使液体雾滴更加均匀，使气体与待处理废物混合更加均匀，提高处理效率。

四氧化二氮废气废液处理移动式装置的平剖面图、外形图如图3-7～图3-9所示。

燃烧炉体由燃烧炉内层和夹层组成，内层敷贴了抗强酸性四氧化二氮腐蚀的耐火材料。二次风通过夹层进入炉膛，夹层中在不同部位共设计 20 个内径为 50mm 的小孔，二次风通过夹层，一方面进行了预热，从炉膛不同部位进入，实现多级燃烧处理，使尾部残余污染物处理彻底达标，同时二次风也起到了降低炉体表面温度的作用。

移动车提供了移动功能，使整套处理系统可以实现移动，满足航天发射场多个不同地点发射工位的废气、废液的处理要求，节约了大量的重复建设投资。移动车由车辆牵引制动设施、车辆底盘和操作方舱组成。方舱由底盘上平台和底盘下边箱组成，两边的多个边箱（见图 3-9）分别装入：助燃燃油油箱 2 个，燃油油泵 1 个，各类管道进入口 1 个，现场用电缆线 1 卷，消防灭火器材一套。

设计加工好的废气处理车如图 3-10、图 3-11 所示。

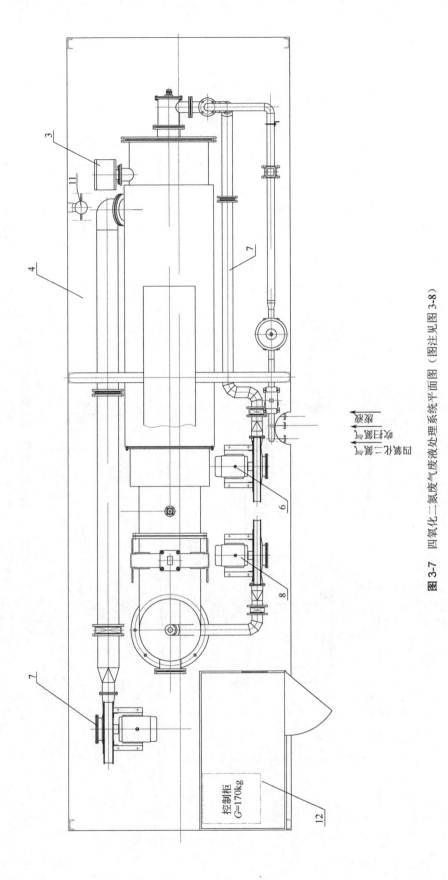

图 3-7 四氧化二氮废气废液处理系统平面图（图注见图 3-8）

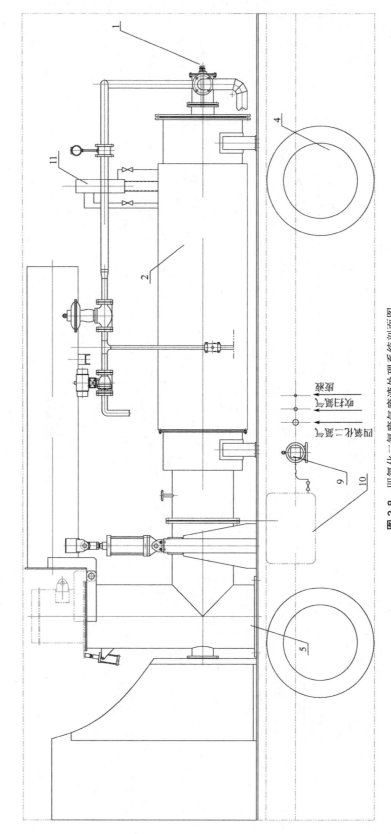

图 3-8 四氧化二氮废气废液处理系统剖面图

1—燃烧器；2—卧式燃烧炉；3—全自动燃烧机；4—移动车；5—尾气烟囱；6—一次风机及管路；
7—二次风机及管路；8—引射风机；9—柴油泵；10—柴油箱；11—柴油中间罐；12—控制柜

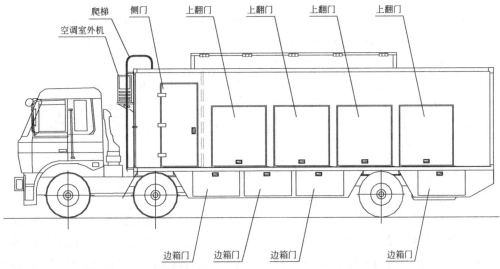

图 3-9 四氧化二氮废气废液处理车外形图

图 3-10 偏二甲肼废气处理车

图 3-11 四氧化二氮废气处理车

3.5.3 热力燃烧处理推进剂废气工程应用

3.5.3.1 四氧化二氮废气处理操作程序

（1）准备工作

首先确保四氧化二氮废气处理车的两个辅助柴油箱处于加满状态，根据环境温度条件，油箱中加注的柴油型号可以选用-30 号、-10 号和 0 号。将处理车移动至现场，接通废气、氮气管线，接通电源。

打开控制室内空调，使控制室内温度处于许可范围（5~25℃），启动电控柜。

打开处理车方舱顶部的天窗锁扣。

打开氮气分气缸输送方舱天窗顶部和烟囱气缸的手动针型阀，启动装置，打开方舱顶部的天窗，将烟囱的折叠活动段缓慢升起。

打开两个助燃油箱的连通阀门。

检查助燃风机、二次风机、强制排风风机的运转是否正常；依次打开、关闭各电磁阀，确认各个阀门处于正常状态；检查各个执行器的动作情况，确保动作灵活正确。

（2）气密性检查和吹扫（吹扫氮气压力为 0.3MPa）

检查废气管线的各个阀门状态和废气系统的气密性，气密性检查无误后，关闭废气管线的气动切断阀，打开气动调节阀，用氮气吹扫管线 5min。关闭所有阀门。

（3）点火程序

打开助燃风机，保持其开度为 10%；打开二次风机，保持其开度为 20%；打开强制排风风机，保持其开度为 50%。

打开燃油中间罐进出油阀门，打开主油箱出口阀门，启动油泵使其空转 2min，确保油路回流正常。

启动燃烧机点火器，燃烧正常后，输出正常燃烧信号，稳定燃烧 5min。

（4）炉膛升温

控制系统接收到燃烧机点火正常信号后，首先调整助燃风机开度为 20%，打开油路电磁阀，柴油喷嘴（18L/h）喷出的油雾遇长明火引燃，柴油燃烧器进入正常燃烧状态，炉膛进入正常升温阶段。调整助燃风机开度为 40%～45%，打开另一路柴油电磁阀，使另一只柴油喷嘴点燃（25L/h）。进一步调整助燃风机开度为 70%～80%，调整二次风开度为 50%。炉膛升温约需 20～30min。

（5）废气处理

当炉膛温度升至 650℃时，进入废气处理程序，打开地面废气管线总阀，自动打开废气气动切断阀和气动调节阀，废气进入燃烧炉，逐渐增大废气量，调整各风机，助燃风机开度为 70%，二次风开度为 50%，强制排风风机开度为 50%，平稳处理废气。尾气管线的在线监测仪可以实时检测废气浓度。若炉膛温度升高超过 750℃时，检查废气流量超过 80%时，调整废气流量以保持炉膛温度在 800℃以下，一般处理过程废气流量开度范围为 35%～80%。

任何状态下，当废气管线压力小于 0.02MPa 时，打开氮气吹扫阀，关闭废气阀，进入停炉程序。

（6）停炉程序

首先断开联锁报警系统，手动关闭废气进气总阀，调整各风机风量均为 100%开度，开启氮气吹扫阀，吹扫过程废气切断阀关闭、废气调节阀开启，吹扫 5min 后关闭废气调节阀、氮气吹扫阀、油路电磁阀、油泵、点火器等，燃烧炉开始降温，当炉膛温度降至 150℃左右时，关闭二次风机，关闭助燃风机和强制排风风机，全系统停车。关闭总电源，断开废气管线、氮气管线，所有管线加盖堵头。移动处理车入库。

3.5.3.2 偏二甲肼废气处理操作程序

准备程序、吹扫程序、点火程序、停炉程序与四氧化二氮废气处理程序相同。

废气处理：当炉膛温度升至 550℃时，进入偏二甲肼废气处理程序，废气阀的开度由 3%逐渐增大，调整助燃风机开度为 50%、二次风机开度为 45%、强制排风风机开度为 75%，平稳处理过程，废气阀的开度以每分钟增加 5%开度递增，在线检测尾气浓度，一旦尾气超标，调整减小废气量，使尾气达标。炉膛温度一般不超过 800℃。废气处理过程，助燃风机开度为 35%～55%，二次风机开度为 45%～50%，强制排风风机开度为 75%，废气调节阀流量开度为 35%～80%。

3.5.3.3 废气处理系统运行结果

建成后的废气废液处理装置已经在发射场应用多次。

酒泉卫星发射中心的废气处理设施为固定式，主要为：三台固定式 N_2O_4 废气燃烧炉体，共用一套供风设施、排烟设施，三台炉体两用一备。UDMH 废气处理设施为两台燃烧炉，一用一备。UDMH/N_2O_4 废气处理设施于 2000 年建成投入运行，运行效果稳定可靠。

西昌卫星发射中心于 2003 年建成 UDMH/N_2O_4 废气固定式处理设施，两套系统分别含有两台炉体，一用一备，满足了试验任务需求。

太原卫星发射中心采用的是移动式废气处理车，于 2007 年 11 月建成投入使用，单套系统既可以处理废气，也可以处理废液，同时一台处理装置可以在不同时间对不同发射工位产生的废气废液进行处理。运行多年来移动式废气处理装置分别在三个发射工位执行了多次任务，确保了废气的达标排放。表 3-7 列出了某发射中心三次任务的废气处理数据。

多级燃烧模式保证了处理尾气达到《大气污染物综合排放标准》（GB16297—1996）标准：$NO_2 \leqslant 420mg/m^3$。在废气处理过程中当废气瞬时大量进入燃烧炉炉膛时会冲击系统，造成尾气瞬时超标，其余处理过程中尾气稳定达标。

⊡ 表 3-7　某发射中心近年来三次任务的推进剂废气燃烧处理数据

名称	任务一		任务二		任务三	
	UDMH 处理车	N_2O_4 处理车	UDMH 处理车	N_2O_4 处理车	UDMH 处理车	N_2O_4 处理车
废气压力变化/MPa	0.10～0.04	0.15～0.04	0.10～0.04	0.15～0.04	0.1～0.04	0.08～0.02
处理废气容积/m^3（标）	106.2	198.9	103.9	199.2	102.45	190.84
处理耗时/h	0.65	1.44	0.74	1.41	0.68	1.36
处理能力/[m^3（标）/h]	163.38	138.13	140.40	141.28	147.72	140.32
柴油消耗量/L	70	185	50	195	60	190

表 3-7 中三次任务结果表明：处理废气规模为 120～180m^3（标）/h；偏二甲肼废气处理装置在执行任务中比四氧化二氮废气处理装置节省油耗，这是因为在处理偏二甲肼废气中，只需要用柴油将炉膛温度提高至反应温度，在处理过程中偏二甲肼的热值足以保持炉膛温度在需要的范围内，二氧化氮废气处理过程不仅需要柴油升高炉膛温度，还需要柴油提供还原剂与四氧化二氮进行反应。每次任务中，约需要柴油 250L。

在推进剂废气处理燃烧炉设计中，废气进入燃烧炉前必须设置阻火器，并设置止回阀；在助燃燃料喷嘴设计中设置了两根大小不等的喷嘴，便于运行过程节能控制；在炉体加工过程中炉膛内耐火材料和保温材料分两次浇筑施工，可以延长燃烧炉的使用寿命，降低燃烧炉的表面温度。

多地多台装置的运行情况表明，废气废液处理装置的间歇式运行对装置的维护提出了更高的要求，只有维护好才能确保装置稳定运行，如果频繁更换操作者会影响到系统的稳定性和使用寿命；太原卫星发射中心废气处理车确保了多个发射工位可以共用一台处理车，提高了设备的利用效率，但同时也存在处理车频繁移动使部分零部件松动甚至损坏的问题，因此应针对使用需求选择适宜的废气处理装置形式，以确保设备安全运行和废气处理达标排放。

3.5.4 低温催化燃烧处理推进剂废气

偏二甲肼和四氧化二氮产生的废气采用热力燃烧法需要的温度较高，如果加入催化剂则可以利用催化燃烧技术在低温下降解或裂解处理废气。催化燃烧技术中催化剂的选择至关重要。

3.5.4.1 催化燃烧原理、工艺形式及特点

催化燃烧即催化完全氧化，是指在较低温度下，借助催化剂在低起燃温度下进行无火焰燃烧，并将有机废气氧化分解为二氧化碳和水，从而使气体得到净化处理的一种废气处理方法。具有无火焰燃烧、安全性好、起燃温度低等优点，一般要求待处理废气中不含有影响催化剂寿命和处理效率的尘粒和雾滴，也不允许有使催化剂中毒的物质，以防催化剂中毒。有机物的催化燃烧类似气-固反应，在催化剂的作用下经历以下步骤完成完全氧化的全过程：

① 气相反应物分子向催化剂表面扩散；

② 反应物分子由催化剂外表面向内表面扩散；

③ 反应物分子被催化剂活性部位吸附而活化；

④ 被吸附物分子与另一活化分子或物理吸附分子或来自气相的反应物分子进行化学反应；

⑤ 反应产物从催化剂表面脱附；

⑥ 脱附物向催化剂表面扩散；

⑦ 脱附物由催化剂外表面向气相扩散。

上述①、②、⑥、⑦为传质过程，同时伴有传热过程；③～⑤为表面反应过程。这七个步骤中的每一步，对整个反应过程都有不同程度的影响。因此，在研究催化反应速度时，应了解每一个步骤的规律性，比较各个步骤对整个反应进程影响的程度，找出最慢的步骤。这个最慢的步骤决定着整个反应进程的速度，通常叫作控制步骤。对给定的反应式和催化剂，控制步骤随反应温度、流速、气体组成及催化剂的几何物态的变化而不同。研究表明，多数工业气相反应总速度都受催化剂内扩散或催化剂与流体之间的传热速度所控制。但是在低温起始反应时，催化剂无疑起着关键作用，因此催化研究者较关注③～⑤三个步骤的表面反应，而催化剂的作用是降低反应活化能。一些动力学研究结果表明，多数有机物完全氧化的活化能在 80～200kJ/mol，在催化剂的作用下可降到 20～80kJ/mol。另外，催化剂表面的吸附作用使反应物分子富集于表面，提高了反应频率，加速反应进程。

在催化反应过程中催化剂活性组分将空气中的氧活化，当与反应物分子接触时发生能量传递，反应物分子被活化，从而加速氧化反应的进行。进行反应时反应物分子首先从气相扩散到催化剂表面活性中心并发生反应，可以表示为式（3-32）：

$$C_mH_n + \left(\frac{n}{4}+m\right)O_2 \longrightarrow mCO_2 + \frac{n}{2}H_2O + Q \tag{3-32}$$

然后生成物从催化剂表面扩散到气相中，整个扩散和催化过程组成完整的气-固相催化反应，这一过程是传质传热过程，因此反应速率不仅取决于催化剂表面活性中心数和活化能的大小，还与扩散过程有关。催化燃烧反应起始阶段为动力学控制，随着温度的升高，反应进入扩散控制阶段，此时速率随温度变化小。当反应体系超过某一温度时，反应速率迅速增大，此时为催化助燃

阶段，是典型的均相气相反应。

催化助燃的实质是空气中的氧气被催化剂中的活性组分所活化，当活性氧与反应物分子接触时发生能量传递，反应物分子随之被活化，从而加快了氧化反应的速度。由于催化剂的使用，大大降低了反应活化能，从而使氧化反应在低燃料浓度和较低温度下进行，这种低温下的反应减少了 NO_x 的生成。与一般的火焰燃烧相比，催化燃烧在有机废气处理方面有着不可比拟的优越性，因此催化燃烧受到人们的普遍关注。催化燃烧法处理有机废气的优点在于：

① 起燃温度（转化 10%时的温度）低，能量消耗少，甚至达到起燃温度后无需外界传热就能完成氧化反应。

例如 PdO 是 CH_4 完全氧化的活性组分，以 Al_2O_3 担载的 Pd 催化氧化甲烷气体的起燃温度为 200℃，以 CuO、Co_3O_4 担载的 PdO 催化剂氧化甲烷的起燃温度也在 300℃ 左右，而且这种低温下的催化燃烧可减少 NO_x 气体的生成。

② 净化效率高，无二次污染。催化燃烧法处理有机废气的净化效率一般都在 98%以上，最终产物为 CO_2 和 H_2O（杂原子化合物还有其他无害产物）。天然气废气处理后甲烷在尾气中的含量可达到 1×10^{-6} 以下。此外，由于催化燃烧过程温度低，大大减少了 NO_x 的生成。

③ 适用范围广且燃烧温和。根据催化燃烧处理对象废气的预热方式及富集方式，催化燃烧工艺流程可分为预热式、自身热平衡式、吸附催化燃烧式三种形式。通常流程如图 3-12 所示。

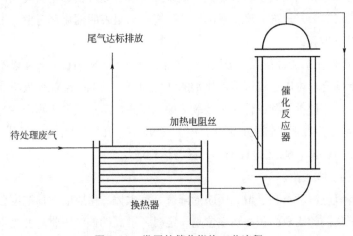

图 3-12　常用的催化燃烧工艺流程

预热式是指待处理废气温度较低，浓度也较低，热量难以自给，在进入反应器前需要经过预热升温。燃烧净化后气体在热交换器内与未处理废气进行热交换，以回收部分热量。通常采用电加热升温至催化反应所需的起燃温度。自身热平衡式是指待处理废气排出温度高于起燃温度且气体浓度含量较高，热交换器回收部分净化气体所产生的热量，在正常操作下能够维持热平衡，无需补充热量，通常只需要在催化燃烧反应器中设置电加热器供起燃时使用。吸附催化燃烧式是指废气流量大、浓度低、温度低、采用催化燃烧需要外加大量热量时，可先采用吸附手段将有机废气吸附于吸附剂上进行浓缩，然后通过热空气吹扫，使有机废气脱附成为浓缩了的高浓度有机废气（一般可浓缩 10 倍以上），再进行催化燃烧。

催化燃烧几乎可以处理所有的烃类有机废气以及恶臭气体，对于有机化工、涂料、绝缘材料等行业排放的低浓度没有回收价值的废气，采用吸附-催化燃烧法处理最为理想。

另外，催化燃烧法处理肼类有机废气，运行费用低，操作管理方便。该方法耗时短、处理简单、便于操作，由于采用设备组合处理，易于实现自动化控制。该方法无需使用污染物与主气流分离，而是使废气在催化剂的作用下直接进行无害化处理。催化燃烧不但可以使燃料得到充分利用，而且是一个环境友好的过程，无论是从能源利用角度还是从环境保护角度考虑，其技术进步都会对社会发展产生重大影响。

催化燃烧的研究重点是针对性的催化剂研究和催化剂性能的提高，目标是研制具有抗毒能力、大空速、大比表面积及低起燃点的催化剂，以提高处理效率、降低造价和运行费用。

3.5.4.2　低温催化燃烧技术处理偏二甲肼机理

低温催化燃烧技术可以降解偏二甲肼废气污染物，偏二甲肼废气中所含的肼、胺类物质，均属于还原性物质，当催化剂存在时，通过利用空气中的氧将其氧化分解。如偏腙、甲醛、亚硝胺类化合物等，在催化剂存在情况下被氧化，最终的分解产物大多为二氧化碳、氮气和水。

偏二甲肼的催化氧化反应如式（3-33）所示：

$$(CH_3)_2NNH_2 + 4O_2 \xrightarrow{\text{催化剂}} 2CO_2 + N_2 + 4H_2O \tag{3-33}$$

酒泉卫星发射中心和兰州大学联合研究了低温催化燃烧处理偏二甲肼废气，制备了催化剂，采用程序升温脱附（TPD）装置试验和原位红外研究，结果表明催化剂对偏二甲肼的催化氧化裂解反应机理包括以下步骤：

① 偏二甲肼在催化剂活性位点上吸附，分子中的 N—N、N—H、C—N 以不同的结合能力在催化剂活性位点上结合，可以通过调整催化剂的活性组分，使 N—N 优先吸附在催化剂上，且吸附力较强，为后续反应提供便利条件（有效氧化偏二甲肼，防止氮氧化物产生）；

② 空气中的氧吸附在催化剂上并活化，对 N—N、N—H、C—N 进行氧化；

③ N—N、N—H、C—N、C—H 断裂，并与活性氧结合；

④ 反应的气相产物脱附。

实验中过低的氧气浓度不利于偏二甲肼的降解，增大偏二甲肼的入口浓度会导致偏二甲肼的降解率降低。当催化剂的比表面积和活性位点一定时，过高的偏二甲肼浓度会引起氧气和偏二甲肼对活性位点的竞争吸附，不利于氧化反应的进行。因此，寻找最优的偏二甲肼废气与空气的配比是优化反应流程、提高反应速率的一个重要环节。

3.5.4.3　低温催化燃烧技术处理四氧化二氮废气机理

四氧化二氮挥发的二氧化氮气体不能与空气中的氧气直接反应，需要加入燃烧剂（还原剂）如烃类、氨类等，在催化剂作用下，发生氧化还原反应，达到去除污染物目的。依据选择还原剂时应遵循的安全性、高效性、适应性和经济适用性等原则，研究人员选择氨气、氢气、天然气、偏二甲肼、液化石油气等进行了反应性能试验，结果表明氨气、偏二甲肼、液化石油气三种物质的还原效果最好且三者效果基本相当，综合考虑工程化应用时设备材质要求、安全性、可操作控制性及成本适宜性后以液化石油气作为还原剂进行了试验。以液化石油气为还原剂处理二氧化氮的反应如式（3-34）所示：

$$\left(x+\frac{y}{4}\right)NO_2+C_xH_y \xrightarrow{\text{催化剂}} xCO_2+\frac{1}{2}\left(x+\frac{y}{4}\right)N_2+\frac{y}{2}H_2O \qquad (3-34)$$

根据上述反应式计算可知1mol 丙烷（C_3H_8）可处理 5mol 二氧化氮，1kg 丙烷可处理 5.23kg 二氧化氮，1mol 丁烷（C_4H_{10}）可处理 6.5mol 二氧化氮，1kg 丁烷可处理 5.15kg 二氧化氮，1kg 液化石油气可处理约 5kg 的二氧化氮。按照废气中二氧化氮浓度 50%计算，$100m^3$ 废气需要约 20kg 液化石油气。

3.5.4.4 适用于低温催化燃烧技术的催化剂制备及效能

某发射中心和兰州大学联合研制了适宜用于低温催化燃烧处理偏二甲肼废气和二氧化氮废气的催化剂，结合待处理对象偏二甲肼和二氧化氮的性质，采用浸渍法制备出能满足氧化介质（二氧化氮）和还原介质（偏二甲肼）交变工况对催化剂物理化学性能的特殊要求的负载钙钛矿型活性复合氧化物的催化剂，能在较低温度下去除偏二甲肼和二氧化氮，用铜离子取代钙钛矿结构中处于 B 位的锰离子，会引起晶格缺陷和氧空位的增加，可加速晶格氧的流动性，进一步提高材料的储氧能力，从而可提高催化性能。试验证明这种取代的钙钛矿结构复合氧化物具有与贵金属相当的催化燃烧活性，加之合适载体的选择，是理想的推进剂废气处理催化剂。

采用微型固定床反应系统研究了所制备的催化剂在不同 O_2/偏二甲肼比例、温度、空气过剩系数、空速、压力等操作条件下的催化性能，得到的结果参数见表 3-8。

▢ 表 3-8 负载钙钛矿型活性复合氧化物催化剂处理推进剂废气试验结果

参数	结果
偏二甲肼气体去除率	≥99.9%
四氧化二氮气体去除率	≥99.9%
催化剂性能	≥4m^3/（kg·h），每公斤催化剂每小时处理 4m^3 废气
催化剂寿命	≥8000h
催化剂价格	≤60 元/kg
反应温度	200～800℃，最佳温度范围 220～360℃
空速	5000～10000h^{-1}

3.5.4.5 低温催化燃烧技术处理推进剂废气工程应用

某发射中心设计加工了一套低温催化燃烧处理推进剂废气的工程设施，工艺流程如图 3-13 所示。

该装置可以分别在不同时段内处理偏热甲肼废气和二氧化氮废气，待处理废气（偏二甲肼废气或二氧化氮废气）通过气体流量计后由燃烧反应器的顶部进入反应器，处理二氧化氮废气时，氮气和液化气经过混合后由反应器顶部进入。如果处理偏二甲肼废气时，空气直

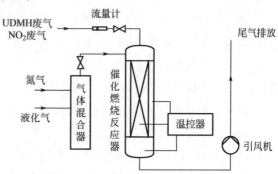

图 3-13 催化燃烧处理推进剂废气工艺流程图

接由反应器顶部进入。控制反应过程温度处于 220～360℃的最佳范围内。反应器尺寸为ϕ1.0m，高 1.6m，内装催化剂 1.2m³，总功率为 100kW·h，占地 20m²。温控器可以采集到加热器温度、催化剂床层温度和处理后的尾气温度，根据需求实时调控。

处理偏二甲肼系统启动时，首先由催化燃烧反应器外部的电加热系统将反应器内部加热至 700℃并恒温，将催化剂床层温度升至 300℃，依次打开空气进气阀、偏二甲肼废气进气阀，通过催化剂床层的催化反应后尾气达标排放。

处理二氧化氮废气系统启动时，首先由催化燃烧反应器外部的电加热系统将反应器内部加热至 500℃并恒温，将催化剂床层温度升至 300℃，依次打开二氧化氮废气进气阀、氮气和液化气混合器阀门，通过催化剂床层的催化反应后尾气达标排放。

系统与实际废气排放口对接后，经受了极限温度 860～160℃的考验，稳定处理偏二甲肼废气量为 5m³/h，进气浓度为 4%～12%，尾气连续监测浓度范围为（0.5～7）×10⁻⁶。处理二氧化氮废气时，进气浓度为 22%～58%，尾气连续监测二氧化氮低于 370mg/m³。

该反应系统实现了一套装置可以分别处理偏二甲肼废气和二氧化氮废气的功能，节省了开支，达到了低温条件下处理废气的目的。该技术工程实施中有散热多、温升难控制和尾气难以稳定达标的问题，可以通过进一步优化催化剂和优化工艺条件进行改进。

3.6 催化氧化/催化还原技术处理推进剂废气

3.6.1 空气催化氧化处理肼类废气

催化氧化法是将推进剂废气与氧化剂（通常是空气）在催化剂床层上直接接触，进行催化氧化反应，使废气得以净化。常用铂或铼作催化剂，在较低温度下催化废气。这种方法处理温度低，效果好，操作费用低，工艺流程简单，易于操作，无二次污染，具有较好的前景，已在我国某航天发射中心得到了应用。采用的催化剂有两大类：一是铂族贵金属，如 Ru、Rh、Pd、Pt、Os、Ir 等；二是贱金属及其氧化物，如 Mo、Ni、Cr、Fe₂O₃、Cr₂O₃、NiO 等。催化氧化法的关键在于催化剂的选择。

刘长林等发明了一种以锰系稀土复合金属氧化物为活性组分的催化剂。其活性组分为 MnO₂与混合轻稀土氧化物的质量比为 1∶（0.5～2.0）的混合物，载体为 840～420μm（20～40 目）的 γ-Al₂O₃，活性组分与载体的质量比为 3∶（20～100），同时还提出了一种制备方法。其活性组分所用的原料为市售硝酸锰和混合轻稀土硝酸盐。当肼的质量浓度为 30～3000mg/m³，环境温度＞14℃，氧体积分数＞4%，且空速为 10000～40000h⁻¹时，其净化率接近 100%。

刘长林等以稀土与碱金属的复合氧化物为催化剂，对含肼废气的催化氧化作用进行了研究。考察了废气中的肼浓度、空间速度、环境温度、氧浓度等因素对含肼废气净化效果的影响及这种催化剂的使用寿命。结果表明：当空气中肼质量浓度为 4000～5000mg/m³，环境温度高于 14℃，空速为 10000～40000h⁻¹时，连续使用 1h 以上，其净化率始终保持在 100%。此外，还对催化剂进行了多批量及多批次冷启动考核，均得到了满意的结果。

3.6.2 TiO₂光催化氧化处理推进剂气体

3.6.2.1 TiO₂光催化氧化机理

TiO₂的频带隙能为 3.17eV，属于半导体材料范畴，其电子结构特点是存在一个满的价带和一个空的导带，当收到波长不大于 387.5nm 的紫外线作用时，电子即可由价带跃迁到空的导带上，从而在价带形成相应的空穴，入射光子的能量必须大于或等于这个频带隙能才能激发自由电子，光催化的本质是在自然光或人工光源的照射下，半导体从光量子中吸收足够的能量，使电子从 TiO₂催化剂的价带经过跃迁到达导带，原子得到能量的激发，形成电子-空穴对。那些空穴能够从水分子中产生 HO·自由基，并吸附于半导体表面，这些活性基团将使氮氧化物得到转化，而电子则与氧分子形成超氧阴离子 O_2^-。光催化效率取决于产生电子-空穴对与电子-空穴对复合的速率，电子-空穴对的复合大大限制了光催化活性，因此可以通过对 TiO₂进行改性，以提高其催化活性。用于二氧化氮气体光催化氧化处理的催化形式有以下几种：

（1）固定化复合光催化剂

为了克服实际应用中 TiO₂悬浮颗粒难以回收的问题，通常将光催化剂负载于载体上，如分子筛、陶瓷、玻璃纤维等。这些物质化学稳定性好，不与 TiO₂反应，能够为 TiO₂催化剂提供支撑，形成复合型催化剂。催化剂不仅与具有较高比表面积的物质结合时效果较好，而且与孔隙率较大的物质结合时也能发挥出较佳的催化效果，这种催化剂称为复合光催化剂。

（2）固定化光催化膜

为了实现 TiO₂的工程应用，将光催化剂制成膜状或涂覆在载体表面，如利用道路路面或墙面作为载体制成复合型催化剂，可以达到去除氮氧化物的目的。常用的制膜工艺有溶胶凝胶法、等离子体法和浸渍提拉法等。催化膜的催化效果与膜厚度、透明度和牢固性等具有较大关系。

（3）流化床光催化技术

采用流化床光催化器可以去除二氧化氮废气，流化床内可以装填悬浮颗粒光催化剂或固定膜催化剂。悬浮颗粒光催化剂反应器是将 TiO₂制作成固体颗粒，装填于流化床内，使固体颗粒与废气充分接触从而达到净化目的，该方法因废气与催化剂的接触面积较大而效果较好。固定膜催化剂反应器是将 TiO₂催化剂稳固地涂附在载体表面，制成复合型催化剂装填于流化床内，实现废气净化目的。

TiO₂使其产生光催化活性的波长范围为小于 387.5nm 的紫外线部分，而太阳能集中在波长 380~780nm 范围内的可见光区域，限制了 TiO₂光催化剂的大规模应用，可以通过改性的方法改善其光响应范围，通常的改性方法有：一是使贵金属沉积于 TiO₂催化剂的表面，使其产生特殊的活性，更易于吸收光生电子；二是金属离子掺杂，掺杂过渡金属离子可达到较好的改性效果；三是非金属离子掺杂，非金属离子掺杂是通过取代氧空位或引入氧空位的方式使 TiO₂的禁带宽度变窄，并且降低了电子-空穴对的复合概率，从而可以提高 TiO₂对可见光的响应范围。

3.6.2.2　TiO$_2$光催化氧化处理推进剂废气

TiO$_2$光催化氧化技术在化工企业中能够处理的有机废气包括醛、烃、酮、醇等，可用于苯储罐逸散废气、橡胶尾气、聚醚废气、化学品装船废气、苯胺硝基苯废气等处理中，在化工企业中已应用20余套。研究表明，将粒径为20.7nm的TiO$_2$作为光催化剂氧化甲苯，去除率高达76%。

采用臭氧-纳米TiO$_2$/硅藻土光催化复合材料可以处理肼类废气。D.Huang等采用量子化学理论的密度泛函理论方法，研究了偏二甲肼与臭氧反应生成亚硝基二甲胺和甲醛的机理。首先利用密度泛函理论计算得到了该反应体系的反应物、中间体、过渡态及产物优化结构、频率及热力学相关数据，描述了偏二甲肼和臭氧反应生成亚硝基二甲胺和甲醛的反应路径，并对转化过程中各竞争反应和反应Gibbs自由能势垒、反应热和Gibbs自由能等热力学和动力学性质进行了详细分析。结果表明，偏二甲肼和臭氧反应的主要产物是亚硝基二甲胺，其次是甲醛，这两个反应都非常容易进行且存在竞争。臭氧氧化偏二甲肼的总反应路径如图3-14所示。

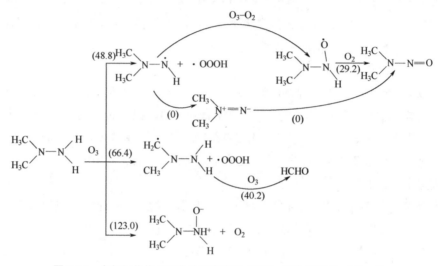

图3-14　臭氧氧化偏二甲肼总反应路径（Gibbs自由能势垒，kJ/mol）

臭氧和偏二甲肼的反应主要由夺氢反应引发，在NH$_2$基团的N上加氧，反应势垒很高，且反应需要吸热，此反应理论上非自发反应较难进行。因此夺取—N—H上的H和同时夺取—N—H和C—H反应的氢为竞争反应，且—NH中间体为反应初始的主要产物。亚硝基二甲胺和甲醛各反应路径的反应势垒都不高，说明偏二甲肼和臭氧反应生成亚硝基二甲胺和甲醛是容易进行的，这也与实验结论相一致，亚硝基二甲胺和甲醛是反应的主要产物，由于反应1比反应2势垒更低，且更容易进行，因此亚硝基二甲胺是主要产物，甲醛是次要产物。

纳米TiO$_2$的加入可以使反应进行得更彻底，可以进一步将亚硝基二甲胺和甲醛氧化为无害的氮气、二氧化碳和水，该技术正在进行工艺研究，优化工艺参数后可以应用于实际工程中。

3.6.3　氨催化还原处理二氧化氮气体

催化还原是在催化剂作用下，利用还原剂将NO$_x$还原为无害的氮气，又分为选择性催化还原法和选择性非催化还原法。

3.6.3.1 选择性催化还原法

选择性催化还原法（selective catalytic reduction，SCR）是工业上应用较广泛的一种脱硝技术，理想状态下对氮氧化物的脱除率可以达到90%以上，但实际过程中由于无法精确控制氨气量而造成二次污染等原因使得净化效果仅能达到65%～80%。选择性催化还原是基于NH_3和NO_x的反应。通常是将NH_3和氮氧化物气体通过催化床，在一定条件下NH_3与NO_x反应生成N_2和水蒸气，主要反应式如式（3-35）～式（3-38）所示：

$$4NH_3+6NO \xrightarrow{\text{催化剂}} 5N_2+6H_2O \tag{3-35}$$

$$8NH_3+6NO_2 \xrightarrow{\text{催化剂}} 7N_2+12H_2O \tag{3-36}$$

$$4NH_3+4NO+O_2 \xrightarrow{\text{催化剂}} 4N_2+6H_2O \tag{3-37}$$

$$4NH_3+2NO_2+O_2 \xrightarrow{\text{催化剂}} 3N_2+6H_2O \tag{3-38}$$

过程伴随的副反应见式（3-39）～式（3-42）：

$$6NH_3+8NO_2 \xrightarrow{\text{催化剂}} 7N_2O+9H_2O \tag{3-39}$$

$$4NH_3+3O_2 \xrightarrow{\text{催化剂}} 2N_2+6H_2O \tag{3-40}$$

$$2NH_3+8NO \xrightarrow{\text{催化剂}} 5N_2O+3H_2O \tag{3-41}$$

$$4NH_3+4NO+3O_2 \xrightarrow{\text{催化剂}} 4N_2O+6H_2O \tag{3-42}$$

上述化学反应在 200～450℃范围内进行。控制合适的反应条件，NH_3 可以选择性地与 NO_x 反应生成 N_2 和 H_2O，而不优先与 O_2 反应，体现了反应的选择性。

该技术具有反应温度较低、催化剂价格较低且寿命长等优势，但腐蚀性很强的液氨或氨水的使用对管路设备的要求高，造价昂贵；其次，精确控制氨的计量较难，反应系统容易发生泄漏或副反应生成 N_2O 而造成二次污染。

3.6.3.2 选择性非催化还原法

选择性非催化还原法（selective non-catalytic reduction，SNCR）是在较高的温度下（700～1100℃），利用废气中的 NO_x 与喷入的氨基还原剂（如氨气、尿素等）进行均相反应，最终生成 N_2 和 H_2O，在工业氮氧化物废气处理中应用较多。由于不使用催化剂，反应需要的温度较高，且需要还原剂过量，存在二次污染。

虽然 SCR 和 SNCR 方法在工业废气处理中应用较多，但由于需要使用催化剂，且存在液氨等还原剂精确控制计量较难、系统容易发生泄漏或副反应生成 N_2O 而导致二次污染等问题，加之推进剂废气是间歇排放的，所以推进剂废气处理中一般不采用 SCR 或 SCNR 技术。

3.6.4 活性炭催化还原处理二氧化氮气体

活性炭的化学组成80%～90%以上为碳，此外还包括两类掺和物质：一类是化学结合的元素，主要是氧和氢，这些元素由于未完全碳化而残留在炭中，或者在活化过程中，外来非碳元素与活性炭表面化学结合；另一类是灰分。利用碳元素的还原性，使活性炭在吸附二氧化氮气体后，与二氧化氮发生氧化还原反应，从而达到去除二氧化氮污染的目的。张康征等研究了以活性炭为载体负载催化剂后的处理效率，实际工程中以活性炭基催化剂（代号9202）装填反应器，活性炭为比表面积 $1000m^2/g$、$\phi 4mm$、高 $4\sim 8mm$ 圆柱体，浸渍一定量的贱金属，其起燃温度为 $350℃$。

活性炭还原处理二氧化氮废气的化学方程如式（3-43）所示：

$$C+NO_2 \longrightarrow \frac{1}{2}N_2+CO_2 \qquad (3-43)$$

查胡英主编的《物理化学》热力学数据表可知，上述反应的反应热为 $-426.689kJ/mol$（$101.93kcal/mol$），为放热反应。如果按照氧化剂废气浓度30%计算，其余废气70%为氮气，按照处理规模 $35m^3/h$ 计算，则反应放热量为（$35 \times 30\%/0.0224$）$\times 101.93=47.78Mcal/h$。消耗活性炭的碳量为 $5.625kg/h$。该技术的工艺流程如图 3-15 所示。

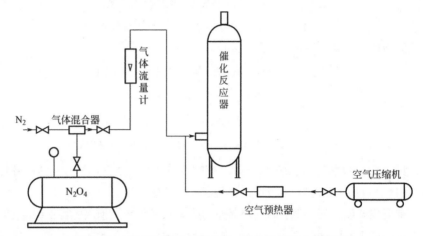

图 3-15 活性炭基催化还原处理二氧化氮废气工艺流程图

设计反应器的空塔速度为 $500h^{-1}$，催化反应器直径为 $550mm$，总高 $2500mm$，不锈钢材质，塔底部装填 $\phi 20mm \times 20mm$ 拉西瓷环，反应器部分装填 $90kg$ 活性炭基催化剂，由于反应放热，所以在催化剂中间部分设置蛇形水冷设施，高度与催化剂装填高度一致 $550mm$。空气预热器采用电热方式，当电热功率在 $10\sim 30kW$ 范围，空气流量在 $1.5m^3/h$ 和 $3.0m^3/h$ 时，电热空气预热出口空气温度很快达 $500℃$。反应器在不同的高度安装温度传感器。

运行过程：首先从反应器底部通入加热后的空气，再通入少量氮气，干燥活化催化剂，加热后的空气通过反应器将活性炭加热，至温度 $250℃$ 时（约需要 $30\sim 60min$），停止进入热空气，切换进入一定浓度的二氧化氮废气，连续监测尾气浓度。结果如表 3-9 所示。

⊡ **表 3-9** 空速 $500h^{-1}$ 时 $35m^3/h$ 二氧化氮的去除效果

反应器中心温度/℃	入口 NO_2 浓度/10^{-6}	出口 NO_2 浓度/10^{-6}	净化率/%
430	163074	7175	95.6
450	163074	6518	96.0
520	163074	5055	96.6
550	165346	4176	97.5
600	170651	159	99.9

在上述试验基础上,进行了扩大试验,处理规模分别为80m³/h和100m³/h,运行数据如表3-10所示。

⊡ 表3-10 空速500h⁻¹时80m³/h和100m³/h规模二氧化氮的去除效果

| 处理气量/(m³/h) | 反应器温度/℃ | | | 入口NO₂浓度/10⁻⁶ | 出口NO₂浓度/10⁻⁶ | 净化率/% |
	上	中	下			
80	30	367	770	112480	770	99.3
	40	441	587	147540	700	99.5
	55	475	501	140230	720	99.5
100	219	619	257	57520	270	99.5
	246	675	213	48210	530	99.0
	271	721	175	84020	270	99.7
	167	891	211	103400	920	99.1
	363	1028		87740	890	99.0

由表3-10实际运行数据可知,采用活性炭基催化剂与二氧化氮反应可以达到净化废气的目的,与 NaOH、尿素、Na₂S₂O₃ 等吸收法处理二氧化氮废气相比,该技术消耗的试剂最少,去除率最高,而且不需要后续的废水处理,节省了大量的运行费用。但该技术的最大问题是反应器内温度升温快,当温度达到一定值时,必须停止运行,实施冷却措施,间隔一段时间后,再运行,为此实际工程中采用程序控制,半小时运行后,采用冷风吹扫反应器 5min,再继续处理废气,效果良好。

3.7 生物法处理推进剂废气

3.7.1 生物法处理废气的原理

生物降解处理有机废气是利用微生物的生命活动将废气污染物转化为二氧化碳、水等无机无害或少害物质,实现净化达标排放的处理方法。

由于气态物质首先要经历由气相转移到液相或生物膜表面的传质过程,才能进一步在液相或固相表面被微生物吸收降解。气态污染物的生物净化过程的速度取决于以下因素:

① 气相向液相、生物相的传质速率;

② 能降解废气的活性生物质的量;

③ 生物降解速率。

所以适宜采用生物处理法的气体应是水溶性的,具有蒸气压低、亨利定律常数低的特点,向介质表面微生物膜扩散速率高,待处理气体易降解,分子被吸附在生物膜上必须易被降解,否则将导致污染物浓度增高,毒害生物膜或影响传质,降低生物处理效率。推进剂废气易溶于水,可采用生物法处理。

常用于废气处理的生物法有生物洗涤床、生物过滤床、生物滴滤床。

生物滴滤床或生物过滤床主要由箱体、生物活性床层、喷水器等组成,气体经增湿后进入滤床底部,滤料一般使用人工材料,使用颗粒状或有孔隙的材料,床层厚度一般 1.0m 左右,依据需要可以多级串联使用。其优点是颗粒孔隙大、表面积大，废气和介质接触时间短，处理效率高，选择适宜的材料可以减少更换滤料次数甚至不需更换。处理废气的浓度范围为5～100g/m³，废气流量范围一般为5～50000m³/h。气体可以逆向经过滤床，也可以同向经过滤床。由于废气的吸收、降解均在一个反应器内完成，生物过滤和滴滤需要很大的接触表面，所以一般滤速较慢，生物滴滤床或生物过滤床的体积庞大，占地相对较大，设备结构相对复杂，运行费用较高。

生物洗涤床一般由洗涤（吸收）器和生物反应器两部分组成，吸收主要是将废气溶解入溶液中，常用的洗涤（吸收）装备有喷淋塔、筛板塔、鼓泡塔等，吸收过程停留时间较短。后续的生物反应过程较慢，停留时间短则几分钟，长则十几小时。常用的生物反应法有活性污泥法和生物膜法。

与传统的有机废气处理技术相比，生物处理技术具有处理效果好、投资及运行费用低、安全性好、无二次污染、易于管理等优点。生物洗涤床、生物过滤床、生物滴滤床在工业废气处理上均有应用，生物过滤法应用较多，生物滴滤法具有可调节微生物营养供给和生长环境的优势，因此也是研究热点，研究主要集中在以下方面：

① 针对特定的有机污染物驯化适宜的微生物，提高单位体积的生物降解速率；

② 筛选适宜的填料，提高填料的表面性质及其使用寿命；

③ 建立微生物降解的动力学模式，选择恰当的运行参数，建立系统完整的运行模式。

3.7.2 生物法处理氮氧化物废气

氮氧化物气体微溶于水，可以被微生物降解，因此可以采用生物法处理。生物法处理中微生物是重要的贡献者，微生物需要在降解废气的过程中获得其生存的养分，所以一般生物法适宜用于连续处理过程，推进剂废气是间歇排放的，所以难以单独使用生物法进行处理。常用的工艺是生物洗涤床，即废气排放时由洗涤（吸收）床将废气吸收进入溶液中，该溶液再进入推进剂废水处理单元进行统一处理。

生物净化 NO_x 是建立在微生物净化有机废气和用微生物进行废水反硝化的基础之上，利用反硝化细菌的新陈代谢去除废气中的 NO_x。微生物利用 NO_x 作为氮源，将 NO_x 还原成 N_2，使得脱氮菌本身获得生长繁殖。其中，NO_2 是先被水吸收形成 NO_3^- 和 NO_2^-，然后在微生物的存在下还原为 N_2，而 NO 则是吸附在微生物表面后，直接被还原成 N_2。与吸收法一样，由于 NO 在水中的溶解度很小，其难以进入液相介质被微生物有效地转化，另外微生物的转化速率相对较慢，因此，目前生物净化 NO_x 的效率依然相对较低。

郑超群等建立了气液垂直交错流式生物膜填料塔，探讨了系统净化氮氧化物气体的动力学模型，结果表明，填料塔内的生物膜内氮氧化物生化降解反应为一级反应，且氮氧化物在生物膜上的生化降解反应为快速生化反应。当系统操作条件为气体流量 Q=0.2m³/h、循环液喷淋量 8～10L/h、pH 值 0.5～2.0、入口气体氮氧化物浓度 1400～2000mg/m³ 时，其出口浓度、生化去除量和净化效率的实际值与吸附-生物膜理论动力学模型相关性很好，说明吸附-生物膜理论动力学模型适用于描述气液垂直交错流式生物膜填料塔净化氮氧化物的过程。试验发现生物膜中的氮氧化物的生化反应速率远大于其在生物膜中的扩散速率，因此，可以通过提高氮氧化物从气相主体向生物膜表面扩散传质的速率来达到提高氮氧化物去除效率的目的。

某单位采用吸收塔将推进剂废气二氧化氮吸收后的溶液排入集中污水处理设施，肼类推进剂的吸收溶液也排入集中污水处理设施，和生活污水混合后通过生物处理单元进行生物降解，生物处理后的废水排入生物塘进一步通过生物塘内的植物吸收处理，效果较好，多年的运行结果表明，排放的水质达到了国家和当地的要求。

3.8 四氧化二氮废气冷凝回收利用技术

氧化剂四氧化二氮（N_2O_4）在我国运载火箭发射中发挥着不可替代的作用，在每次航天发射任务转注、加注、库房回流、调温等工作过程中，产生的大量四氧化二氮废气中主要成分为四氧化二氮、二氧化氮和氮气，废气组成简单、洁净，在常温下废气中四氧化二氮、二氧化氮浓度较高。推进剂 N_2O_4 挥发的废气浓度随压力和温度的变化而变化，根据 3.1 章节中的不同温度压力下的 N_2O_4 废气浓度理论计算值，当废气压力（表压）为 0.10MPa、温度为 15℃时，N_2O_4（含二氧化氮）体积浓度约为 37.5%。假设 N_2O_4 离解为二氧化氮（NO_2）的离解度为 10%，则 N_2O_4 的质量浓度约为 64%，100m^3 废气中约含四氧化二氮 133kg。回收效率按 80% 计算，可回收四氧化二氮约 100kg，因此具有较高的资源回收利用价值。

张立清等根据 N_2O_4 沸点为 21.2℃、冰点为 -11.2℃的物理化学性质，采用降低废气温度的冷凝回收技术，实现了废气中可用成分的回收利用。

3.8.1 四氧化二氮废气冷凝回收理论计算

（1）主要理论计算符号

T_1：四氧化二氮起始温度，15℃。四氧化二氮贮存库房和运输车辆一般采用空调调温保障，一般贮存温度在 15℃左右，所以废气起始温度按 15℃计算。

T_2：冷凝温度，-5℃。四氧化二氮冰点为 -11.23℃。

p_0：废气压力（表压），0.1MPa。库房贮存压力一般为 0.05～0.10MPa，转注和加注后贮罐卸压其实压力为 0.17MPa 左右。

p_1：大气压力，0.10MPa。

α：15℃四氧化二氮离解为二氧化氮的离解度，0.10。

C_{p1}：四氧化二氮蒸气的比热容，5.471kJ/（kg·K）。

C_{p2}：氮气的比热容，1.038kJ/（kg·K）。

$C_汽$：四氧化二氮的汽化热，413.8kJ/kg。

M_1：四氧化二氮的摩尔分子量，92g。

M_2：硝酸的摩尔分子量，63g。

M_3：氮气的摩尔分子量，28g。

饱和蒸气压计算公式：

$$\lg p = -1753.0000 / T + 7.00436 - 11.8078 \times 10^{-4} T + 2.0954 \times 10^{-6} T^2 \qquad (3\text{-}44)$$

（2）最大回收率

$$\eta = \frac{p_2 - p_3}{p_2} \times 100\% = \frac{0.075 - 0.020}{0.075} \times 100\% \approx 73.3\% \qquad (3\text{-}45)$$

式中　η——回收率；

　　　p_2——四氧化二氮15℃时的饱和蒸气压，根据式（3-44）计算；

　　　p_3——四氧化二氮-10℃时的饱和蒸气压，根据式（3-44）计算。

（3）废气中四氧化二氮浓度及密度

15℃时废气中四氧化二氮体积（气体中少量二氧化氮以四氧化二氮计）浓度：

$$\rho_V = \frac{p_2}{p_0 + p_1} = \frac{0.075}{0.1 + 0.1} = 0.375 \qquad (3\text{-}46)$$

15℃时废气中四氧化二氮分子量：

$$M_0 = \frac{M_1}{1 + \alpha} = \frac{92}{1 + 0.1} \approx 83.6 \qquad (3\text{-}47)$$

15℃时四氧化二氮废气主要由氮气、四氧化二氮、二氧化氮所组成，假定少量二氧化氮以四氧化二氮计，则废气中四氧化二氮质量浓度为：

$$\rho_m = \frac{M_0 \rho_V}{M_0 \rho_V + M_3 (1 - \rho_V)} = \frac{83.6 \times 0.375}{83.6 \times 0.375 + 28 \times 0.625} \approx 0.642 \qquad (3\text{-}48)$$

15℃时废气密度为：

$$\rho = \frac{M_0 \rho_V + M_3 (1 - \rho_V)}{22.4 \times (273 + T_1) / 273} = \frac{83.6 \times 0.375 + 28 \times 0.625}{23.63} \approx 2.067 (\text{kg/m}^3) \qquad (3\text{-}49)$$

（4）100m³废气最大可回收四氧化二氮的质量

$$m = 100 \rho \rho_m \eta = 100 \times 2.067 \times 0.642 \times 0.733 \approx 97.3 (\text{kg}) \qquad (3\text{-}50)$$

（5）回收的四氧化二氮相当水含量分析

四氧化二氮中几乎不存在游离水，通常以硝酸形式存在，所谓相当水含量为硝酸质量含量除以7所得，1mol水分子生成2mol硝酸，二者质量比为7。

根据日常推进剂化验分析报告，相当水含量一般不超过0.10%，所以硝酸质量含量一般不超过0.70%。从而硝酸在四氧化二氮中的摩尔分数为：

$$x = \frac{0.70 / 63}{99.3 / 92 + 0.70 / 63} \approx 0.0102 \qquad (3\text{-}51)$$

根据拉乌尔定律，饱和四氧化二氮蒸气中硝酸的蒸气压等于液相摩尔分数乘以饱和蒸气压，15℃时硝酸的饱和蒸气压为0.004MPa，则饱和四氧化二氮蒸气中硝酸的蒸气压 p_4 为：0.0102×0.004=4.08×10⁻⁵(MPa)；四氧化二氮的饱和蒸气压为0.075MPa，则四氧化二氮蒸气中硝酸的质量含量为：

$$C_m = \frac{p_4 M_2}{p_2 M_0 + p_4 M_2} \times 100\% = \frac{4.08 \times 10^{-5} \times 63}{0.075 \times 83.6 + 4.08 \times 10^{-5} \times 63} \times 100\% \approx 0.041\% \qquad (3\text{-}52)$$

假设四氧化二氮冷凝实际回收率为最大可回收率的80%,假设冷凝回收过程中硝酸全部冷凝,则冷凝液中相当水含量为:

$$C_{水} = \frac{C_m}{(1-C_m)\eta \times 0.8 + C_m}/7 = \frac{0.00041}{(1-0.00041)\times 0.733 \times 0.8 + 0.00041}/7 \approx 9.9 \times 10^{-5} \quad (3-53)$$

则相当水含量为0.0099%,减少一个量级;四氧化二氮含量可达99.93%,纯度提高一个量级。

（6）四氧化二氮冷凝回收所需冷量

假设四氧化二氮废气处理效率为300m³/h,则需要冷量功率为:

$$W = \frac{300\rho(T_1-T_2)\times[\rho_m C_{p1} + (1-\rho_m)C_{p2}] + 300\rho\rho_m\eta C_{凝}}{3600} \approx 50.3(\text{kW}) \quad (3-54)$$

3.8.2　四氧化二氮废气冷凝回收工艺实验室小试

（1）实验室试验工艺流程

实验室小试试验采用液氮提供冷量,其工艺流程如图3-16所示。

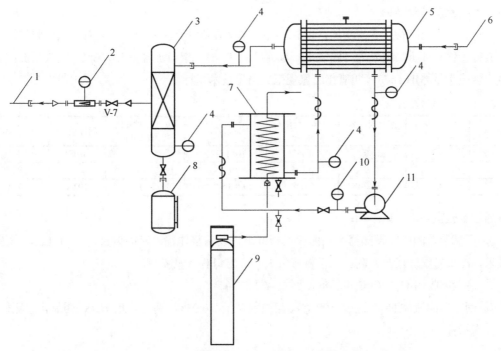

图3-16　以液氮为冷介质的冷凝回收工艺流程示意图
1—废气出气口；2—流量计；3—气液分离器；4—温度计；5—冷凝换热器；6—废气进气口；
7—中间换热器；8—集液罐；9—液氮杜瓦罐；10—压力表；11—离心泵

小试装置在组装前对其内表面进行脱脂、酸洗、钝化、清洗烘干、氮气保压,确保内部洁净度,试验装置间歇停放期间,采用氮气保压,避免空气、沙尘等物质进入装置,确保回收后的四氧化二氮质量符合要求。

试验中通过液氮贮罐自增压方法将液氮挤入中间换热器,在中间换热器中液氮与乙二醇水溶液进行热交换，乙二醇水溶液获取液氮的冷量后降温至目标温度，降温后的乙二醇水溶液通过泵进入冷凝热交换器，四氧化二氮废气在冷凝热交换器中得到冷量降温形成气液混合物，四氧化二氮气液混合物通过气液分离器实现气液分离，冷凝后的液体存于集液罐，剩余废气从分离器气体排出口排出。

（2）实验室试验工艺参数

小试装置废气处理规模：10～30m³/h，一次连续处理量为10m³。

冷凝换热器换热面积按以下要求计算：乙二醇进出液温度分别为−15～−10℃、5～10℃；换热器的四氧化二氮废气进气温度 15℃、气液混合物出口温度小于 0℃；四氧化二氮废气流量20m³/h。实验室小试装置主要设备技术参数如表 3-11 所示。

▫ 表 3-11 实验室小试装置主要设备技术参数表

序号	设备名称	主要技术规格	序号	设备名称	主要技术规格
1	液氮杜瓦罐	200L，0.8MPa	4	气液分离器	20L，0.4MPa
2	中间换热器	2m²，0.4MPa	5	离心泵	5m³/h，15m
3	冷凝换热器	5m²，0.4MPa	6	集液罐	20L，0.4MPa

（3）实验室试验结论

在小试装置上进行了多次实验，其中三次的试验结果列于表 3-12 中，并对三次回收的四氧化二氮进行了化验分析，结果为：四氧化二氮纯度≥99.7%、相当水含量≤0.03%。回收后的四氧化二氮完全能满足 GJB 1673《四氧化二氮规范》出厂技术指标。

▫ 表 3-12 小试试验数据表

实验号	废气冷凝量/m³	废气入口温度/℃	废气入口压力/MPa	冷凝温度/℃	废气中四氧化二氮量/kg	回收量/kg	回收率/%
第一次	4.8	15.0	0.048	−10.1～1.3	9.10	8.09	88.9
第二次	5.4	25.0	0.145	−10～6.4	9.67	9.42	97.4
第三次	8.1	15.0	0.098	−8.3～2.7	11.44	10.64	93.0

通过实验室多次小试可知：

① 小试装置的中间换热器换热面积设计偏小，设备整体预冷时间偏长，约为 1.5h，不能满足要求，冷凝时温度连续升高。当液氮流量大时，出口有液氮喷出。

② 冷凝回收 N_2O_4 废气是可行的，回收效率较高。

③ 回收后的液体 N_2O_4 纯度≥99.7%、相当水含量≤0.03%，满足 GJB 1673《四氧化二氮规范》出厂技术指标。

3.8.3 四氧化二氮废气冷凝回收工程装置及运行结果

在实验室小试基础上，酒泉卫星发射中心设计加工了中试规模的冷凝回收装置并应用于实际工程中。

（1）工程中试工艺流程

为了确保冷凝温度稳定，中试装置设计中采取低温冷水机组提供冷量，其中冷水为乙二醇水溶液，冷媒为氟利昂，冷凝温度（冷量功率）可根据需要调节。工艺流程如图 3-17 所示。配置

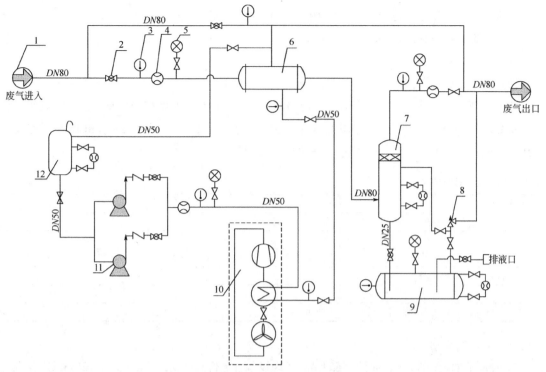

图 3-17　中试工艺流程图

1—废气进出口；2—电动球阀；3—温度传感器；4—流量计；5—压力表及传感器；6—冷凝换热器；7—气液分离器；
8—安全阀；9—冷凝液收集罐；10—冷水机组；11—乙二醇水溶液循环泵；12—乙二醇膨胀缓冲罐

PLC 控制器及各种流量、温度传感器，自动控制废气回收过程，在线记录和储存装置运行过程中各种参数变化。

工艺原理：冷水机组提供预定温度的乙二醇水溶液，乙二醇水溶液通过热交换器冷凝降温四氧化二氮废气，形成的四氧化二氮气液混合物经分离器进行气液分离，最后气体排至废气处理系统，液体收集至冷凝液收集罐。工艺流程中介质流路主要分为两路。

1 路为废气冷凝回收路线：废气通过管道进入系统，在废气冷凝换热器中被降温至 $-10 \sim$ -5℃以下的气液两相，再进入气液分离器分离，分离后的气相排至废气处理系统，液相进入冷凝液收集罐贮存。

2 路为乙二醇溶液循环路线：50%的乙二醇水溶液经循环泵输送至冷水机组降温，温度降至 -10℃后进入冷凝换热器与废气换热，换热后的乙二醇溶液进入膨胀缓冲罐，然后被循环泵吸入送至冷水机组降温完成 1 个循环。

（2）工程中试装置工艺参数

废气流量：$40 \sim 300 m^3$（标）/h。

废气压力：$0.02 \sim 0.2$MPa。

废气进出口温度：15℃/-5℃。

废气成分：四氧化二氮和氮气（摩尔百分比 37.5%/62.5%）。

冷水机组与系统换热传递介质：体积浓度 50%的乙二醇水溶液。

介质流量：四氧化二氮 697kg/h。

换热器形式：管壳式。

换热面积：60m²。

废气主要成分为四氧化二氮和氮气混合物，气体冷凝过程涉及两相变化及四氧化二氮和二氧化氮平衡，换热器换热面积计算采用美国传热研究学会（Heat Transfer Research Institute）开发的传热计算软件 HTRI，设计计算的输入条件如表 3-13 所示。

☐ 表 3-13　设计计算的输入条件

序号	项目	参数
1	换热器形式	管壳式
2	介质流量	四氧化二氮（热流）0.1936kg/s（697kg/h）
3	介质进出口温度	四氧化二氮 15℃/-5℃、乙二醇溶液-10℃/-5℃
4	管路外径/壁厚	16mm/2mm
5	每根管长	2.1m
6	换热器壳体内径	600mm

软件计算结果如下：

① 冷凝热负荷。理论热负荷为 56.8kW，考虑设备管道传热冷损按 GB 50264—2013《工业设备及管道绝热工程设计规范》规定最大冷损允许值：$[Q]$=-4.5$αs$=36.6W/m²，整个装置低温区设备管道表面积大约 15m²，最大冷损允许值为 36.6×0.015=0.55kW，合计热负荷为 56.8+0.55=57.4（kW）。

② 换热器实际功率：95.11×60×13.5≈77.0（kW），余量为 26.2%。

③ 乙二醇流量：12633.2/1084.2≈11.7（m³/h）。

④ 气液分离器核算结果。依据 HG/T 21618—1998《丝网除沫器》和 HG/T 20570.8—1995《气液分离器设计》，气体流通直径应≥145mm。

工程装置主要设备参数如表 3-14 所示。

☐ 表 3-14　工程装置主要设备参数表

序号	设备名称	核算结果	选用设备参数规格
1	风冷低温制冷机组	57.4kW	制冷量 80kW、风冷、环境-30℃可启动
2	废气冷凝换热器	60m²，留有接近 30%余量	60m²、0.4MPa、管壳式
3	乙二醇溶液缓冲罐	—	0.35m³
4	气液分离器	直径≥145mm	直径 500mm、0.3m³、0.4MPa、带丝网除沫器
5	冷凝液收集罐	—	1m³、0.4MPa
6	乙二醇溶液循环泵	11.5m³/h	18m³/h、35m、屏蔽泵
7	气体涡街流量计	40～300m³/h	0～500m³/h

（3）工程中试装置运行结果

工程装置运行工况为：冷凝温度维持在-10～-5℃，回收废气是任务转注中的四氧化二氮废气。另进行更低冷凝温度如-15℃较短时间试验，考察低于四氧化二氮冰点时的冷凝回收情况。其中两次的工程运行结果如表 3-15、表 3-16 所示。

□ 表3-15　工程装置运行记录1

工况:车对库转注　　　　　　时间:2016年8月19日　　　　　　记录人:

时间	流量/(m³/h)			四氧化二氮温度/℃				乙二醇温度/℃				压力/MPa				收集罐液位/cm
	入口废气流量	冷凝回收出口废气流量	制冷机入口乙二醇流量	换热器入口废气温度	换热器出口废气温度	气液分离罐气体出口废气温度	冷凝液收集罐温度	制冷机入口乙二醇温度	制冷机出口乙二醇温度	换热前乙二醇温度	换热后乙二醇温度	乙二醇入口压力	废气入口压力	冷凝液收集罐压力	气液分离罐气体出口压力	
8:12	0	0	30.3	18.9	14.4	23.7	21.3	-2.8	-4.1	-4.8	-4.1	0.28	0	0.01	0	14
9:04	111	108	29.7	20.1	4.1	17.5	21.3	-9.5	-11.4	-11.7	-11.2	0.28	0.02	0.01	0.02	13
9:13	124	110	29.6	21.0	-10.0	1.3	21.3	-14.7	-16.2	-16.3	-15.8	0.28	0.02	0.01	0.02	16
10:13	43	62	29.5	23.9	-6.4	-1.8	12.1	-13.0	-14.7	-14.8	-13.8	0.28	0.04	0.04	0.04	27
10:27	0	0	0	23	-8.8	-2.6	8.9	-15.8	-16.7	-16.8	-16.9	0.28	0.01	0.01	0	29
10:56	0	0	29.2	21.8	4.6	10.0	7.8	-12.4	-12.7	-13.1	-13.8	0.28	0.01	0.01	0.01	29
11:27	180	147	29.4	28.1	-9.5	-6.4	6.5	-12.9	-14.6	-14.7	-13.7	0.28	0.03	0.03	0.03	29
11:46	150	116	29.3	-16.0	-15.1	-8.1	5.9	-14.5	-16	-16	-15.1	0.28	0.01	0.01	0.01	30
12:08	132	73	29.5	43.8	-12.7	-7.2	5.2	-12.2	-13.9	-13.8	-12.6	0.28	0.01	0.01	0.01	32
12:26	128	46	29.5	29.2	-4.8	-4.3	5.0	-12.4	-12.9	-13.1	-12.9	0.28	0.01	0.01	0.01	33

□ 表 3-16 工程装置运行记录 2

工况: 车对库转注 时间: 2016 年 10 月 22 日 记录人:

工况	时间	流量/(m³/h)		四氧化二氮温度/℃				乙二醇温度/℃				压力/MPa			收集罐液位/cm
		入口废气流量	制冷机入口乙二醇流量	换热器入口废气温度	换热器出口废气温度	气液分离罐气体出口废气温度	冷凝液收集罐温度	制冷机入口乙二醇温度	制冷机出口乙二醇温度	换热前乙二醇温度	换热后乙二醇温度	废气入口压力	冷凝液收集罐集液罐压力	气液分离罐气体出口压力	
泄压	11:14	330	30.0	0.8	-7.6	-7.9	-2.1	-7.4	-7.6	-7.4	-7.4	0.03	0.03	0.03	8
泄压	11:17	335	29.8	0.8	-7.5	-7.6	-2.1	-7.3	-8.1	-8.2	-7.6	0.02	0.02	0.02	8
泄压	11:21	280	29.7	1.1	-9.6	-8.5	-2.3	-10.8	-11.6	-11.7	-11.7	0.01	0.01	0.01	11
泄压	11:24	241	29.9	2.2	-8.7	-8.5	-2.5	-9.1	-9.0	-8.9	-8.8	0.02	0.02	0.02	11
泄压	11:25	299	29.9	3.3	-8.0	-8.1	-2.4	-8.7	-8.6	-8.5	-8.3	0.03	0.03	0.03	11
泄压	11:38	365	29.7	2.7	-9.1	-7.8	-2.5	-9.8	-11.7	-11.9	-11.2	0.02	0.02	0.02	11
吹除	11:53	333	30.2	2.7	-6.8	-7.0	-2.9	-7.4	-7.6	-7.6	-7.2	0.02	0.02	0.02	15
吹除	12:23	97	29.9	3.7	-9.4	-7.8	-4.7	-10.4	-10.9	-10.9	-10.7	0.00	0.00	0.00	22
泄压	13:50	3	30.0	-1.5	-8.5	-5.3	-4.9	-11.2	-11.0	-10.9	-11.2	0.01	0.01	0.01	22
转注	13:56	123	30.0	0.2	-9.5	-7.4	-4.9	-10.1	-9.9	-9.9	-9.9	0.00	0.00	0.00	23
转注	14:12	127	29.9	4.7	-8.2	-7.8	-4.9	-8.4	-10.5	-10.8	-9.6	0.00	0.00	0.00	23
转注	14:21	125	30.0	4.6	-9.6	-8.9	-5.0	-10.1	-10.1	-10.0	-10.0	0.00	0.00	0.00	24
转注	14:27	108	30.0	4.2	-8.4	-8.5	-5.0	-8.5	-8.4	-8.3	-8.3	0.01	0.01	0.01	24
转注	14:34	113	30.2	4.3	-7.4	-7.6	-5.0	-7.2	-7.8	-7.9	-7.4	0.01	0.01	0.01	24
转注	14:41	105	30.1	4.1	-9.7	-8.4	-5.0	-10.9	-11.5	-11.6	-11.7	0.00	0.00	0.00	24
转注	14:51	61	30.0	4.2	-9.1	-8.7	-5.0	-9.0	-9.0	-8.9	-8.9	0.00	0.00	0.00	24
转注	14:55	317	30.0	3.7	-7.5	-7.7	-5.0	-8.0	-7.9	-7.8	-7.6	0.03	0.03	0.03	24
转注	15:10	306	29.8	2.1	-9.0	-8.6	-5.2	-10.2	-10.3	-10.3	-10.1	0.04	0.04	0.04	26
转注	15:32	181	30.0	4.7	-9.0	-8.1	-5.5	-9.9	-10.0	-9.9	-9.8	0.01	0.01	0.01	28
转注	15:39	0	30.0	4.1	-7.9	-7.9	-5.5	-7.9	-7.7	-7.6	-7.7	0.00	0.00	0.00	28
转注	15:58	78	30.0	3.5	-8.7	-7.4	-5.7	-9.6	-10.0	-10.0	-9.9	0.02	0.02	0.02	30
转注	16:06	0	30.2	3.6	-9.4	-8.1	-5.8	-9.8	-10.3	-10.3	-10.2	0.00	0.00	0.00	30

2016 年 8 月 19 日，推进剂四氧化二氮从运输槽车转注入推进剂库房储罐中，共转注 6 节槽车。共处理废气 210m³，废气温度为 18℃，收集四氧化二氮 278L，5℃对应密度为 1.483kg/L，相当于收集四氧化二氮 412kg，回收效率为 90.1%。

2016 年 10 月 22 日，四氧化二氮从运输槽车转注入推进剂库房储罐，回收转注过程的废气，共转注 7 节槽车。共处理废气约 520m³，废气温度约 3℃，收集四氧化二氮 294L，−5℃对应密度为 1.507kg/L，相当于收集四氧化二氮 443kg，回收效率 95.6%。

运行过程中当乙二醇溶液进换热器温度即冷凝温度为−15℃时，由于该温度低于四氧化二氮的冰点，发生四氧化二氮结冰堵塞现象，致使换热器至分离器管道中充满了四氧化二氮冰碴。

分析化验了回收的液体，结果表明回收的四氧化二氮纯度为 99.6%，水分为 0.04%，满足出厂指标要求。

3.8.4 四氧化二氮废气冷凝回收工艺尾气处理及其技术经济性

分析四氧化二氮冷凝回收工艺实验室小型试验和工程装置的运行结果，得出以下结论：

① 该工艺可实现有害废气的资源回收利用，在减少污染的同时产生较大经济效益。按照航天发射任务每次需要处理四氧化二氮废气 3000～5000m³ 计算，单次任务可回收四氧化二氮 3～5t，回收后的四氧化二氮完全能满足 GJB1673《四氧化二氮规范》出厂技术指标。假设每年有 6 次发射任务，则可回收四氧化二氮约 25t/a，在实现污染物无害化的同时，回收的四氧化二氮价值约 60 万元。回收效率大于 90%。

② 冷凝回收四氧化二氮液体后排放的尾气有三种处理途径：其一进入废气燃烧炉处理或活性炭还原塔处理达标后排放；其二进入后续的喷淋塔，采用稀硝酸吸收制取肥料或其他化工产品；其三则是进入后续的活性炭吸附塔，使其达标排放。

冷凝后相对稳定的废气浓度范围也为后续的活性炭还原处理废气单元提供了稳定的运行参数，从而可以确保废气稳定达标。

我国酒泉卫星发射中心是采用液氮或 50%乙二醇作为冷冻剂进行四氧化二氮的冷却回收处理，国外 20 世纪 70 年代采用冷水冷凝进行高浓度四氧化二氮废气回收，一个大气压条件下用冷水冷凝回收结果如表 3-17 所示。

⊡ 表 3-17　水冷凝回收四氧化二氮结果

冷水温度/℃	N_2O_4 回收率/%	冷凝时间/min
−2.5	97	10
0	88	10
5	80	20

因此采用冷凝技术回收四氧化二氮废气可以实现资源回收和污染减量化的目的。

3.9 推进剂废气处理技术展望

实际使用中，除上述介绍的各种物理法、化学法和生物法外，高空排放法也曾应用于发射场。高空排放法是将推进剂废气通过高空烟囱排入空中，利用大气的自我净化和气流的扩散稀释作用，使气体浓度低于国家规定的排放标准，实现达标排放。国内外早期均采用过高空排放法处理推进剂废气，我国多个发射中心在推进剂库房、燃料转注间等设施处配套建设有废气排放的烟囱。该方法处理过程中推进剂废气并未进行降解，总污染量未减少，虽可以作为少量低浓度废气的应急排放保障设施，但从长远效果看，不利于环境保护，已逐渐被各种方法取代。

推进剂废气的各种处理方法各有优缺点，各种方法的对比列于表 3-18 中。

▫ 表 3-18 常用的推进剂废气处理方法比较

方法	方法名称	优缺点	需要后续处理
物理法	吸收法	吸收率高，运行成本低	需要
	吸附法	净化效率较高；吸附剂消耗较大，需要再生	需要
	高空稀释排放法	简单易行	不需要
	冷凝回收	实现了资源回收利用	需要
化学法	酸碱中和法	有化学药剂加入，有二次污染	需要
	低温等离子技术	设备较多，但简单易行	不需要
	低温催化氧化	催化剂很关键，有二次污染，一般需要预热	不需要
	燃烧法	有辅助燃料加入，应用较多，预热升温炉膛烦琐	不需要
生物法	生物洗涤塔、生物滤池	应用较少	需要

吸附法或吸收法的理论基础是气固或气液表面化学反应，其优点是效率高，能回收气体中有用组分，缺点是吸附容量小，需要的吸附剂、吸附液消耗量大，设备庞大，需要再生处理；吸收法，由于应用过程为间歇性，吸收液体有一定的腐蚀性，对吸收塔设备造成损坏，且吸收效率较低，吸收后的废水需要进一步处理，因此该方法仅有少量使用。

酸碱中和在各个发射场都有应用，但需要投加化学药剂，存在二次污染问题。生物法单独使用一般不能达到彻底去除污染物的目的。

低温等离子技术和高效吸附技术联合即可处理少量不同浓度的废气，可以根据不同浓度的要求，调整低温等离子体的活性气体量，通过低温等离子体氧化处理后的废气，再通过吸附剂把关，可以达到排放标准。

发射场经常使用的废气燃烧处理技术既可以处理肼类燃料废气，又可以处理氧化剂废气。但该技术最大的不足是需要辅助燃料如柴油或煤油，点明火将炉膛升温到既定温度后，方可进行废气处理，在连续处理大量废气时，采用该方法效果良好。但处理少量废气时，操作复杂。为此急需开发一种即开即用的处理技术。

冷凝+燃烧/活性炭还原/稀硝酸吸收联合工艺可以回收四氧化二氮废气并使尾气稳定达标排放，该工艺实现了在污染治理同时提取其中有用资源的目的，是氧化剂废气治理的一个行之有效的技术。

低温催化氧化技术、低温等离子技术、光催化氧化技术不仅能够有效地解决传统技术对处理低浓度、大气量废气不适用的难题，而且具有投资少、运行费用低、废气停留时间短、高效、稳定、反应彻底且无二次污染的特点，同时还克服了传统方法运行费用高、反应器庞大等缺陷，其中有些技术正在研究试用阶段。

针对未来应急机动保障需求，研制模块化的废气处理单元，既可以解决平时发射的环境污染问题，又可以满足应急推进剂加注过程产生的废气排放处理要求，因此未来废气处理研究方向应关注模块化、快速化、信息化，以满足不同作业条件下不同浓度的废气处理要求。

参考文献

[1] 王煊军，贾瑛，黄先祥. 偏二甲肼废气处理技术述评[C]. 全国大气环境学术会议，2002.

[2] 黎波，黄智勇，胡继元. 偏二甲肼废气处理技术的研究现状与前景[J]. 化学推进剂与高分子材料，2017，15（3）：50-53.

[3] 国防科工委后勤部. 火箭推进剂监测防护与污染治理[M]. 长沙：国防科技大学出版社，1993.

[4] 侯瑞琴. N_2O_4 泄漏过程模拟与应急处置技术研究[D]. 北京：清华大学，2010.

[5] 王卫波，群钊，余琦. 肼类燃料废气处理进展[J]. 化学推进剂与高分子材料，2015，13（2）：51-55.

[6] 冯锐，贾瑛，许国根，等. 有机酸改性活性炭脱除气态偏二甲肼[C]. 中国化学会第八届全国化学推进剂学术会议，2017：236-239.

[7] 黎波，黄智勇，鲁子奇. 硝酸改性活性炭吸附偏二甲肼气体的研究[C]. 中国化学会第八届全国化学推进剂学术会议，2017：288-292.

[8] Wang Huanchun, Gou Xiaoli, Yu Xiaomeng. Modification of activated carbon and its applicationon adsorption of gas[J]. Advanced Materials Research，2013，634：1026-1030.

[9] Ralph T Yang. 吸附剂原理及应用[M]. 北京：高等教育出版社，2010.

[10] 丛日梅，王伟清，童伟，等. 活性炭吸附处理 N_2O_4 废气与再生活化探究[C]. 中国化学会第八届全国化学推进剂学术会议，2017：225-228.

[11] 李进华，李庆丰，王乃娟. 肼类推进剂废气、废水处理装置的应用研究[C]. 第三届全国化学推进剂学术会议论文集，2007.

[12] 刘长林，桑鸿勋. 净化含肼废气的催化剂及其制法：中国，1068050A[P]. 1993-01-20.

[13] 刘长林，逯端云，王心超. 含肼废气的催化氧化作用研究[J]. 北京工业大学学报，1992，18（4）：29-32.

[14] 朱巍. 新型钛基纳米材料的制备及其光催化氧化去除 NO 的性能研究[D]. 上海：上海师范大学，2015.

[15] 汪涵，郭桂悦，周玉莹，等. 挥发性有机废气治理技术的现状与进展[J]. 化工进展，2009，28（10）：1833-1841.

[16] 吴侨旭，陈树沛. 低温等离子体协同光催化技术治理挥发性有机物[J]. 广东化工，2017，44（12）：225-226.

[17] 沈菲，张侃. 化工企业 VOCs 整治新技术研究进展[J]. 广州化工，2016，44（14）：144-146.

[18] 郭兵兵，刘忠生，王新，等. 石化企业 VOCs 治理技术的发展及应用[J]. 石油化工安全环保技术，2015，31（4）：1-7.

[19] D. Huang, X. Liu, C. Zuo, et, al. The Competitive Formation Mechanism of N-nitrosodimethylamine and For maldehyde Dimethylhydrazone from UDMH during Ozonation in Air: A Combined Theore tical and Experimental Study[J]. Chemical Physics, 2019, 522, 220-227.

[20] 郑超群，张艮林，孙珮石，等. 气液垂直交错流式生物膜填料塔净化 NO_x 的动力学模型初探[C]. 中国环境科学学会科学与技术年会论文集，2017：1400-1405.

[21] 耿皎，王晓旭，袁刚，等. 水和稀硝酸吸收 NO_2 的研究[J]. 南京理工大学学报，2013，37（1）：164-168.

[22] 张锋，王晓旭，袁刚，等. 恒容吸收系统中水和稀硝酸对 NO_2 的吸收过程研究[J]. 无机化学学报，2013，29（1）：95-102.

[23] 张康征，蒋俭，周东兴，等. 921 工程高浓度 NO_2 废气催化还原处理技术研究[C]. 内部报告，1995-1997.

[24] Thomas E Bowman, Henry E Sivik, John J Thomas. 自燃推进剂处理技术[M]. 张立清，等译，北京：国防工业出版社，2009.

[25] 霍玉林，朱明生. 国外四氧化二氮治理发展概况[J]. 国外导弹与宇航，1983（4）.

第 **4** 章

液体推进剂废液回收再利用及无害化处理技术

4.1 液体推进剂废液来源及污染

推进剂废液主要来源于以下过程：推进剂久置变质液体、推进剂槽车或储罐管道排空废液、分析化验取样剩余液体及推进剂泄漏过程的大量废液。

（1）推进剂久置后不满足标准要求弃为废液

由于氧化剂具有较强的腐蚀性和吸湿性，在储存过程中极易吸收空气中的水分，吸收的水分子和氧化剂四氧化二氮反应生成硝酸，随着含水量增加其腐蚀性增强，会进一步导致其中的颗粒物增多，会堵塞加注系统管阀件、滤网甚至喷嘴，导致加注时间延长、火箭发动机推力下降。因此氧化剂四氧化二氮的质量标准要求中规定了其中的水分、颗粒物、氯化物含量指标，不满足此要求即为四氧化二氮废液。

偏二甲肼（UDMH）储存过程中易挥发、吸湿性较强，偏二甲肼与空气中的水、二氧化碳、氧气均可发生反应，其反应方程如式（4-1）～式（4-3）所示。

偏二甲肼与水反应生成共轭酸和碱：

$$(CH_3)_2 N_2H_2 + H_2O \rightleftharpoons (CH_3)_2 N_2H_3^+ + OH^- \tag{4-1}$$

偏二甲肼与二氧化碳反应生成碳酸盐出现白色沉淀：

$$2(CH_3)_2 N_2H_2 + CO_2 \longrightarrow (CH_3)_2 N_2HCOOH \cdot H_2N_2(CH_3)_2 \tag{4-2}$$

UDMH 在储罐中可吸入少量的空气而变质：

$$3(CH_3)_2 N_2H_2 + 2O_2 \longrightarrow 2(CH_3)_2 NN = CH_2 + 4H_2O + N_2 \tag{4-3}$$

UDMH 与空气中的氧气发生缓慢氧化反应，氧化产物有偏腙、水、氮气、二甲胺、亚硝基二甲胺、重氮甲烷、氧化亚氮、甲烷、甲醛等，导致 UDMH 黏度增大、颜色变黄，影响火箭加注和发动机点火装置的正常作业，因此一般将变黄的 UDMH 视作废液。

（2）推进剂槽车储罐管道排空废液

推进剂在运输槽车转注作业后，槽车内往往剩余少量推进剂液体无法排放彻底，通常采用自来水多次稀释冲洗，一般槽车的容积为 64m³，按照单节运输槽车内剩余 100kg（约 125L）UDMH 计算，前两次加入少量水冲洗后排出作为废液（假设每次清洗时采用 100L 水冲洗，两次可排出约 200L 浓废液），则此过程产生的 UDMH 废液量为 325L，质量浓度约为 33.3%，其 COD 值约 65×10^4 mg/L。该过程操作频度由推进剂用量决定，一般每年需要清洗 20 个推进剂槽车，则产生推进剂废液 6.5m³。

推进剂储罐清空时罐底难以完全排出，一般是依据槽车清洗程序进行清洗，清洗一个罐产生浓废液 0.5m³，依据储罐使用年限和使用过程需求按计划清洗，每年平均清洗储罐 3 个，约产生浓废液 1.5m³。

推进剂加注后的管道清洗依据程序实施，每年可产生废液 10m³。

（3）分析化验剩余废液

每次任务前需要对推进剂进行质量检测，一般需对待加注推进剂储罐逐罐取样，一次任务取样约 30L，分析化验后剩余的推进剂即为废液。每次任务量 0.03m³，浓度为纯液。每年约产生 0.5m³。

（4）航天器加注后剩余推进剂

商用卫星等航天器发射均采用特定类型推进剂（单推-3 使用较多），一般由产品部门自带，加注后剩余液体留在发射场进行处理；执行国外航天器发射任务时，由外方自带推进剂，由于保密原因，无法确切获取推进剂的化学分子式，但外方要求进行无害化处理。这部分废液剩余量不确定，但均为纯液。

（5）推进剂泄漏废液

推进剂一旦发生泄漏，依据制定的程序进行处理：切断泄漏源，控制泄漏形成的局部挥发性气体，覆盖已经泄漏到地面的推进剂液体，收集泄漏残液进行处理，采用清洗液进行局部清洗，收集固体残渣进行无害化处理。处理过程中收集的残液即为推进剂废液，泄漏产生的废液一般为纯液，废液量不固定。

推进剂作业环节产生的推进剂废液量及其浓度如表 4-1 所示。

▢ 表 4-1 推进剂作业环节产生的推进剂废液量及其浓度

作业环节	久储变质	槽车储罐管道清洗	分析化验	航天器加注剩余	事故泄漏
废液量/（m³/a）	大量	约 20	0.5	约 0.5	大量
废液浓度/（g/L）	纯液	约 50	纯液	纯液	纯液

分析上述推进剂废液来源，以纯液居多，实际使用中有时会将废弃的推进剂倾倒进入自然环境，给当地的生态环境造成了一定的危害。也有采用明火燃烧的办法进行肼类废液的处理，由于明火燃烧过程不可控，操作过程存在一定的危险性。

氧化剂类推进剂如四氧化二氮、硝酸-27 等，遇水后即形成酸性溶液，将其视为废水处理范围，酸性溶液直接排放会污染环境，一般采用酸碱中和法处理后达标排放。

肼类推进剂废液可依据其中含肼类的浓度确定处理技术。高浓度近乎纯液时采用纯化或资源回收再利用技术；不能回收的含一定量水的肼类废液其有机污染物对应不同的化学需氧量 COD 值和相应的燃烧热值，根据溶液污染物 COD 值和燃烧热值不同采用不同的处理方法，高 COD 浓度/高燃烧热值的废液可采用燃烧技术进行无害化处理，低 COD 浓度的可合并入废水中处理。以 UDMH 为例，含不同 UDMH 质量浓度的废液对应的溶液 COD 值列于表 4-2 中，每升水中加入不同量的 UDMH 稀释后对应的液体热值、COD 值列于表 4-3 中，计算过程按照 UDMH 密度为 0.796g/mL 和 25℃时热值 474.11kcal/mol 或 33030kJ/kg 取值。

☒ 表 4-2　不同 UDMH 含量水溶液浓度及理论 COD 值

UDMH 质量分数/%	UDMH 溶液质量浓度/（mg/L）	溶液理论 COD 值/（mg/L）
100	796000.00	1698133.33
90	731318.89	1560146.97
80	663886.67	1416291.56
70	593523.48	1266183.42
60	520034.64	1109407.23
50	443206.91	945508.07
40	362807.44	773989.20
30	278582.67	594309.69
20	190248.40	405863.26
10	97503.17	208006.77
5	49367.35	105317.02
2	19899.22	42451.68
1	9974.66	21279.28
0.40	3999.60	8532.48
0.10	1001.70	2136.96
0.05	501.16	1069.15

☒ 表 4-3　水中加入不同量 UDMH 对应的溶液热值和 COD 值

每升水中加入 UDMH 的量/mL	UDMH 质量分数	UDMH 的浓度/（mg/L）	理论 COD 值/（mg/L）	热值/（kJ/kg）
300	19.28%	183692.31	391876.92	6367.10
200	13.73%	132666.67	283022.22	4536.21
139.45	9.99%	97417.35	207823.68	3300.09
100	7.37%	72363.64	154375.76	2435.34
60	4.56%	45056.60	96120.75	1505.61
15	1.18%	11763.55	25095.57	389.72
10	0.79%	7881.19	16813.20	260.84
6	0.48%	4747.51	10128.03	157.00
1	0.08%	795.20	1696.44	26.27

各种推进剂在作业过程中产生的废液均可以收集，多数废液可以通过回收进行再利用，少量废液中杂质较多，则需要进行无害化处理。近年来围绕推进剂废液处理开展了纯液回收利用、高浓度废液燃烧处理及高级氧化处理技术的研究，可以应用于不同使用场合。

4.2 液体推进剂废液回收再利用技术

对于久置变质、分析化验取样剩余和泄漏过程收集的浓度较纯的推进剂废液通常进行回收再利用。

4.2.1 推进剂氧化剂回收利用技术

研究表明可以利用氧化剂废液制备草酸、膨胀石墨、石墨烯、绿色阻垢剂等化工产品，实现变废为宝的目的。

4.2.1.1 四氧化二氮废液制备草酸

草酸又名乙二酸，是最简单的二元羧酸，分子式：HOOCCOOH。草酸是生物体的一种代谢产物，广泛分布于植物、动物和真菌体中，在不同的生命体中发挥不同的功能。草酸是无色的柱状晶体，易溶于水而不溶于乙醚等有机溶剂。草酸也是一种重要的化工原料，广泛应用在医药工业、冶金工业、纺织印染工业等诸多领域。

目前草酸的工业化生产方法主要有：甲酸钠法、碳水化合物氧化法、有机合成法（乙二醇氧化法、丙烯氧化法）、一氧化碳偶联法等。其中甲酸钠法是一氧化碳净化加压与氢氧化钠反应生成甲酸钠，经高温脱氢生成草酸钠，进一步钙化、酸化、结晶和脱水干燥后制取的，存在生产成本高、工艺落后、流程复杂等缺点；有机合成法是研究的热点，也在许多工业企业中有应用；一氧化碳偶联法由美国和日本共同开发，目前在我国应用较少。

碳水化合物氧化法是以淀粉或葡萄糖母液为原料，在钒催化剂存在下，与硝酸-硫酸进行氧化反应制取草酸，由于该方法存在收率较低、消耗大量的粮食、尾气中含有一定的 NO_x 污染等缺点，限制了该方法在工业生产中的大规模应用。但该方法原料易得、工艺流程相对简单、投资低，因此该方法仍是一些小型企业草酸生产的主要方法。该方法的工艺改进主要集中在氧化剂种类、原料来源、加料顺序和废气治理四个方面。

在碳水化合物氧化法工艺中依据氧化剂种类不同主要有浓硝酸氧化法、稀硝酸氧化法和 NO_x 氧化法。

贾瑛等利用推进剂 N_2O_4 氧化淀粉水解液制备草酸，其主要流程是将 N_2O_4 直接通入糖液或淀粉水解液中，在五氧化二钒和硫酸的存在下反应生成草酸，反应中产生的一氧化氮经空气氧化成二氧化氮后循环重复使用，生产过程中加入少量的硝酸作为损耗的补充。实验结果证明该工艺过程可靠，草酸产率可达 60%。

与传统的硝酸氧化法相比，NO_2 氧化法制备草酸时 NO_x 与单糖作用制草酸可以不经过吸收制硝酸的过程,省去了硝酸氧化法中的回收工序;反应中 NO_x 气体在系统中能够重复使用,仅需补充少许的硝酸,可大幅降低硝酸的消耗量;NO_x 氧化法制草酸属于气液反应,与稀硝酸氧化法相比减少了反应产物中水分含量,减少草酸分离后的母液量;可以连续生产,比硝酸氧化法的间歇式生产缩短了操作时间。

硝酸氧化法制备草酸的主要原料为淀粉、硝酸、硫酸,在钒系催化剂和酸性条件下,先将淀粉水解为葡萄糖水溶液,葡萄糖再与硝酸反应制备草酸,生产工艺流程包括糖化、氧化、结晶、蒸发、干燥等工序,有关反应方程如式(4-4)、式(4-5)所示。

淀粉糖化:

$$\left(C_6H_{10}O_5\right)_n + nH_2O \longrightarrow nC_6H_{12}O_6 \tag{4-4}$$

葡萄糖氧化:

$$C_6H_{12}O_6 + 6HNO_3 \xrightarrow{H_2SO_4 + V_2O_5} 3H_2C_2O_4 + 6H_2O + 6NO \tag{4-5}$$

生成物进一步经过结晶干燥后可得草酸。

上述采用淀粉氧化法制取草酸,为废弃的推进剂氧化剂的回收利用寻找了可行的技术路线,工艺原理是可行的,目前均集中在研究阶段,尚未应用于实际工程中。

4.2.1.2 氧化剂废液制备可膨胀石墨

膨胀石墨(expanded graphite, EG)一般是由天然石墨鳞片经插层、水洗、干燥、高温膨化得到的一种疏松多孔蠕虫状物质,除具有天然石墨耐冷热、耐腐蚀、自润滑等优良性能外,还具有天然石墨不及的柔软、压缩回弹性、吸附性、生态环境协调性、生物相容性、耐辐射性等特性。膨胀石墨遇高温可瞬间膨胀 150~300 倍,由片状变为蠕虫状,从而结构松散,多孔而弯曲,表面积扩大、表面能提高,蠕虫状石墨之间可自行嵌合,增加了柔软性、回弹性和可塑性。

石墨是层片状结构,每层由 C—C 共价键结合,层内碳原子之间以 sp2 杂化轨道形成很强的共价键,即由 1 个 2s 电子和 2 个 2p 电子杂化在同一平面上形成 δ 健,2 个未杂化的 2p 电子垂直于平面,层间由较弱的范德华力结合,使得层间有一定的空隙,在一定条件下,某些反应物如酸、碱、卤素的原子或单个分子可进入层间,与碳网平面形成层间化合物,又不破坏碳原子层的六角网状结构,即为可膨胀石墨。插有层间化合物的石墨遇到高温时,层间化合物将分解,产生一种沿石墨层间 C 轴方向的推力,这个推力大于石墨层间的范德华结合力,使得石墨沿 C 轴方向高倍膨胀,形成蠕虫状膨胀石墨。

膨胀石墨的用途主要有:

① 国防用途。用于国防领域的膨胀石墨应起始膨胀温度低,膨胀体积大,化学性质稳定,可储存时间长(如 5 年以上),膨胀倍率不衰减,表面呈中性,对弹壳无腐蚀。

② 防火安全材料。小颗粒 300 目的可膨胀石墨可制备阻燃涂料,其膨胀容积为 100mL/g,该产品需求量很大;工程塑料和橡胶的阻燃膨胀石墨,起始膨胀温度高,一般为 290~300℃,膨胀容积 ≥230mL/g。

③ 环保领域。膨胀石墨可以在水中有选择性地除去非水性的溶液,如在海上、湖面等除去浮油,可用于工业废水的除油,还可用于工业废气、汽车尾气中氮氧化物等的去除。

④ 密封材料。与传统密封材料相比，膨胀石墨可适用温度范围较宽，在低温下不发脆、不炸裂，高温下不软化、不蠕变，因而被冠以"密封网"的美誉。

⑤ 生物医学材料。可作为性能优良的创面外用敷料，可替代常规纱布敷料，用于烧伤等创面效果很好。

⑥ 高能电池材料。在锌阳极中添加膨胀石墨可以减小锌阳极充电时的极化，增强电极及电解液的导电性，延长电池寿命。

⑦ 相变储热材料。膨胀石墨丰富的孔隙结构、高导热性能，可以很好地弥补普通复合相变材料储能量低的缺陷。因此膨胀石墨可广泛应用于化工、冶金、机械、环保、航空航天等领域。

为了解决报废氧化剂的处理难题，崔世昌等研究了利用 N_2O_4 制备低硫可膨胀石墨的可行性及影响因素，以天然鳞片石墨为原料，以 N_2O_4 为氧化剂和插层剂，添加硫酸和少量的 $KMnO_4$，制备出了低硫可膨胀石墨，较适宜的工艺条件为：石墨与混酸、$KMnO_4$ 的质量体积比为 1（g）：5（mL）：0.1（g），其中混酸为 N_2O_4（mL）：H_2SO_4（mL）=1：5，反应时间为 60min，反应温度为 15℃。反应结束后，再加入少量 H_2O 继续反应 30min，其中石墨：水=1：0.6。在此条件下制得的可膨胀石墨的硫含量小于 1%，1000℃左右膨胀容积达 280mL/g，符合产品的国标要求。此方法不但降低了传统硫酸法生产的可膨胀石墨的硫含量，加入少量 N_2O_4 就可以显著增大可膨胀石墨的膨胀体积，充分利用了报废的液体推进剂 N_2O_4，使其变"废"为宝，实现了军事、经济双赢目的。

传统的可膨胀石墨制备过程中因使用硫酸，使膨胀石墨不可避免地含有杂质硫，在其用作密封件时硫的存在会加速金属腐蚀，缩短设备的使用寿命。因此，需要研制无硫膨胀石墨。陈雅萍等利用报废的硝酸-27S 研究了无硫可膨胀石墨的制备工艺，推进剂硝酸-27S 中含有大量的硝酸，N_2O_4 含量约为 27%，添加有少量的磷酸和氢氟酸混合缓蚀剂，目前无论是硝酸-27S 的处理还是回收均存在成本较高、污染严重、工艺复杂的缺陷。

利用报废的硝酸-27S 和 $KMnO_4$ 作为氧化剂、乙酸酐作插层剂，制得了无硫可膨胀石墨，其最佳工艺条件为：m（鳞片石墨）：m（$KMnO_4$）：V（硝酸-27S 水吸收液）：V（乙酸酐）=1g：1g：4mL：3mL，反应温度为 25℃，反应时间为 120min，所制备的膨胀石墨容积为 220mL/g，不含硫，对反应体系影响最大的因素为高锰酸钾的用量，其次为硝酸-27S 水吸收液用量、反应温度、乙酸酐用量和反应时间。

利用报废的硝酸-27S 和 $KMnO_4$ 作为氧化剂，以鳞片石墨、硫酸和冰醋酸为原料，用化学氧化法制备高倍可膨胀石墨，通过正交实验，确定的最佳工艺条件为：鳞片石墨（g）：高锰酸钾（g）：硝酸-27S（水吸收液）（mL）：硫酸（mL）：冰醋酸（mL）=1：1：1.25：1.25：2，40℃下反应 90min，所获可膨胀石墨的最大膨胀容积为 320mL/g，对膨胀容积影响最大的因素为 $KMnO_4$ 用量，采用扫描电镜（SEM）和 X 射线衍射（XRD）对可膨胀石墨进行表征，证实了石墨层间化合物的存在。

制备过程：

① 硝酸-27S 水吸收液制备。在冰水浴下，将 100mL 硝酸-27S 用滴液漏斗缓慢加至 75mL 水

中（滴液漏斗插入水下），控制滴加速度为 30 滴/min，所得深绿色溶液即为硝酸-27S 水吸收液，在冰箱中保存备用（硝酸质量分数 68%～70%）。

② 可膨胀石墨制备。将一定量的天然鳞片石墨和 $KMnO_4$ 混合均匀，边搅拌边缓慢加入硝酸-27S 水吸收液及硫酸，搅拌反应 10min 后加入冰醋酸，混合均匀后在一定温度下搅拌反应一定时间取出，水洗至中性，抽滤，60℃烘干即得可膨胀石墨。

将硝酸-27S 制成水吸收液后再用于制备可膨胀石墨，环境污染小，工艺简单，便于推广应用。目前，上述利用推进剂报废 N_2O_4 或报废硝酸-27S 制备具有高附加值的可膨胀石墨，均为研究阶段，尚未进入工程化应用阶段，待解决了工程化应用问题后，该技术可以变废为宝，既为报废液体推进剂的再生利用提供了新的途径，又有较好的经济收益。

4.2.1.3 氧化剂废液制备石墨烯

氧化石墨是一种由质量比不固定的碳、氢、氧元素构成的化合物，可以通过强氧化剂处理石墨制取，产物中氧化程度最高的产物是一种碳、氧量之比介于 2.1～2.9 之间的黄色固体，结构比石墨更复杂，但保留了石墨的层状结构，层间距大约是通常石墨的两倍[约（1.1±0.2）nm]。氧化石墨制取中，除了引入氧原子的过氧键（氧化石墨名称的由来）外，结构中还存在羰基、羟基和酚羟基。氧化石墨是制备石墨烯的原料，虽然石墨烯具有很好的电学性质，但氧化石墨自身是绝缘体或半导体。少量石墨烯的制备方法是用肼处理处于悬浮状态的氧化石墨，并加热至 100℃保持 24h。也可以采用其他制备方法。

报废的推进剂四氧化二氮属于低沸点硝基氧化剂，剧毒且有腐蚀性。张岳等为解决报废四氧化二氮的处理问题，利用四氧化二氮在低温下与鳞片石墨反应制备氧化石墨，氧化石墨可作为制备石墨烯的前驱物质。

制备过程：称取 1g 石墨，将其加入盛有 20mL 四氧化二氮的反应釜置于低温恒温反应浴中，在低于 5℃的冰水浴中进行磁力搅拌，并在搅拌的过程中，控制速度缓慢加入一定量的高锰酸钾继续在冰水浴中反应约 120min。反应结束后加入适量 5%的双氧水，用超纯水将样品洗涤至中性，过滤，将样品置于 60℃的恒温干燥箱中充分干燥，即可获得氧化石墨。对所制备的氧化石墨进行了结构表征：

① SEM 表征结果表明，低温环境下，液相四氧化二氮能够制备得到氧化石墨，在石墨表层和石墨层间与 C 原子形成共价键，同时四氧化二氮分子插层石墨能够使得石墨层间距变大。

② DSC-TG-IR 分析结果表明，制得的氧化石墨样品的热分解包括两个热失重阶段，分别是 30.01～102.37℃和 102.37～201.10℃的温度区间。30.01～102.37℃时，氧化石墨的热稳定性较好；102.37～201.10℃时，氧化石墨样品的热稳定性较差，发生分解，热分解产物主要为 NO_2、NO_3^- 和 CO_2 等。

该技术尚处于研究阶段，希望通过进一步研究，可以应用于工程中。

4.2.1.4 硝酸-27S 制备氧化淀粉绿色阻垢剂

贾瑛等利用廉价易得的淀粉和报废硝酸-27S 制备了氧化淀粉，氧化淀粉属于水溶性高分子化合物水处理剂，是羧基型螯合剂，淀粉葡萄糖单元上的羧基在水中能捕捉 Ca^{2+}、Mg^{2+}并迅速储存起来，可以有效地降低体系中水的硬度，利用绿色阻垢剂的较好悬浮分散能力和螯合能力，以及易被微生物降解等性质来达到防止污垢再沉积的目的，提高洗涤和阻垢效果，避免了对环境的污染，因此称为绿色阻垢剂。

制备过程：将 80g 淀粉和 1g 亚硝酸钠催化剂溶于加有 80mL 水（或四氯化碳）的反应器内中，放入恒温水浴锅中，搅拌均匀。将一定量的硝酸-27S 分批次加入反应器中，硝酸-27S 中的硝酸和四氧化二氮即为氧化剂，待反应完全后停止加热和搅拌。然后对反应器进行减压抽吸 30min，将产品回流 2h，除去反应体系中多余的硝酸、磷酸、氢氟酸和四氧化二氮，再减压抽滤除去固体不溶物，得到黄绿色的透明浓稠液体即为氧化淀粉溶液。将制得的氧化淀粉浓稠溶液置于表面皿中，放入烘箱内在 50℃ 下烘干，得到白色蓬松状固体粉末，即为氧化淀粉（若产品发黄，可用四氯化碳进行洗涤后再干燥，以除去产品中附着的四氧化二氮或二氧化氮等）。

最佳工艺条件为：硝酸-27S 60mL、淀粉 60g、溶剂为蒸馏水、催化剂亚硝酸钠 1g；反应温度 70℃ 左右，反应时间 1.5h 左右，快速搅拌。产品经四氯化碳洗涤、烘干，测定羧基含量可达 28.52%，静态、动态阻垢效果试验结果较好，可以作为绿色阻垢剂应用。

该技术进行了基础研究，未进行工程实施，但为报废硝酸-27S 的利用寻求了一种可行的经济有效途径，具有重要的经济和军事意义。

4.2.1.5 硝酸-20L 精馏回收利用技术

硝酸-20L 是一种含有质量分数约 20%四氧化二氮和少量磷酸（质量分数 1.0%～1.2%）缓蚀剂的红烟硝酸，有极强的氧化性、腐蚀性和吸水性，且沸点较低，在长期使用过程中因腐蚀而变质造成部分硝酸-20L 报废。因此报废硝酸-20L 的处理也是环保工作者的研究重点之一。报废硝酸-20L 与标准指标对比如表 4-4 所示。

▫ 表 4-4 报废硝酸-20L 与标准指标对比

项目	密度（15℃）/（g/cm³）	w（N$_2$O$_4$）/%	w（水）/%	w（磷酸）/%	w（机械杂质）/%
标准指标	1.586～1.614	20.0～22.0	≤1.5	1.0～1.2	≤0.1
报废硝酸-20L 指标	—	10～20	2.0～5.0	0.5～1.0	≥0.3

张友等对报废氧化剂硝酸-20L 分离再用技术进行了研究，确定了报废氧化剂的处理方法为硝酸镁精馏法。该方法主要是根据混合物中各种物质沸点不同进行热分离和提纯物质的方法。硝酸-20L 中各化学成分的质量分数及其沸点分别为：四氧化二氮 10%～20%，沸点 21℃；硝酸 65%～75%，沸点 83℃；水 2%～5%，沸点 100℃；磷酸 0.5%～1.0%，沸点 213℃。四氧化二氮沸点低，很容易蒸出，红烟硝酸在 40～83℃ 也容易从精馏塔顶蒸出，磷酸和机械杂质的沸点较高（≥200℃），而蒸汽加热最高不超过 150℃，故磷酸和机械杂质不会从精馏塔顶蒸出，而会残留在精馏釜底，在排放时从釜底排出。

硝酸和水的沸点接近，加之硝酸和水的亲和力强，当硝酸质量分数为 68%、水质量分数为 32%时，便形成硝酸水溶液的共沸混合物，其共沸温度为 121℃，此共沸混合物只能残留在精馏釜底，在排放时从釜底排出，这样使再生处理硝酸-20L 的收率较低（70%～80%）。

通过精馏塔的工艺设计可以提高其收率，并进行了试生产处理 3t 报废硝酸-20L，结果表明硝酸镁精馏脱水法有效除去报废硝酸-20L 中的水分和机械杂质等有害成分,可将报废硝酸-20L 再生成符合标准要求的硝酸-20L 产品,或将其分离为浓硝酸和四氧化二氮民用化工产品。报废硝酸-20L 再生处理回收率可达 80%~90%。在工艺流程设计中采用 C4 钢、高硅铸铁、耐酸陶瓷填料、搪瓷釜、聚四氟乙烯等耐硝酸腐蚀材料,既控制了酸性物料对设备的腐蚀速率,又综合考虑了材料价格、设备寿命、检修周期等因素,所选材料经济耐用。吸水剂硝酸镁不仅具有较强的吸水能力,而且还可改变硝酸和水形成的二元共沸混合物比例,提高精馏处理报废硝酸-20L 中硝酸的收率。该技术已经投入使用,但过程有二次污染的问题。

4.2.2 推进剂肼类废液回收利用技术

肼类废液的回收再利用技术研究主要聚焦于偏二甲肼的回收利用,偏二甲肼发黄时可返回生产厂家进行精馏或采用光解吸附工艺进行纯化再利用,也可以用作植物调节剂、高能炸药、无机硅、有机硅等化工产品的生产原材料。

4.2.2.1 偏二甲肼变黄机理及光解吸附纯化回用

偏二甲肼在贮存和运输过程中会发黄变质,如果发黄变质的推进剂量较多,可以返回偏二甲肼制造厂进行重精馏,使其达到推进剂偏二甲肼的质量指标要求,偏二甲肼的价格是 6.6 万元/t,根据 1997 年推进剂使用情况报告,每年约有 200t 偏二甲肼需要进行报废或重精馏,不计算铁路运输费用,年损失经费约 1320 万元,返厂重精馏虽然是一种纯化再利用报废偏二甲肼的途径,却不是处理少量废液的有效方法。

当报废偏二甲肼量较少时,返厂精馏显然更不经济,为此某发射中心希望能找到一种现场纯化偏二甲肼的有效方法。李志鲲、邹利鹏等曾对偏二甲肼发黄变质机理进行了探讨,结果表明:

① 空气中氧是导致偏二甲肼发黄变质的根本原因,由于贮运容器密封性不好,或由于体系中的惰性保护介质氮气中氧气含量较高,导致偏二甲肼发生氧化变黄。

② 偏二甲肼遇氧的自氧化反应与氧气浓度有关,氧气浓度越高,氧化程度越深。偏二甲肼与氧气的自氧化反应经过初期的诱导期后,会生成较稳定的黄色物质,红外和色质联用检测为亚硝基二甲胺、偶氮甲烷、四甲基四氮烯等,初期这些黄色物质含量不高,对火箭发射影响不大。随着氧化反应进程的深入,氧化产物量的增加,这些黄色物质继续反应生成更多的复杂化合物,导致偏二甲肼黏度增大、密度增大、颜色变深,甚至变成棕黑色氧化产物,此时偏二甲肼必须进行纯化处理后方可应用于发射中。

③ 偏二甲肼在贮运过程中接触的铁、镍、铬等金属及其氧化产物对氧化反应有一定的催化作用,因此贮运材质最好不用不锈钢,可用铝合金、聚四氟乙烯等材质。

邹利鹏等针对发黄变质的偏二甲肼开展了光解吸附的纯化技术研究,比较变的黄色偏二甲肼与合格偏二甲肼成分,变黄的主要成分是亚硝基二甲胺、偶氮甲烷、四甲基四氮烯等物质,这些化合物易于光解,光解试验结果表明,黄色物质在偏二甲肼中是热稳定的,不能通过热解手段消除;黄色偏二甲肼光解最好的光源是自然光,光解过程与环境温度无关,与光强有关,光解效率与光强、受光表面积成正比,与容器壁厚成反比。光解可以去除黄色物质。采用粒径为 4~6mm

的球状 5A 分子筛或 3A 分子筛作为吸附剂，使用光解吸附联合纯化工艺，纯化后的偏二甲肼不仅外观合格，且水和二甲胺两种杂质的含量有所降低，而发黄物质等完全被去除，纯化后的偏二甲肼燃烧热进一步提高，满足火箭推进剂的标准要求。

某发射中心依据光解-吸附纯化偏二甲肼研究结论，加工了一套光解吸附装置，其处理规模为 $2m^3/d$，日工作 8h，系统耐压 0.16MPa，材质为钢化玻璃。利用太阳光将变黄的偏二甲肼纯化为合格的推进剂产品，按照偏二甲肼返厂精馏 6.6 万元/t 计算，现场的光解吸附纯化装置可以节约大量的经费投资。

4.2.2.2　报废偏二甲肼废液的其他利用技术

因推进剂分析化验、储存变质等原因每年都会产生一定量的肼类推进剂废液。针对报废肼类推进剂废液的处理，国内外均有研究报道。国外对偏二甲肼再利用技术进行了大量研究，如将 UDMH 转化为药物（如抗结核、抗癌、防辐射等药物）、农用添加剂（植物生长调节剂、杀虫剂、杀真菌剂和除草剂等）及工业上的合成纤维、薄膜和涂料等。但上述成果大多还停留在实验室研究阶段。国内近几年对偏二甲肼再利用技术也开展了研究，在使用中通过催化氧化（或还原）可将 UDMH 分解为无害的小分子，但分解反应往往不完全，甚至有些分解产物的毒性比 UDMH 更强，既浪费了资源，又污染了环境。因此对报废肼类燃料的环保清洁利用还需进一步研究。目前已有的方法列于表 4-5 中。

表中大多数回收应用技术处于研究阶段，未进入实际工程应用。针对大多数工艺尚需进行以下研究：

① 原料及制备工艺需根据我国具体情况加以改进，尽量使用无害原料，进行清洁生产；

② 深入研究产物的毒性、稳定性等性能，使产物无害化；

③ 研究产物的性能，开发其应用领域及应用条件，使产品进入功能化、实用化；

④ 急需研究改进 UDMH 的提纯技术，一般的化学合成都要求使用高纯度的原料，大部分报废 UDMH 显然不能直接用作上述转化方法的原料，而传统的先闪蒸、再萃取蒸馏的提纯方法存在能耗高、操作安全性差及设备昂贵等不足，应进一步开发安全高效的 UDMH 提纯技术。

表 4-5　偏二甲肼回收再利用技术汇总

回收利用技术	产品名称	产品用途	应用情况
生产植物调节剂：UDMH 与丁二酸酐进行胺解、开环	丁酰肼	控制植株生长、促进发育、增加坐果、提高抗旱、防冻、抗病能力并可增产。有毒，致癌	禁用于食用植物，可用于观赏植物
生产高能炸药：UDMH 与碘甲烷生成 1，1，1-三甲基肼碘化物（TMHI），强碱存在下，苦酰胺与 TMHI 在二甲基亚砜（DMSO）的偶极性疏质子溶剂中，室温下反应 3h，生成 TATB 的产率为 80%~90%，纯度大于 99%	1,3,5-三氨基-2,4,6-三硝基苯（TATB）	应用于国防领域及深层油井爆破等需要钝感炸药的领域	研究阶段
杂环化合物吡唑：UDMH 与 α、β-不饱和酸（或酸酐）反应制备 2，2-二甲基肼盐和 1，1-二甲基二氢化吡唑-3-氧化物	吡唑	用于合成药物、染料、荧光物质、杀虫剂及其他生物活性物质，尤其是 5 位含有卤素原子的吡唑	研究阶段，未工程实施

回收利用技术	产品名称	产品用途	应用情况
杂环化合物𫫇二唑:5-苯基-2-氯甲基-1,3,4-𫫇二唑与UDMH在异丙醇中(55~65℃)进行亲核取代反应,制备了一系列相应的肼盐2-(1,1-二甲基肼)甲基-5-苯基-1,3,4-𫫇二唑的氯化物,产率68%~84%	1,3,4-𫫇二唑	1,3,4-𫫇二唑是抗病毒剂、抗抑郁药结构的关键部分,其五元杂环中引入肼结构后可提高生物活性	研究阶段
无机硅材料:UDMH硅衍生物$(CH_3)_2HSiNHN(CH_3)_2$(DMDMHS)和$(CH_3)_2Si[NHN(CH_3)_2]_2$(DM-bis-DMHS)通过远距离等离子体化学气相沉积(RPCVD)制备氰化硅薄膜	氰化硅薄膜	可用作高强度或保护性涂料,也可用作半导体领域中的可变间隙材料	研究阶段
有机硅材料:将卤代三甲基硅烷或二卤代二甲基硅烷的乙醚溶液加入盛有UDMH乙醚溶液(5℃)的三颈瓶中,加热回流约1h制得的生成物,在低温(150~350℃)下等离子沉积制备了含硅涂层	绝缘有机硅材料	可用作微电子领域的绝缘涂层	研究阶段
三氟甲基磺酸肼盐:UDMH与三氟甲基磺酰氯(CF_3SO_2Cl)或三氟甲基磺酸酐$[(CF_3SO_2)_2O]$反应,制备了相应的三氟甲基磺酸肼盐	三氟甲基磺酸肼盐		
有机盐:UDMH与1,2-二氯乙烯基酮反应	1,1-二甲肼的盐酸盐		
胺基酰亚胺:UDMH分别进行烷基化和酰基化反应,所用烷基化剂主要为卤代烷和环氧化物,酰基化剂可为羧酸、酰氯、酯或酸	环状胺基酰亚胺(1,1-二烷基-3-氧吡唑烷)	用于药物、涂料、表面活性剂等领域	研究阶段,无应用
偏二甲肼苦味酸盐:将等摩尔偏二甲肼和苦味酸,分别溶于适量无水乙醇中,室温下连续搅拌,将偏二甲肼乙醇溶液滴加到苦味酸乙醇溶液中,溶液变混浊并有晶体析出,当溶液呈中性时,停止反应,过滤并用无水乙醇洗涤产物,烘干得到亮黄色晶体,产率约87%	2,4,6-三硝基苯酚(PA)	可以与铜、钾、铅和钡等金属反应生成苦味酸金属盐,也可以与有机碱化合物合成相应的盐。其盐类在火炸药领域中有着重要用途	研究阶段

王煊军等针对推进剂无水肼废液回收处理,提出以化学成盐的形式从高浓度含肼废水中回收硫酸肼,进一步采用Cu^{2+}-双氧水催化氧化法处理低浓度含肼废水的工艺技术,设计加工了移动式含肼废水的净化和肼回收装置。研究了温度、浓硫酸投加量、反应pH值等对回收处理效果的影响,确定了硫酸肼回收工艺稳定运行的参数。其主要反应如式(4-6)所示:

$$N_2H_4 + H_2SO_4 \longrightarrow N_2H_4 \cdot H_2SO_4 \tag{4-6}$$

试验条件为:无水肼浓度大于1%,浓硫酸为98%,结晶温度控制在10℃以下,无水乙醇洗涤沉淀,120℃烘箱干燥。得出不同浓度的含肼废水、浓硫酸的最佳投加量、溶液的酸度及硫酸肼的回收率如表4-6所示,表中硫酸肼回收率可达95%以上。

⊡ 表4-6 无水肼制备硫酸肼回收结果

无水肼/%	1.89	2.43	3.78	5.23	7.96
硫酸/mL	5.70	8.30	8.70	16.4	25.4
硫酸肼/%	7.36	9.30	14.6	20.4	28.7
溶液中氢离子浓度(mol·L^{-1})	0.25	0.40	0.79	1.26	2.00
硫酸肼回收率/%	94	98	95	96	89

后续的废水处理单元排水也可以达到国家排放标准。该方法的不足是工艺操作复杂,硫酸肼回收过程会产生大量废水,有二次污染问题。

在处理肼类推进剂废液的技术研究上，需要进一步聚焦于将其转化为高附加值的化工产品的技术研究和工程应用上。

4.2.3 低温推进剂回收利用技术

发射场常用的低温推进剂有液氧和液氢，常用的低温气源有氮气和氦气，这些低温推进剂和低温气源一般储存在大型低温容器内，储存过程不可避免的漏热会使内部的低温液体被加热汽化，随着储存时间的延长，低温容器内会形成上部是过热气体、下部是过冷液体的温度梯度。随着低温液体汽化量的增多，容器内压力不断升高，对储存系统构成安全威胁。因此，针对降低低温推进剂的储存损耗国内外开展了相关研究，NASA 的马歇尔空间飞行中心、格林研究中心等机构从 20 世纪 60 年代起，长期开展低温推进剂在轨储存技术研究。降低低温推进剂存储损耗的主要技术有：基于变密度多层隔热材料的复合隔热技术，太阳能防护罩技术，蒸汽冷却屏技术，液体混合技术等。除开展低温推进剂的储存损耗降低技术研究外，如何合理回收再用低温推进剂也是研究热点。

目前用于低温推进剂的回收再用技术主要是 TVS 系统（热力学排气系统）低温液体节流和低温气体膨胀机系统。

4.2.3.1 TVS 系统低温液体节流回收低温推进剂

节流膨胀原理是高压气体经过小孔或阀门受一定阻碍后向低压膨胀的过程，通常情况下，气体经过节流膨胀后都变冷，如果使气体反复进行节流膨胀，温度不断降低，最后可使气体液化，气体发生膨胀两边的压力保持恒定的压力差，此绝热过程称为节流膨胀。该现象最初是由焦耳和汤姆逊试验发现的，所以又称焦汤试验，阀门又称焦汤节流阀。

用于低温推进剂回收的 TVS 节流系统如图 4-1 所示，通常由焦汤膨胀器、热交换器、低温泵或混合器、隔离阀门等部件组成，其工作原理为：低温贮箱气枕压力达到一定值时，低温液体或低温蒸气通过焦汤节流阀，形成温度和压力都降低的气液两相饱和流体；低温泵以一定速度抽取低温液体，节流后的两相流体流经盘管换热器与低温推进剂进行换热，使贮箱内的液体温度降低，从而使液体蒸发量减少。

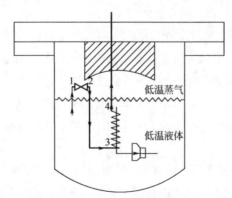

图 4-1 TVS 节流系统
1—气体节流管路；2—焦汤节流阀；3—换热器；4—节流排气管路

4.2.3.2 气体膨胀机技术回收低温推进剂

膨胀机的工作原理是将压缩气体通过膨胀的方式降压并向外输出功,从而使气体温度降低并获得制冷量。低温气体膨胀机系统以活塞式膨胀机为核心部件,将部分高压气体经过膨胀降低压力,然后再将膨胀所得的气体与剩下的高压气体进行换热。活塞式膨胀机是容积式膨胀机中的一种,其原理如图4-2所示。

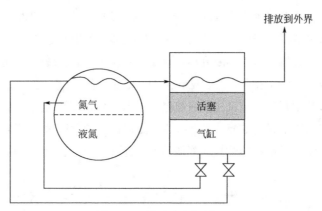

图4-2　活塞式膨胀机原理

活塞膨胀机工作过程:压缩气体通过配气机构进入活塞膨胀机的气缸后在气缸内膨胀,推动活塞对外输出机械功,同时压缩气体压力降低,温度与比焓也随之降低,此时的气体具有较强的制冷能力,所以可以使用膨胀气体制取冷量或冷却其他气体。通过活塞膨胀机排出的与储氮罐中高压氮气换热后的氮气仍具有一定的制冷能力,所以可以利用换热后的氮气来对活塞另一端的气体进行进一步的冷却,可以有效利用冷源,同时使循环继续进行下去。低温气体膨胀机系统中活塞式膨胀机内部工作过程由充气、膨胀、排气和压缩几部分组成。考虑余隙容积、膨胀与压缩不完全的存在以及各种阻力损失和热损失等影响时,实际循环分成进气、膨胀、驱气、排气、压缩和充气等过程。

活塞膨胀机运行时存在一定的冷能损失:不完全膨胀及不完全压缩引起的冷量损失,进排气阀流动阻力引起的冷量损失,热量因素引起的冷量损失。可采取一定措施提高活塞膨胀机工作效率:

① 减少运动件摩擦热引起的冷量损失,可采用长活塞的新结构,这样,工作气体不和摩擦表面直接接触而进行热交换,只能靠气缸壁和活塞体导入少量的热量,使热区同冷区分开。

② 减少热量因素引起的冷量损失,可在活塞头的往复区域内装上绝热缸套,以减少周围的热量传给气体,减少气体与活塞头、气缸体之间进行周期性的热交换。

③ 排气阀采用微小摆动的密封代替往复运动的密封,可显著减少排气阀摩擦热所引起的冷量损失。

④ 活塞密封装置采用摩擦系数低的材料,能够降低活塞环摩擦热,减小冷量损失。

目前可用于发射场低温推进剂回收的技术主要是 TVS 系统低温液体节流系统以及低温气体膨胀机系统,分别将节流后和膨胀后的气体与低温推进剂进行换热,但均未进入实际工程应用。

4.3 液体推进剂废液热力燃烧处理技术

纯净的肼类废液、氧化剂废液可以经过纯化或其他工艺处理进行再利用，但当废液中含有杂质影响纯化或再利用时，必须进行无害化处理。

废液燃烧过程是集物理变化、化学变化、反应动力学、燃烧空气动力学和传热学等多学科的综合过程。高浓度有机物在高温下可以分解成无毒、无害的无机小分子物质，有机氮化物、有机硫化物、有机氯化物等可被氧化成 NO_x、SO_x、ClO^- 等酸性物质。进一步通过尾气净化达标排放。燃烧过程可以回收热量，因此，燃烧技术是一种实现有机废液减量化、无害化和资源化的有效手段。

采用燃烧技术处理有机废液，首先要估算废液的热值。废液的热值估算有两种方法。

一般可根据经验公式（4-7）估算废液的低位热值 Q_{dw}（kJ/kg）：

$$Q_{dw} = 337.4C + 603.3(H - O/8) + 95.13S - 25.08W^y \tag{4-7}$$

式中，C、H、O、S、W^y 分别是有机物中碳、氢、氧、硫的质量分数和有机废液中的含水率。

或根据废水的 COD 值估算热值。各种主要有机物的标准燃烧值及相应的 COD 值如表 4-7 所示。当检测废液的 COD 值后，按照有机物燃烧时每消耗 1g COD 所放出热量的平均值为 13.983（约 14）kJ，可以估算出废液的热值，此估算高位发热值最大误差介于 -10%～7% 之间。

表 4-7　主要有机物标准燃烧值及相应的 COD 值

名称	化学式	标准燃烧值/(kJ/g)	相应 COD 值/(g COD/g)	COD 热值/(kJ/g COD)	取平均值后的相对误差
环己烷	C_6H_{12}	46.6	3.42	13.6	+2.8
苯	C_6H_6	41.8	3.07	13.6	+2.8
甲苯	C_7H_8	42.6	3.13	13.6	+2.8
乙醇	C_2H_6O	29.7	2.09	14.2	-1.5
苯酚	C_6H_6O	32.5	2.38	13.7	+2.1
乙醛	C_2H_4O	26.5	1.82	14.6	-4.2
乙酸	$C_2H_4O_2$	14.6	1.07	13.7	+2.1
葡萄糖	$C_6H_{12}O_6$	15.7	1.07	14.7	-4.9
吡啶	$C_5H_5O_6$	35.2	2.53	13.9	+0.6
苯胺	$C_6H_7O_7$	36.5	2.67	13.7	+2.1
尿素	CH_6N_2O	10.5	0.80	13.1	+6.7
硫脲	CH_4N_2S	19.5	1.27	15.4	-9.2
平均 COD 热值/(kJ/g COD)				13.983	

一般认为废液的低位热值≤3300kJ/kg 时，废液热值不足以满足自身蒸发所需热量，燃烧过程需要的辅助燃料消耗较大，采用燃烧法处理不经济。当废液 COD≥235000mg/L 或热值≥3300kJ/kg 时可采用燃烧处理技术。当废液热值达 6300kJ/kg 时，可采用适宜于低热值废液燃烧的流化床形式，燃烧炉点燃后不加辅助燃料可以进行连续处理。

燃烧法处理废液的优点是：有机物去除率可高达 99% 以上，适应性广，比其他方法更经济合理，中间产物少。尤其是高浓度含盐有热值难降解废水不仅含有多量无机盐，而且其中含有一定数量的溶解性难降解有机物，无论用物化法还是生化法都难以去除，燃烧处理是最佳选择。

根据偏二甲肼废液热值高的特性，可以采用热力燃烧技术处理推进剂废液。

为了实现推进剂废液的热力燃烧无害化处理目的，研制了燃烧炉并进行了实际废液的处理实验。所研制的燃烧炉可同时满足四氧化二氮和偏二甲肼的废液处理要求，在实验室进行了各种工况的试验，通过研究试验确定设计参数，降低能耗，提高燃烧效率，研制可靠的控制系统，为工程设计提供可靠的安全参数，最终形成工程应用的设备。

4.3.1 推进剂废液燃烧处理原理

（1）液体燃烧机理

推进剂废液进行燃烧处理时，废液微粒进入高温空气中准备和进行燃烧的过程可大体分为三个阶段。

① 蒸发：液滴受热后开始蒸发和沸腾，产生大量蒸气。

② 裂化与裂解：约500℃开始裂化，700℃以上强烈裂解。

③ 燃烧：液滴及其周围的蒸气与气态产物在温度达到着火温度以上时开始燃烧，此时液滴裂解继续，燃烧在周围的气相中进行。

液滴雾化成许多大小不一的液滴后，在燃烧室的高温下受热而蒸发汽化。其中一些小的液滴（直径小于 10μm）很快就完成蒸发汽化，并与周围的空气形成可燃混合气，其燃烧过程类似气体燃料的均相燃烧。

当直径较大的液滴以较高速度喷入燃烧空间时，在最初阶段与气流间有一定的相对速度，但经过一定距离后，由于摩擦效应液滴将逐渐滞慢下来，此时液滴与气流之间的相对速度几乎完全消失。具有相对速度的这一段称为"动力段"，没有相对速度的一段则称为"静力段"。通常动力段所占时间很短，例如对初速度为 100～200m/s，直径为 10～40μm 的液滴，其动力段只有千分之几秒。在动力段时间内液滴主要完成受热升温过程，蒸发汽化与燃烧过程主要在静力段进行。

液滴的燃烧时间是其表面积的线性函数，即燃烧时间与液滴直径的平方成正比见式（4-8）。

$$\tau = \frac{d^2}{K} \qquad (4-8)$$

式中　τ——燃烧时间，s；

　　　d——液滴直径，mm；

　　　K——燃烧速度常数，m^2/s，可以查出。

上式表明减小液滴直径在燃烧中的重要性。液滴直径是雾化效果的表征参数之一。所以根据燃烧机理分析，雾化过程是影响燃烧彻底、效果好坏的重要一环。在燃烧炉设计中应充分重视。

（2）推进剂废液处理原理

燃烧处理偏二甲肼$[(CH_3)_2N_2H_2]$废液的原理：偏二甲肼燃料的热值是 33030kJ/kg，在有辅助燃料引燃时可以直接燃烧，燃烧后最终产物为无害的 CO_2、水，因此，可以采用燃烧的方法将偏二甲肼废液除去。由于现场排放的废液是不连续的，排放量也不稳定，当偏二甲肼废液量很小时，炉膛温度很低，偏二甲肼废液本身的热值往往达不到或不能维持其完全燃烧的温度，而且仅仅靠偏二甲肼自身燃烧火焰会忽大忽小，甚至断焰，断焰后炉膛温度迅速下降，当炉膛温度降至不能使再次通入的偏二甲肼废液进行燃烧时，必然使通入的偏二甲肼废液处理不完全或得不到处理，未经处理的偏二甲肼废液与空气混合存在爆炸的隐患。所以采用收集装置将不连续排放的废液收集起来，定期用助燃物煤油燃烧连续稳定地提供热量，使燃烧炉膛保持适宜的温度，在此温度下通入偏二甲肼废液使其经裂解氧化生成 CO_2 和 H_2O，从而实现偏二甲肼废液无害化处理的目的。

由于航天发射场储备有煤油和乙醇，因此助燃物可以选用煤油或乙醇，这两种物质是常用的液体燃料，其各种物理参数见表 4-8。

表 4-8　废液及煤油的物理参数

物性	煤油	乙醇	偏二甲肼	四氧化二氮
分子式	$C_{12}H_{26}$（平均）	C_2H_5OH	$(CH_3)_2N_2H_2$	N_2O_4
分子量	170～220	46	60	92
密度（液体，20℃）/（kg/m³）	840	789	791	1446
闪点（闭杯法）/℃	不低于 40	11～13	1.1	——
黏度/（mPa·s）（20℃）	2.5	1.2	0.527	0.419
热值/（kJ/kg）	41840	29720	33030	——
爆炸极限/%	1.4～7.5	3.3～19	2.5～78.5	——
冰点/℃	——	−114.1	−57.2	−11.23
沸点/℃	——	78.3	63.1	21.15
蒸气压（20℃）/mmHg	——	44.03	120	724

注：1. 1cal≈4.18J。

　　2. 1mmHg=133.322Pa。

由计算得知：1kg 煤油与 10.5m³ 空气完全燃烧，放出热量 41840kJ/kg，1kg 乙醇完全燃烧需要空气量 6.69m³，放出热量 29720kJ/kg；燃烧反应过程需维持高温，在满足反应所需的热量相同的情况下，需要消耗的乙醇与煤油的质量比为 1.4，体积比为 1.5，在满足相同废液处理的情况下，需要的乙醇是煤油的 1.5 倍，储罐体积相应增大，配套的动力输送消耗也大，设备也相应庞大。所以选用煤油作为助燃燃料。

处理偏二甲肼废液时，煤油（$C_{12}H_{26}$）在燃烧过程中起到助燃作用，当没有将燃烧炉炉膛温度升高到一定温度时，偏二甲肼废液进入炉膛参加反应，稳定燃烧后，可以停止煤油的供应。其反应机理如式（4-9）、式（4-10）所示：

$$(CH_3)_2N_2H_2 + 2O_2 \longrightarrow 2CO_2 + N_2 + 4H_2 \qquad (4-9)$$

$$37O_2 + 2C_{12}H_{26} \longrightarrow 24CO_2 + 26H_2O \qquad (4-10)$$

在燃烧炉膛内，偏二甲肼还可以进行高温分解反应见式（4-11）、式（4-12）。

$$(CH_3)_2N_2H_2 \longrightarrow 2CH_4 + N_2 \qquad (4-11)$$

$$CH_4 + 2O_2 \longrightarrow CO_2 + 2H_2O \qquad (4-12)$$

四氧化二氮（N_2O_4）燃烧处理原理：四氧化二氮在航天发射中是氧化剂，其热值较低，为了使其能通过燃烧进行处理，处理过程加入煤油，煤油作为还原剂和四氧化二氮进行反应。由于四氧化二氮很快离解为二氧化氮，在反应中以二氧化氮为书写代表，其处理过程反应如式（4-13）、式（4-14）所示：

$$74NO_2 + 4C_{12}H_{26} \longrightarrow 52H_2O + 48CO_2 + 37N_2 \qquad (4-13)$$

$$37O_2+2C_{12}H_{26}\longrightarrow 24CO_2+26H_2O \tag{4-14}$$

在燃烧炉膛内，四氧化二氮还可以进行高温分解反应见式（4-15）、式（4-16）。

$$2NO_2\longrightarrow 2NO+O_2 \tag{4-15}$$

$$2NO\longrightarrow N_2+O_2 \tag{4-16}$$

4.3.2 燃烧炉形式的选择

燃烧法处理废液是将含高浓度有机物的废液在高温下进行氧化分解，使有机物转化为水、二氧化碳等无害物质。通常热值为 10500kJ/kg 以上的废液，在有辅助燃料引燃时便能够自燃。

目前常用废液燃烧炉炉型有液体喷射燃烧炉、回转窑燃烧炉和流化床燃烧炉，各适用于不同情况。

（1）液体喷射燃烧炉

液体喷射燃烧炉用于处理可以用泵输送的液体废弃物。结构简单，通常为内衬耐火材料的圆筒（水平或垂直放置），配有一个或多个燃烧器。废液通过喷嘴雾化为细小液滴，在高温火焰区域内以悬浮态燃烧。可以采用旋流或直流燃烧器，以便废液雾滴与助燃空气良好混合，增加停留时间，使废液在高温区内充分燃烧。一般燃烧室停留时间为 0.3～2min，最高温度可达 1650℃。

通常将低热值的废液与液体燃料相混，使混合液的热值大于 18600kJ/kg，然后用泵通过喷嘴送入燃烧室燃烧。含有悬浮颗粒的废液，需要过滤去除，以免堵塞喷嘴或雾化器的孔眼。

良好的雾化是达到有害物质高破坏（燃烧）率的关键。可以用低压空气、蒸汽或机械雾化。一般高黏度废液应采用蒸汽雾化喷嘴，低黏度废液可采用机械雾化。

① 卧式液体喷射燃烧炉：典型的卧式液体喷射燃烧炉膛，辅助燃料和雾化蒸汽或空气由燃烧器进入炉膛，火焰温度为 1430～1650℃，废液经蒸汽雾化后与空气由喷嘴喷入火焰区燃烧。燃烧炉出口温度为 815～1200℃，排出的烟气进入急冷室或余热锅炉回收热量。卧式液体喷射燃烧炉一般用于处理含灰量很少的有机废液。

东北制药总厂 1982 年采用硅砖砌成直径 600mm、长 4300mm 的圆形炉膛卧式液体喷射燃烧炉，以青霉素的副产物邻硝基乙苯为燃料，处理制备维生素 C 工艺产生的古龙酸母液，实现了以废治废，节约能源的目的，年处理 COD 在 400t 以上，烟气经水洗后达到国家排放标准。

② 立式液体喷射燃烧炉：典型的立式液体喷射燃烧炉，其炉体由碳钢外壳与耐火砖、保温砖砌成，有的炉子还有一层外夹套以预热空气。炉子顶部有重油喷火嘴，重油与雾化蒸汽在喷嘴内预混喷出。一般控制焚烧炉长度与宽度比为 2∶1 或 3∶1。燃烧用的空气先经炉壁夹层预热后，在喷嘴附近通过涡流器进入炉内，炉内火焰较短，燃烧室的热强度很高，废液喷嘴在炉子的上部，废液用中压蒸汽雾化，喷火炉内。对大多数废液的最佳燃烧温度为 870～980℃。在很短时间内有机物燃烧分解。在燃烧过程中，某些盐、碱的高温熔融物与水接触会发生爆炸。为了防止爆炸的发生，采用了喷水冷却的措施。在燃烧炉炉底设有冷却罐。由冷却罐出来的烟气经文丘里洗涤器洗涤后排入大气。

旋风式立式燃烧炉的助燃气（助燃液）和待处理废液沿炉壁喷入，而空气则从切线方向喷入使内部形成圆柱形火焰，螺旋形通过炉体，热释效率高，适用于染料、颜料、中间体废水焚烧。

（2）回转窑燃烧炉

回转窑燃烧炉是用于处理固态、液态和气态可燃性废物的通用炉型，对组分复杂的废物，如沥青渣、有机蒸馏残渣、漆渣、焦油渣、废溶剂、废橡胶、卤代芳烃、高聚物等都很适用。美国大多数危险废物处理厂采用这种炉型。该炉型操作稳定、燃烧安全，但管理复杂、维修费用高。回转窑燃烧炉通常稍微倾斜放置，并配以后置燃烧器。一般长径比2～10，转速1～5r/min，安装倾角1°～3°，操作温度上限为1650℃。

回转窑燃烧炉中燃烧温度（650～1260℃）的高低取决于两方面：一方面取决于废液的性质，对含卤代有机物的废液，燃烧温度应在850℃以上，对含氰化合物的废液，燃烧温度应高于900℃；另一方面取决于采用哪种除渣方式（湿式还是干式）。燃烧温度由辅助燃料燃烧器控制。在回转窑炉膛内不能有效地去除燃烧产生的有害气体，如二噁英等。为了保证烟气中有害物质的完全燃烧，通常设有燃尽室，当烟气在燃尽室中停留时间大于2s、温度高于1100℃时，上述物质均能很好地消除。燃尽室出来的烟气到余热锅炉回收热量，用以产生蒸汽或发电。

（3）流化床燃烧炉

流化床燃烧炉内衬耐火材料，下面由布风板构成燃烧室。燃烧室分为两个区域，即上部的稀相区（悬浮段）和下部的密相区。流化床燃烧炉的工作原理：流化床密相区床层中有大量的惰性床料（如煤灰或砂子等），其热容很大，能够满足有机废液蒸发、热解、燃烧所需大量热量的要求。由布风装置送到密相区的空气使床层处于良好流化状态。床层内传热工况十分优越，床内温度均匀稳定，维持在800～900℃，有利于有机物的分解和燃尽。燃烧后产生的烟气夹带着少量固体颗粒及未燃尽的有机物进入流化床稀相区，由二次风送入的高速空气流在炉膛中心形成一旋转切圆，使扰动强烈，混合充分，未燃尽成分在此可继续进行燃烧。

上述几种常规燃烧炉各有优缺点，其性能比较如表4-9所示。

▫ 表4-9　各种焚烧炉主要技术性能比较

比较项目	卧式	回转窑	流化床	比较项目	卧式	回转窑	流化床
投资费用	低	高	高	停留时间/s	0.3～2.0	0.4～4.0	1.0～5.0
平均设计容量/（10^6kJ/h）	29.5	63	20.4	空气过剩系数	1.2～2.5	1.2～2.0	1.0～1.5
燃烧效率	高	高	很高	维修保养	容易	不容易	容易
热效率/%	—	<70	<75	处理规模	小	大	大
传热系数	中等	中等	高	适宜处理的废弃物对象	液体、气体	液体、固体	液体、固体
焚烧温度/℃	700～1300	800～1300	760～900				

表4-9中数据表明卧式液体喷射燃烧炉的各项指标符合推进剂燃烧过程的要求，结合航天发射场的实际情况，考虑到处理的推进剂废液量少，最终装置可以设计为固定式，也可以设计为移动式处理车，便于操作管理等需求，在发射场推进剂废液处理中主要采用卧式液体喷射燃烧炉。

4.3.3　废液燃烧处理试验研究

（1）燃烧处理试验工艺流程

根据航天发射任务产生的废液量，设计实验室小型装置规模：处理量为5～10kg/h。

所设计的试验工艺原理图如图4-3所示。

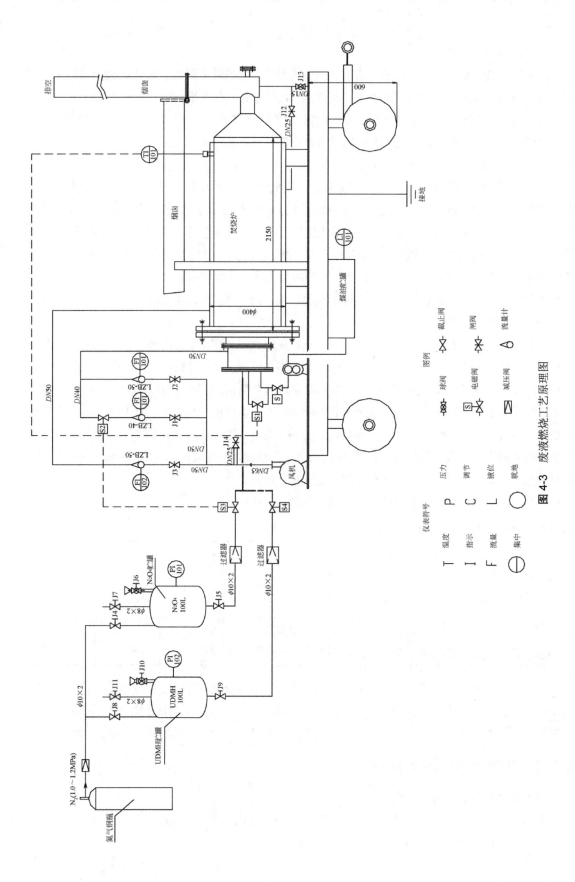

图 4-3 废液燃烧工艺原理图

试验处理过程说明如下。

推进剂各种作业场所产生的废液首先存在贮罐中，贮存量达到一定程度时，启动燃烧炉进行处理，偏二甲肼和四氧化二氮不能同时处理，处理偏二甲肼时，将偏二甲肼的连接管线接入燃烧炉的喷嘴，切断四氧化二氮的管线，煤油贮箱置于燃烧炉平台下面，用计量泵泵入燃烧炉，风机为燃烧炉提供氧气和降温空气，燃烧处理彻底后排放的尾气由烟囱排出。

试验装置中，分别设计了偏二甲肼和四氧化二氮贮罐，其容积均为 0.05m³，设计的小型燃烧炉直径为 300mm，主体炉膛外设置夹层，以便于二次风的进入和炉体的降温，尾气排放烟囱直径为 150mm，高 2000mm，烟囱为折叠式，便于运输，在炉体的尾部设置视镜，便于观察炉膛内的燃烧状况。试验用的移动平台尺寸为 1500mm×2500mm，操作平台距离地面 800mm，整套系统的控制柜置于平台侧面。

（2）试验研究燃烧炉设计加工

燃烧炉炉膛结构图和燃烧头结构图如图 4-4、图 4-5 所示。

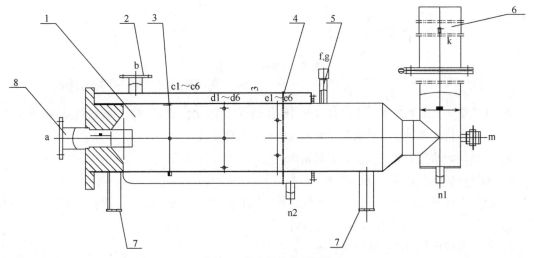

图 4-4　燃烧炉炉膛结构图

1—燃烧炉体；2—风管；3—炉体进风口；4—空气夹层；5—测温接管；6—烟囱；7—鞍座；8—燃烧炉入口部；
a—燃烧头接口；b—二次风入口；c1～c6—炉体风入口；d1～d6—炉体风入口；e1～e6—炉体风入口；
f—测压口；g—测温口；k—取样口；m—视镜；n1、n2—排渣口

图 4-4 中炉膛 a 处连接燃烧炉入口部件（即燃烧头），燃油雾化形式采用机械雾化，在炉膛设计时，前部设计的结构提供了高温气流循环空间，具有稳定火焰的作用，炉膛主体增设了 c1～c6、d1～d6、e1～e6 等 18 个二次风进口，其作用是强化燃烧效果，使燃烧彻底完全，同时降低炉膛温度；f、g 为炉膛压力测试点和温度测试点；烟囱为折叠式，不用时可将烟囱卧倒于炉膛上方，便于整体设备进入车库；烟囱适当位置开孔为尾气收集监测点。

（3）试验内容

① 按照设计图纸加工一台燃烧炉；

② 根据计算结果确定炉膛内适宜 1400℃ 的耐火材料；

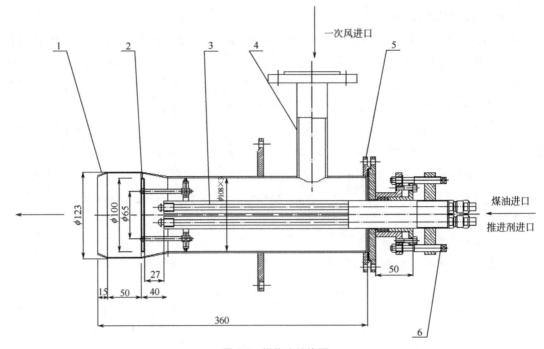

图 4-5　燃烧头结构图

1—变径头；2—气体分布板；3—喷油管；4—一次风管；5—螺栓连接件；6—喷枪与燃烧头连接件

③ 在燃烧炉上配置喷嘴，针对偏二甲肼液体的特性（黏度、热值等），研制特定结构的喷嘴；

④ 研制与偏二甲肼液体喷嘴和煤油喷嘴配套的送风系统；

⑤ 为燃烧炉购置安装点火器、测温元件、流量控制与计量系统；

⑥ 为燃烧炉配置采样、分析系统；

⑦ 进行各种不同体积比（100%、80%、50%、20%）的液体燃烧试验，考察其燃烧处理可行性及彻底性，取样分析尾气中成分是否能达标；

⑧ 对比各种体积比的液体燃烧能耗。

试验装置见图 4-6。

图 4-6　推进剂废液燃烧处理试验装置

（4）试验步骤

将所要处理的废液泵入 0.05m³ 的储罐中。

首先启动风机，吹扫炉膛，调节一次空气和二次空气的流量，使一次空气的过剩系数控制在 0.96～0.98 之间，总空气过剩系数控制在 1.2～1.5 之间。启动自动点火装置（燃烧器），该装置同时具有点火和燃烧功能，内部设有点火器、光电控制管、两个煤油喷管和一个废液喷管。燃烧头设有两个煤油喷罐，分别配有不同型号的喷嘴，为点火和燃烧提供燃料，一个喷管常开，另一个喷管由电磁阀控制，试验过程根据所处理废液或浓度来确定控制喷嘴的关闭。点火装置启动后，配风、电打火、喷油自动完成，来自煤油储箱的燃料通过油泵经过喷嘴雾化后燃烧，炉膛进入升温阶段。

在燃烧炉尾部设有测温单元，当炉膛尾部温度达到 600℃时喷入要处理的废液进行燃烧处理。储罐内的废液在氮气压力下，经过过滤、球阀、废液喷嘴进入炉膛，与煤油燃料一起燃烧。此时，调节一次风和二次风流量，使燃烧炉尾部烟温度保持在 600～650℃之间（燃烧段部分最高温度可达 1100℃），同时检测烟囱排放气的各种污染物浓度，通过调节二次风流量，使未完全燃烧的煤油及四氧化二氮或偏二甲肼在二次空气的作用下完全燃烧，确保尾气达标排放。

（5）试验方法

喷嘴的作用是将定量的燃料喷入炉膛，点火燃烧使炉膛达到一定的温度，且在喷入废液时能保证高负荷燃烧彻底。为了选择合理的燃料油喷嘴，以水代料进行第一步试验以确定喷嘴型号。首先进行理论计算。

处理偏二甲肼时，煤油主要是提供热源，以提高炉膛温度，而在处理四氧化二氮时，煤油除提供热源外，还要作为还原剂与四氧化二氮反应。所以设计两个煤油喷嘴，以便于过程实施。经过计算，若处理四氧化二氮 8kg/h，需要煤油 1.6kg/h，所以设计的两个煤油喷嘴规格分别为 2kg/h 和 2.5kg/h，初步确定的喷嘴型号为 K1（2kg/h）和 K2（2.5kg/h），选用四个喷嘴进行清水试验，其型号分别为 K1、K2、K3（3kg/h）、K4（3.5kg/h）。试验后大喷嘴喷出水量较大，在过程中不易实现控制，因此进一步用 K1 和 K2 两个型号采用煤油进行试验，试验结果见表 4-10。

▣ 表 4-10　煤油喷嘴选型试验结果

喷嘴型号	不同泵压力下喷嘴的喷油量/（kg/h）			
	0.9MPa	1.0MPa	1.3MPa	1.5MPa
K1	1.6	1.7	2.0	2.2
K1+K2	4.0	4.1	4.5	4.8

通过以上试验结果验证了计算结论：用 K1 和 K2 两种型号的喷嘴可满足要求。由于要求的处理能力为 5～8kg/h，K1 型号的喷嘴在 1.0MPa 压力下可以喷出 1.7kg/h 的煤油，所以在试验中炉膛升温时，用 K1+K2 两个喷嘴同时喷油，炉膛升到预期温度后，电磁阀自动切断 K2 型号的喷嘴，K1 型号喷嘴持续工作，为四氧化二氮燃烧提供还原剂。在处理偏二甲肼时炉膛升到预期温度后，切断 K2 型号喷嘴，K1 型号喷嘴持续开启，开启度（电动阀）由炉膛温度控制。

（6）系统调试

按照调试步骤，依次对各种设备、管道、阀门等部件进行相关的打压、检漏和吹扫，使整体设备处于正常状态。

① 风机。

经过计算燃烧 4kg 煤油需要 40～50m³ 空气，燃烧 5～8kg 偏二甲肼需要空气 37.5～60m³，所以一次风设计共 130m³/h 空气量，分两条管线，其中一条管线风量约 40m³/h，该路管线由电磁阀控制，另一条一次风管线流量为 90m³/h。二次风的作用是保证煤油或燃料能够燃烧完全。设计的流量为 90m³/h，既大于燃烧 8kg 偏二甲肼需要的空气量，又大于燃烧煤油所需要的空气量，留有一定的设计冗余。

试验实测风机总风量为 220m³/h。一次风：电磁阀控制的风量 40m³/h，不带电磁阀控制的风量 90m³/h；二次风：89m³/h。合计：220m³/h。选用的风机额定风量为 300m³/h，可利用率为 73%，满足试验要求。

② 喷嘴喷煤油、喷废液量试验。

分别在 1.5MPa、1.3MPa、1.0MPa、0.9MPa 的压力下，选择不同型号的喷嘴，对煤油的喷油量和废液（用水代替）的处理量进行了标定，最后确定喷嘴的型号为：

废液：压力 0.9MPa，喷嘴为 K1 型号，处理量为 6kg/h。

煤油喷嘴：电磁阀控制的喷嘴规格为 K2 型号，不带电磁阀控制的喷嘴规格为 K1 型号，油压 0.9MPa 时总喷油量为 4.0kg/h。

③ 调试步骤。

根据煤油燃烧情况将燃烧管截断到合适长度，使火焰长度缩短。将空气分布板调整到合适位置。火焰呈旋转状态，为废液完全反应创造条件。正常喷油范围内炉膛压力为 1～2mmH₂O（1mmH₂O=9.80665Pa），可以正常使用。

在燃烧炉夹套内填充耐热纤维，加强其密封性，增强二次风压，增大二次风的作用，即炉体表面降温效果好，燃烧更完全。实际测试结果可使温度降低 100℃ 左右。

（7）试验结果

偏二甲肼废液处理后尾气检测指标为：（偏二甲肼）UDMH、总烃、苯并芘。要求 UDMH≤5mg/m³，总烃≤120mg/m³，苯并芘≤0.3×10⁻³mg/m³。含碳燃料及有机物在 600～900℃ 时有裂解现象，容易产生苯并芘有害组分，为此，实验中要检测该指标。一般当温度高于 1000℃ 时，苯并芘可分解成 CO₂ 和 H₂O，但温度高于 1500℃ 时，氮氧化物含量急剧增加，所以控制燃烧炉温度一般不超过 1000℃。

四氧化二氮废液处理后尾气检测指标为：NOₓ、总烃、苯并芘。

排放尾气执行标准：GB 16297—1996《大气污染物综合排放标准》，其中 NOₓ≤240mg/m³，非甲烷总烃≤120mg/m³，苯并芘≤0.3×10⁻³mg/m³。测量方法见表 4-11。

▢ 表 4-11　废液燃烧处理后尾气排放指标的测量方法

项目	国标排放限值/（mg/m³）	采样方法	分析方法	所用仪器
苯并[a]芘	0.3×10⁻³	预测流速法	荧光分光光度法	HPLC 荧光仪
非甲烷总烃	120	针管抽取	高效气相色谱法	GC 气相色谱法
偏二甲肼	5	气囊抽气	比色法	比长管
二氧化氮	240	气囊抽气	比色法	比长管

① 偏二甲肼试验。

处理过程为：首先开启风机，吹扫炉膛约 5min，启动点火装置，同时配风、电打火、喷油自动完成，炉膛尾部温度升至 600℃时，废液进行燃烧处理，切断 K2 型号煤油喷嘴和一次风的 40m³/h 管线，根据燃烧炉尾部温度手动调节一次风和二次风的流量，使温度控制在 600～650℃，稳定燃烧 10min 后取样监测。分别进行了体积比 20% 和 100% 废液浓度的试验。

当废液浓度 20% 时，进行了两次实验，结果如下：

a. 煤油压力：0.9MPa。

b. 煤油喷嘴为 0.6 和 0.85（调节阀开度，受电磁阀控制）同时工作。

c. 废液处理量：6kg/h。

d. 炉膛尾部温度：600～617℃。

e. 炉压：1～2mmH$_2$O。

f. 空气压力：0.008～0.01MPa，一次空气 86m³/h，二次空气 104m³/h。

g. 尾气中偏二甲肼含量小于 1.28mg/m³。

当废液浓度为 100% 时结果如下：

a. 煤油压力：0.9MPa。

b. 煤油喷嘴为 0.6 和 0.85（受电磁阀控制）。

c. 废液处理量：6kg/h。

d. 炉膛尾部温度：600～650℃。

e. 炉压：4mmH$_2$O。

f. 空气压力：0.008～0.01MPa，一次空气 86m³/h，二次空气 104m³/h。

g. 尾气中偏二甲肼含量小于 1.50mg/m³。

② $N_2O_4$100% 浓度的废液试验。

处理过程为：与处理偏二甲肼过程一样，结果如下。

a. 煤油压力：1.2MPa。

b. 煤油喷嘴为 0.6 和 0.85（受电磁阀控制）。

c. 废液处理量：6kg/h。

d. 炉膛尾部温度：610℃。

e. 炉压：3～4mmH$_2$O。

f. 空气压力：0.01MPa，一次空气 32m³/h，二次空气 132m³/h。

g. 尾气中 NO_x 含量小于 200mg/m³。

实验结果见表 4-12、表 4-13。

▫ 表 4-12　废液燃烧处理尾气含量检测结果

编号	废液名称	浓度 /%	喷液量 /(kg/h)	喷油量 /(kg/h)	压力/MPa		一次风 /(m³/h)		二次风 /(m³/h)	尾气结果/(mg/m³)		标准 /(mg/m³)
					油压	N_2				NO_x	偏二甲肼	
1	偏二甲肼	20	6	5	0.9	0.9	16	54	104		<1.28	≤5

编号	废液名称	浓度/%	喷液量/(kg/h)	喷油量/(kg/h)	压力/MPa 油压	压力/MPa N_2	一次风/(m³/h)	二次风/(m³/h)	尾气结果/(mg/m³) NO_x	尾气结果/(mg/m³) 偏二甲肼	标准/(mg/m³)
2	偏二甲肼	50	5	5	0.9	0.9	15　66	112		<1.5	≤5
3	偏二甲肼	80	4.5	1.9	1.5	0.9	15　45	80		<1.5	≤5
4	偏二甲肼	100	4	1.9	1.5	0.9	15　45	88		<1.5	≤5
5	N_2O_4	100	5	5	1.5	0.9	40	60	200		≤240

▫ 表4-13　燃烧处理尾气非甲烷总烃和苯并芘数据

编号	废液名称	浓度/%	检测结果 项目	检测结果 采样体积/L	检测结果 分析结果	检测结果 标准	检测结果 分析方法
1	偏二甲肼	50	苯并芘	39.915	0.008725μg/m³	0.3μg/m³	GB/T 15439
2	偏二甲肼	50	非甲烷总烃	—	39.9375mg/m³	120mg/m³	GB/T 15263
3	N_2O_4	100	苯并芘	39.7425	0.006575μg/m³	0.3μg/m³	GB/T 15439
4	N_2O_4	100	非甲烷总烃	—	18.4250mg/m³	120mg/m³	GB/T 15263

上述偏二甲肼和四氧化二氮燃烧处理后均能满足排放标准要求。

在加工的实验室小型装置上，进行了连续性试验，在夏季 7～8 月进行试验时，炉体表面最高温度达 80℃，因此在工程中需要进一步对炉体进行隔热降温处理。

通过课题研究，提出了用燃烧法处理推进剂废液技术路线是可行的；在一次风入口处设置空气分布板，使燃油油滴呈涡流雾化，提高了雾化效果和燃烧率；巧妙的炉体设计增强了炉膛内高温气流循环，稳定了燃烧火焰，提高了燃烧氧化效率；二次风在夹层中通过，一方面提高了风温，利于进入炉膛参加燃烧反应，另一方面降低了炉体表面的温度，同时二次风进口在炉体的不同表面切线进入，强化炉膛的混合效果，提高了燃烧效率；处理后尾气中的各种成分稳定达标。

4.3.4　废液燃烧处理设备设计

在实验室小试基础上，针对实际需求，完成了工程设计，工程设计中将各个处理单元置于移动式平台上。设计规模为 25～35kg/h，废液燃烧处理工艺流程见图 4-7。

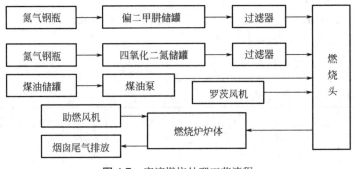

图 4-7　废液燃烧处理工艺流程

（1）燃烧喷嘴的设计

燃烧炉的设计关键是燃油或燃料喷嘴的设计，设计中采用低压雾化技术。

目前使用的喷雾技术有：压力雾化喷嘴技术和气动雾化喷嘴技术。气动雾化燃烧器分为低压空气雾化燃烧器和高压空气（或蒸汽）雾化燃烧器。试验中用的是进口燃烧器及喷嘴，工程中采用自行设计的低压空气雾化燃烧器，喷嘴头部设置旋转雾化片，增大雷诺系数加剧湍流，促进液体雾化，确保完全燃烧。

低压空气雾化燃烧器的特点是以空气作雾化剂，其压力比助燃风压稍高，在雾化的同时实现了气液混合过程，其燃烧火焰较短，可在较小的空气系数条件下实现完全燃烧。低压空气雾化喷嘴的主要优点是燃烧效果好，雾化成本低，噪声小，燃烧过程容易控制；缺点是调节比小，燃烧能力受限制，适用于小型燃烧炉（$1m^3/h$ 以下）。

推进剂废液燃烧处理装置属于小流量燃烧炉，在试验及工程中采用低压空气雾化小流量燃烧器。

（2）燃烧炉设计

为了更好地组织气流，炉体采用圆筒形双层结构，炉壳采用耐热钢板制造以保证炉壳具有足够的强度。炉膛内壁衬耐火纤维棉。炉温设计 1000℃，最高不超过 1200℃。停留时间 1～2s，风量分别经过一次风和二次风送入。一次风由燃烧炉的头部供入，一次风的作用主要是供给燃料或偏二甲肼氧化剂，调节一次风量，保持氧化剂系数为 1.05～1.3（氧化剂供给量和理论需求量的比值）。二次风通过外层环缝进入炉体，其作用有二：其一是进入燃烧室及混合室与燃料燃烧形成的高温烟气进行充分混合，使燃烧剂燃烧充分；其二是对内外钢筒起到冷却降温作用，同时降低烟道尾气的排放温度。根据试验结果内筒设计为衬有耐火材料的燃烧室，将炉形结构控制在有限的空间内，使全部燃料能够完全燃烧，控制火焰长度在预定范围内。

由于燃料的毒性及要求的炉温较高，因此炉体内部设计采用全耐火材料浇注方式，二次风的补入通过浇注料之间的孔进入，外壁钢板内衬耐火纤维棉，有利于保证外壁温度不高于 80℃，便于操作环境的改善。

（3）助燃风机设计

配风采用鼓风机强制旋流方式配风，有利于液体燃料与空气实现完全混合燃烧；配风量设计参数采用最大 40kg/h 煤油燃烧全配风形式，通过计算最大配风量为 500m³/h，冷却风的补入量为 800m³/h。风机选型为 9-19 4A，电机型号为 Y100L-2，功率 3kW。

（4）煤油泵设计

选用小流量进口丹佛斯煤油泵，将煤油输送到喷嘴处，待处理液体燃料用氮气挤压输送到燃烧喷嘴前。为了保证燃料液到达喷嘴前压力为 1～4kgf/cm²，氮气钢瓶出气口需要设置减压阀，将瓶内 13kgf/cm² 压力减至需要的压力。煤油泵前设置 60 目过滤器，泵后设置流量计。废液管线设置过滤器。

（5）控制系统设计

① 燃料：燃料油总管设置能传输信号的燃油流量计，助燃空气管路、二次风管路上分别设置孔板流量计（分别 $\phi 108 \times 4$、$\phi 159 \times 4.5$）和微差压变送器（EJA120A-DES4A-92NA）进行流量

检测及控制。

②炉体出口设置热电偶（S）WRP-130进行温度检测，并通过与二次风管路上的电动阀连动实现温度调节。

③燃烧喷嘴前的油气管道、鼓风管路及二次风管路等处设置压力表进行压力检测。

④燃烧炉烧嘴侧设置火焰监测器（Honeywell）进行火焰检测。

⑤燃料流量根据温度及其他检测反馈信号调节燃料管路电动阀开度。

⑥助燃空气流量根据燃料流量大小采用电动调节阀进行比例调节。

⑦设置自动停炉和自动开炉安全连锁程序，采用PLC自动控制。

⑧系统的压力、温度和流量设置超限报警。

⑨设置氮气吹扫管道，当有燃料泄漏或熄火等现象时，系统自动进入吹扫程序，采用PLC自动控制。

⑩设备采用点火控制器实现自动点火，并设火焰监测器，监测器与燃料安全切断阀及氮气吹扫电磁阀实现连锁自动控制。

废液处理装置主要工艺单元规格见表4-14。

表4-14 废液处理装置主要工艺单元规格

序号	名称	规格	数量	备注
1	燃烧器	GSAA-50	1	耐热不锈钢
2	燃烧炉炉体	820X2100	1	全耐热不锈钢
3	手动空气调节阀	DN100	1	耐热不锈钢
4	手动空气调节阀	DN150	1	耐热不锈钢
5	点火控制器		1	进口
6	火焰监测器	HJQ-1	1	进口
7	金属软管	G1/2X800	6	耐热不锈钢
8	管路手动阀	DN15	6	全不锈钢
9	煤油过滤器	DN15（60目）	1	全不锈钢
10	切断电磁阀	DN15	7	耐酸不锈钢
11	空气电动调节阀	DN100	1	全不锈钢
12	空气电动调节阀	DN150	1	全不锈钢
13	煤油泵	KCB	1	
14	助燃风机	9-19	1	
15	空气燃烧比例阀	3/8-75	1	美国MXON
16	空气孔板流量计	DN100	1	全不锈钢
17	空气孔板流量计	DN150	1	全不锈钢
18	热电偶测温系统	S，L=450	2	铂铑铂
19	罗茨风机		1	
20	微差压变送器	EJA120A	2	川仪恒河
21	煤油流量计		1	全不锈钢
22	管路及支架	风管、煤油管、废液管、高压风管、气动气源管路（氮气）	1	不锈钢管材
23	四氧化二氮泵	N71-122HBM-40-25-160-A	1	不锈钢耐强酸

序号	名称	规格	数量	备注
24	偏二甲肼泵	B71-122HBM-40-25-200-A	1	
25	控制柜		1	含 PLC
26	偏二甲肼过滤器		1	耐酸不锈钢
27	四氧化二氮过滤器		1	耐酸不锈钢
28	偏二甲肼流量计		1	全不锈钢
29	四氧化二氮流量计		1	全不锈钢
30	烟囱及旋转机构	325×2000	1	不锈钢
31	氮气钢瓶		2	
32	工具箱		1	
33	尾气排放监测系统	UDMH、氮氧化物探头	1	两个探头和总控制器
34	废液罐		2	非标专业
35	煤油罐		1	非标专业

（6）废液移动式处理方舱设计

方舱外形尺寸为 5050mm×2400mm×2660mm，方舱置于底盘上，方舱底距离地面 1200mm。采用全封闭式车厢结构，由底架、前围、后围（后门框）、左右侧围、顶盖六大块组焊而成。设置活动钢梯，供人员上下。

工作方舱底部骨架采用槽形截面框架结构，最大截面尺寸采用 80mm×60mm×5mm。顶部、侧围、前后围骨架采用全金属焊接结构，截面尺寸采用 50mm×50mm×2.5mm 的冷弯型钢。

工作方舱底板采用 4mm 铝板，铝板上铺设防腐蚀地板胶。顶部、侧围、前后围的内外蒙皮采用波纹板。内外表面采用沙漠迷彩，外面采用亮油保证涂装外形美观。内外蒙皮与骨架采用铆接结构连接。

方舱侧围上部封死，开百叶窗，下部单侧下半部分开三扇向上开门，用气压支撑杆打开。方舱后围双开门对开。方舱顶部在烟囱上升部位开窗，开窗动作由气压杆自动完成。废液处理过程方舱侧围、后门、天窗均打开，可以实现通风和降温的目的。

（7）废液移动式处理装置底盘

废液处理工艺的所有单元共重 4310kg，方舱重约 800～1000kg，合计质量 5300kg，处理装置采用国产载重量 6t 车的底盘。底盘设置刹车单元和被牵引的部件，以方便移动。

① 根据推进剂偏二甲肼易燃特性，首次提出采用煤油燃烧技术处理偏二甲肼废液。

② 利用低压空气雾化原理，研制了燃烧喷嘴，使燃油液滴达到 10～40μm，强化了雾化混合效果，提高了燃烧效率，彻底实现了废液的无害化。

③ 利用四氧化二氮氧化性，根据燃烧氧化反应原理，提出用煤油作还原剂进行四氧化二氮废液燃烧处理；通过合理设计燃烧头，实现两种废液在同一装置上进行处理的目的。

④ 燃烧装置的集成化移动式处理车，提高了装置的利用率，便于统一管理和维护保养。

⑤ 解决了航天发射场多年来废液稀释或倾倒的粗放式处理带来的污染问题，解决了推进剂废液无专项处理技术的难题。

4.3.5 废液燃烧处理设备运行

四氧化二氮废液燃烧处理运行过程如下：

① 准备工作：依照废液燃烧处理程序进行准备工作。

② 气密性检查和吹扫：吹扫氮气压力为 0.3MPa。

检查废液管线：将废液管线出液管的第一道阀门和燃烧器前废液管线上的电磁阀关闭，其余阀门打开，进行废液系统的气密性检查，气密性检查无误后，打开燃烧器前的电磁阀，用氮气吹扫管线 5min。气密性检查完后，关闭废液管线所有阀门。

③ 点火程序：打开助燃风机，保持其开度为 10%；打开二次风机，保持其开度为 20%；打开强制排风风机，保持其开度为 50%。

打开燃油中间罐进出油阀门，打开主油箱出口阀门，启动油泵使其空转 2min，确保油路回流正常。

启动燃烧机点火器，燃烧正常后，输出正常燃烧信号，稳定燃烧 5min。

④ 炉膛升温：控制系统接收到燃烧机点火正常信号后，首先调整助燃风机开度为 20%，打开油路电磁阀，柴油喷嘴（18L/h）喷出的油雾遇长明火引燃，柴油燃烧器进入正常燃烧状态，炉膛进入正常升温阶段。调整助燃风机开度为 40%～45%，打开另一路柴油电磁阀，使另一只柴油喷嘴点燃（25L/h），进一步调整助燃风机开度为 70%～80%，调整二次风开度为 50%。炉膛升温约需 20～30min。

⑤ 废液处理：当炉膛温度升至 650～700℃时，炉膛处于待命状态。

进入废液处理程序，将废液罐压力增至约 0.4MPa，打开废液进入燃烧炉前的手动阀，自动程序打开废液入口电磁阀，逐渐手动打开废液储罐液体出口总阀，废液进入燃烧炉。减小助燃风机开度至 35%，自动打开助燃油电磁阀，记录废液储罐液位和排气口废气浓度，通过调节风量、助燃柴油量和废液量，使系统稳定运行，气体稳定达标排放。

观察废液储罐的液位和压力指示值，当废液压力急剧降低，废液液位至最小刻度时，关闭废液入口电磁阀和废液储罐出口总阀。

向废液储罐内增压约 0.3MPa，再次打开废液入口电磁阀和废液储罐出口总阀，将废液储罐内的废气处理完毕，如此反复 3 次，可将废液储罐内废液和废气置换完毕，关闭废液入口电磁阀和废液储罐出口总阀。

⑥ 停炉程序：首先断开联锁报警系统，关闭燃油电磁阀，关闭油路手动针形阀，关闭燃烧机，关闭燃油泵。调整各风机风量均为 50%～100%开度，使燃烧炉降温至 100～150℃，关闭所有风机，全系统停车。将废液储罐出口总阀处管线断开，打开废液管线电磁阀，用氮气吹扫废液管线 5～10min。关闭燃烧机前的手动针形阀，关闭油泵前的球阀。收起烟囱，关闭天窗，关闭总电源，断开氮气管线，所有管线加盖堵头。移动处理车入库。

偏二甲肼废液处理过程的准备程序、氮气吹扫程序、点火程序、炉膛升温和停炉程序与四氧化二氮废液处理程序相同。偏二甲肼废液处理时，当炉膛温度升至 550℃时，进入偏二甲肼废液处理程序，废液阀的开度由小逐渐增大，调整助燃风机开度为 50%、二次风机开度为 45%、强制排风风机开度为 75%，平稳处理过程，随时检测尾气浓度，一旦尾气超标，减小废液量，使尾气达标。炉膛温度一般不超过 800℃。废液处理过程，助燃风机开度为 35%～55%，二次风开度为 45%～50%，强制排风风机开度为 75%。

推进剂废液处理装置为移动式，在某现场进行了混合肼类废液的处理，将化验室多年留存的无水肼、甲基肼、偏二甲肼等燃烧剂类废液一起混合后进行处理，连续运行，尾气连续监测各项指标达到了国家的排放标准，可以实现废液处理尾气达到《大气污染物综合排放标准》（GB 16297—1996）标准：非甲烷总烃浓度≤4.0mg/m³，气体中偏二甲肼浓度≤5mg/m³。

4.4 液体推进剂废液超临界水氧化处理技术

4.4.1 超临界水技术概述

超临界水氧化技术用于处理工业有机废水及生活污水的研究可以追溯到 20 世纪 70 年代初期，MIT 的化学工程研究生 Amin 和他的导师 M.Modell 在美国宇航局资助下开展此技术的废水处理的研究工作。该技术是一种能彻底破坏有机污染物结构的新型氧化技术。与其他水处理技术相比，该技术具有独特的优势，可将难降解的有机污染物在很短的时间内彻底氧化成 CO_2、N_2 和水等无毒小分子物质，因而没有二次污染物，符合全封闭的处理要求，由于反应过程为均相反应、停留时间短，所以反应器体积小，结构简单，处理效果好，该技术在美国国家关键技术所列的六大领域之一"能源与环境"中被定义为 21 世纪最有前途的环境友好型有机废物处理技术。

美国一些 SCWO 中试工厂主要是对多种特种污染物和军事污染物的处理，如废弃的有害溶剂、被有机物污染的地下水、污染的土壤、剩余活性污泥、吸附了有害废物的活性炭吸附剂、各种军事废物及医药生产中的废弃物，部分已建的 SCWO 装置如表 4-15 所示。

表 4-15 国外 SCWO 处理对象及应用机构

序号	投资机构	处理废料
1	美国海军（U.S.Navy）	工业危害性废料，包括有机残渣、油类、溶剂、洗消液及舰船垃圾
2	美国爱可废料技术公司（Eco Waste Technologies）	各种废水、生物残渣、石油精炼分离器残渣、发酵残渣、聚合物废料
3	美国摩达股份公司（Modar Incorporated）	氯化有机废料、腐蚀性废水
4	美国陆军（U.S.Army）	烟雾及染料目标标志剂、催泪气体
5	美国能源部爱达荷国家工程实验室（Idaho National Labs）	混合放射性废料
6	美国克姆勃力卡拉克公司（Kimberly Clark Corporation）	造纸废料及可处理性织物
7	美国卡尔丝卢阿核科学中心（Kemforschungszen Karlsvube Cmbh）	含金属的玻璃研磨废料
8	美国国防高级研究项目（Defense Advanced Research Projects Agency）	化学武器料、固体推进剂及国防部其他危害性废料、舰船危害性残料
9	美国空军（U.S. Air Force）	从火箭推进器卸载下的1.1级危害性推进剂
10	美国国家航空航天局（NASA）	人体生理垃圾
11	美国桑地亚国家实验室（Sandia National Lab）	美国陆军加工废料

4.4.1.1 超临界水氧化技术基本概念及其特性

超临界水氧化（supercritical water oxidation，SCWO）技术的主要原理是利用超临界水作为介质氧化有机物。超临界水是水的一种存在状态，是指当气压和温度达到一定值时，因高温而膨胀的水的密度和因高压而被压缩的水蒸气的密度正好相同时的水。此时，水的液态和气态无区别，完全交融在一起，成为一种新的高压高温状态，叫作水的临界状态。图 4-8 示出了水的相图，水的临界点在相图上是气-液共存曲线的终点，它由一个具有固定不变的温度、压力和密度的点来表示，即在该点上，水的气相和液相之间的性质无差别。此时，水的密度和它的饱和蒸汽密度相等，水的临界压力值为 22.13MPa，临界温度值为 374.15℃，即当温度和压力超过临界点（374.15℃，22.13MPa）时，物系处于 "超临界状态"，此时的水就被称作 "超临界水"，其物理化学性质发生了巨大的变化。它既不同于液态的水，又有别于气态的水。

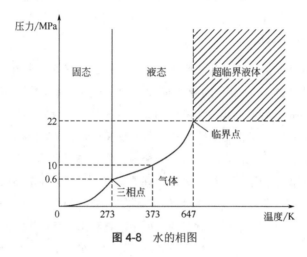

图 4-8　水的相图

超临界水具有以下特性：

① 超临界水的密度可从蒸汽的密度值连续地变化到液体的密度值，特别是在临界点附近，密度对温度和压力的变化十分敏感。

② 氢键度（X）表征形成氢键的相对强度，该值越大，物质结合越紧密，X 与温度的关系式：$X=-8.68\times10^{-4}T+0.851$，其适用范围为 $280\sim800K$（$7\sim527℃$），可以看出温度和 X 大致呈线性减小关系。

③ 超临界水的离子积比标准状态下水的离子积高出几个数量级。

④ 超临界水的低黏度使其水分子和溶质分子具有较高的分子迁移率，溶质分子很容易在超临界水中扩散，从而使超临界水成为一种很好的反应媒介。

⑤ 德国 Karlsruhe 大学的 EUlrish Frank 等通过静态测量和模型计算表明，水的相对介电常数随密度的增大而增大，随温度的升高而减小，在低密度的超临界高温区域内，水的相对介电常数很低，这时的超临界水类似于非极性有机溶剂。根据相似相溶原理，在临界温度以上，几乎全部有机物都能溶解。相反，无机物在超临界水中的溶解度急剧下降，呈盐类析出或以浓缩盐水的形式外排。超临界水与普通水的溶解能力比较见表 4-16。

溶质	无机物	有机物	气体
普通水	大部分易溶	大部分微溶或不溶	大部分微溶或不溶
超临界水	微溶或不溶	易溶	易溶

上述特性表明：超临界水具有类似液体水的密度、溶解能力和良好流动性，同时又具有类似气体水的扩散系数和低黏度，处于超临界状态的水无论在多大压力下压缩都不能发生液化，故可简单地认为超临界水是一种液体水和气体水的中间状态，即可称为"重的气体"或非常"松散的液体"。它具有许多独特的理化性质。

超临界状态条件下，水的密度值、介电常数、黏度会减小，氢键会减少，离子积会增大，使其成为一种具有高扩散性和优良传递特性的非极性介质，决定了超临界水是有机物和氧气的很好溶剂，此时有机物和氧气能和水以任意比例互溶，形成单一的均相体系，因此有机物的氧化可以在富氧的均一相中进行，反应没有相间传质阻力，不会因时间转移而受限，超临界水高温也加快了反应速率，故此条件下氧化反应速率非常快，一般只需几秒至几分钟即可将废水中的有机物彻底氧化分解为无害物质。另外，超临界水的离子积比常态下高出几个数量级，因此超临界水也是良好的酸基/碱基催化反应介质。

国内外学者持续积极探索超临界水氧化难降解有机废水的工艺条件及应用，包括杀虫剂醚菊酯废水、高氨氮含酚废水、污水处理场活性污泥、石油类废水、垃圾渗滤液等，也有一些学者研究了超临界水氧化技术在军事特种污染治理中的应用。

超临界水氧化技术与湿式空气氧化技术（WAO）和传统的焚烧法相比，具有以下特点：

① 适用范围广。SCWO 几乎能有效地处理各类高浓度有机废水，特别适合于毒性大、难以用常规方法处理的废水及其他危险性废物的处理。

② 处理效率高。选择适宜的温度、压力和催化剂，SCWO 可降解 99%以上的有机物，废水经 SCWO 处理后可直接排放。

③ 氧化速度快，装置小。SCWO 为自由基反应，可在数秒或几分钟内完成。

④ 二次污染低。SCWO 排出的废气主要为反应后的 CO_2、N_2、H_2O、O_2（过量时）及少量挥发性小分子有机物和 CO，不会生成 NO_x、SO_x。

⑤ 可回收能量和有用物质。当废水中有机物浓度大于 2%时，可依靠反应热使系统维持能量自给。废旧塑料、聚酯和橡胶等在超临界水中通过控制一定的条件，可发生部分降解而得到有价值的单体和低聚物，达到变废为宝的目的。

SCWO 工艺在高温高压下进行，需要耐高温、高压、腐蚀的设备，因此一次性投资较大，对操作管理技术的要求也较高，但运行费用较低。

4.4.1.2　超临界水氧化技术处理军事特种废弃物的应用

（1）弹药废水治理

国内关于 SCWO 技术在军事污染物处理中的应用主要集中于处理弹药废水。唐绍明等采用 SCWO 试验装置对自行配制的弹药废水进行了试验，表明在一定的超临界条件下军事弹药的主要成分三硝基甲苯（TNT）、二硝基甲苯（RDX）和奥克托今（HMX）饱和溶液处理后均可达到检不出的水平。通过多因素正交试验确定了反应效率的影响因素，在基础研究基础上考虑到运行成本和节能因素，推荐了亚临界节能状态的工艺条件：温度 250℃，压力 15MPa，时间 30min。在此条件下即可实现弹药废水的无害化。

中北大学常双君在一套间歇式超临界水氧化实验装置上，以三种典型炸药 TNT、RDX、HMX 为研究对象，研究了有机物在超临界水中氧化降解效率及各影响因素对有机物氧化反应的影响规律，探讨了 TNT、RDX 在超临界水中氧化降解的反应路径和机理，表明提高反应温度、延长停留时间和增加氧化剂用量，均可提高 TNT 的分解氧化去除率，随反应温度、压力、氧浓度、停留时间的增大，有机物在超临界水中氧化的 COD 去除率增大。这些因素中，温度和停留时间对 COD 去除率的影响较大，压力对超临界水氧化反应的影响较小，这种影响在反应动力学方程式中表现为反应物浓度、反应中间产物浓度及水性质的变化对反应的影响。

TNT 废水在 SCWO 中的反应可以概括为式（4-17）、式（4-18）：

$$有机物 + O_2 \longrightarrow CO_2 + H_2O + N_2 \tag{4-17}$$

$$S、P、Cl 金属 \longrightarrow 酸 + 盐 + 氧化物 \tag{4-18}$$

分析表明采用 SCWO 技术降解废水中的 TNT 机理不同于一般化学法和生物法，通过检测降解过程的产物及其机理分析可知其产物除常规直接氧化产物二硝基苯、甲苯开环直链饱和烃外，还有一定量的萘、芴、菲、蒽等多环芳烃产物，这是因为在超临界水氧化降解的同时，还伴有偶合、水解、热解、异构化、催化等许多副反应。

上述分析表明，采用 SCWO 技术处理弹药废水是可行的，目前研究对象均为配制的废水，且仅为实验研究，为了使该技术能够快速应用于实际弹药废水处理中，应采用实际的废水进行工程性应用研究。

（2）含偶氮基废水治理

航天发射场液体推进剂肼类燃料分子式为 N_2H_4，含有偶氮基，目前没有采用 SCWO 技术处理肼类废水的研究报道。但是一些研究表明采用 SCWO 技术处理偶氮基有机物效果较好。

采用 SCWO 反应器对偶氮染料化合物废水进行处理研究表明反应温度、氧化系数、初始 COD 质量浓度、反应时间、pH 对废水中总氮都有正向的积极作用，并且其影响程度不同，总氮的去除效果明显。采用双氧水氧化偶氮染料化合物发生了两步反应：

① 偶氮基被自由基攻击氧化为重氮基；

② 重氮化合物溶液化学性质很活泼，在高温条件下发生水解反应，被—H 基团取代，氮元素生成 N_2。采用 SCWO 技术处理偶氮染料废水中含氮有机物，在超临界水中若不完全氧化会导致氨气的产生，氨气在 SCWO 中很稳定，在温度低于 640℃且没有催化剂时，氨气的转化率几乎为零。通常要在 SCWO 中转化氨气不仅需要温度高于 700℃，还需要有催化剂。

根据上述分析可知，采用 SCWO 技术可以处理偶氮基染料废水，而推进剂肼类为直链化合物，比偶氮染料废水容易降解，因此可以在 SCWO 条件下实现无害化，但是需要探索适宜的操作条件，确保其中的氮元素不会形成氨气，而是直接形成氮气排放。

（3）核废物和化学战剂废物处理

SCWO 技术在美国的重点研究对象之一是军事废水，这些废水中含有大量的有害物质，如推进剂、爆炸品、毒烟、毒物及核废料等，美国洛斯阿拉莫斯（Los Alamos）国家实验室采用钛基不锈钢材质 SCWO 反应器在超临界条件下处理被放射性污染的离子交换树脂及其他核废物污染的废水，取得了较好的效果。

采用 SCWO 技术处理核污染离子交换树脂时，首先通过流化床依据重力差异将阴阳离子分开，再使用球磨机粉碎使废料粒子大小均匀化，在 220mL 实验室小型装置中进行试验，放大后在 24L 容器中进行试验，确定了最优反应条件是在次临界条件下，阳离子交换树脂的处理温度可以降低至 515℃，试验过程加入了硝基甲烷作为脱氮剂可彻底去除总氮，确保外排气体中检测不出氮气，最终根据核废物产生量和已经储存的树脂废物量，综合考虑后设计加工了 150kg/h 的处理核污染离子交换柱的装置。装置运行效果良好，解决了核废料不易处理的难题。

采用 SCWO 反应器研究了化学战剂（CWAS）废弃物的氧化降解规律，主要处理对象是化学战剂硫氧化物芥子气（HD）和梭曼（GD）及其模拟物质 2-氯乙基乙基硫醚、甲基膦酸二甲酯（DMMP）等。结果表明：SCWO 技术可将 HD、GD 及 2-氯乙基乙基硫醚、甲基膦酸二甲酯有效降解为相应的无机物，影响反应效率的因素是反应温度、反应时间、氧化剂浓度，温度对降解效果的影响程度最大，硫化物、2-氯乙基乙基硫醚和 HD 可以在 475℃条件下降解为无机物，主要为 SO_3^{2-} 和 SO_4^{2-}，而有机磷物质和 DMMP 降解温度要大于 600℃，在相对较低的温度下，DMMP 易形成白色有机磷聚合物。该研究表明采用 SCWO 技术可以使化学战剂废弃物无害化和减量化。

采用 SCWO 技术处理军事废物在美国有规模化应用装置，目前在美国约有 10 多座实际应用的处理装置分布于不同的废物处理领域，其中约 1/3 是为军事废物处理服务的；在国内大多处于研究阶段，尚无商业应用装置，主要原因是该反应器的高温高压条件导致的反应器腐蚀、盐堵塞等问题未彻底解决，另外该反应器初始投资高和运行成本大也是限制其大规模应用的原因之一。

由此可知，SCWO 技术可以用于处理肼类废液、废水，研究人员分别进行了 SCWO 技术气化回收废液和氧化处理废液的研究。

4.4.2 超临界水处理偏二甲肼废液技术

超临界气化降解偏二甲肼废液过程无需投加氧化剂，为了提高气化率，根据超临界气化煤和污泥技术研究结果，可以投加碱性无机物质，以提高气化效率。在超临界氧化过程中投加了双氧水和高锰酸钾，并进行了投加催化剂的研究。进一步探索研究了投加氧气作为氧化剂的处理效果，为实际工程应用奠定理论基础。

4.4.2.1 超临界水气化处理废液装置

设计了两种反应器：间歇式反应器和连续式反应器。分别在两种反应器上进行了偏二甲肼气化试验。

（1）间歇式反应器

高温高加热速率间歇式气化装置是由西安交通大学多相流国家重点实验室郭烈锦等自主设

计研制的（图4-9）。反应釜端盖上装有铠装热电偶，伸入反应釜内，可测量反应温度，另有一根不锈钢管伸入反应釜底部，可通入氩气，在管线上装有压力传感器。端盖上另外设一孔，由管线与气体流量计相连接可以测量反应所生成的气体的体积，并可采集气体进行分析。反应釜加热系统为温控电炉加热，功率为1kW，电炉置于台架上，可以预先设定炉温，反应釜置于炉内进行加热。反应完后，将反应釜取出，空冷到反应温度300℃以下，然后使反应釜浸入冷水中降温。电炉设置两个温控点，在电炉本身升温时，采用炉子中间的热电偶测试温度作为温控点，当开始加热反应釜时，采用反应釜内测试温度为温控点。

间歇式反应系统的中心部件是反应釜，包括釜体和端盖2个部件。端盖上开三个2mm孔，一个用于安装测量釜内温度的铠装热电偶，一个作为氩气入口，另一个作为气态产物出口。釜体和端盖都采用Inconel 625不锈钢。反应釜体内径为77mm，长度为200mm，由于总体反应器尺寸较小，为保证其高温强度性能，采用总体加工方式。

实验前将称量好的原始原料、催化剂和水放入反应釜中并混合均匀。在加热温控电炉的同时，将反应釜连接到间歇式气化系统中，再以10MPa的高压氩气进行检漏，然后清空，并充入适量氩气使反应釜达到设定的初压值，关闭两个调节阀。等炉内的温度达到设定初值并稳定后，将反应釜放入炉内加热。利用炉内的K型铠装热电偶控制调节温控电炉的加热功率，从而改变反应釜内的加热速率，待反应釜内达到设定温度以后，维持恒温，保持设定的停留时间后，将反应釜从炉内取出，并盖上炉盖，使反应釜降温。待反应釜降到300℃以下后，打开收集气体阀收集气态样品，并进行分析。待反应釜内压力降为常温后将反应釜卸下，将残留的固体和液体混合物用漏斗过滤分离，分别收集，并记录液体和固体质量以进行进一步的分析。

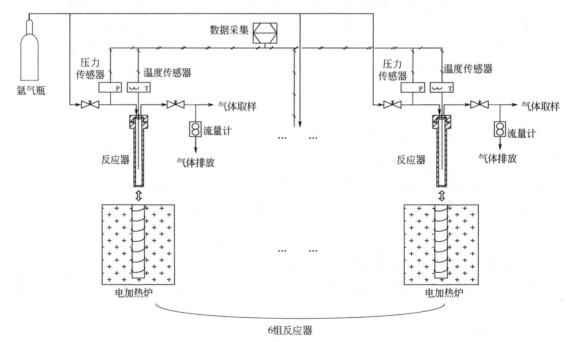

图4-9　高温高加热速率间歇式反应系统图

（2）连续式反应器

图 4-10 为超临界水固定床反应装置示意图。一路物料经由液体泵加压并输送至混合器处，另一路水由液体泵加压、预热器加热至超临界态，超临界水与物料在混合器处混合后送至反应器中反应，反应后产物经冷却器冷却、过滤网过滤、背压阀降压后到气液分离器中。气体产物由流量计记录流量并由气相色谱分析产气成分。液体产物利用总有机碳（TOC）分析残碳含量，并通过气质联用 GC 分析液相组成成分。固定床反应器采用的材料为哈氏合金 C-276，反应物料在反应器中的停留时间为 30s，反应物料分别为 25%（质量分数）的乙醇、甘油和葡萄糖，压力为 23MPa，反应温度为 500℃。

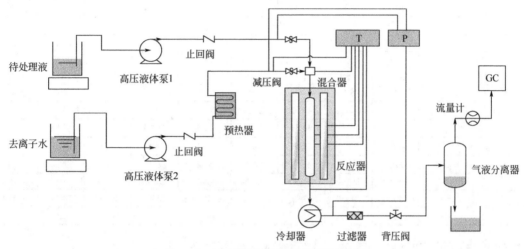

图 4-10　超临界水固定床反应装置示意图

4.4.2.2　超临界水气化处理偏二甲肼废液结果

（1）间歇式催化气化结果

在偏二甲肼的催化气化实验中，选用以下几种在超临界水条件下催化气化结果较好的三种催化剂：碳载钌（Ru/C），雷尼镍 3110（RTH3110），雷尼镍 4110（RTH4110）。实验结果见表 4-17。从表 4-17 中可以看出当不加入催化剂时，随着温度从 550℃升高到 600℃，H_2 的摩尔分数逐渐增大，CH_4 的摩尔分数逐渐减小，当加入催化剂后，与不加入催化剂相比，H_2 的摩尔分数得到了显著的提高，随着温度从 550℃升高到 600℃，H_2 的摩尔分数逐渐减小，CH_4 的摩尔分数逐渐增大。H_2 和 CH_4 的产量随着温度的增加也有相同的规律。

碳气化率随着温度的升高和催化剂的加入，变化并不明显。当不加入催化剂和加入 RTH3110、RTH4110 时，COD 去除率都在 97%以上，但当加入 Ru/C 催化剂时，COD 去除率十分低。无论是否加入催化剂，氨氮含量变化不明显。

探讨了不同干质催化剂对气化效果的影响，结果如表 4-18，在原始 COD 浓度为 1150mg/L 的条件下，通过投加气化催化剂可以实现废液的无害化，使 COD 和氨氮达标排放。

▫ 表4-17 偏二甲肼催化气化处理结果

[物料质量：1.6g；浓度：10%（质量分数）；停留时间：20min；COD原始浓度计算为207842.1mg/L]

催化剂	无			Ru/C		RTH3110		RTH4110	
催化剂与物料质量比				1∶1		1∶1		1∶1	
温度/℃	500	550	600	550	600	550	600	550	600
最终压力/MPa	23.5	24.4	24.8	26.2	26.1	25.4	25.7	26	26.4
体积分数/%									
H_2	43.99	51.16	59.67	65.38	54.69	68.79	58.86	58.42	61.09
CO	5.83	3.84	4.36	3.99	4.17	3.65	1.95	2.12	2.10
CH_4	43.66	28.84	20.23	18.38	23.12	17.43	26.92	28.89	24.87
CO_2	6.52	16.16	15.75	12.25	18.04	10.14	12.28	10.58	11.94
气体产量/(mol/kg)									
H_2	12.84	17.73	21.53	33.44	27.21	30.09	21.63	22.03	22.8
CO	1.7	1.33	1.57	2.04	2.07	1.6	0.72	0.8	0.78
CH_4	12.74	9.99	7.3	9.41	11.5	7.63	9.89	10.89	9.28
CO_2	1.91	5.6	5.68	6.26	8.97	4.44	4.52	3.99	4.46
C气化率	49.03	50.76	43.65	53.13	67.63	40.98	45.37	47.04	43.56
H气化率	57.62	56.71	54.31	78.57	75.5	68.18	62.28	65.88	62.19
COD/(mg/L)	4900	2000	1600	70000	139000	1400	1100	1100	1800
COD去除率/%	97.5	99.0	99.2	64.9	30.2	99.3	99.4	99.4	99.1
氨氮 /(mg/L) N	15440	26640	27920	24720	20080	22240	23280	29840	24480
氨氮 /(mg/L) NH_4	19920	34320	35920	31840	25840	28560	30000	38400	31520
氨氮 /(mg/L) NH_3	18800	32400	33920	30000	24640	26960	28320	36240	29760

▫ 表4-18 推进剂偏二甲肼废液的气化结果（原废液COD为1150mg/L）

温度/℃	催化剂	催化剂∶干质	气体产量/(mol/kg)				COD/(mg/L)	氨氮/(mg/L)	COD去除率/%
			H_2	CO	CH_4	CO_2			
500	—	—	112.45	0.48	3.15	7.98	623	86	45.83
550	—	—	237.34	0.78	5.24	16.94	500	70.5	56.52
600	—	—	285.36	0.83	7.21	26.39	384	70.75	66.61
650	—	—	296.46	1.03	8.28	24.38	228	114.5	80.17
550	K_2CO_3	1∶1	44.72	2.1	6.84	11.23	166	113.5	88
600	K_2CO_3	1∶1	65.63	2.6	8.25	11.76	144	109	87.48
650	K_2CO_3	1∶1	384.88	4.83	7.97	185.59	142	113.5	87.65
550	Na_2CO_3	1∶1	51.43	1.94	5.9	12.42	84	113	93
600	Na_2CO_3	1∶1	66.99	3.22	8.18	16.19	58	119.5	95.2
550	KOH	1∶1	44.72	2.1	6.84	11.23	95	79	92.1
600	KOH	1∶1	65.63	2.6	8.25	11.76	70	99.5	94.2
450	NaOH	1∶1	23.68	1.88	5.74	5.51	163	63	86
500	NaOH	1∶1	87.84	1.25	6.97	6.01	100	97.5	92
550	NaOH	1∶1	113.57	3.66	8.54	6.19	71.5	103	94
600	NaOH	1∶1	122.95	2.95	9.46	8.44	60	96.5	95

　　由结果可知不投加催化剂时，难以保持出水各项指标达标。投加催化剂后COD达标，小于150mg/L，氨氮不达标。

（2）间歇式部分氧化/气化处理

在偏二甲肼的部分氧化/气化实验中，选用的氧化剂为H_2O_2。结果见表4-19。

▫ 表4-19　偏二甲肼部分氧化/气化处理结果

[物料质量：1.6g；浓度：10%（质量分数）；停留时间：20min；COD原始浓度计算为207842.1mg/L]

氧化剂		H_2O_2			H_2O_2		H_2O_2		H_2O_2	
氧化系数[①]		0			0.4		0.6		0.8	
温度/℃		500	550	600	550	600	550	600	550	600
最终压力/MPa		23.5	24.4	24.8	25.2	26.1	24.1	25.7	24.9	25.6
体积分数/%	H_2	43.99	51.16	59.67	58.86	51.5	36.59	39.5	52.4	53.3
	CO	5.83	3.84	4.36	3.41	3.93	4.68	4.91	7.1	7.9
	CH_4	43.66	28.84	20.23	8.24	8.46	3.61	3.04	20.9	21.9
	CO_2	6.52	16.16	15.75	29.51	36.11	55.11	52.56	19.6	16.9
气体产量/(mol/kg)	H_2	12.84	17.73	21.53	24.72	17.59	8.32	11.09	4.49	4.89
	CO	1.7	1.33	1.57	1.43	1.34	1.06	1.38	0.82	0.97
	CH_4	12.74	9.99	7.3	3.46	2.89	0.82	0.85	0.35	0.36
	CO_2	1.91	5.6	5.68	12.39	12.33	12.52	14.76	11.98	12.46
C气化率		49.03	50.76	43.65	51.84	49.68	43.21	50.97	39.45	41.38
H气化率		57.62	56.71	54.31	47.57	35.14	14.97	19.24	7.82	8.43
COD/(mg/L)		4900	2000	1600	1400	2000	630	1100	1000	350
COD去除率/%		97.5	99.0	99.2	99.3	99.0	99.7	99.4	99.5	99.8
氨氮/(mg/L)	N	15440	26640	27920	11800	12440	7280	6880	4200	3560
	NH_4	19920	34320	35920	15200	16000	9360	8880	5400	4560
	NH_3	18800	32400	33920	14360	15120	8640	8360	5120	4320

① 氧化系数=实际加入氧量/废液里偏二甲肼完全氧化理论所需氧量。

从表4-19中可以看出当不加入氧化剂时，随着温度从500℃升高到600℃，H_2的摩尔分数逐渐增大，CH_4的摩尔分数逐渐减小，随着氧化剂量的增加，H_2和CH_4的摩尔分数和产量逐渐减小，而CO_2的摩尔分数和产量逐渐增大。

碳气化率随着温度的升高和氧化剂量的增加，变化并不明显。在COD去除率方面，随着氧化剂量的增加，COD去除率逐渐增加，都在99%以上。其氨氮含量随着氧化剂的加入，逐渐减小。

为了进一步探讨氧化剂对偏二甲肼浓度为1150mg/L的废液进行双氧水和高锰酸钾的对比试验，结果见表4-20。从表4-20中可以看出当加入双氧水时，反应温度为550℃，氧化系数为0.4时，偏二甲肼废液处理后其COD（标准为120mg/L）和氨氮（标准为50mg/L）都已经达到国家二级排放标准。在国家二级排放标准里，根据行业的不同，最低的COD排放标准为300mg/L，最低的氨氮排放标准为50mg/L。所以采用SCWO技术处理低浓度的推进剂废液加入少量氧化剂（氧化系数0.4以下），即可达到此排放标准。

▫表4-20　偏二甲肼废液部分氧化处理结果（原始废液COD浓度计算为1150mg/L）

氧化剂	H_2O_2				H_2O_2				$KMnO_4$		$KMnO_4$	
氧化系数[①]	0.2				0.4				0.2		0.4	
停留时间/min	20	20	20	20	20	20	20	20	20	20	20	20
温度/℃	500	500	550	550	500	500	550	550	500	550	500	550

氧化剂		H₂O₂				H₂O₂				KMnO₄		KMnO₄	
氧化系数①		0.2				0.4				0.2		0.4	
体积分数 /%	H₂	60.9	52.7	59.1	56.8	42.3	39.6	48.9	42.2	52.4	53.3	49.0	54.9
	CO	8.97	12.1	11.1	10.8	13.5	13.4	10.8	13.2	7.1	7.9	7.4	10.9
	CH₄	4.37	6.94	5.46	7.23	1.76	3.07	1.39	2.19	20.9	21.9	21.9	18.8
	CO₂	25.7	28.2	24.5	25.1	42.4	43.9	38.9	42.4	19.6	16.9	21.7	15.3
气体产量 /(mol/kg)	H₂	24.7	17.6	29.3	14.8	12.7	12.3	20.5	13.2	16.7	17.5	13.8	18.4
	CO	3.64	4.03	5.49	2.8	4.1	4.1	4.5	4.2	2.3	2.6	2.1	3.7
	CH₄	1.77	2.32	2.71	1.9	0.5	0.9	0.6	0.7	6.7	7.2	6.2	6.3
	CO₂	10.4	9.43	12.2	6.5	12.8	13.6	16.3	13.3	6.3	5.6	6.1	5.1
C 气化率		47.5	47.3	61.1	33.7	52.1	56.2	64.2	54.4	45.9	46.1	43.2	45.4
H 气化率		42.4	33.5	52.3	27.9	20.7	21.3	32.5	21.9	45.6	48.1	39.4	46.7
COD/(mg/L)		185	170	140	132	184	78	111	101	92.5	76.5	102	78
COD 去除率/%		84.7	86.0	88.5	89.1	84.8	93.6	90.8	91.7	92.4	93.7	91.6	93.6
氨氮 /(mg/L)	N	34	40	36	28	24	31.5	23	22.5	68.5	65.5	60	61.5
	NH₄	43.5	51.5	46.5	35.5	31	40.5	29.5	30	88.5	84	77.5	79.5
	NH₃	41	48.5	44	33.5	29	38	27.5	28	83.5	79.5	73	75

① 氧化系数=实际加入氧量/废液里偏二甲肼完全氧化所需氧量。

4.4.2.3 超临界水氧化处理偏二甲肼废液结果

根据间歇式试验结果，仅仅通过气化手段难以使推进剂废液达标排放，因此必须加入氧化剂。设计加工了连续流试验装置进行了多次试验，一套装置处理规模为 50L/h，另一套装置的处理规模为 2L/h。处理装置的工艺流程如图 4-11 所示，实验装置如图 4-12 所示。

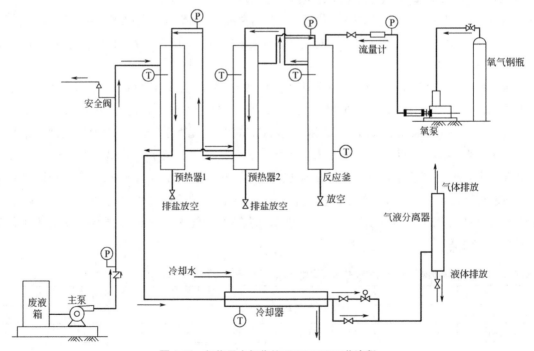

图 4-11 超临界水氧化处理 UDMH 工艺流程

图 4-12 SCWO 实验装置

由于偏二甲肼废液有机物浓度较高，不同含量的废液其 COD 值介于 50000～150000mg/L，首先计算了不同浓度偏二甲肼废液对应的 COD 值和相应热值，计算取值为 UDMH 燃料的热值为 33030kJ/kg，所用原液为化验室提供的纯偏二甲肼废液，标准浓度 99.06%，水 0.05%，偏腙 0.59%[(CH₃)₂NNCH₂]、二甲胺 0.30%[(CH₃)₂NH]，密度 0.796g/mL。计算结果：每升水中加入 300mL UDMH，理论 COD 为 391876.9mg/L；每升水中加入 100mL UDMH，理论 COD 为 154375.7mg/L；每升水中加入 60mL UDMH，理论 COD 为 96119.47mg/L。据此配制了偏二甲肼废液进行试验，分别进行了每升水中加入 60mL UDMH 和每升水中加入 100mL UDMH 的多次试验。考虑到发射基地有氧气资源，试验过程采用工业氧气作为氧化剂，按照设备每小时处理规模为 25L/h，实际运行 50min，共需氧量为 2.0kg。试验实际消耗氧气量为 0.988kg，即氧化系数约为 0.5，试验排水进行各项指标分析检测，结果列于表 4-21 中。

▣ 表 4-21　UDMH 废液试验结果之一（装置规模 25L/h，每升水中加 60mL UDMH）

时间 2015-7-15	反应釜 温度/℃	反应釜 压力/MPa	COD /（mg/L）	甲醛 /（mg/L）	苯胺 /（mg/L）	TC /（mg/L）	TOC /（mg/L）	pH 值	氨氮 /（mg/L）	亚硝酸 盐氮 /（mg/L）	备注
原水	—	—	82800	0.00	0.0189	20460.4	20460.4	10.45	0.00	0.00	—
10:43	401	13	—	—	—	—	—	—	—	—	进水样
10:53	455	18	—	—	—	—	—	—	—	—	进氧
11:00	474	19	8.36	0.0882	0.00	0.00	0.00	6.21	0.831	0.398	开始采样
11:10	493	19.5	9.94	0.00	0.0161	19.97	4.20	6.70	7.78	0.462	—
11:20	512	19.75	7.46	0.0701	0.0209	69.11	7.32	6.92	54.8	0.385	—
11:30	531	20	5.20	0.123	0.0134	99.90	9.68	6.86	84.4	0.479	11:35 关掉加热
11:40	550	20	2.49	0.160	0.0161	36.20	2.83	5.72	23.2	0.190	11:48 切换为清水
11:50	569	20	8.36	0.243	0.0448	121.19	10.84	6.75	123.6	0.0894	—
12:00	574	20	10.8	0.0824	0.0346	373.03	27.83	7.16	346.6	0.0977	12:02 关氧

每升自来水中加入 100mL 纯 UDMH 液，共配制 5L，其理论 COD 值为 154375.7mg/L，试验装置处理规模为 2L/h，氧气输入消耗量 2.56－2.43=0.13（kg），当日 11：05 进氧，12：30 关氧（共 1.4h），实际供氧量合计为 0.093kg/h，其理论需氧量为 154375.7mg/L×2L/h，即 0.309kg/h，氧化系数约为 0.3（0.093/0.309），由于氧气量严重不足，所以导致试验过程多个样品 COD 值未降解至标准值，仅有个别样品达标。试验结果如表 4-22 所示。

· 表 4-22　UDMH 废液试验结果之二（装置规模 2L/h，每升水中加 100mL UDMH）

序号	取样反应釜温度/℃	反应釜压力/MPa	COD/（mg/L）	TC/（mg/L）	IC（总无机碳）/（mg/L）	TOC/（mg/L）	pH 值
1	469	18.2	1922.5	4641.81	2221.4	2420.4	10
2	497	19	6104.6	8570.5	4311.2	4259.3	9.63
3	550	19.2	2647.7	8568	6618.4	1949.6	8.56
4	547	20	50	3782.4	3445.7	336.7	7.09
5	517	20.3	4994.6	18916.8	14052.7	4864.1	7.88
6	454	20.2	3052.3	16128.2	13154.8	2973.4	8.25
7	520	21	2854.1	17815	14401.2	3413.8	7.68
8	527	22	4400	15677.4	7098	8579.4	10.19
9	结束后排盐釜排水 1	—	497.5	356.7	129	227.8	8.61
10	结束后排盐釜排水 2	—	745.8	247	70.9	176.1	8.09
11	系统清洗液	—	1528.8	272.3	98.5	173.8	8.65
12	原样	—	127908	—	—	—	10.82

　　分析高浓度废液指标不能稳定达标的原因，可能是由于氧气量不足，所以进行了第三次 UDMH 废液试验。试验装置处理规模为 2L/h，氧气输入消耗量 0.2kg/h，检测原水 COD 值为 79846mg/L，故理论需氧量为 0.16kg/h。氧气量充足，过量比例为（0.2－0.16）/0.16，即 0.25，此次试验氧量为 1.25 倍，所以各项指标达标，但是出水有淡绿色或淡黄色，所以将水样送检，将出水样品委托第三方检测机构进行金属检测，检测结果列于表 4-23 中，检测仪器为 UV1800 紫外-可见分光光度计、SavantAA 型原子吸收分光光度计，测量方法：《水质　总铬的测定》（GB 7466—87）、《水质　镍的测定　火焰原子吸收分光光度法》（GB 11912—1989）。检测结果表明所有的样品总铬和镍浓度较高，说明试验过程将反应器内壁材料中的铬和镍溶出，需要进一步跟踪试验确定过氧量与内壁材质的腐蚀关系。

表 4-23　UDMH 废液试验结果之三（装置规模 2L/h，每升水中加 100mL UDMH）

序号	取样反应釜温度/℃	反应釜压力/MPa	COD/（mg/L）	氨氮/（mg/L）	pH 值	总铬/（mg/L）	镍/（mg/L）
0	原水	—	79846	—	10.63	—	—
1	578.0	19.4	—	—	1.85	18.0	139
2	562.2	20.5	—	—	1.83	19.9	118
3	582.6	19.2	—	—	6.36	6.60	6.34
4	579.5	20.6	1.924	—	2.05	19.9	114
5	584.3	19.5	1.526	7.29	2.73	7.18	10.0
6	572.6	18.8	2.398	1.02	3.83	3.92	3.70
7	585.2	20.3	1.962	1.44	4.37	6.05	16.8
8	569.7	20.5	—	—	2.29	17.5	153
9	576.9	20.5	72.376	—	7.54	2.39	0.32
10	590.0	19.0	14.824	—	7.60	0.585	0.25

　　间歇式反应器试验结果表明，通过气化回收能源的气化率较低，同时排出液体难以达标，不经济也不可实施。添加催化剂 K_2CO_3、Na_2CO_3、KOH、NaOH 气化结果表明，KOH、NaOH 的效果好于 K_2CO_3、Na_2CO_3 的效果，排出液的 COD 达标，但氨氮不达标；加入双氧水或高锰酸钾氧

化剂，且保证氧化系数为 0.4 时，间歇式反应器可以实现偏二甲肼废液的无害化，使其排放的废液达到《肼类燃料和硝基氧化剂污水处理及排放要求》（GJB 3485A—2011）的标准要求。针对高浓度的废液，则需要氧化剂的氧化系数为 1.0～1.3，方可实现排出液各项指标稳定达标。连续流试验结果比釜式反应器结果更好。

试验发现排出液中有反应器材料的溶出，为此工程应用时应考虑采用耐高温、耐高压、防腐蚀的材料制作反应器。

处理推进剂偏二甲肼废液，可以采用超临界水气化或氧化技术，高浓度的偏二甲肼废液仅采用气化技术可以回收其中的氢气能源，但不能使其达标排放。当偏二甲肼废液浓度较低时，可以采用氧化技术使废液无害化；当处理量较少，废液浓度较高时，可以采用 SCWO 技术回收废液热量，可节约大量的运行费用，实现废液的无害化和达标排放。通过大量实验可知处理偏二甲肼废液时，系统可以运行在近临界水状态（较低的温度和较低的压力），从而更加节约运行经费。

4.5　硝基氧化剂废液吸收处理技术

采用液体吸收处理废液同时吸收废气将其转化为硝酸钾复合肥处理技术，处理后的肥料溶液直接用于绿化。

4.5.1　工艺原理

四氧化二氮液体及气体通过水溶液吸收，和过氧化氢、氢氧化钾反应生成硝酸钾复合肥的化学方程式为：

$$N_2O_4 + H_2O_2 + 2KOH \longrightarrow 2KNO_3 + 2H_2O \tag{4-19}$$
$$\Delta H = -317.6 \text{kJ/mol}$$

4.5.2　工艺流程

工艺流程如图 4-13 所示，装置主要由吸收溶液箱、吸收填料塔（内填鲍尔环）、四氧化二氮罐、过氧化氢溶液罐、氢氧化钾溶液罐、吸收液循环泵、pH 计、温度计、调节阀、截止阀、压力表等组成。图中两个塔可串联可并联处理，计算时以一个吸收塔进行计算，两个吸收塔中间通过阀门连通，可以实现一个塔单独处理，也可以两个塔串联使用。

工作操作步骤为：

①　吸收溶液箱中加水至预设水位。

②　向吸收溶液箱中加入计算量的过氧化氢溶液。

③　启动循环泵（图中屏蔽泵），吸收液在吸收溶液箱、吸收填料塔（鲍尔环）之间循环，充分搅拌液体，使其充分混合，为后续处理做好准备。

④　将四氧化二氮废液挤压转入四氧化二氮储罐，该储罐为特制罐，可满足各种功能使用要求，设置有液体和气体接口以实现液体转入、日常取样及保存等目的。

⑤ 四氧化二氮液体通过氮气气体挤压的方式进入吸收溶液箱，气体冒泡后通过填料塔1、填料塔2洗涤吸收处理。处理中泵流量应综合考虑四氧化二氮液体、气体及各种储罐的开启阀度。

⑥ 吸收溶液箱容积应满足处理一罐四氧化二氮废液量，并有冗余，待处理完毕后，向吸收溶液箱中加入氢氧化钾溶液，直至pH值达到规定要求。

⑦ 处理后含有硝酸钾肥料的废水浇灌树林。

处理过程需要配备取样瓶等设施，过氧化氢及氢氧化钾溶液需要通过附加泵加入相应贮罐。

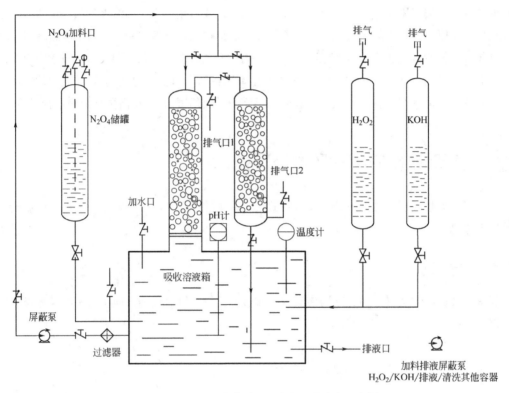

图4-13 四氧化二氮废液处理装置工艺流程示意图

4.5.3 工艺计算

假设每次四氧化二氮废液处理总量为10kg（即约7L或110mol）、处理流量为10kg/h（即约7L/h或110mol/h），需要3.7kg双氧水，合浓度30%双氧水12.3kg，需要氢氧化钾12.2kg，合计浓度30%氢氧化钾溶液（1.29kg/L）40.6kg。首先将双氧水配制成2%的溶液，再加入吸收溶液箱，则需要双氧水容器200L，需要氢氧化钾溶液容器30L。处理工艺相关参数计算及结果见表4-24。

⊡ **表4-24 处理工艺相关参数计算及结果表**

序号	项目	约束条件	计算结果
1	一次处理过氧化氢溶液消耗量	① 原料为质量浓度30%过氧化氢溶液（密度1.11kg/L）； ② 公式反应平衡； ③ 处理初始浓度不小于1%； ④ 最终浓度不小于0.5%	

序号	项目	约束条件	计算结果
2	一次处理氢氧化钾溶液消耗量	① 原料为质量浓度30%氢氧化钾溶液（密度1.29kg/L，摩尔当量浓度6.95mol/L）； ② 公式（4-19）反应平衡	32L
3	一次处理发热量	四氧化二氮处理摩尔量×公式（4-19）生成热	34936kJ
4	吸收液总容积	① 温升不超过10℃； ② 简化近似，比热容、密度等按水的相关参数计算	1000L
5	四氧化二氮罐体积	大于2倍每次处理量	15L
6	过氧化氢罐体积	容积大于3次处理量	120L
7	氢氧化钾溶液罐体积	容积大于3次处理量	120L
8	一次最大废气处理流量	假设四氧化二氮开始全转化为气体	1.37L/s
9	气体吸收填料塔高	① 气体反应吸收时间为10s； ② 气体在填料塔通过时间大于20s； ③ 塔径为500mm	2.0m（0.14m）

4.5.4 主要设备

试验装置或工程应用装置主要设施如表4-25所示。

▣ **表4-25 试验装置或工程应用装置主要设施表**

序号	项目	数量	备注
1	吸收溶液箱，1000L，316L不锈钢	1	
2	吸收填料塔（鲍尔环）2.0m，DN500，316L不锈钢	2	
3	四氧化二氮罐，15L，316L不锈钢	1	
4	过氧化氢溶液罐，120L，316L不锈钢	1	
5	氢氧化钾溶液罐，120L，316L不锈钢	1	
6	吸收液循环屏蔽泵，5m³/h，10m	2	屏蔽泵不漏液，现场洁净无污染；相应贮罐加过氧化氢及氢氧化钾溶液，排液，清洗其他容器
7	pH计	1	酸碱平衡
8	温度计	1	
9	调节阀，DN15，316L不锈钢	1	N_2O_4加液阀
10	调节阀，DN40，316L不锈钢	2	H_2O_2/KOH加液阀，无压力
11	截止阀，DN15/10/6，316L不锈钢	10	其他阀门
12	截止阀，DN40，316L不锈钢	3	吸收液循环管路
13	过滤器	1	
14	压力表，16L不锈钢	1	
15	液位计，翻板式，316L不锈钢	4	每个容器配一个
16	泵配电控制箱	1	
17	软管	3	
18	平台及整体安装	1	

4.6 推进剂废液处理技术展望

多数推进剂废液仅仅是质量不能满足火箭发射的加注质量要求，少数废液是其中有一定的水分，这些废液可以用作其他化工生产的原材料。因此在推进剂废液管理和处理中应遵循减量化、资源化和无害化的原则。

在废液的处理中首先应从清洁生产入手，严格按照操作规章要求作业，尽可能少产生废液，主要从以下方面加强管理：

① 保持推进剂库房贮罐的高度密封性，严防空气渗入，从而可以延长推进剂的寿命；

② 发射商业卫星时，卫星厂家自带推进剂冗余量过大时，剩余推进剂即成为需要处理的废液，因此推进剂冗余量适宜即可，避免产生更多的废液；

③ 任务发射前的多次推进剂质量分析化验取样应尽可能少，减少化验后剩余推进剂量，从源头减少废液的产生量。

其次需进行资源化，多数推进剂废液是因为质量不满足发射要求被弃为废液，而在化工生产中，这些推进剂废液完全可以作为生产原料。氧化剂废液可以返回生产厂家通过精馏回收再利用，也可以作为原料制备草酸、可膨胀石墨烯等化工品。肼类废液除可以精馏回收外，也可以经过光解纯化工艺使其达到发射使用指标要求，也可以作为原料制备丁酰肼、吡唑、氰化硅薄膜、硫酸肼等化工产品。液氢推进剂则一般采用 TVS 低温液体节流系统及低温气体膨胀机系统通过与低温推进剂进行换热达到回收和减少蒸发量的目的。

当推进剂废液中含有杂质较多或含水量较高不能满足化工生产需要时，可以采用废液燃烧处理工艺或超临界水气化/氧化工艺实现废液的彻底无害化。当偏二甲肼废液浓度较低时，可以采用气化技术使废液无害化；当处理量较少，废液浓度较高时，可以采用 SCWO 技术，回收大量的废液热量，可节约大量的运行费用，实现废液的无害化。采用超临界水气化/氧化处理偏二甲肼废液时，系统可以运行在较低温度和较低压力的近临界水状态，较低的温度和压力降低了反应器壁厚，不仅可以节约装置的投资经费，还可以提高系统的安全性。氧化剂废液不能回收利用的可以采用过氧化氢、氢氧化钾反应生成硝酸钾复合肥，变废为宝，处理后液体可以用于发射场绿化。

在推进剂废液的无害化处理技术中，热力燃烧处理推进剂废液和超临界水氧化处理废液技术存在系统准备时间长的问题，需要进一步通过技术研究使其模块化，易于组装，便于用于移动处理系统中，同时尽可能缩短准备时间，使高效处理技术真正成为好用技术，消除废液处理技术推广的瓶颈问题，确实解决航天发射废液的无害化处理难题。

参考文献

[1] 张浪浪，刘祥萱，王煊军. 氧气与气-液两相偏二甲肼作用的氧化产物及其反应机理[J]. 火炸药学报 2017，40（5）：88-92.

[2] 贾瑛，王煊军，崔虎，等. 硝酸氧化淀粉制备草酸动力学研究[J]. 化学推进剂与高分子材料，2008，6（4）：31-33.

[3] 李辉，王煊军. 化学氧化法制备草酸工艺述评[J]. 广州化工，2010，38（9）：30-32.

[4] Jia Ying，Zhao Housui，Wang Xuanjun，et al. Research of using abandoned liquid propellant N$_2$O$_4$ to produce oxalic acid[C]. The 2007 International Autumn Seminar on Propellants，Explosive and Pyrotechnics，2007.

[5] 林晖. 二氧化氮法制草酸. 中国专利，88108897. 8[P]. 1990-07-04.

[6] 崔世昌，贾瑛，王煊军. N$_2$O$_4$制备低硫可膨胀石墨的研究[J]. 高校理科研究.

[7] 陈雅萍，李舒艳，罗瑞盈，等. 化学氧化法制备可膨胀石墨过程中的电位控制[J]. 新型炭材料，2013，28（6）：435-441.

[8] 陈雅萍，罗瑞盈，李舒艳，等. 利用硝酸-27S 制备高倍可膨胀石墨[J]. 新型炭材料，2011，26（6）：465-469.

[9] 陈雅萍, 李舒艳, 罗瑞盈, 等. 利用硝酸-27S制备无硫可膨胀石墨的工艺研究[J]. 火炸药学报, 2011, 34（5）: 87-90.

[10] 张岳, 于艾, 王煊军. N₂O₄推进剂制备氧化石墨的结构及热稳定性研究[C]. 中国化学会第八届全国化学推进剂学术会议, 2017: 288-291.

[11] 贾瑛, 王煊军, 周宗礼. 报废推进剂硝酸-27S制备氧化淀粉绿色阻垢剂[J]. 化学工业与工程, 2007, 24（3）: 258-261.

[12] 张友, 张海平, 那枫. 报废硝酸-20L分离再用技术研究[J]. 化学推进剂与高分子材料, 2006, 4（1）: 47-50.

[13] 李志鲲, 邹利鹏, 胡文祥, 等. 偏二甲肼自氧化产物的气质联用分析[J]. 现代仪器, 2003（2）: 25-26.

[14] 李正莉, 王煊军, 张有智. 报废偏二甲肼再利用技术研究述评[J]. 化学推进剂与高分子材料, 2007, 5（6）: 20-25.

[15] 苟小莉, 王焕春, 徐金, 等. 活性炭微波改性及对偏二甲肼中氧化杂质的吸附[J]. 化学推进剂与高分子材料, 2012, 10（6）: 62-65.

[16] 李正莉, 张有智, 王煊军, 等. 利用UDMH合成胺基酰亚胺化合物的研究进展[J]. 含能材料, 2008, 16（4）: 469-473.

[17] 王煊军, 吴利刚, 刘建才, 等. 含肼废水的净化和肼回收装置的研究[J]. 含能材料, 2005, 13（6）: 405-407.

[18] 慕晓刚, 刘祥萱, 王煊军, 等. 偏二甲肼苦味酸盐的合成与性能[J]. 火炸药学报, 2011, 34（6）: 88-90.

[19] 高天琦, 雷刚, 梁文清, 等. 基于低温膨胀技术的推进剂回收方法研究[C]. 中国化学会第八届全国化学推进剂学术会议, 2017: 240-244.

[20] 周振君, 雷刚, 王天祥, 等. TVS系统低温液体节流数值模型研究[J]. 低温技术, 2015, 43（5）: 4-6.

[21] 马承愚, 彭英利. 高浓度难降解有机废水的治理与控制[M]. 2版. 北京: 化学工业出版社, 2011.

[22] Brunner G. Near critical and supercritical water. Part I. Hydrolytic and hydrothermal processes[J]. Journal of Supercritical Fluids, 2009, 47（3）: 373-381.

[23] 唐兴颖, 王树众, 张洁, 等. 超临界水氧化处理醚菊酯生产废水实验研究[J]. 环境工程, 2012, 30（5）: 42-46.

[24] 王玉珍, 王树众, 郭洋, 等. 超临界水氧化法与普通生化法处理含酚废水技术经济性评估[J]. 水处理技术, 2013, 39（10）: 97-103.

[25] 杜琳, 王增长. 超临界水氧化法处理焦化废水的研究[J]. 陕西科技大学学报（自然科学版）, 2011, 2（2）: 49-55.

[26] 昝元峰, 王树众, 张钦明, 等. 城市污泥超临界水氧化及反应热的实验研究[J]. 高校化学工程学报, 2006, 20（3）: 379-384.

[27] 王亮, 王树众, 张钦明, 等. 含油废水的超临界水氧化反应机理及动力学特性[J]. 西安交通大学学报, 2006, 40（1）: 115-119.

[28] 公彦猛, 王树众, 肖旻砚, 等. 垃圾渗滤液超临界水氧化处理的研究现状[J]. 工业水处理, 2014, 34（1）: 5-9.

[29] 唐绍明, 蒋丽春, 赵明莉, 等. 超（亚）临界水氧化法处理炸药废水的研究[C]. 全国危险物质与安全应急技术研讨会论文集, 2006.

[30] 常双君, 刘玉存. 超临界水氧化处理TNT炸药废水的研究[J]. 含能材料, 2007, 15（3）: 285-288.

[31] 常双君, 刘玉存. 用超临界水氧化技术降解废水中TNT[J]. 火炸药学报, 2007, 30（3）: 34-36.

[32] 张洁, 王树众, 郭洋, 等. 超临界水氧化处理偶氮染料废水实验研究[J]. 化学工程, 2011, 39（10）: 11-15.

[33] Benjamin K M, Savage P E. Supercritical water oxidation of methylamine [J]. Industrial & Engineering Chemistry Research, 2005, 44（14）: 5318-5324.

[34] Li Hong, Oshima Yoshito. Elementary reaction mechanism of methylamine oxidation in supercritical water[J]. Industrial & Engineering Chemistry Research, 2005, 44（23）: 8756-8764.

[35] Kim K, Kim K S, Choi M, Son S H, Han J H. Treatment of ion exchange resins used in nuclear power plants by super- and sub-critical water oxidation——A road to commercial plant from bench-scale facility[J]. Chem Eng J, 2012（189-190）: 213-221.

[36] Kim K, Son S H, Kim K S, Han J H, Han K D, Do S H.Treatment of radioactive ionic exchange resins by super- and sub-critical water oxidation （SCWO）[J]. Nuclear Engineering and Design, 2010（240）: 3654-3659.

[37] Kim K, Son S H, Song K Y, Han J H, Han K D, Do S H. Treatment of spent ion exchange resins from NPP by supercritical water oxidation （SCWO） process[J]. Korean Radioactive Waste Soc, 2009, 7（3）: 175-182.

[38] Kim K, Son S H, Kim K S, Han J H, Han K D, Do S H. Optimization of supercritical water oxidation for cationic exchange Resin[J].Nuc Eng Des, 2010（240）: 3654-3659.

[39] Wang Lianyuan, Ma Mengmeng, Hu Xiaochun, Zuo Guomin, Zhu Haiyan, Tang Hairong, Cheng Zhenxing, Zhao Honghai.Oxidation

of chemical warfare agents in supercritical water[J].Advanced Materials Research，2012，1479（356）：2610-2615.

[40] Brunner G. Near critical and supercritical water. Part II：Oxidative processes[J]. Journal of Supercritical Fluids，2009，47（3）：382-390.

[41] Philip A，Marrone. Supercritical water oxidation-current status of fullscale commercial activity for waste destruction[J]. The Journal of Supercritical Fluids，2013，79：283-288.

[42] 徐东海，王树众，张峰，等. 超临界水氧化技术中盐沉积问题的研究进展[J]. 化工进展，2014，33（4）：1015-1029.

[43] 陈渝楠. 城市污泥近临界与超临界水气化制氢及其反应机理[D]. 西安：西安交通大学，2014.

[44] 赵光明，刘玉存，柴涛，等. 有机废水过热近临界水氧化技术研究[J]. 科技导报，2015，33（3）：1-5.

[45] 郭烈锦，伊磊，侯瑞琴等. 超临界水气化偏二甲肼的方法[P]. ZL 2015100580726.

第5章

液体推进剂废水
处理技术

5.1 液体推进剂废水污染来源

推进剂废水来源于以下方面：

（1）火箭发动机试车产生的废水

火箭发动机试车时，由于氧化剂和燃烧剂不可能同时进入发动机，因此在发动机点火前有一些推进剂过剩，过剩的推进剂将随发动机燃气排入大气。发动机试车结束，管线阀门等内残留有推进剂，将水挤入发动机，其中一部分被水稀释而未燃烧，随消防水进入导流槽产生推进剂废水。

（2）火箭发射过程产生的废水

火箭点火发射后，几百吨的推进剂在短时间内燃烧产生大量的燃气，燃烧温度可达 1000℃，为了防止高温对火箭发动机尾喷管、地面发射附属设备及导流槽的损伤，在发射架下部安装多环冷却水喷管，在火箭点火同时，冷却水环管喷水形成水幕，不仅能保护发射设备，而且能吸收高温燃烧尾气，缓解燃气对大气的污染。产生的废水量与导流槽结构有关。

由于冷却水溶解吸收了部分燃烧尾气，使废水中含有氧化剂和燃烧剂的高温燃烧产物和未完全燃烧的剩余推进剂残物。这部分废水成分复杂，经过检测分析得知，其主要成分有偏二甲肼、硝基甲烷、亚硝基二甲胺、甲醛、四甲基四氮烯、氢氰酸、有机腈、二甲胺、偏腙等。

（3）推进剂槽车、贮罐、管道清洗过程产生的废水

推进剂槽车、贮罐、加注管道以及阀件在检修前均需对其进行清洗。槽车的清洗过程是用不同的溶液至少浸泡 30min，再用水冲洗 3～5 次至中性，最后用氮气吹干，密封保存待下次使用。一般槽车的容积为 64m³，前两次加入少量水冲洗后排出作为废液（假设每次清洗时采用 100L 水冲洗，两次可排出约 200L 浓废液），则此过程产生的偏二甲肼废液量为 200L。后续清洗分别采用以下多种清洗介质：0.20%～0.25% 氢氧化钠溶液（含 0.025%硅酸钠）、0.50%～1.0%氢氧化钠溶液、25%～35% 硝酸溶液（含 2.5% 氢氟酸）、45%～55%硝酸溶液、10%肼溶液和无水乙醇。按照清洗流程依次分别完成碱溶液浸洗脱脂、酸溶液浸洗除锈、酸溶液浸洗钝化、肼溶液浸洗除杂、自来水清洗、无水乙醇润洗和烘干等工艺过程，一般需要浸泡冲洗 5 次，每次用水溶液 2000L。假设每罐槽车清洗前剩余的推进剂量最多为 100kg，初始两次用清水冲洗可以去除其中的 80%（进入浓废液中），剩余 20% 由后 5 次浸泡冲洗去除，则清洗产生的废水中偏二甲肼浓度最少为 $20 \times 10^6 \mathrm{mg}/（5 \times 2000）\mathrm{L} = 2000 \mathrm{mg/L}$，而且废水中含有各种酸碱溶液，如果冲洗次数少，则废水中浓度更高。

四氧化二氮槽车、贮罐、加注管道以及阀件清洗采用 3%～5%的碳酸钠溶液中和处理后，再用自来水冲洗。从化学反应方程分析，该部分废水含有硝酸钠（$NaNO_3$）、亚硝酸钠（$NaNO_2$）、硝酸（HNO_3）、碳酸（H_2CO_3）、碳酸钠（Na_2CO_3）等。其中亚硝酸盐危害较大，处理中应引起重视。

偏二甲肼槽车、贮罐、加注管道以及阀件清洗时采用 0.5%的醋酸溶液进行中和，中和液在管道中停留时间不少于 30min，排出后再用自来水冲洗。所有冲洗过程排出的水即为废水，这部分废水中含有偏二甲肼、醋酸、偏二甲肼醋酸盐，其中偏二甲肼为有毒物质。偏二甲肼与醋酸的反应如式（5-1）所示。

$$(CH_3)_2 N_2H_2 + CH_3COOH \longrightarrow (CH_3)_2 N_2HC_2H_3O + H_2O \tag{5-1}$$

（4）推进剂库房地面清洗废水

推进剂的腐蚀作用导致阀件、泵、法兰等密封不严，发生滴漏现象。对于少量推进剂泄漏通常采用自来水冲洗。依据推进剂种类不同，会产生不同的推进剂废水。废水产生量与清洗地面用水有关，没有事故时废水浓度较低。

上述各个环节产生的推进剂废水集中收集于废水处理贮存池中，以便集中净化处理。推进剂废水的产生情况如表 5-1 所示。

▣ 表 5-1 推进剂废水产生情况

作业环节	发动机试车	火箭发射（导流槽）	槽车清洗	库房地面清洗
废水量/m³	30～300	30～500	10	约 5
废水浓度/（mg/L）	—	约 100	2000	约 50

推进剂废水处理中重点关注的是肼类废水处理，氧化剂类废水主要采用酸碱中和技术处理。

国外文献介绍的肼类废水的治理方法归纳起来，主要为空气、氧、臭氧和氯气的氧化法。我国用于偏二甲肼废水处理的方法有离子树脂交换法、活性炭吸附法、自然净化法等，目前在用的

处理方法有臭氧-紫外线光氧化处理法、湿式催化氧化、超临界水氧化法、二氧化氯氧化法等，每一种方法都有其局限性和优势，其中有的技术已用于工程中。

① 离子交换法：离子交换法利用离子交换剂中的交换离子同废水中的有害离子进行交换取代，去除废水中的有害物质，使废水得以净化。交换剂吸附离子饱和后可用再生剂再生，使交换剂恢复交换能力，重复使用，因此离子交换法是一种可逆方法，遵循质量作用定律，交换剂具有选择性。离子交换处理废水就是利用离子交换的选择性、等当量交换和可逆反应来进行交换和再生的。推进剂废水中的偏二甲肼污染物可以通过离子交换实现污水净化，通常采用阳离子交换树脂，反应式如下：

$$(CH_3)_2 NNH_2 + H_2O \longrightarrow (CH_3)_2 NNH_3^+ + OH^- \tag{5-2}$$

$$R^-H^+ + (CH_3)_2 NNH_3^+ + OH^- \longrightarrow R^- (CH_3)_2 NNH_3^+ + H_2O \tag{5-3}$$

R^-为苯乙烯基磺酸根阴离子母体。当偏二甲肼废水进水浓度为 $15\sim250mg/L$ 时，利用阳离子树脂处理后出水浓度为 $0.5mg/L$，交换容量为 $1100\sim1500mg/L$。离子交换法处理偏二甲肼废水，无副反应发生，不产生有毒中间产物，再生后的离子交换树脂可反复使用。但是，该方法一次性投资较大，废水中含有过多的 Fe^{3+}、Ca^{2+}、Mg^{2+}等阳离子会影响树脂的交换能力，缩短树脂再生周期，因此仅限于硬度较小的废水的处理。同时，由于离子交换法仅仅是将污染物转移富集，污染物经树脂交换再生后二次进入液体，此液体必须进行再处理。实际运行结果表明阳柱再生液中的偏二甲肼含量约为 1%，可以通过焚烧炉进行无害化处理。该技术曾在火箭发动机试车废水处理中应用过，但由于存在再处理二次污染问题，近年来未继续使用。

② 自然净化法：偏二甲肼污水中含有偏二甲肼及其分解产物偏腙、亚硝胺、甲醛和氰化物等，在碱性条件（pH 8～9）下自然存放半年左右，在阳光的照射和空气的自然氧化作用下，污水中主要有害成分均可达到排放标准，如在污水中加入 $1\times10^{-5}mol$ 的 Cu^{2+}，自然净化周期可缩短到两个月。光照对自然净化效果影响很大，在光照条件下偏二甲肼的分解速度可提高几十倍。自然净化法是一种有效、经济、实用、简便、节能的污水处理方法。该法的主要缺点是处理时间长。其次，自然净化法首先应具备光照条件，并提供充分溶解空气中氧气的条件，而提高溶解氧含量的过程需消耗大量能量。另外在污水处理池的液面上方和周围会产生氨气及少量肼类的挥发物，对局部环境会造成污染。早年发射场曾使用该技术处理偏二甲肼废水，因处理周期长、局部环境污染等问题，目前已经停止使用。

本章主要介绍目前在研究和应用的处理推进剂废水的技术及其使用情况，在选择处理技术时，除需要考虑投资费用和操作简便性外，还应重点考虑处理后排出液对环境的影响。

5.2 酸碱中和处理氧化剂废水

5.2.1 碳酸钠中和红烟硝酸废水

航天发射或导弹加注转注、排渣放泄、贮存容器清洗、取样化验等工作过程会产生红烟硝酸废水。导弹使用的红烟硝酸是一种橙红色易流动的液体，主要由约 75% 的硝酸、22% 的四氧化二氮及少量的水、磷酸、氢氟酸组成，具有强烈的腐蚀性和氧化性，属三级中等毒物。红烟硝酸的成分中硝酸、四氧化二氮、磷酸、氢氟酸均为酸性物质，采用碱性物质中和的方法可使硝酸、四氧化二氮、磷酸转化成相应的盐，可满足废水排放的要求。

酸碱中和法处理红烟硝酸的常用碱性物质有氢氧化钠、氢氧化钙、碳酸钠和碳酸钙等。氢氧化钠和氢氧化钙是强碱，具有一定的腐蚀性，常用于实验室处理少量废液。碳酸钠和碳酸钙是强碱弱酸盐，具有原料来源广、价格低廉的优点。碳酸钙不溶于水，中和反应属于液固反应，中和反应较慢，处理后的反应池中会产生大量的沉淀，需要经常清理。因此某单位采用碳酸钠作处理剂，中和处理红烟硝酸废水，其工艺流程如图 5-1 所示。

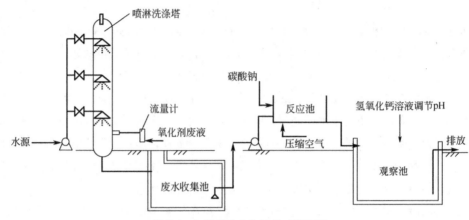

图 5-1　红烟硝酸中和处理工艺流程

红烟硝酸废液通过喷淋洗涤塔稀释为废水，喷淋洗涤塔高约 3m，3 层喷水龙头可以更好地防止稀释过程中四氧化二氮挥发，尽可能使其全部稀释氧化成硝酸水溶液。红烟硝酸稀释过程是放热反应，合理设计控制流量，使水和废液的混合体积比不低于 3∶1，以保证喷淋稀释过程的安全。稀释后的废水自动流入露天敞口废水收集池，使稀释过程的大量水蒸气排空。为了保证后续的酸碱中和效果，在废水收集池进行 pH 值或氢离子浓度测定。根据式（5-4）求出所需碳酸钠量：

$$m = 53cV \tag{5-4}$$

式中，m 为碳酸钠的质量，g；c 为收集池废水中氢离子的浓度，mol/L；V 为反应池中废水的体积，L。

用泵将废水收集池的废水提升至反应池进行酸碱中和，根据实际运行数据，以计算量的 2 倍投放碳酸钠，可控制处理后废水的 pH 值在 8 左右，便于后续氟离子的去除。碳酸钠通过具有一定斜度的管子分数次加入反应池，为了保证碳酸钠与废水中的酸充分反应，采用空气气动搅拌，一般反应 15～20 min 后即可排放到观察池中。

红烟硝酸中有氢氟酸，因此稀释后的废水中有氟离子，氟是一种无机致突变剂，工业排放废水中氟离子的浓度应低于 10mg/L，水中氟离子的简单有效的去除方法是向溶液中投入氢氧化钙或氯化钙，钙离子和氟离子结合生成氟化钙沉淀。氟化钙沉淀效果受溶液 pH 值影响较大，一般溶液在 pH 8～9 范围内的去除效果最好。为了有效除去氟离子，氟离子的处理设在碳酸钠中和反应后的观察池中进行，测定观察池中的废水 pH 值和氟离子含量，若溶液 pH<8，采用氢氧化钙处理，可起到调节 pH 值和沉淀氟离子的双重作用，根据反应方程式计算所需氢氧化钙或氯化钙的量，一般以计算量 2 倍的量投入，并调节 pH=8～9。废水在观察池中一般存放 3～5d 后即可排放。

此工艺可用于偏远地区少量红烟硝酸废液的处理。液体推进剂有毒，处理过程反应剧烈，有一定的毒性气体溢出。因此，处理废水的现场应配备消防车，处理操作人员应穿戴相应的防护装具。

5.2.2 碱中和四氧化二氮废水

常用的处理四氧化二氮废水的中和剂有碳酸钠、碳酸氢钠、氨水、石灰、氢氧化钙，也可使用氢氧化镁、碳酸钙等。国外曾对上述中和剂进行了评价，主要考虑是效率、安全性、价格和对环境的二次危害等。把效率和安全性两项指标定为指数 3，环境危害为 2，价格为 1，然后根据各种中和剂的情况评分，再乘以各项指数，各项分数之和即为中和剂的总分数。评价的结果见表 5-2。

▣ 表 5-2　四氧化二氮中和剂的评价结果

中和剂	效率和安全（3）	环境危害（2）	价格（1）	总分数
碳酸氢钠	3	3	2	17
碳酸钠	3	3	2	17
氢氧化钙	1	1	3	8
氢氧化镁	2	1	1	9
氢氧化钠	1	3	3	12
尿素	1	3	2	11
三乙醇胺	1	3	1	10

从表 5-2 中可看出，最常用的两种碱碳酸钠和碳酸氢钠要比其他任何一种好得多。为便于比较，表 5-2 中也列入了尿素和三乙醇胺，20 世纪 70 年代美国航天飞机的氧化剂箱在加注过程中要蒸发约 61 公斤 N_2O_4，用碳酸氢钠的水溶液中和这些氧化剂需用碳酸氢钠 75 公斤，生成 75.5 公斤的硝酸钠和亚硝酸钠，费用只需 22 美元，经济上是可行的。但要继续对大量的中和产物进行处理，使其达到当时的污水厂排放标准，需用 $3.05 \times 10^7 m^3$ 的水稀释，因此后续处理较困难。

中和法处理四氧化二氮废液废水存在以下主要问题：
① 用水稀释 N_2O_4 液体时会放出大量的 NO_2；
② 需要定量加入中和剂；
③ 可溶性的硝酸盐和亚硝酸盐后续处理较难。

5.3　吸附处理推进剂废水

5.3.1 吸附处理推进剂废水机理

常用于处理推进剂废水的吸附剂有活性炭、硅藻土、凹凸棒等无机矿粉材料，一般认为采用无机粉剂吸附废水污染物的作用机理包括以下四种形式：

（1）表面电荷

吸附剂粉剂颗粒表面电荷可分为三类，即永久结构电荷（δ_s）、配位表面电荷（δ_0）和离解表面电荷（δ_d），δ 为表面电荷密度（C/m^2）。永久结构电荷源于矿物或黏土吸附剂中的晶格取代或晶格缺失，如在成矿时 Al^{3+} 的位置被 Mg^{2+} 或 Ca^{2+} 所取代，从而表面带负电。配位表面电荷与决定电位离子和颗粒表面官能团之间的反应相关，H^+ 和 OH^- 是最基本的决定电位离子，此外还有其他能与表面官能团发生配位反应的专性吸附离子，因此配位表面电荷可分成两部分：由表面羟基质子转移形成的质子表面电荷（δ_H）和由专性吸附离子形成的配位络合物表面电荷（δ_{CC}），即：$\delta_0 = \delta_H + \delta_{CC}$。离解表面电荷源于自身的解离，颗粒表面具有酸性基团，解离后表面带负电，颗粒表面具有碱性基团，解离后带正电。在一定条件下，当颗粒表面电荷为零时，这时体系的 pH 值称为零电荷点 pH_{pzc} 或 pH_{zpc}。

（2）双电层结构与 ζ 电位

水相中的阳离子受到了一个带负电矿物表面所产生的电场的吸引，由于这些阳离子存在着热运动，具有与周围介质浓度达到一致的趋势。在这两种作用的影响下，阳离子在负电荷界面周围分布形成一个梯度，这个由反号离子组成的层状结构被称为 Sterm 层；阳离子浓度由于 Sterm 层的排斥作用逐渐递减，直到大于某一距离时与水相（bulk water）中阳离子的浓度相同，这种动态平衡形成了反号离子的扩散层（Diffuse layer）；紧紧束缚在界面周围的 Sterm 层与扩散层组成了双电层（EDL）。当在电场作用下，固液之间发生电动现象时，移动的切动面所对应的电势称为 ζ 电位（Zetapotential）。对不同 pH 条件下测定的 ζ 电位作图，可以得到等电点，即 ζ 电位为零时所对应的 pH 值为该颗粒的等电点 pH_{iep}，表明在这种条件下颗粒无离解反离子电荷。在除 H^+ 和 OH^- 外，没有其他特性吸附离子时，$pH_{iep} = pH_{pzc}$。

（3）表面悬空键

表面是凝聚态物质的外部边界，当与其他介质接触时，被称为界面。在块体中，由于成键轨道被电子所充满和反键轨道被置空，矿物晶体处于稳定状态。处于表面的原子，由于点阵平面被突然截断，会产生过量电荷，称为表面悬空键。悬空键组成的矿物表面高能态，要求表面原子结构重组，或吸附外来分子或离子以降低表面能。因此，矿物表面不但在结构上会与体相不同，而且具有自发吸附外来分子或离子的能力，这就是表面吸附的本质。

（4）表面羟基作用

当矿物中氧化物与水接触时，会发生表面羟基化。水溶液中矿物表面氧化物与化学物质基团一样，可发生质子化反应，或称表面离子化反应。离子化了的表面可与其他无机离子发生配位反应，或与有机络合离子发生配合络合反应，因此被称为羟基功能基团。表面羟基是矿物表面最基本的基团，存在于所有氧化物矿物表面，硅藻土表面也有羟基功能基团。

总之，矿物氧化物表面的各种功能基团可以与溶液中溶质和溶剂分子或离子发生反应，反应的能力和类型是由矿物表面基团数量、类型以及反应物的化学性质所决定的。表面基团的多样性将决定它与外来物质作用的多样性。

5.3.2 活性炭吸附处理偏二甲肼废水

活性炭（AC）具有大量的微孔和较大的比表面积，因而具有很强的物理吸附能力。利用活性炭吸附剂处理推进剂废水，不但能有效吸附废水中的毒性污染物，还存在一定的生物化学降解作用。

徐泽龙等开展了不同类型的近 20 种国产活性炭对水中偏二甲肼的吸附性能研究，实验用几种典型活性炭及其基本性质如表 5-3、表 5-4 所示。

▫ **表 5-3 活性炭的基本性质**

编号	种类	规格	堆密度/（g/cm³）	醋酸吸附值/%	产地
1#	煤质粒状活性炭	$\phi 3$	0.43	56.7	宁夏
2#	煤质粒状活性炭	$\phi 3$	0.45	59.3	北京
3#	纤维状活性炭	XF4	0.09	68.7	辽宁
4#	T 系列蜂窝活性炭	TF-1	0.51	72.1	上海

▫ **表 5-4 活性炭孔结构性能参数**

编号	BET 比表面积/（m²/g）	微孔体积/（cm³/g）	中孔体积/（cm³/g）	平均微孔半径/nm
1#	1220	0.603	0.043	0.49
2#	1150	0.534	0.095	0.58
3#	1222	0.521	0.009	0.66
4#	1563	0.726	0.129	0.51

注：比表面积的测定采用 BET 法，在液氮温度下进行，以氮气为吸附质，在 Micromeritics ASAP2010 型比表面仪上测定。

5.3.2.1 活性炭静态吸附试验

（1）不同活性炭的静态吸附试验

试验吸附等温线测定如下：在 7 个锥形瓶中各加入浓度为 280.0mg/L 的偏二甲肼水样 100mL，分别投入不同质量的活性炭，室温 18℃下磁力搅拌吸附 2h，吸附达到平衡后，分别测定水样中偏二甲肼的平衡浓度 C_e，并计算平衡吸附量 q_e，绘制吸附等温线（见图 5-2）。活性炭的吸附量 q_e 按式（5-5）计算：

$$q_e = \frac{(C_0 - C_e)V}{m} \tag{5-5}$$

式中，C_0 和 C_e 分别为水样的初始浓度和吸附平衡时的浓度；V 为水样体积；m 为活性炭的质量。

将图 5-2 中相关数据代入 Freundlich 方程中，Freundlich 方程的对数形式为式（5-6）：

$$\ln q_e = \ln k + \frac{1}{n} \ln C_e \tag{5-6}$$

式中，k 和 n 为特征常数，k 反映了吸附量的大小，n 描述了等温线的变化趋势，$n>1$ 时常称为"优惠吸附"，即吸附有利。以 $\ln q_e$ 对 $\ln C_e$ 作图，得到 Freundlich 线性回归曲线如图 5-3 所示。各回归曲线的线性拟合方程和相关系数及相应的 k 和 n 值列于表 5-5 中。

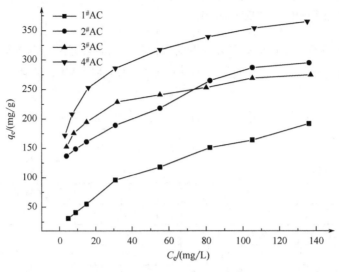

图 5-2　室温下活性炭的等温吸附线

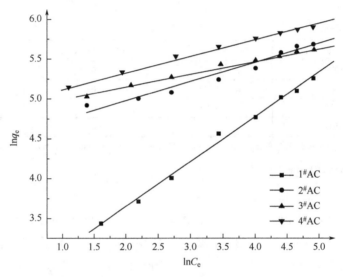

图 5-3　Freundlich 线性回归曲线

⊡ 表 5-5　各回归曲线的线性拟合方程和相关系数及相应的 k 和 n 值

AC 编号	线性拟合方程	相关系数	k	n
1#	$y=0.562x+2.521$	0.9972	12.44	1.78
2#	$y=0.235x+4.506$	0.9791	90.56	4.26
3#	$y=0.165x+4.822$	0.9960	124.21	6.06
4#	$y=0.198x+4.955$	0.9972	141.88	5.05

　　分析图表数据可知，四种活性炭的 $\ln q_e$-$\ln C_e$ 曲线均为直线，相关系数均接近 1，说明四种活性炭对偏二甲肼的吸附等温线能很好地符合 Freundlich 方程。计算所得的特征常数 n 值均大于 1，说明四种活性炭对偏二甲肼的吸附均为"优惠吸附"。而从 k 值可以看出 4# 活性炭（即 T 系列蜂窝活性炭）对偏二甲肼的吸附量最大，因此进一步选用 T 系列蜂窝活性炭作为吸附剂开展了详细试验。

（2）T 系列蜂窝活性炭的吸附速率试验

颗粒活性炭吸附水样中偏二甲肼的吸附速率取决于液膜扩散和颗粒内扩散，二者中速率较慢的步骤为吸附的控制步骤。采用 Boyd 液膜扩散方程见式（5-7）和吸附剂颗粒内扩散速率公式见式（5-8）研究活性炭对偏二甲肼的吸附。

Boyd 液膜扩散方程：

$$-\ln(1-F) = kt \tag{5-7}$$

吸附剂颗粒内扩散速率公式：

$$q_t = k_t t^{0.5} \tag{5-8}$$

式中，$F = q_t / q_e$。

试验过程：在锥形瓶中分别加入不同浓度的偏二甲肼水样 250mL，边搅拌边加入 0.5g 活性炭，并开始计时。通过测定不同试验时间水样中偏二甲肼浓度可计算室温 18℃下吸附量 q_t、平衡吸附量 q_e 和交换率 F，绘制吸附速率曲线如图 5-4 所示。

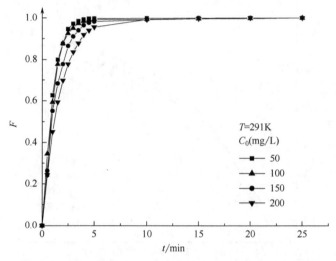

图 5-4 不同初始浓度下偏二甲肼在活性炭上的吸附速率曲线

由图 5-4 中曲线趋势变化可知，吸附试验开始 5min 内，偏二甲肼在 4# 活性炭（T 系列蜂窝活性炭）上的吸附已达到平衡吸附量的 90% 以上，表明该活性炭对偏二甲肼的吸附是一个快速吸附过程。

图 5-5 中 ln（1-F）与 t 呈线性关系，相关系数都大于 0.99。图 5-6 中 q_t 与 $t^{0.5}$ 线性相关性差，说明活性炭对偏二甲肼的吸附以液膜扩散为控制步骤，反应动力学符合 Boyd 液膜扩散方程。由图 5-5 直线的斜率可以求得膜扩散速率常数 k 见表 5-6。

由表 5-6 可以看出，随着偏二甲肼初始浓度的增加，膜扩散速率常数减小，吸附速率将减小，吸附速率受液膜扩散影响较大。这是由于随着溶液中偏二甲肼浓度的增加，分子间相互碰撞的概率增大，从而抑制了偏二甲肼在活性炭外液膜层的扩散。实际推进剂废水中偏二甲肼含量最大在 2000mg/L 以下，考虑到工程应用时的同比放大，试验选择在 50～200mg/L 之间。

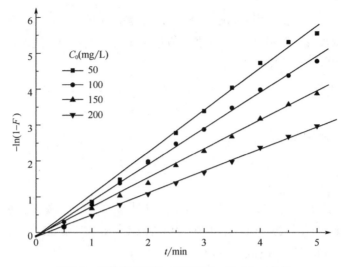

图5-5 活性炭吸附偏二甲肼的 ln（1−F）-t 曲线

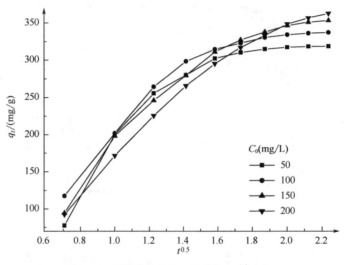

图5-6 活性炭吸附偏二甲肼的 q_t-$t^{0.5}$ 曲线

☐ **表5-6** 线性方程和相关系数及相应的 k 值

C_0/（mg/L）	回归方程	相关系数	k /min⁻¹
50	$y=1.166x$	0.9951	1.166
100	$y=1.006x$	0.9985	1.006
150	$y=0.8055x$	0.9986	0.8055
200	$y=0.6139x$	0.9992	0.6139

（3）温度对偏二甲肼吸附的影响

不同温度条件下的吸附结果示于图5-7、表5-7中，分析数据可知温度越高，吸附速率越快，温度升高有利于吸附，说明偏二甲肼在活性炭上的吸附以离子交换吸附为主。由于纯偏二甲肼的沸点为63.1℃，温度太高会引起分解，所以实际操作温度最高不超过50℃。

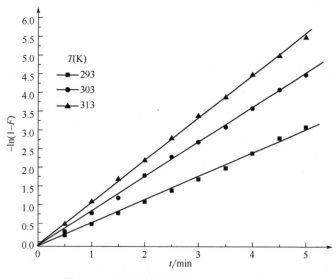

图 5-7 不同温度下吸附的 ln（1-F）-t 曲线

⊡ **表 5-7** 不同温度下活性炭对偏二甲肼吸附的反应速率常数

T/K	k/min^{-1}
293	0.6239
303	0.9264
313	1.1423

根据 Arrhenius 公式见式（5-9），计算得出偏二甲肼在活性炭上进行吸附的表观活化能平均为 27.94kJ/mol，表明偏二甲肼在活性炭上的吸附是比较容易进行的。

$$\ln k = \frac{-E_a}{RT} + \ln k_0 \tag{5-9}$$

5.3.2.2　活性炭动态吸附试验

在内径 d=20mm、长 400mm 的玻璃柱内均匀填充 50g 活性炭，活性炭的两端分别填充一段玻璃珠。一定浓度的偏二甲肼水溶液由高位槽流入填充床，使水样以不同流速通过吸附柱。定容收集柱底流出液体，测定每次收集液中偏二甲肼的浓度，绘制流出曲线。活性炭的动态饱和吸附量 q 按式（5-10）计算：

$$q = \frac{C_0 V_0 - \sum C_t V_t}{m} \tag{5-10}$$

当溶液以一定流速通过吸附柱时，溶液中的交换离子将与交换柱中的吸附剂发生离子交换，上端的吸附剂先达到吸附平衡，"交换区"逐渐下移，当柱底流出液中发现交换离子时，说明"交换区"已移到柱底部，此时交换柱已穿透。为了检测方便，当流出液中交换离子浓度达到进样液浓度的 3%～5%时（本实验取 3%），可认为交换柱已穿透，该点即为穿透点，对应的时间为穿透时间，吸附量为穿透容量。流出液中交换离子浓度达到进样液浓度的 95%～97%时（本实验取

97%），可认为柱中吸附剂达到吸附饱和，对应的吸附量为饱和吸附容量。穿透点至饱和点的距离称为穿透宽度。而流出液中吸附质浓度的变化曲线称为流出曲线。

（1）吸附速度的影响

为了进行有效的吸附，操作时须使两相有充分的接触时间，即液相流速不应太快，否则接触时间短，来不及吸附交换，流出曲线的波形被拉平展开。不同操作流速下活性炭吸附偏二甲肼的流出曲线示于图 5-8 中，不同流速下的穿透参数列于表 5-8 中。

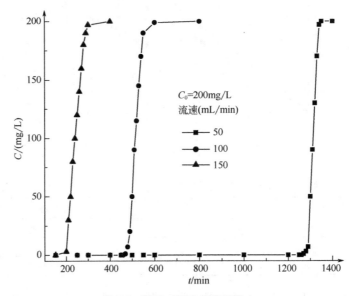

图 5-8　流速对流出曲线的影响

表 5-8　不同流速下的穿透参数

流速/（mL/min）	穿透时间/min	穿透容量/（mg/g）	饱和容量/（mg/g）	柱利用率/%
50	1290	258	268	96.3
100	480	192	224	85.7
150	200	120	180	66.7

分析不同流速下的吸附结果可知，随着流速加快，穿透时间缩短，穿透容量减小，吸附柱的利用率也依次降低。因此为了有效地进行吸附，操作时必须保证液固两相有充分的接触时间，这样才能提高柱的利用率和吸附量。但流速也不宜太慢，否则柱内液相的纵向返混严重（与停留时间有关），操作周期也会延长。

（2）初始水样偏二甲肼浓度的影响

初始废水浓度对吸附穿透点、饱和点、柱利用率、穿透宽度等都有较大的影响。图 5-9 是不同浓度的废水在活性炭柱上吸附的流出曲线，相应的穿透参量列于表 5-9。可以看出，废水浓度越大，穿透点也出现越早，且陡度越大，穿透宽度却越小，吸附柱的利用率相对要低一些。选择合适的进样浓度在工程上是必要的，当然也还需结合废水的实际浓度来作参考。

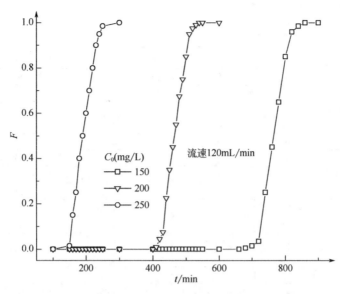

图 5-9 浓度对流出曲线的影响

⊡ 表 5-9 不同浓度下的穿透参量

浓度/(mg/L)	穿透时间/min	穿透容量/(mg/g)	饱和容量/(mg/g)	柱利用率/%
150	710	255.6	297.0	86.1
200	415	199.2	249.6	79.8
250	155	93.0	147.0	63.3

综上研究结果可知，采用 T 型蜂窝活性炭对偏二甲肼废水进行吸附浓缩是可行的。

5.3.2.3 活性炭再生试验

（1）活性炭再生

用活性炭吸附废水中偏二甲肼饱和后需要进行再生，采用水蒸气和空气两种热再生活化剂分别进行了活性炭的热再生试验，结果见表 5-10。

空气活化两步法：首先，向吸附饱和的活性炭中通入空气，加热活性炭使其处于 120℃条件下，此时炭粒内吸附的水蒸发，同时部分偏二甲肼也随之挥发。在此阶段内所消耗热量占再生全过程总能耗的 50%～70%。然后进一步升温至 400℃，此时被吸附的有机物分别以挥发、分解、碳化、氧化等形式从活性炭的基质上消除，从而吸附饱和的活性炭得以再生。两步产生的尾气经气液分离后经过催化氧化装置进行气体无害化处理。

水蒸气活化法：在不同温度下，将水蒸气通入吸附饱和的活性炭床层一定时间，从而得到再生炭。尾气气液分离后经过催化氧化装置进行无害化处理。

⊡ 表 5-10 活性炭的再生试验结果

活化剂	T/℃	t/min	回收率/%	比表面积/(m^2/g)	脱色率/%	吸附量/%
空气	300	15	98.3	722.8	95.79	22.99
		30	97.8	726.9	95.99	23.04
		60	97.7	729.4	96.20	23.09

活化剂	$T/℃$	t/min	回收率/%	比表面积/(m^2/g)	脱色率/%	吸附量/%
空气	400	15	90.0	732.5	99.63	23.91
		30	88.8	735.2	99.72	23.93
		60	86.3	741.3	99.89	23.97
	500	15	68.4	704.2	98.68	23.68
		30	66.9	688.4	98.25	23.58
		60	63.2	650.3	97.83	23.41
水蒸气	500	15	89.6	752.6	99.83	23.96
		30	86.9	759.3	99.94	23.99
		60	76.9	750.1	99.92	23.98
	600	15	88.3	749.1	99.50	23.88
		30	77.3	756.2	99.87	23.97
		60	72.8	745.7	99.82	23.96
	700	15	78.0	751.4	99.55	23.89
		30	74.2	758.1	99.91	23.98
		60	72.4	748.9	99.85	23.96

脱色试验为活性炭对亚甲基蓝的脱色性能，用量为：0.1%的亚甲基蓝 60mL，0.25g 活性炭。

由表 5-10 可知，在对吸附饱和的活性炭进行活化时，所用两种活化剂活化的效果都受温度和时间的影响，温度越高，时间过长，活性炭的细毛细管就烧损越多，使其比表面积减少，所以，这不仅使再生活性炭回收率降低，而且脱色率、吸附量也均会降低。用空气活化时，温度和时间的影响更大。300℃下活化时，由于温度太低而使得炭毛细孔再生不彻底，因而其吸附性能较低；而 500℃下活化时，由于温度过高而使得部分炭毛细孔被烧损，因而其比表面积下降，吸附性能也随之下降；相对而言，400℃下空气活化 60min 效果较为理想。用水蒸气活化时，获得的再生炭性能相对较好，其中以 500℃下活化 30min 的效果最好。在温度不太高时，若时间越短，则吸附的有机物氧化分解不完全，炭毛细孔得不到再生，效果欠佳，但若活化时间过长，较多细毛细孔被烧失，仅剩下较大的毛细管孔道，致使其比表面积变小，也会降低吸附效力。

虽然水蒸气活化得到的再生炭比空气活化得到的再生炭性能更优，考虑到可实施性和经济性，空气活化更占优势。另外，用空气活化时，后续尾气含水蒸气较少，更有利于进行尾气的催化氧化处理。

（2）再生活性炭性能评估

为了检验再生活性炭重新用于吸附浓缩废水中偏二甲肼的可行性，使用再生活性炭（选取 400℃时空气活化 60min 的再生活性炭做试验）与同批的新鲜活性炭对偏二甲肼模拟废水（浓度 200mg/L，流速 100mL/min）进行吸附浓缩比较试验，其穿透参量见表 5-11，图 5-10 给出了 3 种活性炭的流出曲线。

▫ 表 5-11　不同活性炭的穿透参量

AC 种类	穿透时间/min	穿透容量/(mg/g)	饱和容量/(mg/g)	柱利用率/%
新鲜 AC	470	188.0	228.0	82.4
再生 1 次	379	159.8	193.8	82.4
再生 10 次	380	161.0	194.5	82.1

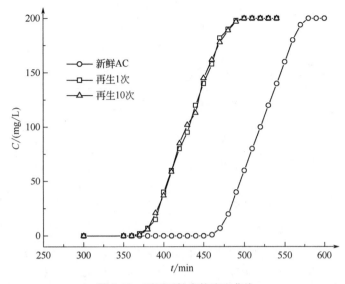

图 5-10　不同活性炭的流出曲线

从图 5-10 和表 5-11 中可以看出，再生活性炭重新用于偏二甲肼废水的吸附浓缩是完全可行的，其吸附性能仅相对于新鲜活性炭下降了 3.5%，而在其后的 10 次循环使用中其性能未见下降。对新鲜活性炭和再生活性炭的比表面积测定表明活性炭经使用再生后其结构发生了少许变化（如表 5-12），比表面积在再生 1 次后下降了 13.5%，之后经过 10 次循环使用，其比表面积未发生明显下降；而在再生 1 次后活性炭的微孔体积略有下降，中空体积略有上升，微孔平均半径基本维持不变，其后经过 10 次循环使用，其结构参数基本保持不变。

⊡ 表 5-12　不同活性炭的结构参数

AC 种类	比表面积/（m²/g）	微孔体积/（cm³/g）	中孔体积/（cm³/g）	平均微孔半径/nm
新鲜 AC	856.7	0.726	0.129	0.51
再生 1 次	741.3	0.628	0.135	0.49
再生 10 次	740.2	0.617	0.138	0.50

从以上分析结果来看，T 型蜂窝活性炭在吸附饱和后经空气在 400℃下活化 60min 便会得到再生。再生活性炭可以重新用于偏二甲肼废水的吸附浓缩，并可循环使用。

5.3.2.4　活性炭吸附处理偏二甲肼废水工程应用

在大量试验基础上，设计加工了偏二甲肼废水活性炭吸附浓缩-催化氧化处理工艺装置，流程如图 5-11 所示。

流程说明：工艺包括活性炭吸附浓缩和活性炭解吸-催化氧化两个相对独立的步骤。废水池中的废水经过滤后由废水泵送入吸附浓缩装置，废水流量由废水调节阀控制，送入吸附浓缩装置的废水经活性炭吸附除去偏二甲肼等有害物质后由净化水排放口排放。当排出液中偏二甲肼含量接近排放指标时应停止吸附浓缩，关闭废水调节阀和截止阀 16，开启空气调节阀 7 和截止阀 17，转入活性炭解吸-催化氧化流程。

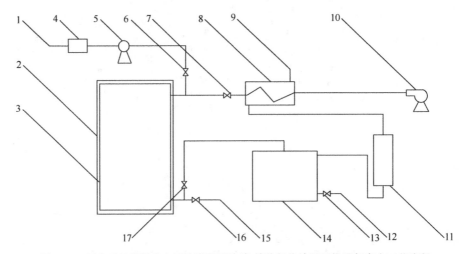

图 5-11　酒泉卫星发射中心活性炭吸附浓缩-催化氧化法处理推进剂废水工艺流程
1—推进剂废水进口；2—加热器；3—吸附浓缩装置；4—过滤器；5—废水泵；6—废水调节阀；7—空气调节阀；8—换热器；
9—净化气排空；10—空压机；11—催化反应器；12—残液收集；13、16、17—截止阀；14—平衡器；15—净化水排放

　　空压机将空气压入吸附浓缩装置中，空气流量由空气调节阀控制，由加热器将吸附浓缩装置温度控制在 400℃，解吸的偏二甲肼等有害物质由空气带入催化反应器中，在催化剂存在条件下被催化氧化。为防止空气压力过大冲击催化反应器，在催化反应器之前设有平衡器，达到缓冲作用，在平衡器中冷凝的少量水分可由残液排放口收集后重新处理。由催化反应器中排出的净化气体温度很高，为了节约能源，可设置一个换热器，利用催化反应器中排出的高温气体预热空气。

　　在实际工程应用时，为防止空气与偏二甲肼形成爆炸混合物，拟用氮气进行解吸。

　　配制浓度为 2g/L 的偏二甲肼水溶液，利用活性炭吸附浓缩-催化氧化法进行处理，处理时间共 4.5h，其中活性炭吸附浓缩 2.5h，解吸-催化氧化 2h。按 GB/T 14376—93《水质　偏二甲基肼的测定　氨基亚铁氰化钠分光光度法》中规定的方法检测净化水中偏二甲肼的含量。检测结果见表 5-13。

⊡ **表 5-13　净化水检测结果**

取样时间/min	0	10	30	50	60	70
检测到偏二甲肼含量/(mg/L)	0.0036	0.0013	0.0015	0.0014	0.0030	0.0011

　　活性炭吸附处理推进剂废水的能力主要依赖于它的吸附作用，但活性炭吸附饱和后需再生处理，吸附质随着再生吹扫气体又释放出来，因此必须对再生气体进行净化处理，否则将形成新的污染，或者将吸附饱和的活性炭进行焚烧处理。二次污染的废气和饱和活性炭的处理制约了该方法的大规模应用。

5.3.3　凹凸棒粉剂吸附处理偏二甲肼废水

　　凹凸棒土（attapulgite clay，ATP）是一种含水、富镁铝的硅酸盐矿物，呈微细的棒状晶体形态，具有丰富的微孔孔道和较大的比表面积，较好的机械性能和热稳定性，优异的吸附性能和良好的催化氧化性，已被广泛应用于水污染控制研究和工程中。天然凹凸棒土存在一定的矿物学局

限性，削弱了其整体物化性能，影响其吸附性能。为了提高凹凸棒对污水的吸附处理效果，需要对其进行改性，一般改性工艺包括高温焙烧、超声、酸活化。

偏二甲肼呈弱碱性，可与草酸反应生成草酸偏二甲肼，因此卜晓宇等开展了草酸改性凹凸棒土吸附偏二甲肼的实验研究，通过单因素实验和正交实验研究了草酸浓度、固液比、分散剂、温度和活化时间对草酸处理后凹凸棒土吸附性能的影响，并选择了草酸改性凹凸棒土的最佳工艺条件，结果表明：草酸为饱和溶液，凹凸棒与草酸溶液固液比为 1g：10mL，分散剂与凹凸棒质量分数比为 5%，温度为 30℃，活化时间为 60min，这种工艺条件下，偏二甲肼吸附率可达 95%。草酸改性凹凸棒对偏二甲肼废水有较高的吸附效果，主要原因在于偏二甲肼是有机弱碱，草酸是有机二元弱酸，二者易反应生成偏二甲肼草酸盐，提高了凹凸棒土对偏二甲肼的吸附能力。分散剂可使凹凸棒土片状结构在一定作用力下分散为针状的纳米结构，使其具有更好的比表面积，试验中选取六偏磷酸钠为分散剂，六偏磷酸钠水溶液呈弱碱性，在一定添加量范围之内可以使凹凸棒土得到分散并使改性后的凹凸棒土孔径增大，从而增大了凹凸棒土的比表面积，提高了其对偏二甲肼的吸附性能，当分散剂添加量继续增加时会逐步中和改性凹凸棒土内的草酸，从而影响最后的吸附效果，导致吸附性能降低，因此选用最佳的分散剂添加量为 5%。研究者设计了草酸浓度（A）、固液比（B）、分散剂比例（C）、温度（D）和活化时间（E）五因素四水平 $L（4^5）$ 正交试验，结果表明：各因素影响吸附率的大小（极差）次序为草酸浓度＞温度＞分散剂比例＞活化时间＞固液比，主要影响因素为草酸浓度；正交试验的最佳工艺条件与单因素试验结果基本吻合，草酸改性凹凸棒土对偏二甲肼的吸附是物理吸附和化学反应联合作用，采用草酸改性凹凸棒可以有效实现偏二甲肼的泄漏应急处置和污染控制。

崔虎等对凹凸棒原土采用高温焙烧、超声处理和盐酸活化预处理后负载 TiO_2-壳聚糖，制备不同的吸附材料，比较了不同工艺制备的材料对浓度为 30mg/L 的偏二甲肼废水的吸附效果。不同预处理工艺后制备的材料对偏二甲肼废水的吸附去除率如图 5-12 所示。由图 5-12 可知。凹凸棒土未经预处理负载 TiO_2-壳聚糖制备的材料处理 UDMH 废水的去除率为 44.59%，三种预处理工艺中 350℃高温焙烧预处理负载 TiO_2-壳聚糖后的材料处理 UDMH 废水的去除率为 77.81%，提高

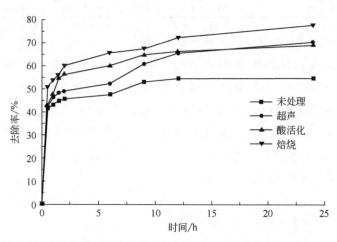

图 5-12 凹凸棒土不同预处理工艺负载 TiO_2-壳聚糖处理 UDMH 效果

了 33.22%，效果最好，后续实验均采用 350℃高温焙烧凹凸棒土的预处理工艺。

高温焙烧、负载壳聚糖、负载 TiO₂ 以及负载 TiO₂-壳聚糖等改性方法均可提高凹凸棒土材料对偏二甲肼废水吸附处理的能力，结果如图 5-13 所示。350℃高温焙烧预处理负载 TiO₂-壳聚糖后的材料处理 UDMH 废水的去除率为 77.81%，与未经过预处理的凹凸棒土、焙烧处理的凹凸棒土、负载壳聚糖的凹凸棒土相比分别提高了 33.22%、18.15%、14.92%。与负载 TiO₂ 的凹凸棒土相比，处理废水中偏二甲肼 24h 后的去除率提高不显著。

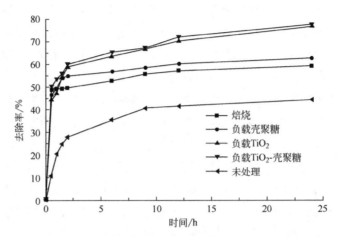

图 5-13 凹凸棒土负载 TiO₂-壳聚糖等材料处理 UDMH 废水效果图

研究者以 350℃焙烧预处理的凹凸棒土为基材，负载 TiO₂-壳聚糖制备吸附材料，处理偏二甲肼废水浓度为 30mg/L，实验过程中无光照。采用拟一阶动力学模型、拟二阶动力学模型、Power 模型和 Elovich 模型四种吸附动力学模型对实验数据进行拟合，结果如表 5-14 所示。

⊡ **表 5-14** 负载 TiO₂-壳聚糖凹凸棒材料吸附 UDMH 吸附动力学拟合结果

拟一阶动力学模型			拟二阶动力学模型			Power 模型			Elovich 模型		
q_e/(mg/g)	k_1/h⁻¹	R^2	k_2/[g/(mg·h)]	q_e/（mg/g）	R^2	kq_e	m	R^2	α/[mg/(g·h)]	β/(g/mg)	R^2
0.68	2.01	0.91	4.16	0.72	0.78	0.54	9.05	0.98	183.43	14.51	0.99

注：q_e 为平衡吸附量，mg/g；k_1 为拟一阶动力学模型速率常数，h⁻¹；k_2 为拟二阶动力学模型速率常数，g/(mg·h)；k、m 为速率常数；α 为初始吸附速率常数，mg/(g·h)；β 为解吸常数，g/mg。

表中 R^2 值最高的是 Elovich 模型，Elovich 模型是基于 Temkin 吸附等温方程的模型，说明 TiO₂-壳聚糖材料对偏二甲肼的吸附过程遵循 Temkin 吸附等温方程。此外，利用 Power 模型拟合数据的 R^2 值也很高，说明负载使材料组成变得更复杂，材料表面分布有大量不同吸附能的活性位点。

草酸改性凹凸棒、负载 TiO₂-壳聚糖凹凸棒材料对偏二甲肼废水均有较高的吸附效果，但该方法存在吸附材料的二次处理问题，且吸附处理偏二甲肼废水的浓度一般较低，因此仅停留在研究阶段，目前尚未应用于实际工程中。

5.3.4 沸石及其改性材料处理偏二甲肼废水

Mansoor 等开展了羟基钠沸石（HS）分子筛膜分离水/偏二甲肼（UDMH）混合物的研究。采用高岭土原料经 1250℃煅烧 3h 后，高岭土转化为莫来石和游离二氧化硅，采用 NaOH 处理去除其中的游离二氧化硅，剩余的莫来石作为载体制备羟基方钠石沸石膜[hydroxysodalite（HS）zeolite membranes]，采用水热法在管状莫来石外表面负载 HS 沸石，制备的 HS 沸石是一种具有分子筛筛分性能、孔径分布均匀、耐热性高、化学惰性高、机械强度高的沸石分子筛膜。采用制备的分子筛膜利用渗透汽化原理在常温常压下分离水/UDMH 混合物，分离的混合废水浓度为 UDMH2% 和 5%，当 UDMH 的废水进料浓度为 5% 时，分离系数可达 52000[分离系数为渗透液体与进料中水和有机物质量比值的比值，即：$F=（X_{H_2O}/X_O）_P/（X_{H_2O}/X_O）_F$]，沸石膜的总质量通量为 0.20～2.40kg/（$m^2 \cdot h$），结果表明在 130℃下，采用水热法合成的沸石膜可用于偏二甲肼水溶液的分离，膜均匀、无缺陷、分离因子高，HS 分子筛膜对 UDMH 的脱水性能优越。

从有机废水溶液中去除有机物对于回收有价值的有机产品和处理废水具有重要意义。常规蒸馏法可以去除水中的有机化合物，但对于较低浓度有机废水或热敏感的有机化合物，蒸馏法既不经济，也不适用。采用渗透蒸发法（pervaporation，PV）比传统蒸馏法有以下优点：

① 较少的能量需求，只需要蒸发分离小部分液体；

② 设备简单，真空泵即可产生驱动力；

③ 降低了成本。操作条件较温和、分离效率较高，因此 PV 分离技术适合用于有机混合物的脱水中。通过处理可以回收有机物，将废水中的 UDMH 回收利用，从而使废水处理达标排放。

吸附剂处理偏二甲肼废水只能作为辅助手段用于废水处理中，在化学氧化处理工艺的后端增加吸附处理，可以起到把关效果，确保废水稳定达标。使用凹凸棒、膨润土、硅藻土等无机矿粉材料吸附处理 UDMH 废水后，可以通过燃烧处理吸附饱和的矿粉材料，使吸附到矿粉材料上的偏二甲肼通过高温燃烧降解无害化，矿粉材料高温燃烧后可以循环使用。

5.4 氯化氧化法处理推进剂废水

5.4.1 常用的含氯氧化剂

常用于推进剂泄漏及废水处理中的含氯氧化剂有漂白粉、三合二、次氯酸钠、二氧化氯等，各类含氯氧化剂的氧化能力以有效氯表示，有效氯是指氯化合物中所含的氧化态氯，由于化合价为 0、+1、+3、+4、+5、+7 的氧化态氯均可在氧化还原反应中被还原成-1 价的还原态氯，所以均有氧化性。有效氯的含量定义为：从 HI 中游离出相同量的 I_2 所需的 Cl_2 的质量与化合物的质量之比，常以百分数表示。各类含氯化合物特性比较如下。

（1）漂白粉

漂白粉是氯气和氢氧化钙在常温下的反应产物，当反应系统中水分较少，不能使所有 $Ca(OH)_2$ 转变为 $CaCl_2$ 和 $Ca(OCl)_2$ 时所形成的白色粉末即为漂白粉，其分子式为 $Ca(OCl)_2 \cdot CaCl_2 \cdot Ca(OH)_2 \cdot 2H_2O$，有氯臭味，在空气中易分解，遇水、乙醇分解，性质极不稳定，一般含有效氯 35%，有毒，是廉价的消毒杀菌漂白剂。水解生成次氯酸，并产生新生态氧，故有漂白作用。

（2）次氯酸钙

次氯酸钙即俗称的漂白精，分子式 $Ca(OCl)_2$，白色粉末，有极强的氯臭味，含有效氯约 70%，将氯气通入石灰浆过滤后干燥而得，常用于化工生产中的漂白过程，以其快速的起效和漂白作用突出而在工业生产中占据重要作用。次氯酸钙是强氧化剂，受热、遇酸或日光照射会分解放出刺激性的氯气。

（3）次氯酸

次氯酸：$HClO$，仅存于溶液中，浓溶液呈黄色，有强烈刺鼻气味，具有强氧化性和漂白作用，极不稳定，遇光即可分解为 HCl 和 O_2，属于一种弱酸，其盐主要有 $KClO$、$NaClO$、$Ca(OCl)_2$，均有强氧化作用，被广泛用作氧化剂、消毒剂和漂白剂，其中尤以 $NaClO$ 最重要。

（4）三合二

三合二分子式 $3Ca(ClO)_2 \cdot 2Ca(OH)_2 \cdot 2H_2O$，含有效氯 56%，制备过程：将 CaO 加水制成石灰乳，过滤后的白色物质通氯气饱和后过滤、干燥研磨，主要成分为三个 $Ca(ClO)_2$ 合两个 $Ca(OH)_2$，故称三合二，$Ca(ClO)_2$ 含量在 56%～60%，$Ca(OH)_2$ 含量在 20%～24%，$CaCl_2$ 含量为 6%～8%，结晶水为 1.5%～2%，其余为 $CaCO_3$ 不溶解成分，分子量为 613.156，比漂白粉更易溶于水，分解慢，一般含有效氯按 56% 计，其水溶液呈碱性，pH 值随浓度的增加而升高：10% 为 11.9，1% 为 11.3，0.1% 为 10.2，0.001% 约为 9.0，0.0001% 为 8.6。主要用于对染有芥子气、沙林类毒剂的地面、大型装备和橡胶制品等消毒，由于腐蚀性较强，一般不用于对服装、皮革和精密器材消毒。

（5）次氯酸钠

次氯酸钠：$NaClO$，白色粉末，极不稳定，工业品是无色或淡黄色的液体，俗称漂白水，有效氯含量 10%～13%，易溶于水生成 $NaOH$ 及氯酸 $HClO_3$。

（6）液氯

液氯：黄绿色液体，沸点 -34.6℃，有剧烈刺激作用和腐蚀性，吸入人体能导致严重中毒。

（7）二氧化氯

二氧化氯：ClO_2，分子量为 67.45，常温下为黄红色气体，相对密度 3.09，11℃ 时液化成红棕色液体，-59℃ 时凝固成橙红色晶体。20℃ 时水溶解度为 8.3g/L，可分解为 Cl_2 和 O_2，室温 30mmHg 压力下水中溶解度为 2.9g/L，水中可被分解，用于水消毒比液氯有以下优点：可杀死水中的病原菌和病菌；消毒作用不受酸碱毒影响；氨的存在不受影响；水中余氯稳定；脱色除臭效果好；对 Fe、Mn 的沉淀性强；可减少水中 $CHCl_3$ 的形成；ClO_2 水溶液的生产和使用过程较安全。ClO_2 杀生能力是氯气的 25～26 倍，因此具有剂量小、作用快、效果好的优点。ClO_2 作为消毒剂是公认的安全、无毒消毒剂，无致畸、致癌、致突变效应。

由于 ClO_2 性质不稳定，使用时必须在现场制备。

5.4.2 次氯酸钠氧化处理偏二甲肼废水

氯氧化是利用溶液中有效氯与肼类反应生成无机物达到处理目的。何斌等采用次氯酸钠、二氧化氯作为氧化剂，研究了其处理偏二甲肼废水的效果。研究了溶液酸碱度、次氯酸钠用量、反应时间等对结果的影响，通过多因素、多水平正交试验，采用极差分析结果表明次氯酸钠用量是最大的影响因素，其次是溶液的酸碱度，加酸有利于偏二甲肼的氧化，主要原因是加酸有利于提高次氯酸钠的氧化性。反应过程生成了偏腙、甲醛、亚硝基二甲胺等产物。取不同浓度偏二甲肼废水 10mL，采用不同量的 0.3%次氯酸钠溶液处理 1h 后结果如表 5-15 所示。

⊡ 表 5-15　次氯酸钠溶液处理不同浓度偏二甲肼废水实验结果

废水 UDMH 含量/（mg/L）	0.3%NaClO 的加入量/mL	处理后 UDMH 浓度/（mg/L）	处理后甲醛浓度/（mg/L）
90	1	未检出	17.6
	2	未检出	4.5
	3	未检出	未检出
	10	未检出	未检出
450	1	315.3	78.4
	2	216.3	111.7
	3	未检出	2.3
	10	未检出	1.5
1800	1	1730	80.1
	2	1504	153.3
	3	1018	185.1
	10	523.4	202.3

表 5-15 试验结果表明次氯酸钠氧化法处理低浓度偏二甲肼废水是可行的，当废水浓度为 450mg/L 时，采用同样量的 0.3%次氯酸钠溶液处理，可以使排出液中的甲醛含量低于 2mg/L。一般偏二甲肼与次氯酸钠的物质的量配比至少为 1：7，方可达到处理后甲醛达标的要求。因此采用此方法处理偏二甲肼废水时，关键是次氯酸钠溶液的配制浓度和投加量的控制。处理后的液体采用色谱-质谱联用手段分析，发现其中含有少量偏腙和亚硝基二甲胺。此方法的缺点：

① 由于过程是放热反应，有刺激性的氨气放出；

② 处理后废水呈现淡黄色，必须放置较长时间继续氧化方可变为无色；

③ 过量的次氯酸钠使溶液碱性很强，必须投加酸进行中和处理。

5.4.3　二氧化氯氧化处理偏二甲肼废水

二氧化氯（ClO_2）是一种黄绿色到橙黄色的气体，是绿色消毒剂。ClO_2 极易溶解于水而不与水反应，在水中溶解度是氯气的 5～8 倍，20℃时水中溶解度为 8.3g/L，溶于碱溶液而生成亚氯酸盐和氯酸盐。

ClO_2 具有氧化性，是公认的安全、无毒消毒剂，无致癌、致畸、致突变效应，消毒过程中不会与有机物发生氯代反应生成可产生"三致"作用的有机氯化物或其他有毒物质。ClO_2 是一种氧化剂，可以在一定条件下将有机物氧化分解，为此何斌等人研究了利用 ClO_2 氧化降解推进剂偏二甲肼废水的影响因素和可行性。

分析了某次任务排放的废水污染指标，主要污染物有：偏二甲肼 173.3mg/L，甲醛 4.8mg/L，一甲胺 6.0mg/L，二甲胺 22mg/L。表明主要污染物是偏二甲肼，为此重点研究二氧化氯对偏二甲肼的氧化降解效果。

为了有效利用二氧化氯气体，减少尾气污染，采用三级氧化模式，即二氧化氯气体依次通过三个串联的氧化塔，二氧化氯量为 2.16g/min，偏二甲肼量为 200mL，浓度为小于 1500mg/L 的各种浓度的污水。研究结果表明：二氧化氯氧化处理浓度小于 1500mg/L 的偏二甲肼污水是可行的，当溶液由无色溶液逐渐变为棕红色、橙黄色至黄绿色时，偏二甲肼氧化为偏腙、甲醛，最后进一步氧化为氮气、水等小分子物质，当溶液变为淡绿色时，溶液中已经检测不出偏腙。一般二氧化氯的投加量与偏二甲肼的比值为 9∶1～11∶1，过量的二氧化氯可以使偏二甲肼浓度小于 500mg/L 的污水达标排放，氧化后的排出液中偏二甲肼、甲醛、氰化物、亚硝酸盐氮等指标达到了排放标准，但有亚硝基二甲胺存在。

采用二氧化氯氧化处理偏二甲肼污水的优点是反应速率快、氧化效果比次氯酸钠彻底。存在的问题是：

① 投加量较大，一般为偏二甲肼的 10 倍；

② 处理后溶液呈酸性，因为二氧化氯与水形成了次氯酸，所以必须用碱调节酸碱度到中性后方可排放；

③ 操作过程中二氧化氯有溢出现象，且处理后污水呈黄色，不能直接排放，会造成二次污染；

④ 氧化不彻底，中间产物如亚硝基二甲胺等致癌物质不能完全降解。处理后一般须存放 15 天后水中 ClO_2 浓度接近零，方可排放。

在技术研究基础上，某单位建设了二氧化氯处理推进剂废水的设施，运行结果表明，工艺操作复杂，各种化学试剂配制流程较长，环境气味较大，处理效果不彻底，且由于溶液腐蚀性较大，间歇性运行导致泵、阀门等设施锈蚀严重，逐渐被其他工艺取代。

氯氧化处理技术作为辅助手段可以用于推进剂低浓度偏二甲肼废水的处理，可以快速控制污染物，但必须和其他手段联合使用方可彻底降解污染物，实现污染物的无害化处理目的。

研究发现使用氯化法处理 UDMH 污水会加速亚硝基二甲胺（NDMA）的生成，即使在普通生活污水的氯化处理中，污水中不含 UDMH，由于氯化剂和水中的二甲胺相互作用，也会形成一定浓度的 NDMA，最终对人类的身体健康造成严重影响。尽管氯化法处理 UDMH 污水反应迅速，但存在二次污染，且操作过程复杂，实际应用的较少。

5.5 臭氧氧化法处理推进剂废水

5.5.1 臭氧及其特性

臭氧是一种氧的同素异构体，呈无色或淡蓝色气体，0℃、760mmHg 下密度为 2.144g/L，-112℃凝结为深蓝色液体。臭氧分子中的三个氧原子呈等腰三角形排列，是极性分子。臭氧非常不稳定，在水中的半衰期是 5～20min。还原后，可释放出氧气，无二次污染。但臭氧存在无法贮存，只能现场制备的问题。

5.5.1.1 臭氧的制备

目前工业上臭氧的生产主要采用电晕放电法。在一对平行电极间隔以介电体和气隙，当加载高压脉冲电瓶达到一定电压值时，气隙中产生电晕放电，氧气分解成氧原子，这些不稳定的高活性氧原子同氧气结合形成臭氧。

$$O_2+高能量电子 \longrightarrow 2O+低能量电子 \tag{5-11}$$

$$O+O_2+M \longrightarrow O_3+M+Q \tag{5-12}$$

式中，M 是间隙中其他气体分子，Q 为反应热。同时还存在臭氧的副反应：

$$O+O_3 \longrightarrow 2O_2 \tag{5-13}$$

$$O_3+e^- \longrightarrow O_2+O+e^- \tag{5-14}$$

因此臭氧的生成是可逆反应，当反应平衡时，以空气为气源产生的臭氧质量分数为 1%～4%，以氧气为气源时质量分数为 4%～8%。臭氧生成总反应式为：

$$3O_2 \longrightarrow 2O_3+144.8kJ \tag{5-15}$$

按此热量计算，臭氧生成的电耗量为 0.82kW·h/kg O_3，而实际生产电耗量远高于此值，一般电效率在 3%～5% 之间。其余电能以声、光、热等形式散发。特别需要指出的是，如果发生器设计不合理时，还会生成大量低能电子，这些低能电子不足以激活氧分子，却能激活空气中氮分子，生成有害的氮氧化合物。同时电子与 O_3 的碰撞还可生成负氧而消耗臭氧。

$$O_3+e^- \longrightarrow O_2+O^- \tag{5-16}$$

臭氧的标准电极电位是 2.07V，除比氟（2.87V）、羟自由基·OH（2.80V）低外，高于其他常用氧化剂，具有超强的氧化能力，可广泛用于工业废水处理及生活用水消毒。用臭氧进行脱色、除臭、杀菌、消毒，效果优于常见的含氯氧化剂。尤其是没有二次污染，臭氧被还原后生成氧气。

臭氧溶解于中性水时分解过程如下：

$$H_2O+O_3 \longrightarrow 2HO•+O_2 \tag{5-17}$$

$$HO•+O_3 \longrightarrow O_2+HO_2• \tag{5-18}$$

$$HO_2•+O_3 \longrightarrow 2O_2+HO• \tag{5-19}$$

$$2HO• \longrightarrow H_2O_2 \tag{5-20}$$

$$HO•+HO_2• \longrightarrow H_2O+O_2 \tag{5-21}$$

臭氧和 HO• 均可与有机物直接反应，不论是在中性水溶液中还是碱性水溶液中羟基自由基 HO• 的氧化性均高于臭氧，其电极电位高达 2.80V。同时臭氧直接氧化反应速率慢，其反应速率常数在 $\leqslant s^{-1}$ 数量级，且有一定选择性；而羟基自由基氧化无选择性，反应速率可达 10^7～$10^9 s^{-1}$ 数量级。羟基自由基反应机理为：含有不饱和键的大分子，诸如偶氮基—N≡N—、羰基 >C=O、乙烯基 >C=C<，被氧化时键断裂成小分子酸或醛并进一步被氧化。因此，碱对氧化反应具有催化作用。

臭氧化处理中由于小分子酸的生成使水溶液酸度不断升高，因此被处理溶液经常加入碱以调节 pH 值，同时也使 HCN、H_2S 等有害物更稳定，减少挥发。与此同时，使用催化剂或同其他氧化技术联用，经常能取得比单独臭氧化更好的效果。

臭氧的生产技术可使用电晕放电法、紫外线辐射法和电解法，其中放电法经济，在工业上使用普遍，具有实用价值。

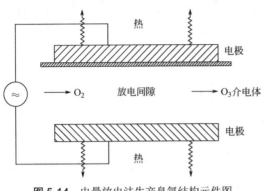

图 5-14　电晕放电法生产臭氧结构元件图

电晕放电法生产臭氧的结构元件如图 5-14 所示，又可分为电极间直接放电、介质无声放电、沿面放电。

介质无声放电等离子体发生器内外电极均由不锈钢精密加工而成，镍、钨材质可用但成本高，铜材易受氧化不宜使用，此关键设备依赖进口。同时介质无声放电介电体及气隙厚度均很小，其间隙大约在 0.8～2mm 范围。国内生产的管式放电装置无法满足要求，一般产生的臭氧浓度低于 60mg/L，而使用国外关键部件后，臭氧浓度可达到 120～130mg/L，使用效果也不错。

沿面放电陶瓷发生片等离子体发生器的优势在于：可制作很小规模产品并可使工业产品小型化，制冷方便，使用电压低，发生片易生产且成本低等，故此近年来得到广泛的研究和应用。在相同工况下，使用沿面放电陶瓷发生片等离子体发生器产生的臭氧（g 级别）比管状介质无声放电（mg 级别）生成量多，产量控制相对容易，所以本研究中所用臭氧产生设备为沿面放电陶瓷发生片等离子体发生器。

5.5.1.2　臭氧在水溶液中传质及反应特性

采用臭氧处理含有机物废水，首先要将臭氧溶于水中，属于气-液相反应系统，包括多个步骤：臭氧从气相主体向气液界面的扩散；跨过界面向液相的边界迁移；向溶液主体的传递。由于臭氧在溶液中和有机污染物发生反应使溶液液相主体中的臭氧浓度不断减少，则气液界面的高浓度臭氧不断向液相主体扩散，促使气相中的臭氧不断跨过气液界面进入液相，所以臭氧氧化降解水溶液中污染物包含了多个过程，臭氧与液相中有机物及其中间产物发生的反应有快反应、中等反应，也有慢反应，但是在反应和扩散传递中，整个过程的控制步骤是气体的扩散。

在 1atm（即 101325Pa）和 0℃条件下，臭氧（纯）气体及相关气体在水中的溶解度见表 5-16。

▢ 表 5-16　各类气体在水中的溶解度

气体	臭氧	氧气	氮气	二氧化碳	氯气	二氧化氯
体积溶解度/（m³ 气体/m³ 水）	0.65	0.049	0.0235	1.71	4.54	约 60
质量溶解度/（kg/m³ 水）	1.4	0.07	0.03	3.36	14.4	180

臭氧在水溶液中与有机物的反应极其复杂，一般认为：①臭氧与烯烃类化合物反应的产物是醛和酸；②臭氧与芳香族化合物反应较慢，反应速率以苯<萘<菲<嵌二萘<蒽顺序逐渐增大；③臭氧氧化有机胺的反应产物为硝基化合物或小分子醛、酸。臭氧氧化处理有机废水可以将有机物降解为小分子的醛和酸。

5.5.2 臭氧氧化处理肼类废水作用机理

臭氧是氧的同素体，臭氧可以氧化降解无水肼、甲基肼、偏二甲肼，臭氧与偏二甲肼反应生成多种化合物，关于臭氧氧化偏二甲肼的反应机理至今仍在研究探索中。

5.5.2.1 臭氧氧化偏二甲肼机理

早期研究认为臭氧氧化偏二甲肼的反应机理如图 5-15 所示。生成了四甲基四氮烯、偏腙等物质。腙不是一个物质，是一类物质，腙是含有 $R_1R_2C{=}NNH_2$ 结构的有机化合物，而偏二甲肼氧化过程生成的偏腙是 $H_2C{=}NN(CH_3)_2$。

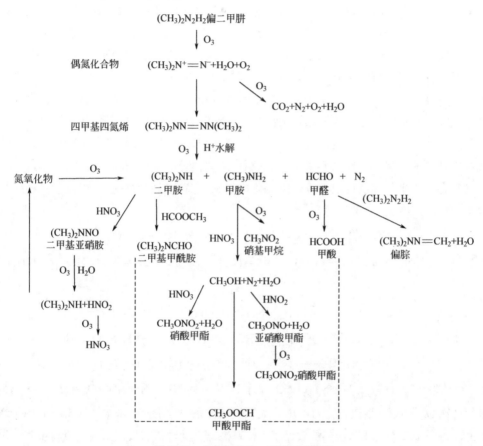

图 5-15 臭氧氧化偏二甲肼反应机理

该机理认为偏二甲肼被臭氧氧化成偶氮化合物，偶氮化合物极不稳定，可能有两种后续反应，多数偶氮化合物生成四甲基四氮烯，少数偶氮化合物继续被臭氧氧化分解，生成二氧化碳、氮气和水。

反应过程中生成的四甲基四氮烯可以进一步被臭氧氧化分解成甲胺、二甲胺、甲醛和氮气。其主要反应方程式如下：

$$(CH_3)_2\,N_2H_2 + O_3 \longrightarrow (CH_3)_2\,N^+{=}N^- + H_2O + O_2 \tag{5-22}$$

$$2(CH_3)_2 N^+ = N^- \longrightarrow (CH_3)_2 NN = NN(CH_3)_2 \quad (四甲基四氮烯) \tag{5-23}$$

$$(CH_3)_2 N^+ = N^- + 3O_3 \longrightarrow 2CO_2 + N_2 + O_2 + 3H_2O \tag{5-24}$$

$$(CH_3)_2 NN = NN(CH_3)_2 + H_2 + O_3 \longrightarrow CH_3NH_2 + (CH_3)_2 NH + HCHO + N_2 + O_2 \tag{5-25}$$

总的反应式为：

$$3(CH_3)_2 N_2H_2 + 4O_3 \longrightarrow (CH_3)_2 NN = NN(CH_3)_2 + 2CO_2 + N_2 + O_2 + 6H_2O \tag{5-26}$$

5.5.2.2 臭氧氧化偏二甲肼机理理论依据

关于臭氧氧化偏二甲肼的机理一直沿用，但缺少理论依据，近年来一些学者开展了关于臭氧氧化偏二甲肼的反应机理研究，Sungeun Lim 研究发现当溶液 pH 值为 7、臭氧与偏二甲肼浓度比≥4、溶液中有叔丁醇作为羟基自由基（•OH）清除剂时，臭氧与偏二甲肼的反应速率很快，$K_{O_3} = 2 \times 10^6 L/(mol \cdot s)$，主要产物为亚硝基二甲胺（NDMA），其产率＞80%。没有叔丁醇作为羟基自由基清除剂时，产生的亚硝基二甲胺很少（≤2%），并研究提出了臭氧氧化偏二甲肼体系的反应机理。

偏二甲肼分子中，假定与两个甲基团相连的 N 原子为 N1，另一个 N 原子为 N2，则臭氧氧化过程为臭氧首先攻击 N2 原子形成加成化合物，然后通过三种路径进行后续反应。路径 1：均裂形成含氮氧化物和单线态氧，含氮氧化物经过重整后形成 N，N-羟基氧化物，进一步氧化成为亚硝基二甲胺；路径 2：异裂形成含氮氧化物基态和氧气基态，含氮氧化物基态通过歧化反应形成亚硝基二甲胺和 N，N-二甲基羟胺；路径 3：异裂形成胺基态和臭氧基态，这些基态不稳定，胺基态进一步与臭氧反应形成含氮氧化物基态，多数形成亚硝基二甲胺。三种路径形成的亚硝基二甲胺产率大于 80%。

$$(CH_3)_2 N{-}NH_2 \xrightarrow{O_3} (CH_3)_2 N{-}N^+ (O{-}O{-}O)^- H_2 \tag{5-27}$$

路径 1：
$$(CH_3)_2 N{-}N^+ (O{-}O{-}O)^- H_2 \xrightarrow{{}^1O_2} (CH_3)_2 N{-}N^+O^-H \xrightarrow{+H} (CH_3)_2 N{-}N(OH)H \tag{5-28}$$

$$(CH_3)_2 N{-}N(OH)H \xrightarrow{O_3,O_2} (CH_3)_2 NN(OH)OH \xrightarrow{-H_2O} (CH_3)_2 N{-}N = O \tag{5-29}$$

路径 2：
$$(CH_3)_2 N{-}N^+ (O{-}O{-}O)^- H_2 \longrightarrow (CH_3)_2 N{-}NHO\bullet + O_2^- \bullet + H^+ \tag{5-30}$$

$$2(CH_3)_2 N{-}NHO\bullet \longrightarrow (CH_3)_2 N{-}N = O + (CH_3)_2 N{-}NH{-}OH \tag{5-31}$$

路径 3：
$$(CH_3)_2 N{-}N^+ (O{-}O{-}O)^- H_2 \longrightarrow (CH_3)_2 N{-}\overset{\bullet}{N}H + O_3^- \bullet + H^+ \tag{5-32}$$

过程产物 $O_3^- \bullet$ 和 $O_2^- \bullet$ 很快转化为 •OH，臭氧氧化体系中羟基自由基主要攻击 N1 原子形成叔胺的基态，进一步基态转化到相邻的碳原子上，基态碳迅速与氧气反应形成过氧自由基，过氧自由基通过释放氧自由基形成亚胺，亚胺进一步水解后形成甲醛和甲基肼。具体方程见式（5-33）～式（5-37）。臭氧加成偏二甲肼生成亚硝基二甲胺的反应机理如图 5-16 所示。

$$O_3^- \bullet \Longleftrightarrow O^- \bullet + O_2 \tag{5-33}$$

$$O^- \bullet + H_2O \Longleftrightarrow \bullet OH + OH^- \tag{5-34}$$

$$O_2^- \bullet + O_3 \longrightarrow O_3^- \bullet + O_2 \tag{5-35}$$

$$(CH_3)_2 NNH_2 \xrightarrow{\bullet OH/OH^-} (CH_3)_2 \overset{\bullet}{N}{}^+ NH_2 \xrightarrow{-H^+} (CH_3)H_2\overset{\bullet}{C}NNH_2 \xrightarrow{O_2} CH_3(CH_2{-}O{-}O\bullet)NNH_2 \tag{5-36}$$

$$CH_3(CH_2-O-O\cdot)NNH_2 \xrightarrow{-O_2\cdot} (CH_3)H_2C=N^+-NH_2 \xrightarrow{H_2O/-H^+} HCHO+(CH_3)HNNH_2 \quad (5-37)$$

表明用臭氧氧化偏二甲肼时，产物中亚硝基二甲胺是不可避免的，而且产率较大。

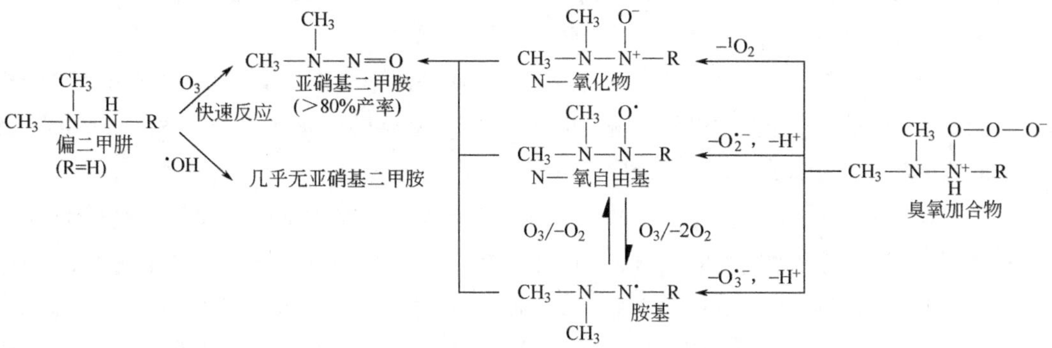

图 5-16　臭氧加成偏二甲肼生成亚硝基二甲胺反应机理

王力等用量子化学研究了臭氧氧化偏二甲肼的反应机理，$(CH_3)_2NNH_2$ 分子中，与 N 原子相连的两个 H 原子中其中一个 H 原子容易脱离偏二甲肼分子，从而形成自由基 $(CH_3)_2\overset{\cdot}{N}NH$，该过程的反应速率常数为 $5\times10^7L/(mol\cdot s)$，说明此过程为无势垒过程。以 $(CH_3)_2\overset{\cdot}{N}NH$ 自由基的生成为起点，偏二甲肼被臭氧氧化夺去 N 原子上的另一个 H，两个 N 原子间距离逐渐变短，形成双键 1，1-二甲基二氮烯，臭氧夺取氢原子后形成 $HOOO\cdot$ 自由基，其反应式为：

$$(CH_3)_2\overset{\cdot}{N}NH +O_3 \longrightarrow (CH_3)_2N^+=N^- +HOOO\cdot \quad (5-38)$$

$HOOO\cdot$ 自由基具有顺式、反式和旁式三种构型，其中反式能量最低、旁式能量最高，三种构象体之间能垒很低，可以快速转换。$HOOO\cdot$ 自由基可以参与多种反应，容易分解为 $HO\cdot$ 和 O_2，是偏二甲肼降解过程的重要中间体。根据量子化学密度泛函理论计算可知，上述反应过程是一个自发进行的反应，过程放热为 97.53kJ/mol。

1，1-二甲基二氮烯进一步被臭氧氧化生成 N-二甲基亚硝胺（又名亚硝基二甲胺），其反应式如下所示。

$$(CH_3)_2N^+=N^- +O_3 \longrightarrow (CH_3)_2N-N=O+O_2 \quad (5-39)$$

上述反应需克服的势垒即活化能 E_a 约 29.93kJ/mol，说明此反应容易进行，反应过程放热217.74kJ/mol，属于放热反应。量子化学计算结果也说明偏二甲肼与臭氧反应的主要产物是 N-二甲基亚硝胺。

臭氧与偏二甲肼反应首先生成 1，1-二甲基二氮烯，进一步生成 N-二甲基亚硝胺（NDMA），两步均属于放热过程，反应极易进行。印证了 SungeunLim 的试验过程 NDMA 产率＞80%的结果。

在偏二甲肼的初始反应中，臭氧可以同时夺取 N—H 和 C—H 上的氢，生成 Gibbs 自由能较大的中间体，当臭氧夺去碳原子上的 H 后形成$(CH_3)H_2C=N^+NH_2$ 中间体，进一步氧化形成甲醛。

初始臭氧与 $(CH_3)_2N—\overset{\cdot}{N}H$ 自由基反应生成 1，1-二甲基二氮烯和生成 $(CH_3)H_2\overset{\cdot}{C}NNH_2$ 存在反应竞争，生成 1，1-二甲基二氮烯反应势垒较低，因此臭氧氧化偏二甲肼时主要生成 NDMA，次要生成甲醛。

张浪浪等研究了氧气、空气、氧气/水、空气/水氧化偏二甲肼的机理，采用气相色谱-质谱检测了 4 种体系反应 14d 产物的成分，确定产物有 19 种，分别为二氧化碳、三甲胺、二甲胺、四基甲烷二胺、三甲基肼、二甲基乙基肼、偏腙、甲醇、偏二甲肼、乙醛二甲基腙、四甲基四氮烯、4-甲基脲唑、（二甲氨基）乙腈、亚硝基二甲胺、二甲基甲酰胺、三（二甲氨基）甲烷、1-甲基-1，2，4-三唑、甲基甲酰胺、不对称二甲脲等。分析色谱峰面积可知，液相反应主要生成物有二甲胺、偏腙、亚硝基二甲胺、二甲基甲酰胺。偏二甲肼被氧化过程伴随有夺氢、C—N 和 N—N 键断裂、自由基的偶合反应、成腙反应和成环反应。

偏二甲肼氧化产生亚硝基二甲胺、四甲基四氮烯主要通过摘去—NH_2 上的氢形成活性中间体 $(CH_3)_2N^+ \!=\! N^-$，然后通过加氧生成亚硝基二甲胺，偶合生成四甲基四氮烯。偏腙是通过甲醛与偏二甲肼反应生成的。偏二甲肼分子中甲基上的氢被夺去，并发生 C—N 键断裂生成甲醛。两个甲基偶合产生乙烷，氧化后生成乙醛，其与偏二甲肼反应生成乙醛腙。偏腙、亚硝基二甲胺和四甲基四氮烯氧化分解都可以产生二甲胺，亚硝基二甲胺属难降解有机物，而偏腙的双键结构赋予其易氧化特性，因此二甲胺源于偏腙氧化分解的可能性较大。偏二甲肼氧化可以产生各种自由基：甲基自由基（·CH_3）、乙基自由基（·CH_2CH_3）、二甲基氮烯[$(CH_3)_2N^+\!=\!\overset{\cdot}{N}$]等，它们与二甲基自由基[$(CH_3)_2N\cdot$]、二甲基肼自由基[$(CH_3)_2\overset{\cdot}{N}NH$]等之间偶合反应生成三甲胺、三甲基肼、二甲基乙基肼等。二甲胺、三甲胺进一步氧化生成甲基甲酰胺、二甲基甲酰胺。二甲胺、三甲胺之间摘氢、偶合产生四基甲烷二胺、三（二甲氨基）甲烷和不对称二甲脲。

臭氧氧化偏二甲肼生成产物含量从高到低的次序为：亚硝基二甲胺＞偏腙＞二甲胺＞四甲基四氮烯。空气中氧化产物含量从高到低依次为：二甲胺＞偏腙＞亚硝基二甲胺＞四甲基四氮烯。二甲胺沸点只有 6.9℃，呈气态的含量最大，而亚硝基二甲胺沸点为 152℃，主要存在于液相。

所以臭氧氧化偏二甲肼废水的主要中间产物有 $CH_2\!=\!NN(CH_3)_2$（偏腙，FDMH）、$(CH_3)_2NN\!=\!NN(CH_3)_2$（四甲基四氮烯，TMT）、$NH(CH_3)_2$（二甲胺，DMA）、$NH_3$、$(CH_3)_2NNO$（亚硝基二甲胺，NDMA）等。随着臭氧投加量的增加，这些中间产物被臭氧进一步氧化为甲醛等小分子有机物，只有甲醛等小分子有机物被降解为二氧化碳、水等无害的无机物，才能满足废水达标排放要求。

20 世纪 80 年代原国防科工委工程设计所进行了单独采用臭氧处理偏二甲肼废水的试验，结果如表 5-17～表 5-19 所示。

▫ 表 5-17　单纯采用臭氧处理偏二甲肼废水试验结果

试验编号		1	2	3	4	5	6
接触时间/min		15	50	90	150	160	240
偏二甲肼含量/（mg/L）	处理前	38	144	188	235	265	109.2
	处理后	2.0	<0.1	<0.1	<0.1	<0.1	<0.1
	去除率/%	94.73	99.97	99.97	99.98	99.95	99.95
COD_{Mn}/（mg/L）	处理前	26	98.9	120	152	193	83.3
	处理后	10.7	23	40.1	32	44.5	22.4
	去除率/%	58.85	76.7	66.6	79	77	73

试验编号		1	2	3	4	5	6
接触时间/min		15	50	90	150	160	240
臭氧耗量/（mg/L 水）		72	247.5	464.4	615	576	224
投配比（O₃∶偏二甲肼）		1.9∶1	1.7∶1	2.4∶1	2.6∶1	2.2∶1	2.1∶1
pH 值	处理前	—	8.5		8.32	8.3	7.5
	处理后	—	7.9	—	7.55	7.64	7.45

分析表中数据可知，单纯采用臭氧氧化偏二甲肼废水，不能彻底降解其分解产物甲醛，甲醛是臭氧氧化偏二甲肼的分解产物，可以看出随着臭氧氧化偏二甲肼进程的推进，偏二甲肼自身浓度逐渐降低，甲醛浓度逐渐增加，当偏二甲肼的含量趋近于"零"时，甲醛的含量达到最高值。此时，若继续向污水中投加臭氧，甲醛的含量也逐渐减少，但反应速率很慢，尤其是当污水中甲醛的含量达到 2mg/L 左右时，臭氧几乎失去作用，证明用单纯臭氧去除低分子有机物比较困难。

⊡ **表 5-18 单独采用臭氧处理偏二甲肼和四氧化二氮混合废水结果**

处理时间/min	0	5	15	30	45	60	75	90	105	120	135	150	165	180	195
偏二甲肼浓度/（mg/L）	286	230	173	105	53	12.8	4.0	2.6	2.1	2.1	2.1	2.1	2.1	2.1	2.1
COD_{Mn}/（mg/L）	210.9	206.1	194.1	183.3	171.3	153.3	126.9	106.5	93.3	82.5	77.7	65.7	36.9	52.5	45.3
亚硝酸盐氮/（mg/L）	20	20	16.6	14.8	14.0	12	6	0.6	<0.1	<0.1	<0.1	<0.1	<0.1	<0.1	<0.1
甲醛/（mg/L）	2.1	3.5	4.5	7.5	7.0	9.0	14.5	17.8	21.8	28.7	28.3	24.5	22.6	20.0	17.0
pH 值	7.25	7.25	7.20	7.0	6.8	6.4	5.3	4.5	4.0	3.85	3.8	3.72	3.8	3.8	3.8
臭氧投量/（mg/L 水）	0	22	66	132	198	264	330	396	462	528	594	660	726	792	858
投配比 O₃∶偏二甲肼	0∶0	0.1∶1	0.2∶1	0.46∶1	0.7∶1	0.9∶1	1.15∶1	1.4∶1	1.6∶1	1.8∶1	2.1∶1	2.3∶1	2.5∶1	2.8∶1	3∶1

⊡ **表 5-19 单独采用臭氧氧化处理实际导流槽废水结果**

任务编号		9	16	28	31
接触时间/min		720	150	10	15
偏二甲肼浓度/（mg/L）	处理前	2150	364	34.6	48.6
	处理后	<0.1	<0.1	<0.1	<0.1
	去除率/%	99.9	99.9	99.9	99.9
COD_{Mn}/（mg/L）	处理前	1385	216.7	22.7	31.9
	处理后	468	79.3	6.6	12.1
	去除率/%	66.2	69.7	70.7	62.0
氰化物/（mg/L）	处理前	—	6.02	微量	微量
	处理后	—	未检出	未检出	未检出
	去除率/%	—	—	—	—
pH 值	处理前	8.04	8.55	—	8.3
	处理后	6.35	7.85	—	8.02
臭氧耗量/（mg/L 水）		4982.4	1038	83.7	96.2
投配比 O₃∶偏二甲肼		2.3∶1	2.8∶1	2.4∶1	2.8∶1

单独采用臭氧氧化偏二甲肼废水，初期会有大量的重氮化合物生成，反应体系复杂，有很多难降解的中间产物，且难以使废水氧化的中间产物甲醛小分子有机物达标，存在氧化不彻底、处理后液体不达标的问题，为了实现推进剂废水处理后的无害化排放目标，开展了光催化臭氧氧化等各种联合工艺处理偏二甲肼废水研究。

5.5.2.3　臭氧氧化无水肼机理

臭氧氧化处理无水肼的最终产物是氮气和水，反应方程式如下：

$$3N_2H_4 + 2O_3 \longrightarrow 3N_2 + 6H_2O \tag{5-40}$$

试验研究表明，臭氧氧化处理无水肼废水的处理效果和速度与溶液的 pH 值有关。当废水的 pH 值为 9 左右，臭氧的投加比例为 $O_3 : N_2H_4 = (1 \sim 1.3) : 1$，氧化反应时间持续 1h 以上时，废水中无水肼的浓度可由 200mg/L 降解至 0.5mg/L 以下，废水的 COD 去除率在 80% 以上；而当废水的 pH 值为 11 左右时，同样的臭氧投加比例，氧化反应时间仅需 0.5h，废水中无水肼的浓度即可由 200mg/L 降解至 0.5mg/L 以下，反应时间缩短了一半。

5.5.2.4　臭氧氧化甲基肼机理

臭氧氧化处理甲基肼的最终产物是二氧化碳、氮气、氧气、甲醇和水，反应方程式如下：

$$CH_3N_2H_3 + 2O_3 \longrightarrow CH_3OH + N_2 + 2O_2 + H_2O \tag{5-41}$$

$$CH_3N_2H_3 + 5O_3 \longrightarrow CO_2 + N_2 + 5O_2 + 3H_2O \tag{5-42}$$

研究表明，在上述反应体系中投加 Cu^{2+} 作为催化剂时，可以提高废水中甲基肼的降解速度。

5.5.3　光催化氧化处理有机物机理

5.5.3.1　光催化氧化机理

光催化氧化是一种高级氧化去除有机污染物的方法，因其极高的反应活性和处理效率及对目标污染物的无选择性而得以迅速发展，目前在去除空气中的有害物质、降解特殊有机污染物和重金属以及饮用水的深度处理等许多方面都有着广泛的应用。

光照处理废水，光子的能量大于有机污染物的化学键能时，化学键才能被打断，才能引起光解反应，一般 $\lambda < 400nm$ 的光为紫外线，其光量子能量 $E > 299.1kJ/mol$，$\lambda > 700nm$ 的光为红外线，其光量子能量 $E < 170.9kJ/mol$。光化学反应可以降解有机物，达到净化污染物的目的，常用紫外线（UV）作为光化学氧化的光源。

UV 与氧化剂作用可以产生氧化能力更强的羟基自由基（HO·），共同作用使光催化氧化无论在氧化能力上，还是在反应速率上，都远远超过了单独使用光解反应和单独使用氧化剂的反应。光解反应降解污染物包括无催化剂和有催化剂两类形式，一般多用臭氧和双氧水作为光解反应中的氧化剂，催化剂则多使用可以提高光解效率的催化剂，如二氧化钛、三氧化二铋等。

5.5.3.2　TiO₂ 光催化机理

TiO_2 因廉价、无毒、光化学性质稳定等优点成为常用光催化剂。在自然界中，TiO_2 存在金红石型、锐钛矿型及板钛矿型 3 种晶体类型。3 种晶体结构都是由 TiO_6 八面体单元构成的，八面体之间通过共边的方式形成三维网络结构，但是八面体的连接方式以及晶格畸变的程度不同。锐钛矿型的八面体畸变最大，对称性最高。金红石是 TiO_2 的高温相，金红石相的稳定性最好，而锐钛矿和板钛矿通过加热处理都会转变成金红石相，晶型转变的温度范围大约为 $500\sim700℃$，而且晶型转变温度与颗粒尺寸、杂质含量等有关。不同的晶体结构决定了 TiO_2 的键距不同，如表 5-20 所示，金红石型的钛键比锐钛矿型的要短，钛氧键比锐钛矿型的要长。

▢ 表 5-20　金红石型和锐钛矿型 TiO_2 的键距

晶型	Ti—Ti 键距/Å	Ti-O 键距/Å
锐钛矿型	(3.79，3.04)	(1.934，1.908)
金红石型	(3.57，2.96)	(1.949，1.980)

注：$1Å=10^{-10}m$。

不同的晶体结构也决定了三种矿的不同物理化学性质，板钛矿型 TiO_2 结构不稳定，应用较少，白色颜料中应用的主要是锐钛矿型和金红石型 TiO_2。锐钛矿型 TiO_2 稳定性比金红石型差，所以锐钛矿型 TiO_2 的光催化活性最高，金红石型次之，板钛矿型无催化活性。锐钛矿型的 TiO_2 因其良好的光催化活性，在光催化领域得到了更多的应用。

TiO_2 属于半导体类催化剂，其频带隙能为 3.17eV，电子结构特点是存在一个满的价带（VB）和一个空的导带（CB），其光催化机理如图 5-17 所示。在充满电子的价带（VB）和空的导带（CB）之间存在一个禁带（频带隙能），当受到能量大于禁带宽度的光照射时，其价带上的电子（e^-）被激发跃迁至导带，同时在价带上产生相应的空穴（h^+），在电场作用下，光生电子和空穴发生分离，从而在半导体表面形成氧化-还原体系。

波长不大于387.5nm的紫外线即可使电子由价带跃迁到空的导带上，从而在价带形成相应的空穴，入射光子的能量必须大于或等于这个频带隙能才能激发自由

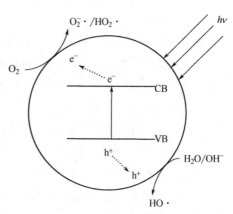

图 5-17　光催化机理示意图

电子。光催化的本质是在自然光或人工光源的光照下，半导体催化剂从光量子中吸收足够的能量，使电子从 TiO_2 催化剂的价带经过跃迁到达导带，原子得到能量的激发，形成电子-空穴对。光产生的空穴有很强的得电子能力，可夺取半导体颗粒表面的有机物或溶剂中的电子，使原本不吸收入射光的物质被活化氧化，而电子接受体则可以通过接受表面上的电子被还原。水溶液中的光催化氧化反应，在半导体表面上失去电子的主要是水分子，水分子经变化后生成氧化能力极强的羟基自由基•OH。•OH 是水中存在的氧化剂中反应活性最强的，对处理对象几乎无选择性，可以氧化各种有机物，并使之矿化，可以将大多数的有机物氧化分解成无机 H_2O 和 CO_2，方程式如式（5-43）～式（5-50），反应过程会生成新的自由基，激发新的链式反应，确保降解有机物过程持续长效，从而达到降解有机物的目的。

$$TiO_2 \xrightarrow{hv} e^- + h^+ \tag{5-43}$$

$$h^{+} + H_2O \longrightarrow \cdot OH + H^{+} \tag{5-44}$$

$$e^{-} + O_2 \longrightarrow O_2^{-} \cdot \xrightarrow{H^{+}} HO_2 \cdot \tag{5-45}$$

$$2HO_2 \cdot \longrightarrow O_2 + H_2O_2 \tag{5-46}$$

$$H_2O_2 + O_2^{-} \cdot \longrightarrow HO \cdot + OH^{-} + O_2 \tag{5-47}$$

$$h^{+} + OH^{-} \longrightarrow HO \cdot \tag{5-48}$$

$$H_2O_2 \Longrightarrow 2HO \cdot \tag{5-49}$$

$$HO \cdot + \text{有机物} \longrightarrow CO_2 + H_2O \tag{5-50}$$

TiO_2 光催化有两种形式：一种是将纳米 TiO_2 粉体混入待降解的有机溶液中，不断搅拌，使之形成悬浮液，充分与待降解有机物接触，实现光催化降解；另一种是将纳米 TiO_2 进行载体固定化，可以克服前一种形式的回收难、效率低、成本高的缺点。

单独使用 TiO_2 光催化剂还有一个应用缺陷，TiO_2 禁带宽度较大（3.17eV），仅能利用太阳光中占3%~5%的紫外线，光谱响应范围窄，光生电子-空穴对的复合概率高，导致其催化活性降低，也限制了其实际应用。

因此，拓宽 TiO_2 光谱响应范围、提高其催化活性和再生性是实现 TiO_2 光催化氧化法降解有机废水的研究重点。将纳米 TiO_2 负载在载体上可以解决纳米粉末回收的问题，同时在选择载体时可以兼顾解决拓宽催化剂光响应范围和提高效率的问题。

并非所有的材料都可作光催化剂的负载载体，一般作光催化剂载体的材料应具备：透光性、热稳定性、化学稳定性、较大的比表面积和较强的吸附能力。如硅藻土是一种吸附剂，具有较高的比表面积和较强的吸附性，具有热稳定性和化学稳定性，作为载体可以将有机物吸附到 Ti 半导体粒子的周围，增加局部浓度及避免中间产物的挥发或游离，加快反应速率，提高其光催化活性。因此，将纳米 TiO_2 负载于硅藻土上，一方面实现纳米 TiO_2 固化负载，为光催化反应提供场所；另一方面，硅藻土具有强吸附性能和离子交换性能，可以将污染物吸附在纳米 TiO_2 表面，增大污染物与 TiO_2 接触面积，提高纳米 TiO_2 的催化效率。

同时研究发现，金属和非金属元素共掺杂可抑制光生电子-空穴对复合，且二者协同作用可大大提高 TiO_2 光催化性能和拓宽光谱响应范围。因此，在制备 TiO_2/硅藻土材料时可以掺杂金属或非金属元素，主要有非金属离子掺杂、金属离子掺杂和共掺杂等方法。

以硅藻土为载体，负载 TiO_2 后可以实现以下功能：

① 提高比表面积，可显著减弱催化剂粒子间的遮蔽，提高光催化效率；

② 可以降低电子-空穴的复合率，提高对污染物的吸附性能，提高光催化活性；

③ 可以使 TiO_2 粉末负载在硅藻土上，形成不同形状的催化剂，从而拓展了其应用范围。

光催化效率取决于产生电子-空穴对与电子-空穴对复合的速率，光生空穴很不稳定，在催化剂粒子内部和表面很容易与电子发生快速复合，以热能的形式放出，电子-空穴对的复合大大限制了光催化活性，因此可以通过对 TiO_2 进行改性，提高其催化活性。

5.5.3.3 TiO_2 光催化剂的制备及其优缺点

将 TiO_2 负载在载体（如硅藻土）上常用的方法有粉末烧结法，溶胶-凝胶法（浸渍提拉法、旋涂法、喷涂法)、液相沉积法、水解沉淀法、机械力法和低温燃烧法等。

粉末烧结法是将纳米 TiO₂ 粉末加入水或醇中超声分散形成悬浮液,然后将其加入硅藻土悬浮液中,并持续搅拌,常温风干或 100℃左右加热脱去水或醇,在一定温度下煅烧成产品,一般煅烧温度不宜高于 600℃,否则太高温度会使晶型转变为金红石型,不利于催化效果。该方法简单易行,所制备的催化剂有较高的活性,但其牢固性比较差,且 TiO₂ 在硅藻土表面上易分布不均匀,透光性也稍差。

溶胶-凝胶法是将无机钛盐或者钛酸酯溶解到低碳醇中,在中等酸度溶液中搅拌水解获得 TiO₂ 溶胶,再将此溶胶涂覆于硅藻土上,涂覆的方式可以为喷射、浸涂或旋转涂膜。此方法工艺简单,反应条件温和,粒子的分布均匀且负载牢固,且获得的 TiO₂ 有较高的光催化性能,目前该方法使用较多。

液相沉积法是用无机钛盐作为钛源,将预处理后的硅藻土载体在钛溶液中浸渍一段时间,液相中的 Ti⁴⁺在硅藻土载体自身作用下被吸附,水解形成 Ti(OH)₄ 和 Ti(OH)₂,在硅藻土载体表面缓慢形成 TiO₂ 前驱体薄膜,一定温度下干燥煅烧后得到产品。液相沉积法又可分为直接沉淀法、均匀沉淀法和共沉淀法。一般直接沉淀法所得产品中含有大量的杂质,难以清洗,生产工艺不利于节水,需要较长的时间干燥,会发生结块现象。均匀沉淀法工艺简单、产品质量好,是最具有工业应用价值的工艺,该方法使构晶离子在溶液中缓慢、均匀地释放,可以通过控制好沉淀剂的生成速度来保证沉淀剂在溶液中的均匀性,控制过饱和度在合理区域内,可以调整晶粒的生长速率,从而获得粒径均一的纳米粉体。液相沉积法的优点是成膜过程不需热处理,制备过程简单易行,成本低,成膜均匀而致密,能实现在各种形状载体上的负载,应用前景很好,该方法的局限在于,仅适用于表面有羟基的载体负载,且 TiO₂ 的生成会受到负载表面性质的影响。

机械力化学法:采用强机械力对硅藻土和 TiO₂ 粉体颗粒作用,在一定程度上可以改变颗粒表面的晶体结构增加表面活性,使互不黏结也不发生化学反应的两种超细粉体界面发生粘接附着、范德华吸附或晶面重组等物理化学反应,从而形成界面结合良好的复合粒子。这种制备负载型 TiO₂/硅藻土复合材料的工艺,具有操作简便、无二次污染等特点。

其他负载方法还有分子吸附沉淀法、偶联法、掺杂法等,但这些方法因有局限性不常用。

5.5.3.4　Bi₂O₃ 光催化剂

Bi₂O₃ 是 p 型半导体,其带隙窄(2.8eV 左右)、氧空位多、氧化还原能力强、催化效率高,是一种性能优良的光催化剂。自 1988 年,Anthony Harriman 等将 Bi₂O₃ 引入光催化领域以来,国内外学者以 Bi₂O₃ 粉体为光催化剂处理有机废水取得了一定的研究成果。为解决悬浮体系存在的问题,齐敬等采用溶胶凝胶法在玻璃基体上制备负载型 Bi₂O₃ 薄膜,对偏二甲肼废水进行光催化降解研究。

研究结果表明负载型 Bi₂O₃ 薄膜对偏二甲肼模拟废水具有较好的降解效果,反应时间 120min 时偏二甲肼的降解率超过 90%。中性或弱碱性(pH 值为 7~8)环境中,偏二甲肼的降解率较高;在反应体系中添加少量 H₂O₂ 能够明显提高偏二甲肼的降解率,当 H₂O₂ 的浓度达到 0.10mol/L,反应 60min 时偏二甲肼的降解率超过 95%,90min 后已检测不到偏二甲肼。研究表明 Bi₂O₃ 光催化剂可以提高偏二甲肼废水的降解效果，其工艺条件需要进一步研究优化。

5.5.3.5 用于光催化氧化的紫外灯管

Juyoung 等对比研究了三种紫外光源在光催化降解气相甲苯中的效果，结果表明在测试的三种灯（254nm+185nm，254nm，365nm）中，真空紫外线（VUV）灯（254nm+185nm）对甲苯的去除率最高，而且具有最高的矿化率，主要是因为光化学和光催化氧化的相加作用。

王晓晨研究了 UV 和 VUV 两种紫外光源、臭氧及其组合对偏二甲肼的处理效果，结果表明：O_3 氧化偏二甲肼的速率远远大于单独光解，但中间产物甲醛降解很慢；O_3/UV 和 O_3/VUV 不但能更快地去除偏二甲肼，还能有效降解甲醛。综合考虑偏二甲肼、甲醛和 TOC 的降解，O_3/VUV 优于 O_3/UV，所以在处理偏二甲肼废水时，真空紫外灯管有一定优势。

5.5.4 臭氧-紫外线催化氧化处理肼类废水研究

在碱性条件下，臭氧可氧化分解偏二甲肼降解过程的中间产物二甲胺和甲胺等，将其氧化为甲醛和部分亚硝酸盐。为解决臭氧氧化处理偏二甲肼废水不彻底的难题，采用紫外线与臭氧联合处理工艺，设计加工了实验室装置，变换各种工艺条件进行了研究。

5.5.4.1 臭氧-紫外线联合降解有机物机理

单独使用臭氧处理偏二甲肼废水，可以将偏二甲肼降解为小分子醛、酸等，但很难将废水中的降解产物甲醛彻底降解达标，且处理后废水中含有亚硝基二甲胺，而光催化臭氧氧化可以加快偏二甲肼的降解速度。

紫外线与臭氧联合使用可以大大提高臭氧的降解效率，其反应速率是单独使用臭氧氧化的100～1000 倍。单独使用臭氧不能降解多氯联苯、六氯苯、三卤甲烷和四氯化碳等污染物，但在 O_3/UV 联合作用下这些有机物均可被迅速氧化。O_3/UV 联合作用于水溶液中的溶质，可以发生两种反应，即臭氧直接氧化有机物和臭氧分解形成自由基链式反应，紫外线的照射会加速臭氧分解，提高了羟基自由基（HO •）的产率。当紫外线波长为 180～400nm 时，其提供的能量为 300～648kJ/mol，高能量的输入，可以使臭氧产生更多的氧化自由基，同时可以活化反应物及其中间产物，使其变为活化态，更有利于降解。

光照分解臭氧产生羟基自由基的机理如下：

$$O_3 \xrightarrow{\ hv\ } O\bullet + O_2 \tag{5-51}$$

$$O\bullet + H_2O \longrightarrow 2HO\bullet \tag{5-52}$$

臭氧被紫外线照射后生成氧气和基态氧原子，基态氧原子可与水分子形成更多的羟基自由基，提高了反应效率。利用紫外线与臭氧的协同作用处理偏二甲肼废水，处理速度可提高百倍以上。

5.5.4.2 臭氧-紫外线处理偏二甲肼废水试验流程及装置

原总装备部工程设计研究总院于 2005 年采用 UV/臭氧进行了处理偏二甲肼废水的试验研究，试验分三种形式：静态试验、循环流试验和连续流试验。工艺流程分别如图 5-18～图 5-20 所示，工艺装置见图 5-21。

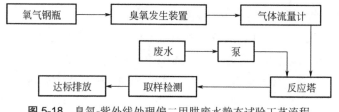

图 5-18　臭氧-紫外线处理偏二甲肼废水静态试验工艺流程

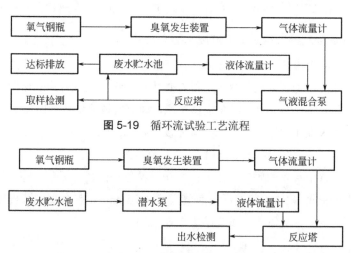

图 5-19　循环流试验工艺流程

图 5-20　连续流试验工艺流程

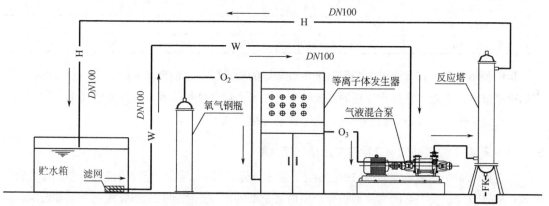

图 5-21　废水处理试验工艺装置图

W—污水管线；O_2—氧气管线；O_3—臭氧管线；H—气液混合体回水管；FK—放空管

试验装置由臭氧发生装置（等离子体发生器）、反应塔、贮水箱、气液混合泵及控制系统组成。

① 贮水箱：几何尺寸 0.2m（宽）×0.6m（长）×0.9m（高），总容积 108L，使用容积 100L。在贮水箱底部设有出水口，出水口处设有过滤器（滤网）。

② 反应塔：三段，其尺寸：塔身 $\phi0.2×1$m，塔变径 $\phi0.2→\phi0.4$m×0.1m，塔顶 $\phi0.4$m×0.1m。在塔身底部的切线和轴线上，分别设有进口。其中轴线方向的进口为进气口且设有气体分布板，同时还兼顾试验后的反应塔残余水的排放；切线方向的进口为气液混合物的进口。在塔身的 0.6m 处设有出水口，拟用于不同条件的试验。在塔顶部 0.06m 处设有出口，气液混合体均从该出口进

入贮水箱。在出口与贮水箱连接的管路上设有取样阀。

③ 气液混合泵：流量 2.4m³/h，入口压力-0.06～0MPa，出口压力 0～0.4MPa，功率 0.75kW，工况流量 1.8～2.4m³/h，该泵可与流量 18%～15%的气体混合。

④ 臭氧发生器（等离子体发生器）：气量 0.2～1.5m³/h，浓度 47.76～61.56mg/L，产量 12.47～73.65g/h。

⑤ 试验原料：偏二甲肼（纯度≥98%），瓶装氧气（纯度≥99.5%），去离子水。

5.5.4.3 臭氧-紫外线处理偏二甲肼低浓度废水静态试验

试验过程：在反应塔内注入 10L 自来水，用 50mL 注射器称取（在盘式天平上）1.5g 偏二甲肼（UDMH）从塔体的压力表处注入塔内，继续加水至 25L。依次开启总电源、氧气钢瓶、控制柜面板的气体控制阀、控制面板上臭氧发生器按钮，调节气体流量计到所需的流量（300L/h）。开始计时，观察反应塔内液体颜色变化，并在预先设计好的时间取样。

试验条件：氧气流量 300L/h（67.8mg/L，20.34g/h）。

在试验过程中，整个水体的颜色变化为：淡粉—粉色—淡黄—无色。整个反应过程塔内气泡变化：开始气泡直径很小（1.5mm），后气泡变大（≥5.5mm）。整个反应过程环境气味变化：无味—氨味—淡甜味（毒）—臭氧味。试验结果见表 5-21。

▫ 表 5-21　臭氧-紫外线处理偏二甲肼低浓度废水静态试验结果

取样时间/min	0	26	36	46	56	达标要求
偏二甲肼浓度/（mg/L）	48.52	1.06	0.11	—	—	0.5
甲醛浓度/（mg/L）	0	5.169	2.902	1.075	0.765	2.0

从试验结果看，该方法对偏二甲肼废水有较好的处理效果。根据前人的经验，处理的主要副产物甲醛最难以去除，从初步分析的试验结果可以看出甲醛能够达到排放标准的要求。需要通过进一步的试验确定反应中的试验参数，为工程设计提供依据。

5.5.4.4 臭氧-紫外线处理偏二甲肼废水循环流试验

先在贮水箱中配制一定的偏二甲肼废水，废水计量后与 O₃ 混合，经过气液混合泵加压混合后进入反应塔反应。反应后的气液混合体经反应塔上部的出口返回到贮水箱完成一个循环反应。其特点是：采用闭路循环方式或采用闭路循环与定量排放相结合的方式，其优点是简化反应器结构，易于实现工业放大，在废水处理净化过程中不会因为工况条件的变化或设备故障导致废水未达标排放。

试验过程：用天平称取一定量的偏二甲肼，注入装有 100L 或 2t 自来水的贮水箱中，开启混合泵搅拌均匀，取原水样测试原始偏二甲肼浓度。开启瓶装氧气阀门，调节至一定流量，输送到等离子体发生器产生臭氧，然后输送到气液混合装置与液体进行混合，气液混合体进入氧化反应塔进行氧化反应，反应后水流入贮水箱，根据计算时间进行取样，直至测试达标，水箱内水一次性排放。

采用气液混合泵加入臭氧，通过气液混合泵可以溶入废水中的臭氧气体约占总流量的 10%，不能满足投加比的要求，废水不能一次达标，因而回到废水池中，通过多次循环提高臭氧的投加量，当检测废水达标后排放。反应塔容积较小，但气液泵的能耗较大。

循环流处理的特点是针对不同浓度的废水，通过改变废水的循环次数可以实现废水达标排放。

（1）试验 1

废水量 100kg，偏二甲肼 22g，理论废液浓度 200mg/L，开 4 组臭氧发生器等离子体发生片，反应时间 4h，取样间隔 1h，氧气流量 300L/h（氧气量为 20.34g/h）。试验结果见表 5-22。

▣ 表 5-22　臭氧-紫外线循环流处理偏二甲肼废水试验结果一（200mg/L）

反应时间/h	0	1	2	3	4	达标要求
样品编号	1#	2#	3#	4#	5#	
偏二甲肼/(mg/L)	175.94	1.17	0.22	0.21	0.06	0.5
甲醛/(mg/L)	0	27.8	28.6	7.06	0.31	2.0
亚硝酸盐氮/(mg/L)	0	0.27	0.16	0.2	0.04	0.1
COD_{Cr}/(mg/L)	375.3	198	145.2	74.8	26.4	150
氰化物/(mg/L)	无	无	无	无	0.061	0.5
悬浮物/(mg/L)	无	无	无	无	无	200
pH 值	8	7	6	6	6	6~9

（2）试验 2

废水量 100kg，偏二甲肼 22g，理论废液浓度 200mg/L，开 4 组臭氧发生器等离子体发生片，反应时间 4h，取样间隔 0.5h，氧气流量 300L/h（氧气量为 20.34g/h）。

臭氧投加量计算：每 0.5h 投加入 100L 水中的臭氧量为 20.34×0.5=10.17（g），即投加量为 101.7mg/L 水。

投配比为臭氧投加量与原始偏二甲肼浓度的比值。如试验进行 1h，投加的臭氧量为 101.7×2=203.4（mg/L），原始水中偏二甲肼浓度测定为 196.84mg/L，则其投配比为 203.4/196.84=1.03。随着氧化时间的延长，废水中各种物质的浓度变化列于表 5-23 和图 5-22 中。

▣ 表 5-23　臭氧-紫外线循环流处理偏二甲肼废水试验结果二（200mg/L）

反应时间/h	0	0.5	1	1.5	2	2.5	3	3.5	4	达标要求
样品编号	1#	2#	3#	4#	5#	6#	7#	8#	9#	
臭氧投量/(mg/L 水)	0	101.7	203.4	305.1	406.8	508.5	610.2	711.9	813.6	
投配比 O_3/UDMH	0	0.52	1.03	1.55	2.07	2.58	3.10	3.62	4.13	
偏二甲肼/(mg/L)	196.84	2.69	0.63	0.3	0.19	0.16	0.16	0.19	0.12	0.5
甲醛/(mg/L)	0	26.1	24.5	33.6	33.3	26.3	16.9	6.54	0.95	2.0
亚硝酸盐氮/(mg/L)	0	0.26	0.31	0.08	0.07	0.07	0.07	0.06	0.04	0.1
COD_{Cr}/(mg/L)	427	246	198	180	149	114	101	52.8	30.8	150
氰化物/(mg/L)	无	无	无	无	无	无	0.01	0.03		0.5
悬浮物/(mg/L)	无	无	无	无	无	无	无	无	无	200
pH 值	8.5	7.5	6	6	6	6	5.8	5	5	6~9

分析试验数据可知，初始偏二甲肼浓度和废水 COD 浓度最高，随着臭氧氧化进程的推进，偏二甲肼浓度在 0.5h 内即可降解至 2.69mg/L，而甲醛浓度则开始逐渐上升，直至 1.5~2h 时，甲醛浓度升至最高，为 33.6mg/L，进一步氧化后甲醛浓度逐渐下降，当氧化 4h 后废水中甲醛浓度可降至标准值 2mg/L 以下，为 0.95mg/L。废水中 COD 浓度随着氧化的深入逐渐下降至 2h 可满足标准 150mg/L 以下。根据上述数据可知在此反应条件下，需要氧化 4h 方可使废水中各项指标达标。

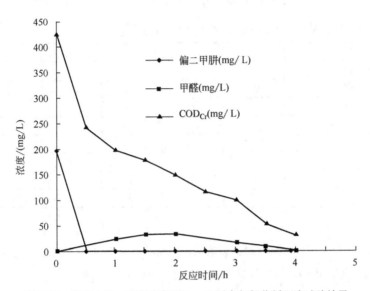

图 5-22　原废水偏二甲肼浓度 200mg/L 时臭氧氧化循环流试验结果

（3）试验 3

废水量 100kg，偏二甲肼 22g，废液浓度 200mg/L，开 4 组臭氧发生器等离子体发生片，反应时间 4h，取样间隔 1h，氧气流量 500L/h（臭氧浓度 57.96mg/L 气体，臭氧产量 29.5g/h）。试验结果见表 5-24。

表 5-24　臭氧-紫外线循环流处理偏二甲肼废水试验结果三（200mg/L）

反应时间/h	0	1	2	3	4	达标要求
样品编号	1#	2#	3#	4#	5#	
偏二甲肼/(mg/L)	185.24	0.26	0.19	0.14	0.05	0.5
甲醛/(mg/L)	0	27.37	16.08	3.23	0.35	2.0
亚硝酸盐氮/(mg/L)	0	0.18	0.15	0.07	0.02	0.1
COD_{Cr}/(mg/L)	395.2	149.6	79.2	44	22	150
氰化物/(mg/L)	0				0.057	0.5
悬浮物/(mg/L)	无	无	无	无	无	200
pH 值	8	6	7	5	5	6~9

（4）试验 4

实验原水 2t，氧气流量 300L/h，开 4 组臭氧发生器等离子体发生片，根据小试结果，预计反应时间 50h 以上，试验结果见表 5-25。

表 5-25　臭氧-紫外线循环流处理偏二甲肼废水试验结果四（2t 水，50mg/L）

样号	1#	2#	3#	4#	5#	6#	7#	8#	9#	达标要求
反应时间/h	0	10:40	14:12	20:06	30:00	40:25	45:00	50:00	55:00	
偏二甲肼/(mg/L)	50.7	—	—	—	—	—	—	0.102	0.054	0.5
甲醛/(mg/L)	0	8.9	13.25	17.46	15.11	5.73	2.38	0.512	0.31	2.0
亚硝酸盐氮/(mg/L)	0	—	—	—	—	—	—	0.0048	0.0012	0.1
COD_{Cr}/(mg/L)	108.2	—	—	—	—	—	—	38.4	30.72	150
氰化物/(mg/L)	0	—	—	—	—	—	—	0.013	0.012	0.5
pH 值	7.5	7	7.2	7	7	6.8	6.5	6.5	6.5	6～9

在废水净化过程中，反应塔内废水的颜色经历了无色→淡粉红色→粉红色→淡黄色→棕黄色→淡黄色→无色的变化过程，废水贮水箱液面上逸出的气味经历了无味→淡甜味→甜味→淡臭氧味→臭氧味+淡氨味→臭氧味+氨味→刺鼻怪味→臭氧味+氨味的变化过程。这些气味和颜色的变化证明了偏二甲肼废水在被降解过程中经历了中间产物的生成和被降解过程。

循环流试验中分别进行了小型实验（100L）和中型实验（2000L）。试验 1 反应时间 4h，排出液达标；试验 2 偏二甲肼与臭氧质量投加比 1∶4.1，反应时间 4h 排出液达标；试验 3 偏二甲肼与臭氧质量投加比 1∶5.2 排出液达标；试验 4 偏二甲肼与臭氧质量投加比 1∶4.7，排出液达标。因此，当偏二甲肼质量与臭氧质量的投加比达到 1∶（5～5.5）时，经过臭氧处理后的废水各项指标均能满足排放标准。循环流试验是经过多次循环实现多次投入臭氧，从而保证一定的臭氧投加比例。

5.5.4.5　臭氧-紫外线处理偏二甲肼废水连续流试验

连续流试验中采用水射器方式加入臭氧，针对不同浓度的废水，通过调整废水、臭氧气体的投加量，一次投加的气体量可以满足投加比的要求，使废水能一次达标。

（1）大反应塔连续流试验

采用大反应塔进行连续流试验，大反应塔的有效容积为 $2m^3$，反应塔内不添加其他填料，变化废水的进水量和废水的进水浓度进行了 4 组试验，监测出水中的甲醛浓度，大反应塔连续流试验结果见表 5-26。

表 5-26　大反应塔连续流处理偏二甲肼废水试验结果

废水流量/(m³/h)	偏二甲肼浓度/(mg/L)	气体量/(m³/h)	臭氧量/(g/h)	甲醛浓度/(mg/L)	投加比
0.5	61	0.5	45.1	5.47	1∶1.48
0.5	58.97	0.5	45.1	9.34	1∶1.53
0.3	50.73	0.5	45.1	4.43	1∶2.96
0.3	32.15	0.5	45.1	1.82	1∶4.68

大反应塔连续流试验结果表明：臭氧投加比为 1∶4.68 时出水甲醛可以达标。但由于受水射器混合比的影响，原废水中偏二甲肼浓度高于 30mg/L 时难以稳定达标，需要更换气体的投加方式，或者提高反应的效率。

（2）小反应塔填料连续流试验

试验过程：采用 2m³ 的水箱贮存配制好的偏二甲肼待处理废水，采用水射器将氧化气体臭氧带入废水中，一起进入装填活性炭填料的小反应塔进行反应。小反应塔高 1.5m，直径 0.4m，有效容积约 0.15m³，塔内装填活性炭填料的容积为 0.05m³。监测出水甲醛浓度，结果见表 5-27。

⊡ 表 5-27　小反应塔连续流处理偏二甲肼废水试验结果

废水流量 / (m³/h)	偏二甲肼浓度 / (mg/L)	偏二甲肼量 / (g/h)	气体量 / (m³/h)	气体浓度 / (mg/L)	臭氧量 / (g/h)	甲醛浓度 / (mg/L)	投加比
0.3	27.47	8.24	0.5	90.2	45.1	1.87	1∶5.47
0.3	27.47	8.24	0.3	113.7	34.1	2.36	1∶4.13
0.2	46.6	9.32	0.75	70.3	52.7	1.52	1∶5.65
0.2	46.6	9.32	0.5	90.2	45.1	2.07	1∶4.84
0.2	46.6	9.32	0.3	113.7	34.1	3.88	1∶3.66
0.05	135.3	6.76	0.75	70.3	52.7	0.29	1∶7.80
0.05	135.3	6.76	0.5	90.2	45.1	0.82	1∶6.67
0.05	135.5	6.76	0.3	113.7	34.1	1.94	1∶5.04

连续流试验结果表明：

① 在臭氧-光氧化塔内增加活性炭填料时，甲醛达标所需的投加比最低为 1∶5.04；

② 较高浓度 UDMH（大于 50mg/L）废水，由于水射器最大气液比 2∶1 的限制，无法达到合适的投加比，需要更换臭氧氧化性气体的投加方式如布气板、曝气头或需要采取循环处理模式。

通过实验室的静态试验、循环试验、连续流试验，结果表明：

① 采用臭氧氧化偏二甲肼废水是可行的，反应塔内增加活性炭填料作用有限。低浓度废水可以通过前置活性炭的吸附作用富集有机物，提高氧化效率。

② 氧化气体臭氧与水的混合方式，试验中采用气液混合泵或水射器形式，但水射器最大气液比 2∶1，使氧化气体溶入水中的量受到一定限制，工程中宜采用布气板或微孔曝气管形式。

③ 分析多批次试验结果可知，臭氧气体浓度对结果影响不明显，同一浓度废水样，需保证总体的臭氧投加比达到某一值时，即可保证较好的处理效果。

④ 有紫外线催化作用时，臭氧与偏二甲肼的投加比一般要大于 5，才能使废水的中间产物彻底无害化。

⑤ 波长为 253.7nm 的低压紫外汞灯可有效去除亚硝基二甲胺，紫外灯的最佳间距为 50mm 左右。

5.5.5　臭氧-紫外线催化氧化处理偏二甲肼废水工程应用

某单位采用臭氧-紫外线催化氧化工艺处理推进剂废水，其工艺流程如图 5-23 所示。

发射场所有推进剂废水采用管道收集或车辆运输等手段汇集于废水池中，废水提升泵将废水提升至机械过滤器，机械过滤器将废水中的杂质滤除后自动进入光氧化塔。臭氧发生器将产生的臭氧从光氧化塔的底部通过布气板进入氧化塔，光氧化塔分两段，底部段设置活性炭对废水中有机物进行富集，上部段内设置紫外灯管，废水经过光氧化塔处理后由反应塔顶部排出，进一步经过后续的活性炭过滤后进入观察池，检测达标后可以排放，不达标的废水由循环泵送至机械过滤器前，重新经过全流程处理直至达标排放。气体由光氧化塔顶部排出经过臭氧尾气破坏器处理后排放。

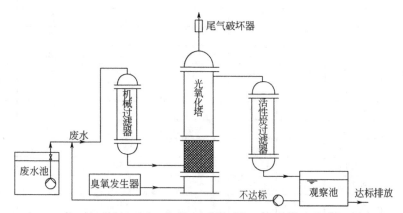

图 5-23 臭氧-紫外线催化氧化处理偏二甲肼废水工艺流程

采用臭氧紫外线+活性炭过滤联合工艺处理偏二甲肼废水浓度为 40～100mg/L 时，紫外灯的间距为 50mm、照射时间为 30min，臭氧和偏二甲肼投配比为 6∶1 时，其出水水质的偏二甲肼、甲醛、氰化物、亚硝酸盐氮、COD、pH 和亚硝基二甲胺等指标均达标，其中亚硝基二甲胺经过活性炭过滤后为 0.002mg/L，处理后的水采用生物指示剂大型溞子和鱼进行毒性试验，结果令人满意。

工艺流程中的光氧化塔可以设计为立式塔，也可以根据需要设计为三级错流反应器，反应器分三个区域，待处理废水依次经过三个反应区域，由反应器第一区域上部进入反应器，由第一区域下部的连通孔进入第二区域，再由第二区域上部连通孔进入第三区域，第一、第二区域分别设置臭氧布气板，臭氧量根据需要可以分别调控。第一区域根据需要可以设置活性炭富集有机物，也可以不设置；第二区域根据需要设置紫外灯管；第三区域设置活性炭过滤。处理后废水由第三区域排出。表 5-28 为 2018 年实际处理发射任务产生的推进剂废水结果，推进剂废水主要来自任务过程导流槽收集的废水，原始废水污染物浓度较低。

⊡ 表 5-28 某基地紫外灯-臭氧联合工艺处理推进剂废水结果 单位：mg/L（pH 除外）

时间		pH 值	甲醛	悬浮物	偏二甲肼	COD	亚硝酸盐氮
1 月 3 日	处理前	8.3	0.06	38.2	1.56	4	0.17
	处理后	8.3	0.09	23.4	0	8.5	0.05
1 月 14 日	处理前	8.7	0.4	21.8	4.65	10	1.7
	处理后	8.5	0.13	9	0	8	0.03
2 月 4 日	处理前	7.8	0	23.4	24.80	54.7	0.31
	处理后	8.2	0	5.2	0	8.2	0.01
3 月 15 日	处理前	6.7	0	23.4	18.31	42	0.26
	处理后	7.8	0	8.2	0	10	0.03

时间		pH 值	甲醛	悬浮物	偏二甲肼	COD	亚硝酸盐氮
4 月 3 日	处理前	7.6	0.43	21.8	4.78	10	0.66
	处理后	6.5	0	6.6	0	6.2	0.01
6 月 9 日	处理前	7.3	0	23.4	22.80	52	1.1
	处理后	7.8	0	15.2	0	20	0.03
6 月 28 日	处理前	8.6	0	88.2	12.30	29	0.5
	处理后	7.2	0	8.8	0	8	0.01
7 月 14 日	处理前	8.8	0	38.2	10.98	24	0.78
	处理后	7.7	0	8.8	0	10	0.01
8 月 2 日	处理前	8.6	0	48.6	22.50	60	0.45
	处理后	7.8	0	8.8	0	12	0.01
9 月 22 日	处理前	8.9	0	39.8	13.24	30	0.58
	处理后	7.6	0	9.2	0	14	0.01
12 月 12 日	处理前	8.6	0	60.6	23.40	73	1.19
	处理后	7.6	0	17.2	0	30	0.01
GJB 3485A—2011 标准		6～9	2.0	150	0.5	120	0.1

从表 5-28 可知发射任务产生的推进剂废水经过处理后可以达到《肼类燃料和硝基氧化剂污水处理与排放要求》（GJB 3485A—2011）的指标要求。

5.5.6　臭氧-紫外线催化氧化处理偏二甲肼废水排水的水生物毒性试验

总装备部工程设计研究总院开展了臭氧-紫外线催化氧化处理偏二甲肼废水排出水样对水生物的毒性试验，联合中国医学科学院卫生研究所对原水水样和处理过的水样进行水生物和养鱼试验，验证污水的毒性。

试验根据《水和废水监测分析方法》（第四版）要求，水生物试验选用大型溞，监测污水的毒性对大型溞的运动情况和死亡情况的影响。每组情况均做三组水样和一组对照试验。1#水为配制的 100mg/L 偏二甲肼原水，其 COD 为 190mg/L，甲醛为 2.8mg/L；2#水为臭氧-紫外线氧化法处理过的水，水中偏二甲肼含量低于 0.1mg/L，甲醛含量为 0.9mg/L 左右，COD 为 38mg/L；3#水为 2#水经过活性炭过滤后的水，其中偏二甲肼少于 0.1mg/L，甲醛为 0.2mg/L，COD 为 11mg/L。

水样选取 100%废水和废水与自来水按照一定体积分数混合水样，每组水样养殖 10 只大型溞，养殖不同的时间条件下重复三次试验结果见表 5-29 和表 5-30。

表 5-29　水样抑制大型溞活动百分数

养殖水含废水百分比	养殖 24h			养殖 48h			养殖 96h		
	1#	2#	3#	1#	2#	3#	1#	2#	3#
100%废水	100	100	0	100	100	10	100	100	10
56%废水	30	0	0	93.3	0	0	100	3.3	0
32%废水	0	0	0	20	0	0	100	0	0
18%废水	0	0	0	6.07	0	0	46.7	0	0

注：表内数据为三次试验平均结果。

养殖水含废水百分比	养殖24h			养殖48h			养殖96h		
	1#	2#	3#	1#	2#	3#	1#	2#	3#
100%废水	60	57.7	0	100	100	0	100	100	10
56%废水	3.3	0	0	90	0	0	100	3.3	0
32%废水	0	0	0	3.3	0	0	100	0	0
18%废水	0	0	0	0	0	0	17.7	0	0

注：表内数据为三次试验平均结果。

从表5-29和表5-30中大型溞在不同水样中养殖一定时间后的活动抑制百分数和死亡百分数试验结果可知，原水样对大型溞明显有毒性，2#水样毒性很低，3#水样基本不显毒性。因此处理后的推进剂废水不能作为养殖用水的补水。

养鱼试验条件同前，试验结果列入表5-31中。试验条件按《水和废水监测分析方法》（第四版）中鱼类毒性实验规定进行。试验鱼选取北京市场供应的同属、同种、同龄金鱼，在试验室驯养15天后进行试验。

表5-31中水样均为100%的废水，对照组用北京市自来水自然曝气3天，每组养金鱼5尾，养殖时间为5～15昼夜。

□ 表5-31 养鱼试验结果

养殖时间/昼夜	对照组		1#水样		2#水样		3#水样	
	死亡数/尾	死亡率/%	死亡数/尾	死亡率/%	死亡数/尾	死亡率/%	死亡数/尾	死亡率/%
5	0	0	1	20	0	0	0	0
6	0	0	3	60	0	0	0	0
7	0	0	5	100	0	0	0	0
10	0	0	5	100	0	0	0	0
15	0	0	5	100	0	0	0	0

试验中观察到，1#原水样养鱼试验时，前两天鱼中毒症状明显，开始运动迟缓，接着半边身体运动失去平衡，出现侧游或腹部朝上游动，最后下沉直到死亡。对照组和其他两组处理水样养鱼15天，均未见死亡。

通过大型溞和鱼类毒性试验可知，偏二甲肼废水原水对水生物有毒，经过臭氧-紫外线氧化处理后毒性变弱，进一步通过活性炭过滤，废水毒性进一步变小。表明臭氧-紫外线-活性炭联合工艺可以降解废水中的有机污染物及毒性。处理后废水不建议排入养殖自然水体。

5.5.7 臭氧-紫外线催化氧化处理单推-3废水工程应用

单推-3推进剂是无水肼、硝酸肼、水和少量氨的混合物，与单纯的无水肼相比，其冰点更低、密度大、能量略高、低温启动性能更好，因此常用于航天器末速修正和姿态调控中。以空气为气源臭氧-紫外线联合处理单推-3废水工艺流程如图5-24所示。

在某实验室进行了臭氧氧化单推-3废水的静态试验研究，试验过程：将单推-3废水25L置于氧化塔内，臭氧从氧化塔底部的布气板进入反应塔，气体流量为6L/min，开始反应后不同时间取样进行分析监测。试验用臭氧发生器产量为20g/h，气源为空气，试验时臭氧产量为16g/h（80%），试验结果见表5-32、表5-33。可以看出处理后流出液中的甲醛含量极低，由于单推-3

中无水肼、硝酸肼等分子中无碳元素，所以氧化产物中无甲醛，所以在后期试验分析中不再进行甲醛指标分析。

采用臭氧氧化单推-3废水，当废水中无水肼原始浓度为148.7mg/L时，臭氧氧化1h排出液即可达到《肼类燃料和硝基氧化剂污水处理与排放要求》（GJB 3485A—2011）的指标要求。当废水中无水肼原始浓度为540mg/L高浓度时，氧化4h后排出液指标除硝酸盐氮外均能达标。

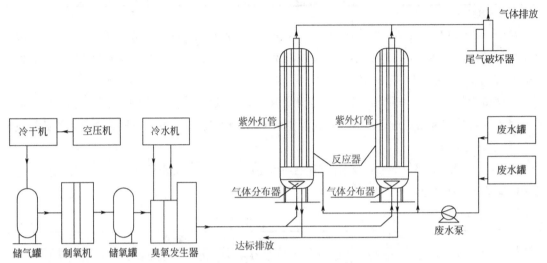

图 5-24　以空气为气源臭氧-紫外线联合处理单推-3废水工艺流程

▫ 表5-32　臭氧氧化处理低浓度单推-3废水试验结果　　　　　单位：mg/L（pH值除外）

时间	pH值	肼	甲醛	COD	氨氮	总氮	硝酸盐氮
原样	8.00	148.7	0	119	87.6	112	12.4
1h	7.00	0.00208	0.0184	0	1.34	16.3	13.9
2h	6～7	0.00171	0.0634	0	0.74	17.5	14.2
4h	6～7	0.0002	0.0645	0	0.262	16.6	15.1
6h	6～7	0.0003	0.0689	0	1.71	16.1	15.4
8h	6左右	0.0007	0	0	2.17	19.1	16.3
10h	6左右	0.0157	0	0	3	19.2	17.6
12h	6左右	0.00128	0	0	2.64	21.6	18.5
标准	6～9	0.1	2	120	25	—	30

▫ 表5-33　臭氧氧化处理高浓度单推-3废水试验结果　　　　　单位：mg/L（pH值除外）

时间	pH值	肼	COD	氨氮	总氮	硝酸盐氮	亚硝酸盐氮
原样	8	540	505.7	1198	500	60.8	0.145
1h	7	24.7	165	534	82.7	61.4	2.43
2h	6	22.5	47	108	74.9	57.1	0.499
4h	5～6	0.0079	0	8.13	75.5	59.1	0
6h	5～6	0.014	0	7.67	83.8	64.5	0
8h	5～6	0	0	6.84	71.4	41.1	0
10h	5～6	0	0	6.56	84.8	65.8	0
12h	5	0.003	0	6.50	85.9	66.9	0
标准	6～9	0.1	120	25	—	30	0.1

由化学方程式可知单推-3 的主要成分无水肼与臭氧反应的理论比值为 1 : 1.5，表 5-32 和表 5-33 中：当原水中无水肼浓度为 148.7mg/L 时，反应 1h 后主要指标均达标，此时无水肼和投加的臭氧比为 1 : 4.3；原水中无水肼浓度为 540mg/L 时，反应 4h 后主要指标均达标，此时无水肼和投加的臭氧比为 1 : 4.7。

在某现场进行了工程规模的实际废水处理，工艺流程如前所示，处理废液为每吨水中约含 4kg 单推-3 液体（化验室单推-3 取样留存的仲裁样），单推-3 密度为 1.12kg/L，质量浓度约 0.5%，处理废液所用臭氧发生器为青岛国林环保科技股份有限公司生产的 CF-G-2 空气气源发生器，臭氧产量为 2kg/h。实际处理运行中，臭氧气体浓度为 55.2mg/L，臭氧气体流量为 29.2m³（标）/h，即臭氧投加量为 1.6kg/h。工程处理过程如下：首先采用磁力驱动泵（32CQ-15，流量 6.6m³/h，扬程 15m，功率 1.1kW）将废水分别泵入两个氧化塔内，开启紫外灯和臭氧发生器系统，对氧化塔 1 进行臭氧-紫外线联合氧化降解处理，次日对氧化塔 2 进行臭氧氧化降解处理，两次处理结果如表 5-34、表 5-35 所示。在氧化塔 1 中，有紫外灯催化作用，反应 4.5h 后无水肼和氨氮达标，但 COD 不达标，此时无水肼与臭氧比值为 1 : 1.97；氧化塔 2 中，反应 5h 时无水肼与臭氧比值为 1 : 2.27，各项指标未能达标。

表 5-34　臭氧-紫外线联合工艺氧化处理高浓度单推-3 废水工程结果　　　单位：mg/L（pH 值除外）

时间	pH 值	肼	COD	氨氮	总氮	硝酸盐氮	亚硝酸盐氮
原样	9.14	4760	4284	11730	3648	345	0
0.5h	8.19	2682	3857.2	9195	381.6	346	0.46
1.0h	6.96	193.6	2602.5	3065	333.2	298	3.54
1.5h	9.16	118.4	2313.4	865.7	347	314	2.68
2.0h	9.13	43.5	2024.2	816.6	360.1	325	0.54
2.5h	9.00	16.2	1735	767.2	366.4	341	0.2
3.0h	8.78	1.34	1445.8	537.5	308.6	263	0
3.5h	7.23	0.08	1156.7	94.73	310.7	275	0
4.0h	7.21	0.02	867.5	100.9	302.5	287	0
4.5h	6.70	0	578.3	5.79	304.6	269	0
5.0h	5.20	0	289.2	6.54	301.6	286	0

表 5-35　臭氧氧化处理高浓度单推-3 废水工程结果　　　单位：mg/L（pH 值除外）

时间	pH 值	肼	COD	氨氮	总氮	硝酸盐氮	亚硝酸盐氮
原样	9.11	4568	4111	11420	3349	328	0.16
0.5h	9.12	3592	4213	11030	368	329	2.65
1.0h	9.16	2463	3746.8	10390	375.8	338	1.64
1.5h	9.18	1168	3352.4	9030	352.5	316	0.16
2.0h	9.16	433	2958	1102	355.9	318	0.04
2.5h	9.14	121.3	2563.6	1015	361.1	328	0
3.0h	9.10	76.2	2169.2	979.1	346.2	324	0
3.5h	9.02	46.1	1774.8	936.8	356.3	319	0.06
4.0h	8.90	11.9	1380.4	900.1	325	308	0
4.5h	8.67	5.44	986	64.08	376.2	341	0.04
5.0h	8.31	1.56	591.6	48.22	350.6	335	0

单推-3 废水处理过程污染物浓度变化规律说明：仅用臭氧氧化降解低浓度单推-3 废水可以使废水中各项指标达标，但用时较长。紫外灯可以催化提高反应效率，实际使用中采用臭氧-紫外线联合氧化工艺，联合工艺处理单推-3 废水时，原水中无水肼浓度不宜太高，一般不超过 2000mg/L。

工程应用表明单独使用臭氧氧化一般应保证无水肼与臭氧投加量比值大于 1：4；臭氧-紫外线催化氧化工艺中一般应保证无水肼与臭氧投加量比值大于 1：3。

5.6 湿式催化氧化法处理推进剂废水

湿式空气氧化（wet air oxidation，WAO）是从 20 世纪 50 年代发展起来的一种处理有毒、有害、高浓度有机废水的方法，其反应条件为高温（125～320℃）和高压（0.5～20MPa）或常压，以空气中氧气为氧化剂，在液相中将有机污染物氧化为二氧化碳和水等无机小分子物质的过程。湿式催化氧化技术（catalytic wet air oxidation，CWAO）是利用催化剂降低反应活化能，从而在不降低处理效果的前提下，降低反应温度和压力。高温、高压、液相是湿式氧化的必要条件，其反应进程可以分为两个阶段，前段受氧的传质控制，后段受反应动力学控制。温度升高可以提高化学反应的速率，同时增加氧气的传质速度，减小液体的黏度。压力的作用是保证氧的分压维持在一定的范围内，以确保液相中较高的氧气浓度。

5.6.1 湿式空气催化氧化处理偏二甲肼废水工艺

某实验室开展了湿式空气催化氧化法降解偏二甲肼的实验，原始偏二甲肼浓度为 10000mg/L。试验工艺流程如图 5-25 所示。图中"P1"表示压力，"L1"表示液位，"F1"表示流量。

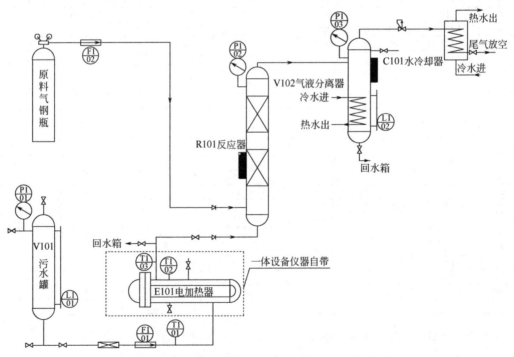

图 5-25 偏二甲肼废水湿式空气氧化处理试验工艺流程图

试验用催化剂：将 20L 偏二甲肼含量约 10000mg/L 的废水降解为无机物所需的 Pt-Ru 催化剂的理论投加量为 20g，采用 13X 分子筛作为载体，将所需的 Pt-Ru 催化剂浸渍在分子筛上，将制备好的分子筛载体催化剂填充至反应器内。

工艺由污水罐、电加热器、反应器、气液分离器、水冷却器和原料气钢瓶组成。待处理污水置于污水罐中，通过加压进入电加热器将污水加热至预定温度后进入反应器，氧化反应所需空气由原料气钢瓶提供，反应后的气液混合物经过分离后气体由分离器顶部经过冷却后排出，液体冷却后排入回水箱，检测达标后排放，不达标时循环处理，直至达标。

试验指标由 HP8453E 型紫外-可见分光光度计检测，试验过程水样依据 GJB 3485A《肼类燃料和硝基氧化剂污水处理与排放要求》中规定进行分析。

5.6.2 湿式空气催化氧化处理偏二甲肼废水影响因素

（1）正交实验及结果

根据已有的试验经验，试验压力定为 0.75MPa，选择了对处理偏二甲肼废水影响较为显著的四个因素进行正交实验：温度（A）、pH 值（B）、氧气和污水体积流量比（C）、反应时间（D）。各因素取三个水平，暂不考虑各因素之间的交互作用和混合水平，选用 $L_9(3^4)$ 正交表设计的正交实验因素水平见表 5-36。

⊡ 表 5-36　正交实验因素水平表

水平	因素			
	A 温度/℃	B pH 值	C 氧气和污水体积流量比	D 反应时间/h
1	120	7	100∶1	2
2	140	9	150∶1	3
3	160	11	200∶1	4

按照上述设计的因素表条件进行了系列实验，实验结果见表 5-37。

⊡ 表 5-37　正交实验结果

序号	A 温度/℃	B pH 值	C 氧气和污水体积流量比	D 反应时间/h	偏二甲肼去除率/%
1	120	7	100∶1	2	71.83
2	120	9	150∶1	3	85.91
3	120	11	200∶1	4	92.74
4	140	7	150∶1	4	99.90
5	140	9	200∶1	2	99.42
6	140	11	100∶1	3	99.78
7	160	7	200∶1	3	99.89
8	160	9	100∶1	4	99.87
9	160	11	150∶1	2	99.10
K_1/%	83.49	90.54	90.49	90.50	—
K_2/%	99.70	95.06	94.97	95.19	—
K_3/%	99.62	97.21	97.35	97.50	—
R_j/%	16.21	6.67	6.86	7.00	—

由表 5-37 实验结果可知,影响因素顺序为温度＞反应时间＞氧气和污水体积流量比＞pH 值,最佳配合为 $A_2B_1C_2D_3$,即采用反应温度 140℃,pH 值为 7,氧气和污水体积流量比 150∶1,反应时间 4h,可以获得较高的去除率。

（2）反应温度对去除率的影响

反应温度直接影响催化剂活性,而催化剂活性是氧化处理过程的决定性步骤,故偏二甲肼去除率必然与反应温度密切相关,实验确定了在 pH 值为 9、氧气与污水流量比为 150∶1、处理时间为 4h 的条件下,反应温度对偏二甲肼去除率的影响,如图 5-26 所示。

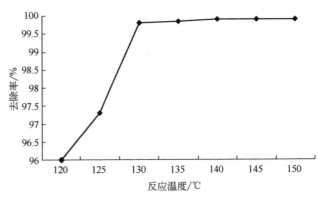

图 5-26 反应温度对偏二甲肼去除率的影响

由图 5-26 可知,随着反应温度的升高,偏二甲肼去除率迅速提高,当温度升高到 130℃以上时,去除率趋稳,温度达到 140℃时,偏二甲肼去除率达到最高,稳定在 99.90%左右。

（3）pH 值对去除率的影响

pH 值不会直接影响偏二甲肼的去除,但有文献报道在 pH 为中性的条件下,偏二甲肼会与甲醛发生反应生成甲酸而后进一步分解,并且在酸性条件下,偏二甲肼氧化生成亚硝基二甲胺的概率是碱性条件下的三倍。实验在反应温度 140℃、氧气与污水流量比 150∶1、处理时间 4h 的条件下,得到 pH 值对偏二甲肼去除率的影响,如图 5-27 所示。

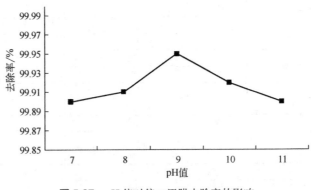

图 5-27 pH 值对偏二甲肼去除率的影响

由图 5-27 可知,随着 pH 值的升高,偏二甲肼去除率变化不明显,当 pH 值为 9 时,偏二甲肼去除率略高，不同 pH 值条件下偏二甲肼去除率基本稳定在 99.90% 左右。

（4）氧气和污水体积流量比对去除率的影响

在催化氧化过程中，氧气作为氧化剂与偏二甲肼反应，最终分解为氮气、二氧化碳和水等小分子。采用反应温度 140℃、pH 值 9、处理时间 4h 的条件，得到氧气和污水体积流量比对偏二甲肼去除率的影响，如图 5-28 所示。

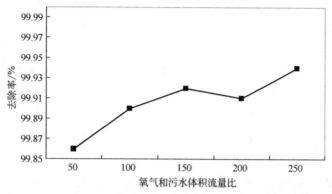

图 5-28 氧气和污水体积流量比对偏二甲肼去除率的影响

由图 5-28 可知，随着氧气和污水体积流量比的提高，偏二甲肼去除率逐渐提高，但提高幅度不明显。当氧气和污水体积流量比达到 150∶1 时，偏二甲肼去除率达到 99.92%，当氧气和污水体积流量比继续升高时，去除率的提高变缓，至 250∶1 时去除率最高可达 9.94%。氧气和污水体积流量比达到 150∶1 时，去除率基本稳定在 99.92% 左右，选择适宜的体积流量比可防止过氧化现象发生。

（5）处理时间对去除率的影响

在催化氧化过程中，偏二甲肼分子逐步分解。反应初期偏二甲肼迅速被氧化为其他叠氮化物或小分子有机产物，氧化反应的中后期主要进行的是各种副反应和深度氧化反应，在此过程中氧化程度逐渐加深，但不表现为偏二甲肼去除率的明显升高。实验在反应温度 140℃、pH 值 9、氧气和污水体积流量比 150∶1 的条件下，分别采用处理时间从 1h 到 6h 进行反应。处理时间对偏二甲肼去除率的影响如图 5-29 所示。

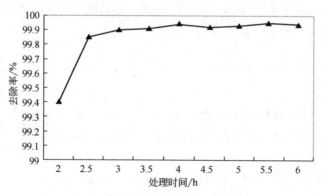

图 5-29 处理时间对偏二甲肼去除率的影响

由图 5-29 可知，随着反应时间的延长，偏二甲肼去除率迅速提高，处理时间达到 2.5h 后去除率提高幅度变缓，处理时间超过 3.0h，偏二甲肼去除率即可达到并一直维持在 99.90%以上。

（6）试验结果可靠性分析

去除率是以污水样品和处理后浓度为依据计算得到的。试验时，样品和出水采用同样的采样和分析方法，确保了数据的可比性。偏二甲肼测定采用统一方法，污水样品保留时间长，因此，对去除率的影响也趋于偏低，而不会出现畸高值。另外，在试验之前对整个试验装置预先进行了清洗。因此，处理后的出水浓度是可信的。

采用湿式空气催化氧化技术处理偏二甲肼废水，系列正交实验确定了反应的主要影响因素及影响水平，实验结果表明：反应温度为 140℃，氧气和污水体积流量比为 150∶1，pH 值为 9 时，经过 4h 的氧化降解，偏二甲肼污水（10000mg/L）中偏二甲肼去除率可达到 99.95%。

实验证明，氧气的氧化能力相对较弱，用氧气处理偏二甲肼废水不会出现过氧化现象，但效率较低，采取添加贵金属催化剂的方法，可较大程度地提高氧化效率和可控性，但是该方法存在降解速度慢、催化剂需要处理等问题。

湿式氧化反应需要在高温、高压条件下进行，所以要求反应器材料必须耐高温、高压和防腐蚀，因此一般设备投资较高。该方法一般适用于高浓度小流量的废水处理，对于低浓度大流量废水处理则不经济。

5.7 Fenton 试剂法处理推进剂废水

5.7.1 Fenton 试剂法处理废水基础理论

1894 年，法国科学家 H.J.H.Fenton 首次发现 H_2O_2 在 Fe^{2+} 催化作用下具有氧化多种有机物的能力，为此后来的研究者将亚铁盐和 H_2O_2 的组合称为 Fenton（芬顿）试剂体系。Fenton 试剂中 Fe^{2+} 起到同质催化的作用，而 H_2O_2 具有强烈的氧化能力，适用于处理难降解、高浓度、毒性有机废水。1964 年，H.R.Eisen Houser 首次使用 Fenton 试剂处理苯酚和烷基苯废水，开创了 Fenton 试剂的工业应用先例。Fenton 试剂所表现出的强氧化性主要是因为体系中 Fe^{2+} 的存在有利于 H_2O_2 分解产生出 HO·，为进一步提高该方法对有机物的去除效果，研究者以标准 Fenton 试剂为基础改变反应体系，得到了多种 Fenton 试剂变化体系。

5.7.1.1 Fenton 试剂催化氧化机理

（1）催化机理

公认的 Fenton 试剂催化机理是 Fenton 试剂能通过催化分解产生出羟基自由基（HO·），攻击需要降解的有机物分子，使其氧化为 CO_2、H_2O 等无机物质。Harber Weiss 于 1934 年提出的 Fenton 试剂反应式为：

$$Fe^{2+} + H_2O_2 + H^+ \longrightarrow Fe^{3+} + H_2O + HO \cdot \tag{5-53}$$

上述反应式被称为 Fenton 反应。

（2）Fenton 试剂的作用机理

Fenton 试剂是由 H_2O_2 与 Fe^{2+} 组成的混合体系，其强氧化能力来自体系中 H_2O_2 在 Fe^{2+} 的催化作用下产生的羟基自由基，体系的作用机理主要体现在羟基自由基 HO· 的引发、消耗和反应链的终止，机理反应式如下：

$$Fe^{2+}+H_2O_2 \longrightarrow Fe^{3+}+OH^-+HO· \tag{5-54}$$

$$Fe^{2+}+HO· \longrightarrow Fe^{3+}+OH^- \tag{5-55}$$

$$H_2O_2+HO· \longrightarrow H_2O+HO_2· \tag{5-56}$$

$$Fe^{2+}+HO_2·+H^+ \longrightarrow Fe^{3+}+H_2O_2 \tag{5-57}$$

$$Fe^{3+}+HO_2· \longrightarrow Fe^{2+}+O_2+H^+ \tag{5-58}$$

$$Fe^{3+}+H_2O_2 \longrightarrow Fe^{2+}+HO_2·+H^+ \tag{5-59}$$

（3）氧化性能

Fenton 试剂的氧化能力来自羟基自由基 HO·，HO· 及其他强氧化剂的电极电位的比较列于表 5-38 中。由表中数据可知，HO· 的氧化电极电位远高于其他氧化剂的电极电位，因此表中的各种氧化剂中，HO· 的氧化性能最强。

表 5-38 羟基自由基的标准电极电位与其他强氧化剂的比较

氧化剂	反应式	标准电极电位/V
羟基自由基 HO·	$·OH+H^++e^- \longrightarrow H_2O$	2.80
O_3	$O_3+2H^++2e^- \longrightarrow H_2O+O_2$	2.07
H_2O_2	$H_2O_2+2H^++2e^- \longrightarrow 2H_2O$	1.77
MnO_4^-	$MnO_4^-+8H^++6e^- \longrightarrow Mn^{2+}+4H_2O$	1.52
ClO_2	$ClO_2+e^- \longrightarrow ClO_2^-$	1.50
Cl_2	$Cl_2+2e^- \longrightarrow 2Cl^-$	1.36

HO· 的高氧化能力，能使许多难降解及一般化学氧化法难以氧化的有机物有效分解，HO· 具有较高的电负性或电子亲和能。HO· 降解各类有机物的途径如下：HO· 可使多元醇（乙二醇、甘油）以及淀粉、蔗糖、葡萄糖之类的碳水化合物分子结构中各处发生脱 H（原子）反应，随后发生 C=C 键的开裂，最后被完全氧化为 CO_2。对于水溶性高分子（聚乙烯醇、聚丙烯酰胺）和水溶性丙烯衍生物（丙烯腈、丙烯酸、丙烯醇、丙烯酸甲酯等），HO· 加成到 C=C 键上，使双键断裂，然后将其氧化成 CO_2。HO· 处理饱和一元醇（乙醇、异丙醇）和饱和脂肪族羧基化合物时，先将其氧化为羧基，再进一步将复杂大分子结构物质氧化分解成直碳链小分子化合物。处理染料化合物废水时，HO· 可以直接攻击发色基团，打开染料发色官能团的不饱和键，使染料氧化分解。染料色素的产生是因为其不饱和共轭体系对可见光有选择性地吸收，HO· 能优先攻击其发色基团而达到漂白的效果。

5.7.1.2 Fenton 试剂氧化剂类型

Fenton 试剂自出现以来一直受到广泛关注，研究者探索了各种 Fenton 试剂氧化剂类型，如改性-Fenton 试剂、光-Fenton 试剂、电-Fenton 试剂、配体-Fenton 试剂等。

（1）标准 Fenton 试剂

标准 Fenton 试剂是由 Fe^{2+} 和 H_2O_2 组成的混合体系，反应过程中，溶液的 pH 值、反应温度、H_2O_2 浓度和 Fe^{2+} 的浓度是影响氧化效率的主要因素。一般情况下，pH 值 3～5 为 Fenton 试剂氧化的最佳条件，溶液 pH 值会影响其中铁的形态，进而影响催化能力。降解速率随反应温度的升高而加快，但去除效率并不明显。由于体系中过量的 H_2O_2 会与 HO · 发生反应，过量的 Fe^{2+} 会与 HO · 发生反应，生成 Fe^{3+} 又可能引发反应，所以一般 Fenton 试剂反应体系中，存在较佳的 H_2O_2 和 Fe^{2+} 投加量比。

（2）改性-Fenton 试剂

利用可溶性铁以及铁的氧化矿物（如赤铁矿、针铁矿等）等 Fe（Ⅲ）盐溶液可使 H_2O_2 催化分解产生 HO ·，达到降解有机物的目的，此为改性 Fenton 试剂，体系中铁来源较为广泛，且处理效果也比较理想。使用 Fe（Ⅲ）替代 Fe（Ⅱ）与 H_2O_2 组合生产 HO · 的反应式基本为：

$$Fe^{3+} + H_2O_2 \longrightarrow \left[Fe - OOH \right]^{2+} + H^+ \tag{5-60}$$

$$\left[Fe - OOH \right]^{2+} \longrightarrow Fe^{2+} + HO_2 \cdot \tag{5-61}$$

$$Fe^{2+} + H_2O_2 \longrightarrow Fe^{3+} + OH^- + HO \cdot \tag{5-62}$$

（3）UV-Fenton 试剂

紫外线或可见光可以提高 Fenton 试剂系统的有机物降解效果，一般增加紫外线 COD 去除率可提高 10%以上。这种紫外线或可见光照下的 Fenton 试剂体系，称为光-Fenton 试剂。在光照射条件下，不仅废水中某些有机物可以直接分解，而且体系中铁羟基络合物（pH 值为 3～5 左右，Fe^{3+} 主要以 $[Fe(OH)]^{2+}$ 形式存在）较好的吸光性能使其吸光分解，产生更多的 HO ·，加强了 Fe^{3+} 的还原，Fe^{2+} 的浓度提高有利于 H_2O_2 催化分解，从而提高污染物的处理效果，反应式如下：

$$4Fe(HO)^{2+} + hv \longrightarrow 4Fe^{2+} + HO \cdot + HO_2 \cdot + H_2O \tag{5-63}$$

$$Fe^{2+} + H_2O_2 \longrightarrow Fe^{3+} + OH^- + HO \cdot \tag{5-64}$$

$$Fe^{3+} + H_2O_2 \longrightarrow \left[Fe - OOH \right]^{2+} + H^+ \tag{5-65}$$

$$\left[Fe - OOH \right]^{2+} \longrightarrow Fe^{2+} + HO_2 \cdot \tag{5-66}$$

（4）络合-Fenton 试剂

在 Fenton 试剂中引入某些络合配体（如草酸、EDTA 等），或铁的某种螯合体[如 $K_3Fe(C_2O_4)_3 \cdot 3H_2O$]，影响并控制溶液中铁的形态分布，从而改善反应机制，增加对有机物的去除效果，此种体系称为络合配体-Fenton 试剂。研究人员用 Fenton 试剂处理敌草隆农药废水时，引入草酸作为配体，可形成稳定的草酸铁络合物{$[Fe(C_2O_4)]^+$、$[Fe(C_2O_4)_2]^-$ 或 $[Fe(C_2O_4)_3]^{3-}$}，草酸铁络合物的吸光度波长范围宽，是光化学性很高的物质，在光照条件下会发生下述反应（以 $[Fe(C_2O_4)_3]^{3-}$ 为例）：

$$\left[Fe(C_2O_4)_3 \right]^{3-} + hv \longrightarrow Fe^{2+} + 2C_2O_4^{2-} + C_2O_4^- \cdot \tag{5-67}$$

$$\left[Fe(C_2O_4)_3 \right]^{3-} + C_2O_4^- \cdot \longrightarrow Fe^{2+} + 3C_2O_4^{2-} + 2CO_2 \tag{5-68}$$

$$C_2O_4^- \cdot + O_2 \longrightarrow O_2^- \cdot + 2CO_2 \tag{5-69}$$

$$O_2^- \cdot + Fe^{2+} + 2H^+ \longrightarrow Fe^{3+} + H_2O_2 \qquad (5\text{-}70)$$

因此随着草酸浓度的增加，农药成分敌草隆的降解速度加快，直到草酸浓度增加到与 Fe^{3+} 浓度形成平衡时，敌草隆的降解速度最大。

（5）电-Fenton 试剂

通过电解反应生成 H_2O_2，和溶液中 Fe^{2+} 形成 Fenton 试剂体系，将待处理废水引入电解槽使其发生电化学反应，改善了反应机制，提高了体系的处理效果，此种方式称为电-Fenton 试剂法。

以石墨作为电极电解酸性 Fe^{3+} 溶液，处理含萘、蒽醌-磺酸生产废水时，O_2 在阴极表面发生电化学作用生成 H_2O_2，再与 Fe^{2+} 发生催化反应产生 $HO \cdot$，其反应式如下：

$$O_2 + 2H_2O + e^- \longrightarrow 2H_2O_2 \qquad (5\text{-}71)$$

$$Fe^{2+} + H_2O_2 \longrightarrow Fe^{3+} + OH^- + HO \cdot \qquad (5\text{-}72)$$

5.7.1.3　影响 Fenton 反应的因素

$HO \cdot$ 是 Fenton 试剂氧化有机物的有效成分，而 $[Fe^{2+}]$、$[H_2O_2]$、$[OH]$ 决定了 $HO \cdot$ 的产量，因此，影响 Fenton 试剂处理难降解有机物效果的因素包括 pH 值、H_2O_2 投加量（H_2O_2 与 Fe^{2+} 投加比）及投加方式、催化剂种类及投加量、反应时间和反应温度等。

pH 值：溶液的酸碱度对 Fenton 系统会产生较大的影响，pH 值过高或过低都不利于 $HO \cdot$ 的产生。当 pH 值过高时会抑制 $HO \cdot$ 生成，使其浓度减少；当 pH 值过低时，由反应式可知 Fe^{3+} 很难被还原为 Fe^{2+}，溶液中 Fe^{2+} 的供给不足，也不利于 $HO \cdot$ 的产生。一般认为 Fenton 反应系统的最佳 pH 值范围为 3~5，该范围与有机物种类关系不大。

H_2O_2 与 Fe^{2+} 投加比：二者的投加比对 $HO \cdot$ 的产生量影响较大。当 H_2O_2 与 Fe^{2+} 投加比较低时，$HO \cdot$ 产生的数量相对较少，同时，H_2O_2 又是 $HO \cdot$ 的捕捉剂，H_2O_2 投加量过高会使最初产生的 $HO \cdot$ 减少。另外，若 Fe^{2+} 的投加量过高，则在高催化剂浓度下，反应开始从 H_2O_2 中迅速地产生大量的活性 $HO \cdot$。来不及同基质反应的 $HO \cdot$ 彼此相互反应又生成水，致使一部分最初产生的 $HO \cdot$ 被消耗掉，所以 Fe^{2+} 投加量过高也不利于 $HO \cdot$ 的产生。而且 Fe^{2+} 投加量过高也会使水的色度增加。因此在实际应用中，严格控制 H_2O_2 与 Fe^{2+} 投加比，不同有机物最佳的 H_2O_2 与 Fe^{2+} 投加比不同，需要通过试验研究确定。

H_2O_2 投加方式：保持 H_2O_2 总投加量不变，分批均匀投加 H_2O_2 可提高有机物的降解效果。其主要原因是分批投加 H_2O_2 可保持反应进程中 $[H_2O_2]/[Fe^{2+}]$ 处于相对较低水平，即催化剂浓度相对较高，确保 $HO \cdot$ 产率较大，提高了 H_2O_2 利用率，进而提高了总的氧化效果。

催化剂及投加量：Fe^{2+}（Fe^{3+}、铁粉、铁屑）、$Fe^{2+}/TiO_2/Cu^{2+}/Mn^{2+}/Ag^+$、活性炭等均可作为 H_2O_2 的催化剂，$FeSO_4 \cdot 7H_2O$ 是常用的一种催化剂，不同催化剂及投加量对 H_2O_2 降解有机物的氧化效果不同。一般情况下，随着催化剂用量的增加，废水 COD 的去除率呈现先增大后下降的趋势，主要原因是：在 Fe^{2+} 浓度较低时，Fe^{2+} 的浓度增加，单位 H_2O_2 产生的 $HO \cdot$ 增加，所产生的 $HO \cdot$ 全部参加了与有机物的反应；当 Fe^{2+} 的浓度过高时，部分 H_2O_2 发生无效分解，释放出 O_2。有时不同催化剂同时使用时能产生良好的协同催化作用，因此，针对不同的待处理有机物应通过试验选定最佳的催化剂和最佳的催化剂投加量。

反应时间：Fenton 试剂处理有机废水的显著特点是反应速率快，通常反应开始阶段，COD 的去除率随时间延长而增大，反应一定时间后，COD 的去除率接近最大值，而后基本维持稳定。HO·的产生速率以及 HO·与有机物的反应速率的大小决定了 Fenton 试剂处理有机废水所需的时间，不同的反应体系，所需的最佳反应时间不同。

反应温度：温度会影响反应物的活性，从而影响反应效率。温度升高 HO·的活性增大，可提高废水 COD 的去除率；而温度过高又会使 H_2O_2 分解，不利于 HO·的生成，进而会降低废水 COD 的去除率。每一种反应体系都存在最佳的反应温度范围。

5.7.2 Fenton 试剂法处理偏二甲肼废水

5.7.2.1 Fenton 试剂处理偏二甲肼废水机理

在 H_2O_2 与 Fe^{2+} 组成的 Fenton 试剂混合体系中，氧化剂 H_2O_2 在 Fe^{2+} 催化作用下产生具有较高氧化电位的高活性 HO·，HO·与偏二甲肼发生自由基反应，其反应机理为：

$$Fe^{2+}+H_2O_2 \longrightarrow Fe^{3+}+OH^-+HO· \qquad (5-73)$$

$$Fe^{3+}+H_2O_2 \longrightarrow [Fe-OOH]^{2+}+H^+ \qquad (5-74)$$

$$[Fe-OOH]^{2+} \longrightarrow Fe^{2+}+HO_2· \qquad (5-75)$$

$$HO_2·+HO_2· \longrightarrow H_2O_2+O_2 \qquad (5-76)$$

$$(CH_3)_2NNH_2+HO· \longrightarrow H_2O+(CH_3)_2N\overset{·}{N}H \qquad (5-77)$$

上述氧化反应的速率常数可达到 $10^6 \sim 10^{10}L/(mol·s)$。

5.7.2.2 Fenton 试剂处理偏二甲肼废水研究

以偏二甲肼的降解率作为研究指标，采用正交实验法，研究 Fenton 法处理高浓度 UDMH 废水的影响因素及影响程度，结果表明对 UDMH 降解率影响的显著水平依次为：初始 pH 值、H_2O_2 与 Fe^{2+} 投加比、反应时间、反应温度。其最佳工艺条件为：初始 pH 值为 3，H_2O_2 与 Fe^{2+} 投加比 10:1，反应温度控制在 40℃，反应时间为 120min，H_2O_2 投加量为理论投加量的 1.5 倍。此时，UDMH 的降解率高于 98%，COD 去除率高于 96%。

以 COD 的去除率作为降解指标，以硫酸亚铁/过氧化氢芬顿试剂处理偏二甲肼废水，研究不同 pH 条件下偏二甲肼、偏腙、二甲胺的分解效果，结果表明：在 pH 值为 3 时，处理效果最好，此时偏二甲肼、偏腙、二甲胺的 COD 去除率分别为 91.6%、80%、88%。

采用传统 Fenton 试剂法处理 UDMH 废水去除效果较好，存在的主要问题是：

① H_2O_2 用量大，且利用率低；

② 催化剂 Fe（Ⅱ）在反应中生成絮凝物 $Fe(OH)_2$ 和 $Fe(OH)_3$，虽能沉淀出少量 UDMH，但会造成催化剂的损失；

③ 反应受 pH 影响很大，UDMH 的弱碱性溶液需要大量酸调节 pH。

针对传统 Fenton 法的缺陷，研究了 UV-Fenton 法、微波-Fenton 法及其协同效应的工艺处理偏二甲肼废水的效果。

5.7.2.3 UV-Fenton 试剂处理偏二甲肼废水研究

UV-Fenton 法是将紫外线和 Fenton 试剂联合使用，使其发生协同作用，目的是产生更多的·OH，其反应如下所示：

$$4Fe(HO)^{2+} \xrightarrow{hv} 4Fe^{2+}+HO\cdot+HO_2\cdot+H_2O \qquad \lambda<580nm \qquad (5-78)$$

$$H_2O_2 \xrightarrow{hv} 2HO\cdot \qquad \lambda<310nm \qquad (5-79)$$

贾瑛等以偏二甲肼去除率和 COD 去除率为目标，研究了 UV-Fenton 法对偏二甲肼废水的氧化处理效果，正交实验评估了各种影响因素，各因素的影响显著水平依次为：H_2O_2 用量、初始 pH 值、Fe^{2+} 用量、反应时间。H_2O_2 投加量为理论投加量的 1.5 倍，初始 pH 值为 3.5，H_2O_2 与 Fe^{2+} 投加比为 10:1，反应时间为 45min 的条件下，处理 400mg/L 偏二甲肼废水效果最好，此时偏二甲肼去除率高于 99%，COD 去除率高于 95.8%。

UV-Fenton 体系降解 UDMH 的速度很快，在 5min 内即可去除 70% 的 UDMH，初步考察其反应动力学，表明 COD 降解速率遵循一级反应动力学方程。

5.7.2.4 微波-Fenton 试剂处理偏二甲肼废水研究

微波是指频率为 300MHz～3000GHz 的电磁波，微波具有穿透、反射、吸收特性，水溶液吸收微波后会引起自身发热，因此微波可以对溶液中有机物分子加热，降低其氧化反应活化能。同时，微波引起溶液温度升高，可以促进 H_2O_2 分解成·OH。因此，微波与 Fenton 法联合使用，可以加快氧化反应速率，提高 H_2O_2 利用率，降低氧化剂成本，强化偏二甲肼废水处理效果，但此法能耗大，能量利用率低。以 COD 去除率为评价指标，张淑娟等研究微波-Fenton 法处理 UDMH 废水的效果，评估了各因素对 400mg/L 偏二甲肼废水氧化处理的影响程度，结果表明：增大微波功率可提高氧化反应速率，但对反应平衡影响不大；pH 值在 2～8 范围内均有较好的处理效果；H_2O_2 与 Fe^{2+} 投加比 10:1。

对比了微波-Fenton 法处理效果与微波-H_2O_2、水浴-H_2O_2、水浴-Fenton 试剂 3 种氧化法的处理效果。结果表明，微波-Fenton 深度氧化工艺在反应 15min 后其 COD 去除率已达到 80% 以上，远高于其他 3 种方法的处理效果。微波增强了 Fenton 试剂法的 H_2O_2 氧化效率，弥补了碱性条件下 H_2O_2 发生分解的不足。

5.7.2.5 非均相催化 Fenton 试剂处理偏二甲肼废水研究

非均相催化反应是指反应物与催化剂不完全处于同一相内的反应。将 Fenton 试剂中的 Fe(Ⅱ) 催化剂进行改性处理，或添加其他物质制备成颗粒状或粉末状催化剂，投入反应体系进行催化反应。一方面可以抑制催化剂的絮凝，减少催化剂损失；另一方面避免了·OH 和 Fe^{2+} 反应而损耗，有更多的·OH 与有机物反应。O.A.Makhotkina 等采用水热合成法制备了 FeZSM-5 催化剂，在 25 ℃条件下，以 FeZSM-5 为催化剂采用 Fenton 试剂法氧化降解浓度为 10mmol/L 的偏二甲肼废水，研究了反应速率和矿化度随氧化剂浓度的变化关系，对比了以 FeZSM-5 悬浮液为催化剂的非均相催化氧化和以 $Fe(NO_3)_3$ 为催化剂的均相催化氧化两种不同的 Fenton 反应处理偏二甲肼废水的效果。结果表明，两种体系中氧化反应过程中均仅有硝基甲烷、甲酸、乙酸生成，在不同氧化剂 H_2O_2

浓度下，非均相催化氧化 Fenton 工艺的反应速率和矿化度均高于均相体系，氧化反应 2h 后，非均相体系中偏二甲肼降解率可达 100%，矿化度可达 93%，均高于均相催化体系的降解率和矿化度，这是因为非均相体系催化剂具有吸附作用，反应物浓度高，氧化剂利用率高。此外，还研究了 pH 对非均相体系催化氧化的影响，结果表明，酸性或中性条件下 H_2O_2 发生自由基分解，偏二甲肼和 ·OH 快速反应，而在碱性条件下，H_2O_2 发生非自由基分解，偏二甲肼与分解出的 O_2 反应，反应速率和矿化度均低于酸性或中性条件下的反应。

5.7.2.6 变异 Fenton 试剂处理偏二甲肼废水研究

在 Fenton 试剂反应体系中，需要消耗大量 H_2O_2，H_2O_2 的作用是生成了大量的有效 ·OH，为了减少氧化剂用量，可采用其他生成 ·OH 的工艺来取代 H_2O_2。

可以采用水力空化的方法产生 ·OH，将其用于污水处理中。水中的压力低于该温度下的饱和蒸汽压力，水就会变成气体，在水中形成许多微小的气泡，这种现象叫作水的空化现象。在空泡溃灭时刻产生机械效应、声效应、光效应及化学效应。

通常人们将水力空化与其他高级氧化法联合使用以产生协同效应。Mahmood Torabi Angaji 等探讨了水力空化诱导 Fenton 法对偏二甲肼废水的处理效果，研究了在有无催化剂、不同的偏二甲肼浓度、不同的入口压力和下游压力、不同 pH 条件下偏二甲肼的降解率。结果表明，有催化剂的降解率为 71%，是没有催化剂时的两倍。最优反应条件为初始 pH 值为 3，初始偏二甲肼浓度为 5mg/L，入口压力为 6.6bar（$1bar=10^5Pa$），下游压力为 3bar，反应经 120min 后，偏二甲肼降解率为 98.6%。

水力空化的优点是不需外加氧化剂 H_2O_2，空化过程中本身产生局部高温高压，高温有利于降低反应活化能，反应过程不会产生有毒产物，只有甲酸、乙酸、硝基甲烷，且降解率高。缺点是能耗较高、设备较为复杂，仅能处理低浓度废水。因此该技术尚处于研究阶段。

针对均相反应体系和非均相反应体系及各种变异的 Fenton 试剂法处理偏二甲肼废水的研究较多，每一种方法都有一定的局限性。由于 Fenton 试剂法需要外加双氧水或通过其他方法生成大量的有效 ·OH，工艺相对复杂，且该方法氧化效率有局限，不能完全实现废水的无害化，因此限制了该工艺的实际应用。

此外，笔者对比研究了相同实验条件下 UV、H_2O_2、UV-H_2O_2、Fenton、UV-Fenton 五种氧化工艺处理偏二甲肼废水，结果表明 UV-H_2O_2 的氧化降解效果最好。与传统 Fenton 过程相比，UV-Fenton 氧化过程速率更快，Fe(Ⅱ) 和 H_2O_2 的利用效率更高，在一定程度上节省了 H_2O_2 用量，降低了氧化剂成本，但也增加了工艺的复杂性，提高了设备成本。

5.8 H_2O_2/UV/O_3 联合氧化法处理推进剂废水

紫外线-臭氧（UV-O_3）联合技术处理偏二甲肼废水，可以实现废水的无害化，并可提高处理速度。过氧化氢与紫外线和臭氧均有协同作用，添加了过氧化氢的紫外-臭氧氧化体系可以明显提高有机物的降解效率，为此徐泽龙等开展了过氧化氢增强紫外-臭氧处理偏二甲肼废水的技术研究。

5.8.1 工艺流程

H_2O_2/UV/O_3联合氧化法工艺流程如图 5-30 所示。

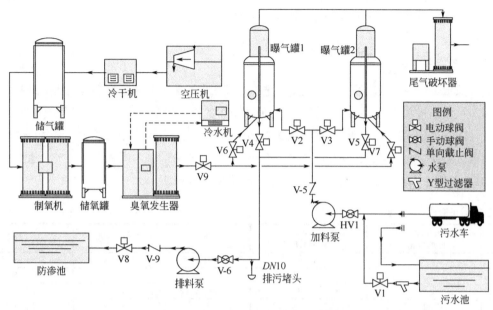

图 5-30 H_2O_2/UV/O_3联合氧化法工艺流程

工艺由废水池（废水车）、加料泵、曝气罐、尾气破坏器、臭氧发生器、排料泵等组成。

待处理废水置于废水池或废水车中，由加料泵泵入曝气罐，臭氧发生器将臭氧送入曝气罐，反应后的臭氧尾气经过臭氧破坏器处理后达标排放，处理后的液体由排料泵排出系统。

臭氧由空气生产，其工艺系统为：空气→空压机→过滤器→冷干机→储气罐→制氧机→过滤器→电动球阀→臭氧发生器。臭氧发生器产量为 20g/h，出口浓度 100～120mg/L。

曝气罐，共 2 台：由 316L 不锈钢制成，单个曝气罐容量 1.4m³ 左右，罐体分三节，上节直径 500mm，主要用于气液分离，中下节直径 900mm，为反应区，同时上下节的直径差异是为了方便紫外灯管的安装和维护。三节使用法兰连接，采用聚四氟乙烯密封。曝气罐底部均布 15 个直径为 150mm 的曝气盘。在罐中加装 6 根紫外灯管，安装时，将套管由上至下插入罐体，通过套管螺纹固定，用四氟件将套管底部固定在罐体上。紫外灯管：真空紫外（VUV）灯管（HANOVIA，功率 120W，波长 185nm 紫外线 95%以上，紫外线强度 375μW/cm²）；UV-C 波段（波长为 200～280nm 的紫外线称为 UV-C 区）紫外灯管（HANOVIA，功率 120W，波长 254nm 紫外线 95%以上，紫外线强度 375μW/cm²）。

试验过程分两种模式：

① 无 H_2O_2 预处理段。开机准备，先将臭氧发生器管路预吹、预热，将偏二甲肼废水加入曝气罐中；开启空压机及相应氧气设备、阀门，开启臭氧发生器，将臭氧发生器的功率调节至额定工作功率；进入废水处理阶段，根据预设的控制逻辑控制，在规定时间内开启相应的阀门、泵，进行废水处理；废水处理结束后进入停机阶段，调小臭氧发生器功率，关闭相应的阀门、泵，对

管路进行吹扫等。

② H_2O_2 预处理段。将待处理的偏二甲肼废水倒入不锈钢反应器中，加入一定量的过氧化氢，再使用饱和氢氧化钠溶液调节体系 pH 值至 9.0，通入一定流量的氧气，对混合溶液鼓气搅拌 24h。H_2O_2 增强段预处理结束后开启臭氧发生器和紫外灯管，进入正常处理程序。

5.8.2 影响因素正交试验

试验原水偏二甲肼浓度约 10000mg/L，选择对偏二甲肼废水处理影响显著的四个因素进行了正交试验：臭氧投加速率（A）、过氧化氢与偏二甲肼的物质的量比（B）、紫外线类型（C）、反应时间（D）。各因素取三个水平，暂不考虑各因素之间的交互作用。在实验中，废水与过氧化氢混合后鼓气处理 24h，偏二甲肼去除率均大于 95%，无法充分表征各因素水平对实验的影响，故用 COD 去除率对实验结果进行表征，正交试验结果见表 5-39。

▣ 表 5-39　正交试验结果表

序号	臭氧投加速率/[mg/(L·min)]	过氧化氢与偏二甲肼物质的量比	紫外线类型	反应时间/h	COD 去除率/%
1	5.35	5∶1	VUV	0.5	54.23
2	5.35	10∶1	UV-C	1.0	51.35
3	5.35	15∶1	VUV+UV-C	1.5	67.80
4	12.5	5∶1	UV-C	1.5	64.72
5	12.5	10∶1	VUV+UV-C	0.5	65.17
6	12.5	15∶1	VUV	1.0	72.71
7	19.6	5∶1	VUV+UV-C	1.0	99.00
8	19.6	10∶1	VUV	1.5	98.14
9	19.6	15∶1	UV-C	0.5	56.66
K_{1j}	57.79	72.65	75.03	58.69	—
K_{2j}	67.53	71.55	57.58	74.35	—
K_{3j}	84.60	65.72	77.32	76.89	—
R_j	26.81	6.93	21.74	18.20	—

从表 5-39 中数据可以看出，在相同的偏二甲肼浓度下，一级反应速率常数随臭氧投加速率线性增大，臭氧投加速率为氧化反应最显著的影响因素，其次是紫外线类型、反应时间和物质的量比。正交试验的最佳配合应为 $A_3B_1C_3D_3$，即采用臭氧投加速率 19.6mg/(L·min)，过氧化氢与偏二甲肼物质的量比 5∶1，紫外线类型为 VUV+UV-C，反应时间为 1.5h，可以获得较高的去除率。在该条件下体系中的偏二甲肼去除率可达 99.99%，COD 去除率可达 99.00%。

5.8.3 不同工艺组合优化

设计了 O_3、$UV-O_3$、$UV-H_2O_2$、$H_2O_2-UV-O_3$ 四种不同工艺组合体系分别对偏二甲肼污水进行了氧化实验比较。

处理条件：试验原水偏二甲肼浓度约 10000mg/L，臭氧投加速率 19.6mg/(L·min)；反应体系中有过氧化氢的，过氧化氢与偏二甲肼的物质的量比为 5∶1；反应体系中有紫外线的，使用功率为 120W 的一根真空紫外灯管和一根 UV-C 波段的紫外灯管；反应体积为 20L，在 0min、5min、15min、

30min、45min、60min、90min 时对系统进行取样。选择偏二甲肼和 COD 的去除率作为检测指标。四种体系对污水中偏二甲肼的去除率如图 5-31、图 5-32 所示。

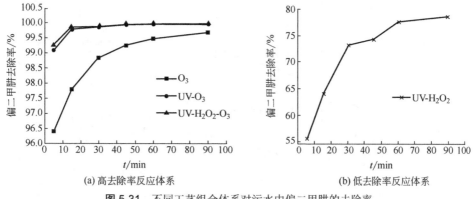

(a) 高去除率反应体系

(b) 低去除率反应体系

图 5-31 不同工艺组合体系对污水中偏二甲肼的去除率

由图 5-31 和图 5-32 可知，单独的 O_3 体系和 UV-H_2O_2 体系对偏二甲肼的去除率相对较低，反应进行到 90min 时达到 99.69% 和 78.62%。当臭氧和紫外线结合之后，偏二甲肼的去除率提高，90min 时达到了 99.97%。引入过氧化氢之后的 UV-O_3 体系在 45min 内偏二甲肼的去除率达到了 99.96%，在 90min 时达到 99.99%。结果表明，在四种体系中，UV-O_3 体系和 H_2O_2-UV-O_3 体系对偏二甲肼的去除效果较好。

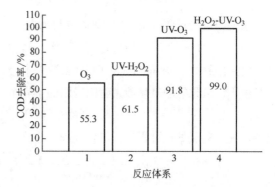

图 5-32 不同工艺组合体系反应 60min 时废水 COD 去除率

对比 60min 时四种体系中 COD 的去除效果可知，UV-O_3 体系和 H_2O_2-UV-O_3 体系对 COD 的去除效果要远高于单独的 O_3 体系和 UV-H_2O_2 体系。在 H_2O_2-UV-O_3 体系中，不仅存在过氧化氢和紫外线的协同作用，还存在臭氧和紫外线的协同作用。在紫外线照射作用下，过氧化氢会分解出大量的羟基自由基（HO·），偏二甲肼分子和臭氧分子也会分解产生大量的活化分子和游离基，成为引发剂，加速反应。所以该反应体系会大大提高体系中偏二甲肼和 COD 的去除率。

5.8.4 H₂O₂ 预处理的影响

5.8.4.1 预处理时间的影响

使用不同浓度的偏二甲肼废水进行试验，设置进水 C（偏二甲肼）=1500～5000mg/L，在（30.0±4.6）℃，pH=9.0±0.8 的条件下进行处理，处理过程中的偏二甲肼去除率变化规律相同，试验结果如图 5-33 所示。在预处理过程中，当反应开始 480min 后，去除率开始快速上升，预处理过程进行到 1200min 时，偏二甲肼的去除率可达 96.1% 以上，预处理结束时，偏二甲肼的去除率已经达到 98.31%。在臭氧分解过程中，偏二甲肼的去除率上升了 1.68% 左右。

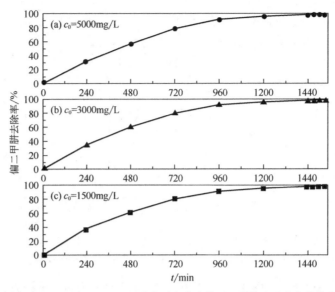

图 5-33 H_2O_2 预处理不同反应体系废水中偏二甲肼的去除率变化趋势

预处理试验过程中 COD 的去除结果如图 5-34 所示。与偏二甲肼的降解规律不同的是，处理过程中的 COD 去除率变化曲线为先缓慢上升，再迅速升高，最后又趋于平缓。在预处理过程中，从反应开始到处理 480min 后，COD 去除率上升比较缓慢，因为此时的偏二甲肼虽然降解迅速，但是由于过氧化氢的氧化能力有限导致的不完全氧化影响了 COD 的降低。而后，在预处理 480min 到 1440min 的过程中 COD 去除率的增长经历了一个由快到慢的过程，最后剩余的无法降解的有机物，进入臭氧处理过程进行氧化处理，最终 COD 去除率可达到 98.62% 以上。

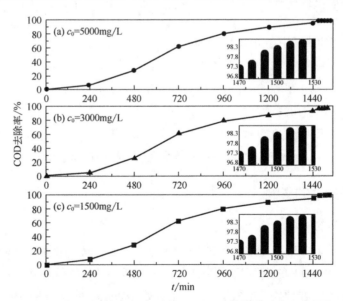

图 5-34 H_2O_2 预处理不同反应体系废水中 COD 的去除率变化趋势

5.8.4.2 预处理阶段 H_2O_2 剂量的影响

使用偏二甲肼浓度约为 5000mg/L 的废水进行试验，该溶液的 UDMH 理论需氧量为

1.17mol/L，换算为 H_2O_2 为 39.63g/L，即需要 30%（质量分数）双氧水的量为 132.6g/L，当预处理时间为 6h 时，双氧水消耗剂量对 UDMH、COD 去除率的影响如图 5-35 所示。

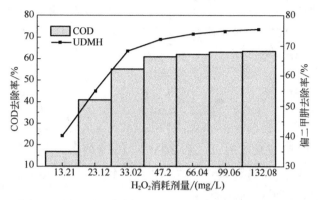

图 5-35 双氧水消耗剂量对 COD 和 UDMH 去除率的影响

由图 5-35 可知，当双氧水溶液加入剂量为 47.2g/L 时，UDMH 去除率可达 76.5%，COD 去除率可达 63.4%。随着双氧水溶液剂量的进一步增大，UDMH 和 COD 的去除率也会继续增大，但后续去除率增大的幅度很小，所以在后续的试验研究中，针对偏二甲肼浓度约为 5000mg/L 的废水，采用双氧水溶液预处理时，其投加剂量为 47.2g/L，预处理时间为 6h。

5.8.4.3 预处理曝气速率和时间的影响

采用双氧水溶液预处理 UDMH 废水时向混合体系中加入空气，其目的主要是起搅拌作用。液膜中氧气的传质是控制步骤，气体速度增加，液膜传质系数随之增大，从而可以提高混合效果。空气加入体系的速率为 0～3.0m³/min、预处理时间为 0～1440min（24h），两个因素对 UDMH 去除效果的影响如图 5-36 所示。

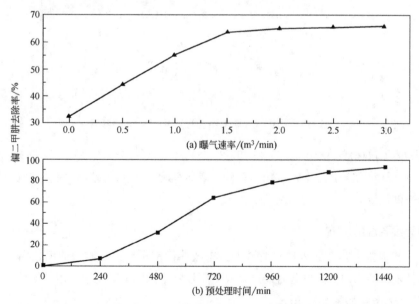

图 5-36 曝气速率（a）和预处理时间（b）对 UDMH 去除效果的影响

从图 5-36 中可以看出双氧水溶液预处理阶段随着时间和空气加入速率（曝气速率）的增加，UDMH 的去除率增大，当空气加入速率增大到 1.5m³/min 后，再继续增大速率，去除率增大的效果不明显，预处理时间大于 720min 后，延长预处理时间，效果有限，因此针对偏二甲肼浓度约为 5000mg/L 的废水，选择的预处理参数为：双氧水溶液投加剂量为 47.2g/L，预处理时间为 12h，空气加入速率为 1.5m³/min。

5.8.5 紫外灯的影响

将 TiO_2（40～60 目）涂覆在 Al_2O_3 或活性炭上制成光催化剂，试验比较了加入光催化剂和无光催化剂的效果，结果表明催化剂的加入对 UDMH 及其中间产物的降解有一定的效果，但效果有限，考虑到实际处理中催化剂的制备复杂及其二次污染物的处理，试验和实际设计中仅加入紫外线进行催化，不再加入 TiO_2 光催化剂。

5.8.5.1 紫外线种类的影响

根据实践经验，不同的 UV 波长及其组合方式会直接影响到臭氧和双氧水氧化体系的降解效果，采用 185nm 和 254nm 的 UV 进行了不同组合的试验，试验条件同前，体系反应 60min 的 COD 降解效果如图 5-37 所示。

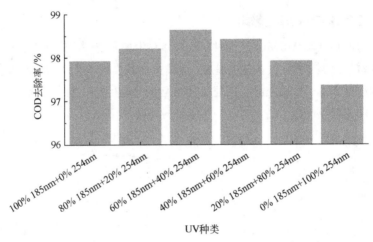

图 5-37 不同 UV 波长组合对 COD 去除率的影响

由图 5-37 可知 60% 的 185nm 波长和 40% 的 254nm 波长组合效果最好，COD 去除率最高，全部为 185nm 波长或全部为 254nm 波长的紫外效果均有所下降，因此实际设计中宜择据二者的优化组合进行光催化反应。

5.8.5.2 紫外线强度的影响

紫外线的辐射强度是在紫外线灯管表面正中线的特定距离处，测得的单位面积上的辐射强度，为了维持辐射的均匀性，试验时通过调控电压设置不同的 UV 辐射强度。不同紫外辐射强度对 COD 去除率的影响如图 5-38 所示。

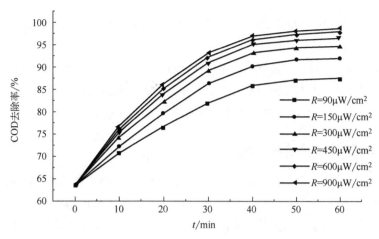

图 5-38 不同 UV 辐射强度（R）对 COD 去除率的影响

图 5-38 中 COD 的去除率随辐射强度 R 的增大而提高，当 R 为 $900\mu W/cm^2$ 时，UDMH 废水经过 60min 处理后 COD 去除率可达 98.62%。氧化体系中氧化剂 O_3 和 H_2O_2 在 UV 的诱导下产生·OH，UV 辐射强度越大，产生的·OH 越多，越有利于反应进行。所以有必要维持一定的 UV 辐射强度。

5.8.6　臭氧投加剂量的影响

根据亨利定律，臭氧气体在液体混合体系中的传质系数主要与亨利常数、温度、气体进入系统的流速、气泡大小、上升速度、表面张力等物性有关。当温度和亨利常数一定时，对于一个固定的氧化体系，臭氧的浓度直接影响其中 COD 的去除效果。在臭氧-H_2O_2-紫外线氧化体系中不同臭氧剂量对废水中 COD 去除率的影响如图 5-39 所示。

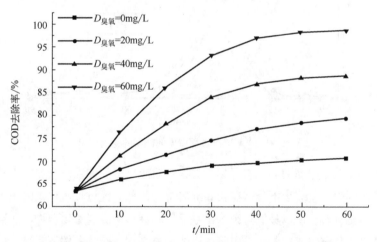

图 5-39 混合体系中不同臭氧剂量（$D_{臭氧}$）对 COD 去除率的影响

显然，臭氧投加剂量越高，在相同时间内，COD 去除率越高，混合体系中 UDMH 及其中间产物的降解主要依赖于·OH，紫外线照射下，臭氧与水反应可以生成 H_2O_2，H_2O_2 吸收紫外线后产生·OH，臭氧也可以与 H_2O_2 或水反应生成·OH，所以臭氧投加剂量越高，·OH 浓度越高，自然会使 COD 去除率增大。

由理论反应方程式计算可知臭氧的投加量（液相中臭氧的浓度）应为废水中偏二甲肼浓度的 2 倍以上，实际工程中，因为各种因素的影响，如臭氧气体溶解度、气泡大小等影响，一般设计至少是偏二甲肼浓度的 4～6 倍，方可使废水污染物无害化达标排放。

5.8.7　氧化中间产物的降解效果及分析

在 H_2O_2-UV-O_3 体系中，存在过氧化氢和紫外线的协同作用及臭氧和紫外线的协同作用，在紫外线照射作用下，过氧化氢会分解出大量的羟基自由基（·OH），偏二甲肼分子和臭氧分子也会分解产生大量的活化分子和游离基，成为引发剂，加速反应。所以该反应体系会大大提高体系中偏二甲肼和 COD 的去除率，研究表明过氧化氢、臭氧和紫外线的结合显著提高了体系的氧化能力。

偏二甲肼废水降解过程中产生的中间产物很多，其中以甲醛（HCHO）、偏腙（FDH）、四甲基四氮烯（TMT）和亚硝基二甲胺（NDMA）的毒性大且难以降解。因此，在进水 C（偏二甲肼）= 5000mg/L，温度（30.0±4.6）℃，pH=9.0±0.8 的条件下进行处理，研究臭氧处理过程中各中间产物的变化规律，以各物质的相对峰面积计，结果如图 5-40 所示。

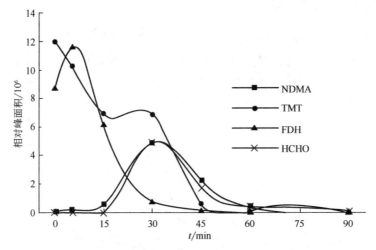

图 5-40　臭氧降解过程中中间产物的变化规律

由图 5-40 可见，在臭氧处理过程开始时，偏二甲肼废水中的偏腙含量和四甲基四氮烯含量最高，在后续处理过程中含量逐步下降，在 45min 时降至最低。经过过氧化氢的预处理，体系中的偏二甲肼基本被氧化分解，所以臭氧与废水接触后，不会再生成偶氮化合物，而溶液中的四甲基四氮烯会被迅速氧化分解生成甲胺、二甲胺、甲醛和氮气。在碱性条件下，臭氧可氧化分解甲胺和二甲胺，生成甲醛和部分亚硝酸盐、硝酸盐。所以在氧化反应的中末期，因为臭氧的氧化特性出现亚硝基二甲胺含量迅速上升的现象，随后进一步氧化，亚硝基二甲胺含量下降。

从图 5-40 中可以发现，甲醛的变化曲线和偏腙的变化曲线形状基本一致，区别在于偏腙含量的峰值出现在 5min，而甲醛含量的峰值出现在 30min 左右，这是因为在碱性条件下，偏腙被臭氧氧化分解的主要产物是甲醛，所以在反应初期，偏腙含量的迅速下降伴随着甲醛含量的迅速上升，到了反应后期，因为甲醛具有的强还原性，在紫外线照射下与臭氧反应生成甲酸和氧气，甲酸进一步生成二氧化碳和水，所以含量迅速下降。

5.8.8　反应动力学分析

徐泽龙等研究得出了臭氧-H_2O_2-紫外线氧化体系降解偏二甲肼废水的动力学方程为：

$$k_{obs} = 3.7 \times 10^{-3} C_{UDMH}^{-0.0021} D_{hyp}^{0.0913} R^{0.0509} D_{臭氧}^{0.1947} \tag{5-80}$$

式中，k_{obs} 为反应的一级动力学常数，表明反应速率、有机物的降解效率受臭氧加入剂量 $D_{臭氧}$ 影响最大，与紫外辐射剂量 R 和双氧水投加剂量 D_{hyp} 有一定关系，原始废水的初始浓度对其影响较小，但是废水初始浓度越高，相同条件下 COD 去除率越低。

5.9　推进剂废水处理技术小结

航天发射场推进剂废水的处理技术研究自 20 世纪 70 年代开始，研究工作者研究了各种可行的处理技术，各种技术各有优势，也各有自身的缺陷和应用范围。不同处理技术的比较列于表 5-40 中。

⊡ 表 5-40　发射场推进剂废水不同处理技术的比较

处理方法		工艺条件	处理效果	适用浓度范围	应用情况	备注
中和吸收法	碱液中和	用碳酸钠、碳酸氢钠或尿素中和红烟硝酸或四氧化二氮	过量的中和碱液可以保证硝基氧化剂无害化，处理后硝酸盐类不能稳定达标	主要用于高浓度废液废水处理	尿素中和处理工艺有工程应用	中和过程会放出 NO_2 气体；需定期加入中和液；需要二次处理
吸附法	活性炭吸附	低浓度废水，流速 150mL/min	吸附饱和容量与进料速率、原始浓度等有关	<100mg/L	有	需要二次处理，处理后吸附剂需要再生，一般用于废水处理的把关单元
	凹凸棒吸附	—	吸附去除率 70%~95%	<100mg/L	无	
	沸石吸附	—	—	<100mg/L	无	
氯化氧化法	次氯酸钠	0.3%次氯酸钠溶液，UDMH 与次氯酸钠的物质的量比大于 1:7	甲醛含量低于 2mg/L，中间产物较多，COD 难达标	<500mg/L	无	不彻底，排出液中含有偏腙和亚硝基二甲胺。排出液需要酸中和，过程复杂，操作条件苛刻
	二氧化氯	一般二氧化氯的投加量与偏二甲肼的比值为 9:1~11:1	甲醛含量低于 2mg/L	<1500mg/L	有应用（因操作复杂停止使用）	排出液中含有偏腙和亚硝基二甲胺。排出液需要酸中和，过程复杂，操作条件苛刻
臭氧氧化法	臭氧-紫外线	臭氧投加量与偏二甲肼比（5:1）	偏二甲肼达标，甲醛不达标	<100mg/L	无	臭氧氧化产物：偏硝基二甲胺＞偏腙＞二甲胺＞四甲基四氮烯
		臭氧投加量与偏二甲肼比 6:1，UV：60%185nm+40%254nm，强度 375~900μW/cm²	偏二甲肼达标，甲醛达标，中间产物达标	1500~5000mg/L	有	臭氧利用率有限，有提高的空间

处理方法		工艺条件	处理效果	适用浓度范围	应用情况	备注
湿式催化氧化法	氧气	140℃、0.75MPa，氧气与污水流量比为150∶1，pH 9时，4h氧化	COD 去除率 99.95%	<5000 mg/L	无	比臭氧氧化节能，部分中间产物需进一步氧化
Fenton 试剂法	UV-H₂O₂	UV 催化或 Fe²⁺催化，酸性条件下	COD 去除率 99%，UDMH 去除率 95.8%	<400mg/L	无	待处理废水需要调酸，操作复杂
H₂O₂/UV/O₃ 联合氧化法	H₂O₂ 预处理，O₃-UV	H₂O₂ 预处理：30℃，pH 9.0，空气曝气量 1.5m³/min，6～24h	COD 去除率 99%，UDMH 去除率 99%	1000～10000mg/L	有	预处理较复杂，有提高的空间

中和吸收法处理装置简单，操作易行，针对不同浓度的废水需要进行中和碱液的理论计算，可以处理较高浓度的硝基氧化剂废水，是处理硝基氧化剂废水的可行处理技术。存在的主要问题：

① 用水稀释 N_2O_4 液体时会放出大量的 NO_2，操作过程环境有污染；

② 需要定量加入中和剂；

③ 可溶性的硝酸盐和亚硝酸盐后续处理较难。

吸附法是一种常用的废水处理方法，研究了活性炭、凹凸棒、沸石等吸附剂对偏二甲肼废水的吸附效果，常用的吸附剂是活性炭。吸附处理工艺仅限于低浓度废水处理或与其他工艺组合，作为处理工艺的把关单元。

氯化氧化法包括次氯化钠氧化和二氧化氯氧化两种工艺。二氧化氯氧化处理肼类废水在某发射场曾有应用，其主要问题是不能彻底降解中间产物，处理后废水虽然肼类污染物可以达标，但其他有机物不能完全达标，另外处理过程生产二氧化氯需要两种化学试剂按照一定比例定量投加，操作时不易控制达到最佳投加剂量，化学试剂挥发到操作环境，存在局部污染，威胁到操作人员的身体健康，因此该技术在工程中应用两年后停止使用。

湿式空气氧化采用空气作为氧化剂，投加一定的贵金属催化剂，控制反应条件为温度 140℃，氧气与污水体积流量比为 150∶1，pH 值 9，反应时间 4h，10000mg/L 偏二甲肼废水去除率可达到 99.95%。该技术存在降解速度慢、催化剂需要处理等问题，由于反应是在高温 140℃、高压 0.75MPa 条件下进行，要求反应器材料必须耐高温、高压和防腐蚀，设备投资相对较高。该方法一般适用于高浓度小流量的废水处理，对于低浓度大流量废水处理则不经济。

单独臭氧 O_3、Fenton 试剂法、UV-O_3 和 H_2O_2-UV-O_3 四个氧化体系处理偏二甲肼废水比较可知，单独臭氧氧化和 Fenton 试剂法的效率明显低于 UV-O_3 和 H_2O_2-UV-O_3 的氧化效率。UV-O_3 体系可以处理低浓度 200～1000mg/L 肼类废水，包括单推-3 废水，处理时臭氧投加量与肼类有机物的质量比一般为 4∶1～6∶1，反应时间约为 6h，处理后肼类有机物降解率 99%以上，COD 去除率在 99%以上。高浓度 1000～10000mg/L 肼类废水处理时采用 H_2O_2 预处理可以提高整体工艺的处理效率，预处理条件为温度（30±5）℃，pH 值 9.0±1，双氧水的投加量与废水中肼类质量比值约为 8∶1，预处理时间至少为 6h，对于偏二甲肼浓度约为 5000mg/L 的废水，预处理时空气加入速率为 1.5m³/min。在臭氧-UV 催化体系中，研究表明 UV 的最佳组合为两种波长的 UV 联合作用，其组合比为 60%185nm+40%254nm，强度 375～900μW/cm² 为宜。

臭氧与偏二甲肼的反应速率很快，k_{O_3} =2×10⁶L/(mol·s)。试验研究和量子化学计算表明臭氧与偏二甲肼反应的主要产物是亚硝基二甲胺（NDMA），其产率＞80%，其他中间产物包括甲醛

（HCHO）、偏腙（FDH）、四甲基四氮烯（TMT）。UV-O$_3$联合氧化工艺可以将偏二甲肼降解过程的中间产物进一步降解为小分子无机物，使其无害化。

氧化反应的动力学研究表明：臭氧-H$_2$O$_2$-紫外线氧化体系为拟一级反应，反应速率、有机物的降解效率受臭氧加入剂量D_{ozone}影响最大，其次与紫外辐射剂量R有关，原始废水的初始浓度影响较小。

在研究基础上各个发射场设计建成了推进剂废水处理设施，工艺以臭氧-紫外线-活性炭为主，有机物的降解主要依靠臭氧-紫外线联合作用，活性炭主要起到把关作用。太原、酒泉、西昌和海南四大发射场的实际应用表明，针对发射过程产生的混合推进剂废水，在一般浓度情况下，该工艺均可以使发射废水达到《肼类燃料和硝基氧化剂污水处理及排放要求》（GJB 3485A—2011）标准，确保肼类废水及其降解中间产物彻底无害化。相比其他工艺，该工艺的优点是能达标，操作相对简单，缺点是能耗高、投资高。

相信在未来技术飞速发展的推动下，可以进一步优化工艺参数条件，降低废水处理的能耗。

参考文献

[1] 金朝旭，荆彦文. 肼推进剂接触设备自动清洗系统[C]. 中国化学会第八届全国化学推进剂学术会议，2017：283-287.

[2] 罗跃辉，王菊香，刘洁，等. 化学法处理大批量导弹液体推进剂废液废水[J]. 海军航空工程学院学报，2010，25（5）：591-594.

[3] 卜晓宇，刘祥萱. 草酸改性凹凸棒土吸附偏二甲肼实验研究[J]. 化学推进剂与高分子材料，2013，11（1）：55-58.

[4] 崔虎，贾瑛，季玉晓. 凹凸棒土负载TiO$_2$-壳聚糖处理偏二甲肼废水研究[C]. 中国化学会第八届全国化学推进剂学术会议，2017：229-235.

[5] Mansoor Kazemimoghadam, Afshin Pak, Toraj Mohammadi.Dehydration of water/1-1-dimethylhydrazine mixtures by zeolite membranes[J].Microporous and Mesoporous Materials,2004,70:127-134.

[6] Mansoor Kazemimoghadam,Toraj Mohammadi.Separation of water/UDMH mixtures using hydroxysodalite zeolite membranes[J]. Desalination,2005,181:1-7.

[7] 何斌，王波，苏情. 次氯酸钠氧化法处理偏二甲肼污水研究[C]. 首届全国火箭推进剂应用技术学术会议论文集，2003：75-80.

[8] 何斌，苏情，侯子文. 二氧化氯氧化法处理偏二甲肼污水研究[C]. 首届全国火箭推进剂应用技术学术会议论文集，2003：95-99.

[9] Sungeun Lim,Woongbae Lee,Soyoung Na,et al.N-nitrosodimethylamine (NDMA) formation during ozonation of N,N-dimethylhydrazine compounds：Reaction kinetics,mechanisms,and implications for NDMA formation control[J].Water Research,2016,105(15):119-128.

[10] Anthony H，John M T，Zhou W Z，et al. A new family of photocatalysts based on Bi$_2$O$_3$[J].Journal of Solid State Chemistry，1988，1(72)：126-130.

[11] 齐敬，徐泽龙，吴翼，等. 负载型Bi$_2$O$_3$薄膜光催化降解偏二甲肼废水研究[C]. 中国化学会第八届全国化学推进剂学术会议，2017：315-318.

[12] 张浪浪，刘祥萱，王煊军. 氧气与气-液两相偏二甲肼作用的氧化产物及其反应机理[J]. 火炸药学报，2017，40（5）：88-92.

[13] 王力，姚旭，尹东光，等. 臭氧氧化偏二甲肼生成二甲基亚硝胺的量子化学计算[J]. 火炸药学报，2017，40（2）：79-83.

[14] Tuazon E C，Carter W P L，Winer A M，Pitts J N.Reactions of hydrazines with ozone under simulated atmospheric conditions[J]. Environmental Science& Technology，1981，15(7)：823-828.

[15] 王晓晨. 偏二甲肼的臭氧紫外光降解研究[M]. 北京：清华大学，2008.

[16] Juyoung J,Kazuhiko S.Photochemical and photocatalytic degradation of gaseous toluene using short-wavelength UV irradiation with TiO$_2$ catalyst：comparison of three UV sources[J]. Chemosphere, 2004, 57: 663-671.

[17] 黄远征，黄智勇，黎波，等. Fenton法处理UDMH废水研究综述[C]. 中国化学会第八届全国化学推进剂学术会议，2017：274-277.

[18] 邓小胜，刘祥萱，刘渊，等. Fenton 法降解高浓度偏二甲肼废水的研究[J]. 环境工程，2015（S1）：928-931，1004.

[19] 贾瑛，李毅，张秋禹. UV-Fenton 方法处理偏二甲肼废水[J]. 含能材料，2009（3）：365-368.

[20] 张淑娟，陈啸剑，周锋，等. 微波-Fenton 联用技术处理偏二甲肼废水[J]. 化学推进剂与高分子材料，2012（3）：85-88.

[21] Makhotkina O A,Kuznetsova E V,Preis S V.Catalytic detoxification of 1,1-dimethylhydrazine aqueous solutions in heterogeneous Fentonsystem[J].Applied Catalysis B：Environmental,2006,64(3-4)：85-91.

[22] Mahmood Torabi Angaji，Reza Ghiaee.Decontamination of unsymmetrical dimethylhydrazine waste water by hydrodynamic cavitation-induced advanced Fenton process[J].Ultrasonics Sonochemistry，2015，23：257-265.

[23] 徐泽龙，张立清，赵冰，等. 过氧化氢增强紫外-臭氧降解偏二甲肼[J]. 含能材料，2016，24（12）：1168-1172.

[24] Xu Zelong ,Huang Lingzhi,Chen Fei,et al.Influencing factors and kinetics of degradation of unsym-dimethylhydrazine waste water by $H_2O_2/UV/O_3$ process.[C].International Workshop on Environment and Geoscience(IWEG 2018),2018.

液体推进剂泄漏危害及模拟

液体推进剂在储存、运输及使用过程中均有泄漏的可能，无论是硝基氧化剂类，还是肼类推进剂、煤油和低温推进剂，在国内外发射使用中均发生过泄漏。推进剂一旦发生泄漏，不仅会污染环境甚至会造成生态灾难，还会由于处置不当，引发爆炸，造成巨大的财产损失，甚至造成人员伤亡。有资料显示美国在过去 50 年的发射试验中，发生了 22 起较大的推进剂泄漏事故，仅四氧化二氮损耗的总量超过 20000 加仑（1 加仑约为 3.785L）；苏联发生的一次航天灾难事故也是推进剂泄漏导致的，1960 年 10 月 24 日苏联新研制的"东方红"运载火箭在拜科努尔航天发射场 41 号发射台准备发射一颗月球探测器时，出现了故障，在运载火箭的液体推进剂尚未完全泄空的情况下，技术人员靠近火箭进行故障检查，火箭发生爆炸，导致现场工作人员 165 人全部遇难，包括时任苏联国防部副部长、火箭部队司令员米·尹·涅杰林。我国在航天发展历史上也出现过泄漏导致爆炸伤及人员的事故。因此，有必要开展推进剂泄漏防控技术研究。

如图 6-1 所示为推进剂泄漏突发事故应急预案及处理总体技术研究内容，包括以下部分：

① 突发泄漏模拟及危害评估和预警技术研究；

② 泄漏的专用处理粉剂、水剂研制和快速处置装置研制；

③ 泄漏后的污染物资源化、减量化和无害化处理技术及泄漏后评估研究。

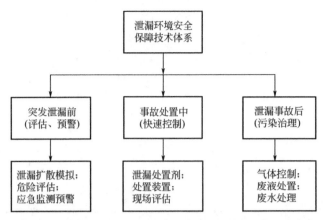

图 6-1 推进剂泄漏突发事故应急预案及处理总体技术研究内容

本章以推进剂四氧化二氮为例介绍关于航天推进剂泄漏危害、原因，针对发射场实际情况开发的实用处理技术和装备，试图从技术方面最大限度地降低推进剂泄漏的环境污染，尽可能避免或减缓泄漏引发的人员伤亡和财产损失。

6.1 液体推进剂泄漏原因及危害

6.1.1 推进剂使用流程

液体推进剂通常加注在火箭一级、二级、三级、助推级及航天器推进剂储箱中，不同型号火箭加注不同的推进剂。

液体推进剂从生产厂家运输到发射基地后，首先储存于推进剂库房，发射任务前加注到火箭及航天器上，通过点火发生反应放出热量将航天器或卫星等送入太空预定目的地。液体推进剂在火箭发射任务中经历的路径如图 1-2 所示。

在推进剂的生产、运输、加注、转注、泄回、分析化验取样等每个作业环节均有可能发生泄漏。

6.1.2 推进剂泄漏主要原因

分析各种推进剂泄漏事例可知发生泄漏的主要原因如下。

（1）设备设计缺陷

推进剂使用中各种储箱、泵、管材等设备是发生泄漏的主体，设备因素主要包括设备选材和设计加工质量。由于推进剂的特殊使用要求，直接与推进剂接触的材料，在长期贮存中，必须达到 1 级相容。材料的相容性主要包含两个方面：一方面是四氧化二氮对设备材料的腐蚀、溶解、溶胀和变脆作用；另一方面是材料对四氧化二氮的催化氧化、变色变浊等作用。例如：BioT200A 清洁剂与四氧化二氮不相容，当使用该清洁剂清洗四氧化二氮贮罐和管道时，因发生反应，密封松弛，破坏了填料密封性和完整性，最终造成泄漏；使用丁基橡胶 O 形环作为密封垫圈，四氧化二氮与丁基橡胶不相容发生泄漏；将短期相容的材料用于长期贮存的设备、管道系统上等。在现行的四级标准中，1级相容属于可长期使用的范围，4级相容则属于不能利用的材料。任何材料在使用前都需要测试与推进剂的材料相容性。

设备加工质量的好坏与设备的安全使用关系更密切，更隐蔽，很多大型事故往往产生于设备或设备附件的质量低劣。如载人航天史上发生最惨重事故的"挑战者号"航天飞机，起飞后73s爆炸，造成7名宇航员全部遇难，是因为一个O形密封圈质量不合格产生泄漏引发爆炸事故。

安全设计是人们追求的最大目标，但由于认识水平有限、安全技术的发展和安全技术的应用受到很多因素的限制，因此任何设计都无法做到尽善尽美。因此设计中固有的缺陷、先进技术的不配套和材料工艺选择不当，都可能是潜在的不安全因素或成为直接泄漏的主导因素。

（2）人为失误

人为失误包括违章作业、操作失误和处置不当等几个方面，不按程序操作、违反安全规定、不熟悉设备系统、不了解安全措施、不认真检查测试，是造成泄漏的又一重要原因。国内外石油化工和推进剂事故中，人为失误出现泄漏或引发更严重后果的事故，概率超过50%。违章作业主要表现为管理不严，岗前培训不够，有章不循和未持证上岗；操作失误主要因思想不集中、精神恍惚；处置不当一方面是对异常未能发现和对危险性缺乏正确的判断、处置，另一方面则与人员素质和操作是否熟练有很大关系。例如一名宇航员在返回舱测试时没听到呼叫，未及时激活地面降落系统，错误执行了程序导致四氧化二氮泄漏；技术人员错误地使用密封帽导致泄漏等等。

预防四氧化二氮泄漏特别需要注意以下几点：一是操作时一定要按规定进行系统气密性测试；二是在加注作业中使用泄漏保护器，工作人员与四氧化二氮保持隔离状态；三是个人防护用品使用前必须认真检查；四是在拆卸阀门管路时一定要放空压力，严禁超压排放、超速排放；五是在加注、转注、贮存过程中一定要密切关注工作压力的变化，防止出现压力突然升高等异常情况；六是正确使用阀门，不得用力过猛，以免造成密封件损坏；七是四氧化二氮贮罐密封良好，贮量在容器容积的50%～90%之间；八是在氧化剂贮罐系统内存在压力情况下严禁敲击贮罐管道。

（3）设备检修保养

化工设备要做到安全生产，就必须进行不间断的维护和定期保养、检修，推进剂的生产、运输、储存和加注设备亦如此。

推进剂生产、运输、储存和加注须重点检修、定期维护和保养的部件和部位是：输送管道、各种管件和阀门、加注泵和压缩机、储罐、绕性波纹管连接、计量仪器仪表、泄压排放阀、过滤器、密封圈（垫）以及接缝、砂眼、阀门压盖和法兰连接处。每次维修过程中所有的辅助阀门都要拆卸清洗，当焊缝、接头、密封垫片等部位出现渗漏时，及时维修更换处理，必要时清空储罐、清洗内壁、检查储罐，对于阀门则予以更换，在泵周围安装防爆笼，且减少泵的使用时间，每运转60h进行一次严格测试。检修的目的是消除隐患，如不能按质、按量、按计划进行检修，并进行重点或更换部件复查，则会带来相反的作用，出现更大的泄漏或埋下事故隐患。如管道检修中阀体和盲板的正常开启、关闭、抽堵，以及气体置换和进罐作业，更需要严格地检查和格外小心。

航天飞行设备和地面保障设备局部清洁或保养不当可能造成泄漏、着火爆炸。在实际测试、加注等操作过程中，发生异常情况时由于不熟悉系统性能和操作注意事项，或由于惊慌失措处置不当造成泄漏或使泄漏事态扩大。例如1994年4月约翰逊航天中心353#大楼里，工程师进行发动机测试时，发现有少部分四氧化二氮流出，但是测试团队决定继续试验，当压力上升时，80加仑四氧化二氮泄漏造成81人轻伤，测试过程中缺乏应急程序是事故发生的根本原因。

（4）腐蚀与机械穿孔

腐蚀是普遍存在的一种化学反应过程，腐蚀往往从材料表面的缝隙、裂纹、气泡、砂眼和凹凸不平处产生。最初表现为原电池效应，腐蚀作用最终可造成机械穿孔，产生泄漏。为了避免设施设备腐蚀和机械穿孔，必须定期检查，按照要求及时更换各种零部件。

（5）制度及管理原因

管理制度主要包括安全技术、安全教育和安全管理三个方面。显然安全技术措施是根本，安全教育是核心，安全管理是关键。根据发射场实际情况，建立健全各种规章制度，定期进行操作人员培训和演练，加强各级领导管理，从制度和管理方面减少泄漏发生的隐患。

6.1.3 推进剂泄漏危害

推进剂泄漏具有较大危险性和危害作用，泄漏可造成大量推进剂的损失，潜在的危险更大，是发生着火、爆炸、人员中毒、财产损失和环境污染的根源。

化工行业中每年都有各种重大化学品泄漏事故发生，如1984年在印度博帕尔市美国联合化学公司农药厂发生的氨基甲酸酯大量泄漏，先后造成2000人死亡，上万人眼睛失明。1997年6月27日北京东方化工厂发生了造成9人死亡和39人受伤的直接损失为1.17亿的特大爆炸事故，历经3年的调查结果表明这是一起典型的操作失误事故，由于操作人员开错了阀门，致使大量石脑油冒顶外溢，引发乙烯罐爆炸。2001年5月26日湛江发生的浓硫酸储罐长期腐蚀产生穿孔泄漏，造成90多人化学性灼伤和中毒的事故。2013年8月31日，上海市丰翔路1258号某公司发生液氨泄漏事故，造成15人死亡，25人受伤，调查事故原因是生产厂房内液氨管路系统管帽脱落引起泄漏，导致操作人员伤亡。

推进剂大型泄漏事故包括美国"挑战者号"事故和苏联1960年10月在发射SS-7洲际导弹试验时，发生165人死亡事故，均为推进剂泄漏所致。

我国在近40年的导弹和航天发射试验中，同样发生过各种原因造成推进剂泄漏引起的爆炸、着火、人员中毒、灼伤窒息、环境污染和财产损失事故。20世纪90年代就先后发生过因无水肼泄漏造成厂房被烧，密封圈损坏使1人因吸入大量的二氧化氮死亡的事故。发生于1995年1月26日的爆炸事故使发射场周边区域多人中毒，原因是四氧化二氮储箱泄漏使10多吨四氧化二氮散落在地上，因无应急处理技术，任其挥发，并通过土壤缓慢降解，周边几公里范围内的土壤经过十多年的自然修复才逐渐恢复原貌。

以四氧化二氮为主的硝基类氧化剂均属于强氧化剂，常温下易挥发，本身不自燃只能助燃。易吸收空气中的水分，与水作用生成硝酸并放热，加速了对金属的腐蚀。四氧化二氮是高剧毒化学品，泄漏后首要危害是液体蒸发产生的毒气对人体的危害，其次是扩散到大气和残留在土壤中对环境的长期污染。UDMH 和 N_2O_4 的饱和蒸气压及在不同温度压力下形成气体的体积浓度在第 3 章列出。由于 N_2O_4 的沸点低，饱和蒸气压高，一旦泄漏，形成大量红色烟雾，气体中的二氧化氮（NO_2）含量极高，理论计算可知 100kPa、15～20℃条件下四氧化二氮泄漏挥发的气体体积浓度为 37.8%～48.0%，其质量浓度约为 776～986g/m³，是应急暴露极限值的 14370～18260 倍。因此大量泄漏不仅会导致人员伤亡，而且会造成设备腐蚀、原料损耗，严重者危及航天发射场的安全。

6.2 推进剂泄漏过程传质分析与模拟

通过分析推进剂泄漏过程的物理现象，结合航天发射场推进剂贮存条件和推进剂的物理化学性质，建立适合实际使用的推进剂突发事件泄漏量计算模型，根据航天发射场的地理环境和气象条件，假设一定的风速和气象稳定度，计算泄漏推进剂液体汽化转化为气体污染物的浓度时空分布及危害范围，确定应急事故的安全疏散距离，为液体推进剂风险管理和突发泄漏事件的应急处置提供理论依据。

研究路径如图 6-2 所示。

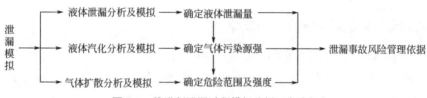

图6-2 推进剂泄漏过程模拟分析研究路径

6.2.1 液体推进剂的泄漏物理过程

航天液体推进剂通常贮存在大型贮罐中，贮存温度一般不大于 18℃，贮存压力一般不大于 0.2MPa，贮存保压介质为惰性气体氮气。以液体推进剂 N_2O_4 为例，当贮罐或管道发生瞬间大量泄漏时，因加压贮存必然会形成液态喷泄，并有云团或云羽形成，迅速在大气中扩散并长时间在空中飘浮，这种清晰可见的云羽和飘浮的动态变化经历了图 6-3 中从 A 阶段到 G 阶段的相变传质过程。

图 6-3 中各阶段简要分析如下。

A：闪蒸阶段。泄漏液体射流宽度迅速扩展，部分液体迅速汽化，保持气液平衡，此时的空气夹带量很少。

B：两相夹带阶段。周边空气沿夹带半角方向进入两相射流区，此时夹带半角很小。

C：两相动量喷射阶段。空气的混入促使射流相态变化和射流内部密度降低，加快了空气夹带的速度，表现为夹带半角的增大。

D：重力沉降阶段。泄漏液体初始喷射动量减弱，云羽结构的气相开始重力沉降，空气夹带取决于其下风向的运行速度。

E：**沉降地表效应阶段**。泄漏介质因重力作用沉降至地表，气相云羽发生塌陷。

F：**重力迭代无源状态**。重力塌陷结束，大气湍流扩散使云羽的高度开始提升。

G：**无源飘浮阶段**。大气湍流作用下的无源扩散过程。

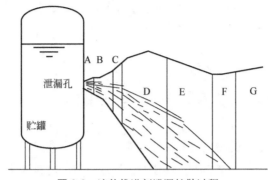

图 6-3　液体推进剂泄漏扩散过程

分析上述各个过程可知，液体推进剂泄漏后首先到达泄漏的环境地面，再以液态形式漫延扩大污染面积或挥发成气体在下风向形成云团飘浮扩散，形成气体污染带，各个过程均伴随着推进剂不同相态的传质过程。

6.2.2　液体推进剂泄漏传质分析与模拟

推进剂泄漏的各种物理现象伴随的主要传质过程有：

① 液体泄漏。液体推进剂从储罐中或加注管道中泄漏到大气环境中，该过程中环境条件发生了变化，泄漏前液态推进剂储存的温度一般不大于 18℃，储存的压力一般高于自然环境压力约 0.1MPa，此过程压力变化温和，泄漏前环境温度和泄漏后环境温度若均在液态推进剂的对应压力沸点下，则不会发生相态变化，仅伴随有因液相饱和蒸气压变化带来的气体浓度变化。

② 液体闪蒸或汽化。由于加压液体的沸点高于常压液体的沸点，当加压液体瞬间变为常压液体时，少部分液体会在泄漏口附近迅速闪蒸变为气体，从高压的气液平衡状态转化为常压下的气液平衡状态即为闪蒸。大量液体连续泄漏至地面后通过汽化转化为气体，闪蒸过程和汽化过程形成的气体共同构成了污染气体扩散源。在该过程中有明显的相变发生：泄漏物由液相变为气相污染源。

③ 气体污染物的扩散。泄漏后初始阶段的气体扩散有重气的特点：

a. 重力沉降：推进剂泄漏液体挥发的污染气体首先沿着地表扩散，由于云团与周围空气间的密度差，重气塌陷，出现凹陷现象，引起云团厚度的降低和径向尺寸的增大。

b. 空气卷吸：空气卷吸分为顶部空气卷吸和侧面空气卷吸。空气卷吸作用引入外界空气使得气体云团体积膨胀，同时也稀释了气体云团的浓度，逐渐减小了气体的密度。

c. 云团加热：由于泄漏液体初始形成的云团与周围环境间的温度差异，因此云团所吸收的热量和温度梯度引起的对流湍流是该阶段的传质主流。

d. 向非重气扩散转变：随着云团被周围空气稀释冲淡，重气密度或浓度逐渐降低，接近外界空气，重气效应消失，转变为非重气扩散模式，非重气云团的高度、半径及其运行状态取决于大气湍流特性。

影响气体扩散的因素很多，主要有气体理化性质、泄漏初始状态、泄漏场环境条件等。

① 气体理化性质包括分子量、蒸气热容、沸点温度、沸点下蒸发热等。

② 泄漏初始状态包括泄漏物质的相态、压力、温度、密度，泄漏源在存储容器上的位置、泄漏的面积以及泄漏形式等。

③ 泄漏场环境包括风速与风向、泄漏场表面粗糙度、大气温度与稳定度等。风速的增大会加剧气体的扩散，同时紊流扩散作用增大，导致气体云团的浓度下降，气体与周围空气的热量交换加剧。气体在扩散过程中，若遇到障碍物，风场结构发生变化，使扩散情况复杂，当泄漏源在障碍物的背风面时，由于回流不利于其扩散导致气体在泄漏源附近的浓度较高。气体扩散过程中会卷吸大量的空气，空气的温度直接影响了气体云团的温度以及其转变为非重气的时间。

推进剂泄漏后挥发气体由于环境风速、压力、温度的作用，通过对流扩散与周围空气形成了混合物，该混合物的密度与普通空气密度相近，可以视为非重气云团，推进剂的初始重气云团很快即可完成向非重气云团的转变，因此大量气体的飘浮扩散以非重气扩散模式为主要特点，即泄漏源下风向推进剂气体的浓度计算可以采用 Gauss（高斯）扩散模型。

实际泄漏过程表明：液体推进剂泄漏是一个具有相变的兼有强制对流、浓差扩散的动态传质过程，泄漏液体汽化产生的气体因对流和扩散在泄漏源下风向和横风向形成一定的时空浓度梯度。下风向不同范围内气体浓度除与泄漏液的物化性质有关外，与泄漏量多少和大气自然环境条件有直接关系。计算泄漏危害距离时，首先要计算泄漏液体的量，再根据泄漏源下风向的风速等大气环境条件计算其扩散速度、扩散范围及浓度，从而可以计算出泄漏污染气体浓度分布及泄漏应急处理的安全疏散范围。

在发射场的各种推进剂作业中，可能发生泄漏的设备主要有管道、挠性连接器、过滤器、阀门、压力贮罐和泵等。

本章节主要建立管道泄漏和贮罐泄漏的计算模型，其他情况下泄漏遵循孔面积取值原则，借鉴上述两种模型进行计算。

6.2.2.1 管道孔洞泄漏模型

推进剂贮罐或管道内的加压液体在泄漏中能量转变为动能，部分能量因流动摩擦而被消耗掉。如图 6-4 所示，当无液位差时，经过 Bernoulli 方程计算可知泄漏的质量流速 Q_m（kg/s）为：

$$Q_m = AC_0\sqrt{2\rho(p_1 - p_2)} \tag{6-1}$$

式中，A 为泄漏面积，m^2；C_0 为孔流系数；p_1 为管内（泄漏液上流）绝对压强，Pa；p_2 为泄漏液下流绝对压强，Pa；ρ 为推进剂液体密度，kg/m^3，UDMH 密度为 791.1kg/m^3，N_2O_4 密度为 1446kg/m^3。

孔流系数 C_0 的取值：对于圆形小孔，其值约为 1；对于锋利的孔洞或当雷诺数 $Re > 10^5$ 时，其值约为 0.61；对于与贮罐连接的短的管段（长度和直径之比不小于 3），系数取 0.81；当系数不知道或不能确定时，用 1.0 计算其最大（最不利条件）泄漏流速。

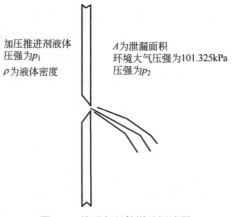

加压推进剂液体
压强为p_1
ρ为液体密度

A为泄漏面积
环境大气压强为101.325kPa
压强为p_2

图6-4 推进剂经管道孔洞泄漏

对于推进剂使用场所的其他泄漏情况，泄漏孔面积取值原则为：

① 管道断裂或部分破裂的管线孔面积按直径的1/4计算；

② 法兰泄漏：计算法兰厚度与2个螺栓之间的距离形成的面积；

③ 安全阀泄漏：根据阀孔截面积进行估算。

计算实例：推进剂 UDMH 管道加注压强为 0.18MPa，环境压强为 0.10MPa。加注过程发现压力降低，迅速恢复为原压力，10min 后发现沿途管道有直径 0.5cm 孔洞一个，立即进行修补，则可以由式（6-1）得出 UDMH 泄漏质量速率为：0.2985kg/s，10min 泄漏总量为 179.1kg。

6.2.2.2 贮罐孔洞泄漏模型

航天发射场的常规推进剂贮存于库房贮罐内，如图 6-5 所示，设泄漏发生时初始液面高度为 h_L^0，来自泄漏小孔上部液体高度所形成压力的能量随着液体通过小孔流出而转变为动能，其中部分能量因流动摩擦而被消耗掉，在泄漏液位达到泄漏孔以前，液面上方的压力逐渐变小，但变化幅度较小，因此在计算过程中，以最不利条件计算，即假设过程中 p 不变，该过程泄漏后任何 t 时刻的质量流率为：

$$Q_m = \rho C_0 A \sqrt{2\left(\frac{p}{\rho} + g h_L^0\right) - \frac{\rho g C_0^2 A^2}{A_t} t} \tag{6-2}$$

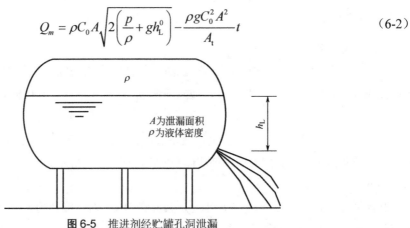

ρ

A为泄漏面积
ρ为液体密度

h_L

图6-5 推进剂经贮罐孔洞泄漏

上式右侧第一项是 $h_L = h_L^0$ 的初始质量流出速率，泄漏从初始液面降至泄漏孔处所用时间为：

$$t_e = \frac{1}{C_0 g} \times \frac{A_t}{A} \left[\sqrt{2\left(\frac{p}{\rho} + gh_L^0\right)} - \sqrt{\frac{2p}{\rho}} \right] \tag{6-3}$$

式中，A_t 为贮罐面积，m^2；g 为重力加速度，m/s^2；其余符号同前。

假设 N_2O_4 贮罐内压力为 150kPa，罐内液面高度为 1.5m，泄漏小孔距离罐内液面高度为 0.5m，泄漏小孔为 1cm，贮罐直径为 3m，罐身直段部分长 10m，封头段椭圆的短轴为 1m（封头高度为 0.5m），贮罐的截面积 A_t 为 32.355m^2，N_2O_4 密度为 1446kg/m^3，孔流系数 C_0 值取 1，则由式（6-2）可知其泄漏质量流量随时间的变化为：$Q_m = 1.747 - 2.70 \times 10^{-6}t$，任一时间内总的泄漏量为泄漏质量流量对时间的积分，从而可以求出任意时间段内泄漏总量。计算出从初始液面降至泄漏孔处所用时间为 41637s= 11.57h。

6.2.2.3　泄漏液体的扩散

推进剂液体泄漏至地面后，流入人工边界内或低洼处，形成液池，当推进剂泄漏液体未达到人工边界时，形成的液池半径 r(m) 一般可以由下式估算：

$$r = \left(\frac{8gm}{\pi\rho}\right)^{\frac{\sqrt{t}}{4}}; \qquad \text{瞬时泄漏，} t \leqslant 30s \tag{6-4}$$

$$r = \left(\frac{32gmt^3}{\pi\rho}\right)^{\frac{1}{4}}; \qquad \text{连续泄漏，} t \leqslant 10min \tag{6-5}$$

式中，m 为泄漏液体的质量，kg；g 为重力加速度，m/s^2；t 为泄漏时间，s；ρ 为泄漏推进剂液体密度，kg/m^3。

少量泄漏可以通过上式计算泄漏液体形成的积液池半径，进而计算液体表面积；大量泄漏一般会形成以人工围堰为边界的积液池。

6.2.2.4　泄漏规模的分类

根据液体推进剂的使用环境，分析其泄漏危害，可将推进剂泄漏分为以下四种类型：

① 跑、冒、滴、漏引起的微型泄漏，局部污染气体浓度通常大于 10mg/m^3。

② 小型泄漏：一般为瞬时泄漏，泄漏时间小于 30s，泄漏量小于 5kg，局部污染气体浓度大于 100mg/m^3。

③ 中型泄漏：一般为连续泄漏，泄漏时间介于 30s～10min，泄漏液体量为 5～50kg，局部污染气体浓度大于 200mg/m^3。

④ 大型泄漏：连续泄漏 10min 以上，泄漏量大于 50kg，局部污染气体浓度瞬时可达 1000mg/m^3。

第一种微型泄漏一般不会形成液池，后面三种泄漏均会形成液池。

根据泄漏规模及其污染危害程度的不同，分别采取不同的泄漏污染控制措施和防控技术。

6.2.3　液体推进剂的泄漏汽化模拟

推进剂泄漏液体通过两种路径转化为气体：闪蒸和汽化挥发。由于推进剂的贮存温度一般不大于 18℃，常压下 N_2O_4 的沸点为 21.15℃，UDMH 的沸点为 63.1℃，贮存温度低于两种液体推进剂的常压沸点，因此泄漏时不会发生闪蒸，仅考虑泄漏后液体的汽化过程。汽化包括蒸发和沸腾，两种过程均需要从环境中吸热，区别在于沸腾发生在环境温度高于推进剂液体沸点的条件下，夏季时 N_2O_4 会有沸腾现象发生，一般 UDMH 不会发生沸腾现象。

6.2.3.1 蒸发汽化模型

泄漏液体的蒸发汽化速率 Q_z（kg/s）是其饱和蒸气压的函数，和环境温度及积液的表面积相关，对于静止空气中的蒸发汽化，汽化速率与饱和蒸气压和蒸汽在静止空气中的蒸汽分压的差值成比例：

$$Q_z \propto (p_{sat} - p)$$

式中，p_{sat} 为液体温度下的饱和蒸气压；p 为位于液体上方静止空气中的蒸汽分压。

多数情况下，$p_{sat} \gg p$，因此，蒸发汽化速率的表达式整理为：

$$Q_z = \frac{MKAp_{sat}}{R_g T_L} \tag{6-6}$$

式中，M 为挥发物质的分子量；A 为气液界面面积；K 为传质系数，$K = K_0 (M_0/M)^{1/3}$，以水为参比进行计算，水的传质系数为 0.83cm/s；R_g 为理想气体常数；T_L 为泄漏后液体的温度。

根据公式（6-6）可以估算推进剂泄漏后的汽化速率及汽化气体的浓度，通常情况下泄漏后液体的温度 T_L 等于环境温度 T。

通过理想气体计算，可以得出泄漏后封闭空间中液体表面具有一定的空气流动时的气体质量浓度计算模型为：

$$C = \frac{\beta KAp_{sat}}{kQ_v p} \times 10^6 \tag{6-7}$$

式中，Q_v 为空气的流动速率，m^3/s；p 为绝对压力，Pa；k 为混合因子，多数情况下 k 值在 0.1～0.5 之间变化，对于理想混合，$k=0.1$；β 为气体百万分之一体积浓度换算成质量浓度的系数，N_2O_4 汽化为 NO_2 气体 β 系数为 $1.9mg/m^3$，UDMH 汽化为气体的 β 系数为 $2.4mg/m^3$。

假设 N_2O_4 泄漏于一个直径约为 3m 的液池中，环境温度为 30℃（303.15K），传质系数 K 为 0.00482m/s，面积 A 为 $7.065m^2$，由表 3-2 可知该温度下 N_2O_4 的饱和蒸气压为 151.2kPa，由公式（6-6）可知其蒸发汽化速率为 187.95g/s。取空气流动速率 Q_v 为 $3.0m^3/s$，将 k 作为参数，求出 $kC=32183mg/m^3$，当 k 值在 0.1～0.5 之间变化时，实际浓度在 64366～321830mg/m³ 之间变化。

若 UDMH 泄漏于一个直径约为 3m 的液池中，环境温度为 15℃（303.15K），传质系数 K 为 0.00556m/s，面积 A 为 $7.065m^2$，该温度下 UDMH 的饱和蒸气压为 25.2kPa，由式（6-6）可知其汽化速率为 23.57g/s。取空气流动速率 Q_v 为 $3m^3/s$，将 k 作为参数，求出 $kC=10596.5mg/m^3$，当 k 值在 0.1～0.5 之间变化时，实际浓度在 15632～78160mg/m³ 之间变化。

研究者分别对 N_2O_4 和 UDMH 贮存条件下泄漏进行了模拟，结果表明风速、液池面积、温度、湿度等是影响污染物扩散的主要因素，通过泄漏模拟为事故处置提供了依据。

6.2.3.2 沸腾汽化模型

虽然推进剂的贮存温度一般低于其沸点，但是若泄漏发生在夏季，环境温度会高于 N_2O_4 的沸点 21.15℃，此时，部分泄漏液体会由于沸腾而汽化，汽化百分比可以由下式计算：

$$q_1 = \frac{(T_1 - T_2)C_L}{h_{vap}} \times \%$$ (6-8)

式中，q_1 为沸腾时汽化液体量占总泄漏液体的百分比；T_1 为环境温度，K；T_2 为泄漏液体的沸点，K；C_L 为液体的比热容，J/(kg·K)；h_{vap} 为液体的汽化热，J/kg。N_2O_4 的 C_L 为 1.516×10^3J/(kg·K)，汽化热为 4.14×10^5J/kg。由此可以计算当环境温度为 30℃时，N_2O_4 的汽化百分比 q_1 为 3.24%。

在液体泄漏的动态过程中，泄漏速率与汽化百分比的乘积即为汽化速率，可以计算出泄漏动态过程产生的气体浓度；当液体泄漏动态过程结束后，积存于 3m 直径液池中的液体继续扩散气体，大量液体的温度在瞬时不能达到环境温度，仍处于其沸点以下，其气体浓度计算按照式（6-6）和式（6-7）的蒸发过程计算。

6.2.4 推进剂气态污染物的扩散传质与模拟

图 6-3 定性分析了推进剂液体泄漏物理过程，泄漏液体形成积液后，逐渐汽化，在局部空间形成一定浓度的气体扩散源，需要借助一定的气体扩散模型，简化边界条件，求算污染源下风向的污染物浓度分布。

6.2.4.1 推进剂气态污染物在大气中的传质分析

推进剂污染物进入大气后，随着大气的运动发生推流迁移、扩散稀释及降解转化。

（1）推流迁移

推流迁移是指推进剂污染物随着大气在 x、y、z 三个方向上平移运动所产生的迁移作用，也称为平流迁移。推流迁移只改变推进剂污染物所处的位置，并不改变污染物的浓度。

（2）扩散稀释

推进剂污染物在航天发射场大气中扩散稀释的主要作用机理有分子扩散、湍流扩散作用。

分子扩散是由分子的随机运动而引起的质点分散现象。气体分子处于持续运动状态，气体分子相互碰撞，发生能量与动量传递，形成无规则运动，气态分子在各个方向上运动概率相等。推进剂气态污染物在大气中存在浓度梯度，因此分子运动使推进剂气体分子从高浓度区向低浓度区扩散，直至混合均匀。

湍流扩散：大气的无规则运动称为大气湍流，其形成原因主要有两个。一种形式是由于机械或动力因素而形成的机械湍流。近地面空气与地面相对运动产生的机械湍流，是低层湍流的主要形式。此外空气流经地表面障碍物时引起风向与风速的突然改变，也产生指向地面的机械湍流。另一种形式是热力湍流，主要是由于地表面受热不均匀，或大气层结不稳定，使空气发生垂直运动并进一步发展而形成湍流。大气湍流是上述两种因素共同作用的结果。

污染物进入大气后，形成浓度梯度，除随风做整体飘移外，湍流混合作用还会不断地将周围的新鲜空气卷入污染气流中，同时将气流中的污染物扩散到周围的空气中，使污染物从高浓度区向低浓度区扩散、稀释，即进行湍流扩散。湍流具有极强的扩散能力，比分子扩散快 $10^5 \sim 10^6$ 倍，但是在大气运动的主风方向上，由于水平风速比湍流脉动风速大得多，所以在主风方向上风力的平流输送作用是主要的。

风从风向和风速两个方面对大气污染物扩散产生影响。风向影响污染物的水平扩散方向，将污染物向下风向输送，使推进剂污染区分布在下风方向，即高污染浓度一般出现在污染源的下风向。风速的大小决定大气扩散稀释作用的强弱，风速越大，单位时间内混入污染气流的清洁空气越多，大气扩散的稀释作用也就越强。此外，风影响污染物输送距离，风速越大，污染物输送的距离越长，浓度也就变得越小。一般情况下，风速越大，湍流越强，污染物的扩散速度也就越快。

风和湍流是决定推进剂污染物在大气中扩散稀释的最根本原因，其他气象因素都是通过风和湍流的作用来影响扩散稀释的。

常温下空气分子扩散系数约 $(1.4 \sim 1.8) \times 10^{-5} \mathrm{m}^2/\mathrm{s}$，湍流扩散系数约 $10^{-3} \sim 10 \mathrm{m}^2/\mathrm{s}$。

（3）降解转化

大气环境中的污染物可分为持久性污染物和非持久性污染物两大类。持久性污染物进入大气后，随着大气的推流迁移和分散稀释作用不断改变空间的位置，并降低浓度，但其总量一般不发生变化。非持久性污染物进入环境后，除了随着大气的运动改变位置和降低浓度外，还由于降解与转化作用进一步降低浓度，这些行为有物理的、化学的以及生物的，从而使污染物在大气环境中的浓度、性质发生变化。

气态污染物在大气中的降解和转化途径有四种：重力沉降、降水及云雾对污染物的清洗作用、地表面对大气污染物的清除作用、大气污染物化学反应。

推进剂气态污染物 NO_2 在大气中主要可形成酸雨和光化学烟雾，在大气中经过扩散稀释，进一步降解转化为低污染物或非污染物。

由于上述扩散稀释作用，推进剂污染物在大气中形成一定的浓度时空分布梯度，需要采用一定的简化模型描述其浓度时空分布，以作为应急处置和事故安全疏散依据。

6.2.4.2 气态污染物扩散模拟

目前国内外对危险化学品泄漏气体扩散的研究，主要分为数学模型模拟和计算机仿真模拟两种。

计算机仿真模拟主要包括静态离线仿真模拟和实时动态仿真模拟，主要应用于泄漏事故的风险管理和监控预警体系。

数学模型包括："反求源强"模型研究和 Gauss 烟羽模型、烟团模型，BM 模型，Sutton 模型，FEM3 模型。BM 模型由一系列重气连续泄放和瞬时泄放的实验数据绘制成的计算图表组成，属于经验模型，外延性较差；Sutton 模型是用湍流扩散统计理论来处理湍流扩散问题，但在模拟可燃气体泄漏扩散时误差较大；Gauss 烟羽模型和 FEM3 模型是使用最为广泛且取得结果较好的模型，并且模型又分连续性泄漏和瞬时性泄漏两种情况。Gauss 模型提出的时间比较早，实验数据多，发展到现在已经较为成熟，而且 Gauss 模型简单，易于理解，运算量小，计算结果与实验值能较好吻合。FEM3 模型基于近年计算机的发展，获得了较快的发展，特点是计算量大，计算结果精确性较高。但 Gauss 模型与 FEM3 模型的应用范围各异，气体密度与空气相差不多的气体或经很短时间的空气稀释后密度与空气接近的气体，其泄漏扩散采用 Gauss 模型；气体密度比空气密度大得较多的气体（例氯气、液化石油气等），应采用 FEM3 模型。

推进剂气体扩散性很强，泄漏后液体迅速蒸发形成气体污染源，呈羽状在大气中逸散、飘浮，蒸发气体在重力作用下逐渐下降后被空气进一步稀释，气体受大气湍流的影响和控制，并根据大气和地形条件扩散。由于航天发射场一般地处边远地区，地域较开阔，在计算中一般不考虑地形地貌的影响，即按照平原地区进行计算。

气体污染源离开释放源后，初始结果不再占主导地位，气体呈自由飘浮的羽毛状云烟逸散，因此其行为可用 Gauss 烟羽模型预测：

$$C(x, y, z) = \frac{Q}{2\pi u \sigma_y \sigma_z} \exp\left(-\frac{y^2}{2\sigma_y^2} - \frac{z^2}{2\sigma_z^2}\right) \tag{6-9}$$

式中：$\sigma_y = \gamma_1 x^{\alpha_1}$，$\sigma_z = \gamma_2 x^{\alpha_2}$，取值与环境条件有关。当大气稳定度为 C 级，下风向距离大于 1000m 时，α_1 取 0.887，γ_1 取 0.189，α_2 取 0.838，γ_2 取 0.126；下风向距离小于 1000m 时，α_1 取 0.927，γ_1 取 0.144，α_2 取 0.838，γ_2 取 0.126。平均风速 $u=3$m/s；Q 为蒸发速率，mg/s；y、z 分别为下风向某位置的横风向距离和垂直风向距离。由上式可以计算出下风向某空间位置的气体浓度，mg/m^3。

6.2.4.3 气态污染物扩散假设和初始源强

假设泄漏发生在铁路槽车转注过程，贮罐如前述章节图 6-5 所示，罐尺寸同前节计算示例，泄漏时间假设为 10min。

① 推进剂气态污染物扩散与推进剂种类、源强大小、大气稳定度等有关。高斯模式中采用了帕斯奎尔大气稳定度分类方法。它是根据日间日射程度、天空云量及地面风速来判定的，见表 6-1。

表 6-1 中，A 代表强不稳定（强对流），B 代表不稳定(对流)，C 代表弱不稳定（弱对流），D 代表中性稳定（等温），E 代表弱稳定（弱逆温），F 代表稳定（逆温）。

根据各航天发射场多年的气象记录，风速设定为 3m/s，大气稳定度为 C 级，在污染气体浓度计算过程中，根据稳定度 C 选取不同的参数。

表 6-1　大气稳定度等级表

地面风速/（m/s）	白天日照			阴云密布的白天或夜晚	夜间云量	
	强	中等	弱		薄云遮天或低云≥4/8	云量≤3/8
<2	A	A～B	B	D	E	F
2～3	A～B	B	C	D	E	F
3～5	B	B～C	C	D	D	E
5～6	C	C～D	D	D	D	D
>6	C	D	D	D	D	D

② 设泄漏环境温度为 30℃，泄漏液体积存于一个 3m 直径液池中，对于 N_2O_4 泄漏过程（10min）存在沸腾汽化（汽化率为 3.24%），10min 泄漏结束后主要为泄漏液池内的积液蒸发气体

作为连续源，UDMH 只存在蒸发汽化的连续释放源。

由计算可知，在 10min 内 N_2O_4 的泄漏平均速率为 1.745kg/s，此时间段内共泄漏 1047kg 液体，由"沸腾汽化"节内容知 N_2O_4 的沸腾汽化率为 3.24%（30℃），则泄漏液体沸腾汽化速率为 56.538g/s（理想混合时浓度为 188460mg/m³）；泄漏结束后积液池内的液体逐渐蒸发，蒸发速率由公式（6-6）计算得 187.95g/s，3m 液池蒸发浓度为 321830mg/m³。设泄漏开始为零时，则起始 10min 气体扩散源为二者之和，即浓度为 510290mg/m³。10min 后连续释放源浓度为 321830mg/m³。

UDMH 在液体泄漏动态过程中的沸腾汽化率为 0，因此以积液蒸发汽化为连续污染释放源，同理计算其汽化速率为 23.57g/s，泄漏开始为零时，连续释放源浓度为 78160mg/m³。

③ 计算污染物的浓度时空分布的目的是为应急救援和人员疏散提供理论依据，因此主要关注下风向和横风向的浓度分布，垂直风向即高度方向关注离地面 1.5m 的浓度值。根据文献，当人员吸入 NO_2 浓度达 950mg/m³（500ppm）数分钟可致死，吸入 NO_2 浓度达 570mg/m³（300ppm）数分钟可患支气管炎、肺炎等重病，严重者死亡，因此规定致死区浓度为 950mg/m³，重伤区浓度为 570mg/m³。表 6-2 列出了 UDMH 和 N_2O_4 应急暴露极限值和扩散过程关注的气体污染物浓度值。

▫ 表 6-2　UDMH/N_2O_4 应急暴露极限值和扩散过程关注的气体污染物浓度值

推进剂	致死区浓度 /（mg/m³）	重伤区浓度 /（mg/m³）	应急暴露极限值/（mg/m³）			安全区浓度 /（mg/m³）
			10min	30min	60min	
UDMH	—	—	250	125	75	0.5
N_2O_4	950	570	54	36	18	10

根据《工作场所有害因素职业接触限值　第 1 部分：化学有害因素》（GBZ 2.1—2019）要求，取 N_2O_4 安全浓度值为 $C_{NO_2}=10mg/m^3$。

参考原《车间空气中偏二甲肼卫生标准》（GB 16223—1996），取 UDMH 安全浓度值为 $C_{UDMH}=0.5mg/m^3$。

6.2.4.4　气态污染物扩散浓度时空分布

在选定的假设和初始条件下，选用 Gauss 烟羽模型，采用 AERMOD 程序进行预测计算。

图 6-6 示出了 UDMH 泄漏后不同时间的 0.5mg/m³ 浓度扩散范围，图中网格间距为 200m。横坐标"E"表示东向，纵坐标"N"表示北向。

图 6-7 为 N_2O_4 泄漏后不同时间、NO_2 不同应急暴露极限值（54mg/m³，36mg/m³，18mg/m³）和安全浓度值 10mg/m³ 的扩散分布图。

由图 6-7 可以看出，推进剂泄漏后，在风速为 3m/s、大气稳定度为 C 级时，由于风力的作用，在下风向对污染气体有较强的平流输送作用，使污染物气体浓度以下风向为主扩散方向，以横风向为辅助扩散方向，导致一定的浓度范围在下风向的距离较大，在横风向扩散范围较小。距离泄漏源越近，污染气体浓度越高，图 6-7 是在各种假设条件下的理想扩散浓度分布图，实际上由于地形地貌的不规整性、房屋建筑物及树木的阻碍、风向风速的瞬时变化，导致实际扩散范围要大于理想计算的浓度分布范围。

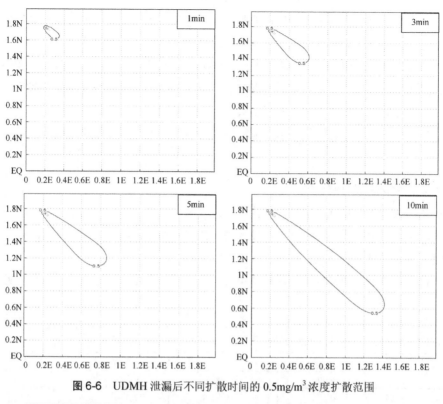

图 6-6 UDMH 泄漏后不同扩散时间的 0.5mg/m³ 浓度扩散范围

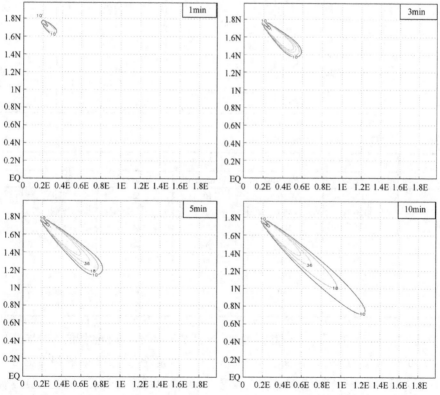

图 6-7 N₂O₄ 泄漏后不同扩散时间的不同浓度（10mg/m³、18mg/m³、36mg/m³、54mg/m³）范围

各个航天发射场可以根据场地的地形地貌，以及储存的液体推进剂的常规容器和储存量，计算最不利条件下的推进剂泄漏液体挥发气体的扩散浓度时空分布，并据此制订一定的事故应急预案。在发生泄漏事件后，应首先考虑将下风向重伤区和致死区人员紧急疏散至安全区，再考虑将应急暴露极限区域的人员尽可能在应急暴露时间内疏散至安全区。在制订应急预案时，各种操作范围的规定要在计算数据基础上加入安全系数。

在事故处置中，必须考虑操作人员在泄漏源周边的安全，在高浓度区域操作一定要佩戴各种安全防护装具。

6.2.4.5 气态污染物扩散危险范围

推进剂气体在大气中超过一定浓度并持续一定时间，会使接触人群发生中毒导致伤残、死亡或有其他生理反应。距离泄漏源愈近，浓度愈高，暴露时间愈长，伤亡愈严重。因此合理估算污染气体浓度范围，可以为应急处置提供科学依据。

在假设自然条件下，两种推进剂泄漏后不同时间的不同危险浓度在下风向的距离见表 6-3 及表 6-4。

⊡ 表 6-3　UDMH 泄漏后下风向不同浓度扩散范围

泄漏后时间/min	不同浓度的下风向距离/m			
	250mg/m³	125mg/m³	75mg/m³	0.5mg/m³
1	90	100	120	240
3	90	110	150	600
5	90	120	150	940
10	90	120	150	1740
15	90	120	150	2300
20	90	120	150	2340
25	90	120	150	2340
30	90	120	150	2340

⊡ 表 6-4　N_2O_4 泄漏下风向不同浓度扩散范围

泄漏后时间/min	不同浓度的下风向距离/m					
	950mg/m³	570mg/m³	54mg/m³	36mg/m³	18mg/m³	10mg/m³
1	40	130	210	220	230	240
3	130	180	480	510	550	580
5	130	180	600	740	840	900
10	130	180	600	750	1120	1520
15	120	150	530	660	980	1380
20	120	150	530	660	980	1380
25	120	150	530	660	980	1380
30	120	150	530	660	980	1380

根据前述分析和表 6-3、表 6-4 中数据可知，一旦发生泄漏，作业区域的瞬时推进剂气体质量浓度可高达 10^5mg/m³，UDMH 泄漏点周围存在着火爆炸危险，作业时应杜绝出现明火和静电累积。各类作业人员的工作位置应尽量选择在泄漏的上风向区域，处于下风向的人员必须迅速转移至上风向位置。确需在下风向作业的人员必须使用过滤式防护装具。

N_2O_4 泄漏后 10min 内在下风向 130m 范围内属于致死区，180m 范围内为重伤区，10min 应急暴露极限范围为 600m，30min 应急暴露极限范围为 660m，10min 安全区为 1520m 以外，该数值为不戴任何防护装具的范围。

UDMH 泄漏后下风向 10min 应急暴露极限范围为 90m，30min 应急暴露极限范围为 120m，10min 安全区为 1740m 以外。

因此出现大量泄漏事故时，严禁人员在致死区和重伤区活动，当应急处置工作确需近距离操作时，必须严格佩戴各种应急防护装具；UDMH 泄漏时应将下风向 1740m 范围内人员在 10min 以内疏散安置，90m 范围内严禁人员停留时间超过 10min；N_2O_4 泄漏后应将下风向 1520m 范围内人员在 10min 以内疏散，人员疏散后再按照危险化学品应急处置程序要求进行泄漏物的收集、覆盖和无害化处理。

6.2.5 泄漏模型试验验证

在某发射场进行了 N_2O_4 泄漏模拟试验，由于现场条件限制，无法实际模拟泄漏，用取样罐从大型推进剂储罐中取出一定量的 N_2O_4 液体，倒入人为设置好的瓷盘或有围堰的铝板上，测量了周围 2m 处的推进剂气体浓度与采用模型式 6-7 计算的结果进行比较，结果如表 6-5 和图 6-8 所示。

⊡ 表6-5　气体污染源强模拟验证结果

泄漏 N_2O_4 量/kg	液池面积 /m²	温度 /℃	饱和蒸气压 p_{sat}/kPa	空气速率 Q_v/(m³/s)	kC（k 为混合因子）/(mg/m³)			实测 NO_2 浓度 /(mg/m³)	实测值与 $k=0.3$ 模拟值比较/%
					k=0.1	k=0.3	k=0.5		
0.5	0.10	14	72.28	0.5	13065	4355	2613	4000	8.88
0.5	0.12	14	72.28	0.5	15678	5226	3136	5000	4.52
1.0	1.0	17	83.16	3.0	25053	8351	5011	7000	19.30
5.0	1.8	19	91.92	3.0	49846	16615	9969	15000～20000	10.77
10.0	2.2	19	91.92	3.0	60923	20307	12185	15000～20000	1.54

试验是在某年 10 月份进行的，环境温度低于 N_2O_4 液体的沸点，所以采用公式（6-7）计算了气体污染源强，气体混合因子 k 一般取值为 0.1～0.5，取值 0.1 表示污染物与周边气体为理想混合。从表 6-5 和图 6-8 中可以看出，在该实验条件下，气体混合因子取值为 0.3 即中等混合时，计算值与实测值误差为 1.54%～19.30%，表明所建模型基本符合实际情况。该实验结果可以指导推进剂泄漏应急预案制订中污染源强的计算。

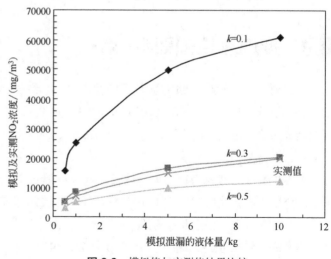

图6-8　模拟值与实测值结果比较

由于泄漏实验是在有围墙的小院内进行的，气体很快越过围墙扩散，实验场地距离围墙约20m，在围墙内设置两个测量点，测量了 10kg 液体泄漏时距离地面 1.5m 处的 NO_2 浓度分别为 180mg/m^3 和 220mg/m^3（平均为 200mg/m^3），由模拟公式（6-9）计算的浓度为 321mg/m^3，高于实测值的 60.5%，由于模型主要用于应急预案的制订，从人员安全角度考虑，计算值大于实测值有利于事故的处置。

由于条件限制，仅进行了式（6-7）和式（6-9）的验证，验证结果表明，模型基本能满足实际需求，模型计算值均大于实测值，有利于泄漏事故应急预案的确定和应急处置设备的配置。

6.2.6 主要结论

推进剂泄漏扩散过程是涉及液体泄漏、汽化、空气夹带和强制对流扩散等多种传质现象的复杂过程。针对推进剂泄漏及其气体的扩散，本章主要取得以下结果：

① 分析了推进剂泄漏的物理过程及其自然现象，根据航天发射场推进剂不同的储存条件，构建了通过管道和贮罐最不利条件下的泄漏计算及液体在地面形成液池的半径计算模型，解决了泄漏事故应急处理中泄漏量的计算问题。

② 结合推进剂的物性和发射场的自然条件，分析了推进剂泄漏到地面后的汽化行为，建立了蒸发汽化和沸腾汽化的计算模型，为后续气体污染物扩散解决了源强计算问题。

③ 在气体污染物扩散计算中，通过分析现有各种计算模型的优缺点，结合分析对象，选用 Gauss 烟羽模型和《环境影响评价技术导则 大气环境》中推荐的 AERMOD 模式，计算了一定假设条件下污染物气体的时空浓度分布。

④ 根据推进剂的应急暴露极限要求，确定了一定条件下发生泄漏后，致死区、重伤区、反应区和安全区的范围及人员疏散的安全距离，为推进剂泄漏突发事故处置和应急风险管理提供了依据。

⑤ 对部分模型进行了验证，表明所建模型可用于描述实际情况，为了使模型更符合实际情况，在条件允许时需要进一步进行大量的模拟试验，修正模型中的参数，以使模型更符合实际情况。

6.3 推进剂泄漏模拟小结

在国内外航天事业发展的几十年中，初期阶段推进剂泄漏事故较多，后期随着技术的发展，安全保障设施不断完善，事故发生的频率和危害逐渐减小。一旦发生推进剂泄漏，轻者会对局部环境造成污染，引起短期的生态危害，重者会导致人员伤亡和设备严重损坏，甚至使火箭、航天器毁坏，经济损失不可估量。

所有的化工过程都有一定的事故发生概率，但是作为过程作业的管控者可以通过识别危险源、加强管理、强化措施、制订可行的预案，将发生事故的概率降到最低，将事故消灭在萌芽状态。一旦发生事故，根据准备的预案可以快速有效控制事故的蔓延，可以将事故危害降到最低。

本章通过对推进剂泄漏液体、气体扩散分析模拟，为科研工作者提供了推进剂泄漏的模拟技术手段，在此基础上可以根据地形环境设置各种边界条件进行现场模拟，如陈家照等模拟计算了圆筒形受限空间内偏二甲肼毒气的扩散规律，发现气体扩散主要集中在地面高度约 1m 范围内，为受限空间内特种污染物监测探头的布设提供了依据。及时掐断污染源是控制污染的最有效手段，其次针对局部空间内的污染物合理通风排气是减小污染物扩散的重要措施。因此，在各种推进剂作业场所可以结合现场地理、气候等自然条件采用预测模拟技术进行事故预判分析，为事故预案的制订和事故污染物的后处理提供技术支持。

参考文献

[1] 索志勇，刘晓春. 美国四氧化二氮泄漏事故综述[J]. 化工管理，2016，10：132-133.

[2] 张宗美，翟彬，张国瑞. 航天故障手册[M]. 北京：宇航出版社，1994.

[3] 郑治仁. 液体推进剂泄漏问题综述[J]. 中国航天. 1999，3：16-19.

[4] 索志勇，刘晓春. 美国四氧化二氮泄漏事故综述[J]. 化工管理，2016，10：132-133.

[5] 陈新华. 液体推进剂爆炸危害性评估方法及应用[M]. 北京：国防工业出版社，2005.

[6] 胡文祥. 载人航天工程火箭推进剂安全科学概论[M]. 北京：解放军出版社，2003.

[7] 侯瑞琴. N_2O_4 泄漏过程模拟与应急处置技术研究[D]. 北京：清华大学博士论文，2010.

[8] 张启平，吕武轩，麻德贤. 突发性危险气体泄放过程智能仿真[J]. 中国安全科学学报，1998，8（6）：35-39.

[9] 谭天恩，窦梅，周明华. 化工原理[M]. 北京：化学工业出版社，2006.

[10] 饶国宁，陈网桦，胡毅亭，等. 液氨泄漏事故危险性的定量分析研究[J]. 安全与环境学报，2004，4：165-167.

[11] Mannan S, Lees F P. Lee's loss prevention in the process industries：Hazard identification, assessment, and control[M].3rd ed. Amsterdam：Elsevier Butterworth-Heinemann, 2005.

[12] Perry R H,Green D W.Perry's chemical engineers' handbook[M].7th ed.New York：McGraw-Hill,1997.

[13] 蒋军成. 化工安全[M]. 北京：机械工业出版社，2008.

[14] 张江华，赵来军，吴勤旻. 危险化学品泄漏扩散研究探讨[J]. 风险管理，中国公共安全·学术版：2007，8（1）：35-37.

[15] 环境影响评价技术导则　大气环境 HJ 2.2—2008，国家环保部.

[16] 柳宁远，崔村燕，辛腾达，等. 航天发射场液体推进剂的泄漏扩散模型研究[J]. 中国安全生产科学技术，2018，14（2）：64-69.

[17] 欧平，唐秀英，蒲元. 液体火箭可贮存推进剂泄出速度影响因素分析[J]. 载人航天，2013，19（6）：25-28.

[18] 陈家照，于文涛，廖斯宏. 圆筒形受限空间偏二甲肼毒气扩散安全性分析[J]. 安全与环境工程，2013，20（3）：130-134.

[19] 金国锋，黄智勇，田干，等. N_2O_4 野外转注中泄漏扩散的数值模拟分析[J]. 化学推进剂与高分子材料，2016，14（2）：69-72.

[20] 胡继元，黄智勇. 四氧化二氮储罐的风险评价[J]. 安全与环境工程，2017，24（5）：129-131，157.

[21] 黄智勇，陈兴，王煊军，等. 四氧化二氮推进剂贮存条件下蒸发模型研究[J]. 化学推进剂与高分子材料，2011，9（2）：56-59，63.

[22] 张濂，许志美，袁向前. 化学反应工程原理[M]. 上海：华东理工大学出版社，2007.

[23] 侯瑞琴. 液体推进剂泄漏时的安全疏散距离[J]. 清华大学学报（自然科学版），2010，50，（6）：928-931.

[24] 黄智勇，陈兴，平燕兵，等. 贮存条件下偏二甲肼蒸发特性[J]. 导弹与航天运载技术，2011，1：58-61.

[25] 陈家照，于文涛，廖斯宏. 圆筒形受限空间偏二甲肼毒气扩散安全性分析[J]. 安全与环境工程，2013，20（3）：130-134.

[26] Tseng J M,Su T S,Kuo C Y.Consequence evaluation of toxic chemical releases by ALOHA[J].Procedia Engineering,2012, 45：384-389.

[27] William J Nichols.An overview of the USEPA national oil and hazardous substances pollution contingency plan,subpart J product schedule(40CFR 300.900) [J].Spill Science and Technology Bulletin,2003,8(5)：521-527.

[28] 赵金才. XX 型号火箭推进剂重大泄漏事故抢险组织指挥的启示[C]. 第二届上海航天科技论坛暨上海市宇航学会 2007 年学术年会论文集，上海，2007.

第**7**章

液体推进剂泄漏处理粉剂及装置

硝基氧化剂类推进剂泄漏后均会挥发形成大量的氮氧化物气体，泄漏对人员和大气环境的主要危害来自挥发形成的氮氧化物红烟气体，为此提出了氧化剂泄漏处理技术路线：首先研制一种专用处理剂，将其装填于不同规格容器中形成各种处理装置，针对不同规模的泄漏采用不同形式的处理装置进行现场泄漏控制。

偏二甲肼（UDMH）、甲基肼（MMH）和无水肼（HZ）是我国各种战略导弹和空间运载工具及卫星的主要液体推进剂，在我国的航天事业中占有极其重要的地位。偏二甲肼是最具代表性的一种肼类燃料，具有易蒸发、蒸气压力大、爆炸极限宽等特点，是一种带有鱼腥气味的弱碱性毒性物质，在加注、运输、转注等过程产生泄漏后，产生弥漫性有毒蒸气，极易着火爆炸，由偏二甲肼泄漏导致的各种大小事故也屡屡发生，重者造成人员伤亡，轻者则会给环境带来污染，因此，偏二甲肼泄漏应急处理及污染控制也是航天发射场安全防护研究的重要组成部分。

本章主要介绍氧化剂 N_2O_4 和燃烧剂偏二甲肼泄漏处理粉剂和处理装置。

7.1 粉剂处理 N_2O_4 泄漏理论基础

7.1.1 N_2O_4 泄漏专用处理粉剂筛选

推进剂 N_2O_4 液体呈酸性，其沸点为 21.15℃，N_2O_4 一旦泄漏，首先在环境中快速挥发产生高

浓度 NO_2 气体，可导致人员伤亡，因此理想的处理泄漏的方法是喷洒吸收液或喷射吸附干粉捕获泄漏产生的气体污染物，与之进行反应，未反应的吸收液或粉剂与反应产物一起沉降于泄漏液面上，对液体进行有效覆盖，阻止其进一步产生污染气体，从而达到控制泄漏的目的。

液体推进剂的泄漏在运输和使用各个环节均有可能发生。若是发生在运输过程的非固定场所，液体类吸收剂不易获得或不易按照适宜比例现场配制；若是发生在固定场所，一般场所内不仅仅是 N_2O_4 液体贮罐，还会有附属设施和控制设施，如果采用水消防设施进行泄漏控制，由于水与 N_2O_4 反应属于放热反应，反应后形成的产物的腐蚀性很强，一方面放热反应导致大量的二氧化氮气体挥发到均布空间中，对人员造成生命危害，另一方面腐蚀性强的产物会引起周边管道和精密仪器毁坏，造成更大的爆炸隐患。因此，针对推进剂 N_2O_4 液体泄漏，严禁使用水或水溶液进行现场处置，可以使用粉剂或泡沫类洗消剂进行处置。

研究者在对大量化学品泄漏事故处理技术调研的基础上，针对推进剂使用环节，提出采用现场喷射专用干粉吸附剂的方法进行泄漏处理，该类方法是目前处理非固定泄漏源化学品泄漏事故行之有效的方法，也是对于非固定源泄漏最为快捷和易于实现的方法，高效推进剂污染物粉体吸附剂是有效处理推进剂泄漏事故的关键。

N_2O_4 液体呈酸性，针对泄漏现场灾难性场面应急控制的需要，吸附处理粉剂应为碱性物质，并应具备以下特点：

① 对吸附质有较强的吸附能力；
② 与吸附质发生化学反应生成低毒或无毒物质；
③ 制造方便，容易再生；
④ 有良好的机械强度。根据上述要求，结合目前消防用干粉灭火材料，选出十种易于获得的无机粉剂进行了定性初步试验，十种粉剂分别为：$NaHCO_3$、$Ca(OH)_2$、$KHCO_3$、$(NH_4)_3PO_4 \cdot 3H_2O$、$(NH_4)_2HPO_4$、Na_2CO_3、CaO、尿素、活性氧化铝、硅胶。从反应速率看，$Ca(OH)_2$ 和 $NaHCO_3$ 比较快。硅胶、氧化铝可以吸附 N_2O_4，但很快又慢慢释放出 NO_2 气体。分析了各种粉剂覆盖推进剂液体现象，对其中的五种粉剂进行了 NO_2 气体去除的初步定量试验，结果见表7-1。

⊡ 表 7-1　五种粉剂去除 NO_2 定量筛选试验结果

序号	干粉剂名称	数量/g	NO_2 浓度 /(mg/m^3)	喷干粉剂后 NO_2 去除率/%		3min 吸附量 /(g NO_2/g 粉剂)
				喷后 1min	喷后 3min	
1	$Ca(OH)_2$	20	15289	76	83	0.006
			42340	75	81	0.017
2	$NaHCO_3$	40	6027	54	79	0.001
			46750	60	76	0.008
3	CaO	20	41458	61	71	0.015
			42340	60	69	0.015
4	$(NH_4)_2HPO_4$	40	39693	41	44	0.004
			43662	44	48	0.005
5	硅胶 200~300 目	20	41017	49	51	0.010
			27345	51	55	0.008

根据表7-1中 NO_2 气体去除率初步试验结果，比较每克粉剂吸附的 NO_2 气体量，在不同的初始 NO_2 气体浓度下，吸附量差别较大，表中 $Ca(OH)_2$ 和 CaO 的吸附量相对较高，说明钙基粉剂对

NO_2 气体有较高的吸附容量，所用试剂 CaO 比表面积为 $2.4m^2/g$，$Ca(OH)_2$ 比表面积为 $10.2m^2/g$。表中 $Ca(OH)_2$ 和 $NaHCO_3$ 的去除率较高，处理速度较快，与初步筛选试验结果吻合，因此重点对 $Ca(OH)_2$ 和 $NaHCO_3$ 进行了进一步的定量试验，结果见表 7-2。由表 7-2 可知，两种粉剂对 NO_2 气体的去除率差别较大，根据试验结果确定采用 $Ca(OH)_2$ 粉剂作为高压喷射粉剂。

▣ 表 7-2　$Ca(OH)_2$ 和 $NaHCO_3$ 对 NO_2 的定量试验结果

粉剂用量/g	NO_2 气体不同取样时间	去除率/%					平均去除率/%
$Ca(OH)_2$ (20)	起始浓度/(mg/m^3)	13378	13739	27050	69097	72381	
	1min	92	91	91	87	89	90
	3min	98	96	97	89	93	94.6
	6min	98	98	98	97	97	97.6
$NaHCO_3$ (40)	起始浓度/(mg/m^3)	12850	29403	36607	63952	67634	
	1min	58	53	54	65	67	59.4
	3min	60	64	60	68	71	64.6
	6min	73	79	75	73	73	74.5

初步筛选试验用试剂为化学纯试剂。为了提高 N_2O_4 液体泄漏处理的效率，需要制备符合实际使用要求的高效处理 N_2O_4 液体泄漏的 $Ca(OH)_2$ 粉剂。

市购 $Ca(OH)_2$ 粉剂，表面积为 $10.2m^2/g$，为了提高粉剂的处理效果，需要研究制备高活性 $Ca(OH)_2$ 粉体吸附剂，希望提高粉剂比表面积，从而提高其吸附活性。采用现代粉体材料的表征手段（XRD、SEM、BET）比较各种方法制备的粉体吸附剂的性能，采用正交试验探索各种制备条件的影响，通过分析吸附等温线和吸附剂孔结构，比较各种工艺条件下制备的吸附剂的吸附性能，最终确定可以实际批量生产 $Ca(OH)_2$ 的最佳生产工艺。具体步骤为：

① 分析采用 $Ca(OH)_2$ 粉剂吸附处理 N_2O_4 泄漏液体和气体的化学反应可行性及化学反应动力学影响因素，据此提出 $Ca(OH)_2$ 粉剂的制备要求。

② 粉剂制备：运用溶液均相沉淀法、CaO 消化法、载体沉淀法和载体消化法，加入不同的添加剂制备 $Ca(OH)_2$ 粉体吸附剂，通过正交试验比较不同工艺条件下吸附剂的吸附性能。

③ 粉剂的表征：用 XRD、SEM、BET 及 FT-IR 手段对制备的 $Ca(OH)_2$ 粉剂进行表征。

④ 分析制备粉剂的吸附等温线和吸附剂孔结构，用不同条件下制备的样品对氮氧化物进行去除率试验，通过分析不同条件下制备粉剂对实际污染物的去除结果及其产物分析，比较后推荐最适宜的制备工艺。

用 $Ca(OH)_2$ 粉体吸附处理 N_2O_4 泄漏液体及气体的化学反应涉及两方面的问题：一个是反应进行的方向和限度的问题，属于化学热力学研究的范畴，主要回答化学反应能否进行的问题；另一个是反应速率问题，属于化学动力学研究的范畴，研究化学反应进行得快慢的问题，解决化学反应的实际应用问题。

7.1.2　粉剂处理泄露的化学反应可行性

推进剂使用环节不是一成不变的，其泄漏场所存在固定式和非固定式的形式，采用压力喷射专用干粉处理泄漏是目前较为适用的方法。针对 N_2O_4 及其离解生成的 NO_2 气体为酸性物质，提出采用高活性 $Ca(OH)_2$ 粉剂处理 N_2O_4 泄漏的方法。在 N_2O_4 泄漏处理中，理想的处理吸附剂首先可以高效吸附捕获泄漏液体挥发产生的 NO_2 气体，其次处理粉剂降落在泄漏液面上可以有效覆盖液体，并与之进行中和反应，阻止其进一步挥发产生污染气体。该处理过程存在固相与气相的吸附反应、固相与液相反应等过程。用 $Ca(OH)_2$ 碱性粉剂吸附 NO_2 气体反应生成硝酸盐和亚硝酸盐，方程式及其热力学参数如下：

$$4NO_2(g)+ \quad 2Ca(OH)_2(s) \longrightarrow Ca(NO_3)_2(s) +Ca(NO_2)_2(s) +2H_2O(l)$$

$\Delta_f G_m^{\ominus}$/(kJ/mol)	51.3	−897.5	−742.8	−558.04	−237.14
$\Delta_f H_m^{\ominus}$/(kJ/mol)	33.1	−985.2	−938.2	−741.4	−285.83
$\Delta_f S_m^{\ominus}$/[J/(mol·K)]	240.1	83.4	193.3	282.42	69.95

$$(7-1)$$

上述化学反应的标准摩尔吉布斯自由能变由下式计算：

$$\Delta_r G_m^{\ominus}(298.15K) = \sum v_i \Delta_f G_m^{\ominus}（生成物）-\sum v_i \Delta_f G_m^{\ominus}（反应物）$$

$$= 2\times(-237.14)-558.04-742.8-[2\times(-897.5)+4\times51.3]=-185.32(kJ/mol)$$

同理计算得： $\Delta_r H_m^{\ominus}(298.15K) = -413.26kJ/mol$ ，放热反应

$$\Delta_r S_m^{\ominus}(298.15K) = -511.58J/(mol·K)$$

由于 $\Delta_r G_m^{\ominus}(298.15K)<0$ ，所以在标准状态下（25℃，101kPa），该反应可以自发进行。若使反应自发进行，必须有：

$$\Delta_r G_m^{\ominus}(T) = \Delta_r H_m^{\ominus}(298.15K)-T\Delta_r S_m^{\ominus}(298.15K)<0$$

所以，自发反应进行的温度为： $T<-413.26/(-511.58\times10^{-3})=807.8$ （K）

计算结果表明当环境温度小于 807.8K 时，该反应均可自发进行，即利用 $Ca(OH)_2$ 粉剂吸附处理 N_2O_4 液体或 NO_2 气体在航天发射场的常温常压条件下是可以自发进行的。热力学只是表明反应的可行性，若要提高反应吸附处理效果，需要分析化学吸附反应的动力学影响因素。

7.1.3 处理粉剂的结构性能要求

采用高压喷射活性 $Ca(OH)_2$ 粉剂控制 N_2O_4 泄漏过程涉及粉剂的沉降和粉剂与 N_2O_4 泄漏产生的 NO_2 气体污染物进行有效化学吸附的过程，因此从粉剂的沉降和影响化学吸附的因素分析粉剂的性能和结构要求。

7.1.3.1 粉剂沉降对颗粒的要求

粉剂通过高压喷射与气体反应后产物及未反应物自由沉降于泄漏液面上，自由沉降颗粒的沉降速度可用 Stokes 公式计算：

$$u_0 = \frac{d^2(\rho_s-\rho)g}{18\mu} \tag{7-2}$$

上式适用于雷诺数小于 2 的层流区。式中，u_0 为颗粒沉降速度，m/s；d 为颗粒的直径，m；ρ_s 为颗粒的密度，$Ca(OH)_2$ 粉剂颗粒密度为 $2343kg/m^3$；ρ 为空气的密度，$1.2kg/m^3$；μ 为空气的黏度，

$1.85\times10^{-5}kg/(m\cdot s)$；$g$ 为重力加速度，$9.8m/s^2$。

若颗粒直径为 $5\mu m$，则沉降速度为 $1.7mm/s$；若颗粒直径为 $1\mu m$，则沉降速度为 $0.07mm/s$；若颗粒直径为 $0.5\mu m$，则沉降速度为 $0.017mm/s$。

实际使用中，操作人员站在泄漏源上风向对准泄漏源进行喷射，粉剂具有一定的初始速度，所以实际使用中粉剂的沉降速度应大于上述计算值。

从上述分析可知，为了保证粉剂在喷射后既可通过沉降快速捕获挥发的 NO_2 气体，又避免粉剂长时间悬浮于空气中，难以沉降，应使制备的 $Ca(OH)_2$ 粉剂颗粒粒径为微米级，根据国家消防灭火用干粉的颗粒粒径要求，一般应使粉剂中 60% 的颗粒粒径在 $0.5\sim5\mu m$ 之间。

7.1.3.2 粉剂化学吸附气体污染物对颗粒的要求

在 $Ca(OH)_2$ 粉剂表面吸附 NO_2 气体过程中涉及反应物分子的电子转移或共用，形成了新的分子结构，属于化学吸附的范畴，因此有很强的特定性，即吸附剂与被吸附物有很强的选择性。吸附物在吸附剂表面属于单分子层覆盖。化学吸附只能发生于固体表面那些能与气相分子起反应的原子上，通常称其为活性中心。为了提高化学吸附效果，要求吸附剂中有较多的活性中心。

NO_2 气体与 $Ca(OH)_2$ 吸附剂表面的化学吸附反应过程有固体产物生成，反应经历了以下步骤：

① NO_2 由气相主体通过气膜扩散到吸附剂颗粒外表面；

② NO_2 由吸附剂的外表面扩散到内表面；

③ NO_2 在吸附剂内表面的活性中心进行化学吸附；

④ 在吸附剂表面进行化学反应，生成产物；

⑤ 反应产物从吸附剂表面脱附。

其中包含了外扩散、内扩散和化学反应过程。①称为外扩散过程；②称为内扩散过程，受孔隙大小所控制；③、⑤分别称为表面吸附和脱附过程；④为表面反应过程。③～⑤是在吸附剂颗粒表面上进行化学吸附、化学反应、化学解吸的过程，统称为化学动力学过程。由过程③～⑤表现的速率为表面反应速率或本征反应速率，研究该速率及其影响因素称为本征动力学研究；由①～⑤步表现的综合速率称宏观反应速率，研究该速率及其影响因素称为宏观动力学研究。

吸附质的传递阻力在各个阶段并不都是相同的，某一阶段的阻力越大，克服此阻力产生的浓度梯度越大，其中最慢的过程起控制作用，常用最慢阶段的数学表达式代表整个传递过程。在物理吸附过程中，吸附动力学特性一般由外扩散和内扩散步骤决定。

在该吸附过程中包括物理吸附和化学吸附，在发生物理吸附的同时 NO_2 气体与 $Ca(OH)_2$ 发生了化学反应。

因此，在讨论该化学吸附过程的宏观动力学影响因素中，应从外扩散、化学反应本征动力学和内扩散几方面讨论。

（1）外扩散的影响

分子碰撞理论认为：物质之间发生化学反应的必要条件是反应物分子之间必须发生碰撞，分子发生有效碰撞所必须具备的最低能量称为临界能或阈能。能量大于或等于临界能的分子称为活化分子；能量低于临界能的分子称为非活化分子。活化分子具有的平均能量与反应物分子的平均能量之差称为反应活化能。反应的活化能是决定化学反应速率大小的重要因素，反应活化能越小，反应速率越大；否则，反之。化学反应速率的快慢，首先取决于反应物的内在因素，即反应活化能的大小，其次还与反应物浓度（或压力）、温度等外界条件有关。在一定温度下，活化分子占反应物分子总数的百分数是一定的，增加反应物浓度时，单位体积内的活化分子数也相应增大，活化分子总数增大，有效碰撞次数增多，因此，化学反应速率加快。

具体在气体化学吸附中，其吸附速率与吸附质在单位时间内对表面的有效碰撞次数、表面覆盖度、活化能有关，宏观动力学反应速率取决于化学反应本征动力学反应速率和气体的传质速率。本征动力学反应速率主要与反应活化能有关，而传质速率则与有效碰撞次数、表面覆盖度等外部条件有关。

外扩散传质过程和化学反应过程是相继发生的串联反应，因此在定态操作条件下这两个过程速率必须相等，且等于整个过程的宏观动力学速率。但是在实际过程中，外扩散传质过程和反应速率是有区分的。

外扩散过程对化学反应的影响，是由传质过程引起的表面反应与气流主体浓度差异造成的。固体吸附剂颗粒外部传质过程的存在，造成反应场所颗粒外表面浓度小于气体主体浓度，颗粒外部传质过程致使反应速率降低。

当外扩散传质速率远大于本征化学反应速率时，过程宏观反应速率取决于化学反应速率，即为化学反应速率控制，此时要提高过程的宏观反应速率，必须采取增大化学反应速率的措施，如提高温度，在实际推进剂的泄漏处理中，提高反应温度是不现实的。

当外扩散传质速率远小于本征反应速率时，表明宏观反应过程速率趋近于传质速率，过程速率取决于传质速率，称为传质速率控制。此时要提高过程速率，必须采取手段增大传质速率，提高传质速率的有效手段是增大吸附剂颗粒的比表面积和气膜传质系数。颗粒的比表面积与颗粒的形状和大小有关，减小颗粒的直径可以增大其比表面积。

（2）内扩散的影响

内部传质阻力对反应过程的影响与外扩散相类似，内部传质阻力使吸附剂颗粒内表面上的反应物浓度小于颗粒外表面浓度，而使颗粒内表面的产物浓度高于颗粒外表面的产物浓度。西勒（Thiele）准数 ϕ 表征了内扩散过程对化学反应影响的程度，ϕ 大表明本征反应速率大于颗粒内扩散传质速率，内扩散对宏观反应速率影响较大，反之，内扩散影响较小。西勒准数 ϕ 表述如下：

$$\phi = \frac{R}{3}\sqrt{\frac{K_v}{D_e}} \tag{7-3}$$

式中，R 为吸附剂颗粒半径，m；K_v 为反应速率常数，s^{-1}；D_e 为内扩散系数，m^2/s。

西勒（Thiele）准数 ϕ 的影响因素主要为温度、反应物浓度和吸附剂颗粒的尺寸及结构。温度对化学反应的本征活化能影响较大，进而对反应的本征反应速率影响较大，而对内扩散影响较小，提高温度 ϕ 准数增大，内扩散影响增大。

吸附剂颗粒尺寸和结构对 ϕ 准数的影响表现在多方面。首先，颗粒大小是一个重要因素，随着颗粒粒度的增大，ϕ 准数提高，反应物在颗粒内孔中的扩散阻力增大，使内扩散影响渐趋严重；其次，吸附剂颗粒的孔隙率、内孔的孔径大小、孔道的曲折程度及颗粒本身的形状都能影响到颗粒内部的效率因子和 ϕ 准数，从而影响到内扩散阻力。当颗粒微孔直径 d_0 较大时，气体分子平均自由程 λ 与孔径比值 $\lambda/d_0 \leqslant 10^{-2}$ 时，扩散阻力主要由分子与分子间的碰撞产生，采用费克扩散定律描述，称为容积扩散；当孔径比分子自由程小很多时，$\lambda/d_0 \geqslant 10$ 时，造成的扩散阻力主要来源于分子与孔壁的碰撞，称为诺森扩散，该条件下的扩散阻力要比分子扩散阻力大很多。

常压下空气分子平均自由程为 70nm，常压下二氧化氮气体分子的平均自由程约为 100nm，分析内扩散影响因素。可知要降低内扩散的影响应使吸附剂的颗粒尽可能小，比表面积尽可能大，微孔的孔径 10nm 左右时，可避免二氧化氮气体诺森扩散的阻力影响。

外扩散、本征化学反应动力学、内扩散对宏观动力学的影响汇总见表 7-3。

☐ 表 7-3 化学吸附反应宏观动力学影响因素汇总

化学吸附阶段	影响因素	对粉剂的要求
外扩散	增大外扩散传质速率有利于提高宏观反应速率，增大吸附剂颗粒的比表面积和气膜传质系数可以增大外扩散传质速率	减小颗粒直径，增大颗粒比表面积
本征化学反应动力学	取决于化学反应的活化能，是化学反应的内在因素，提高温度可以提高反应速率	提高反应温度（实际工程中不可行）
内扩散	西勒（Thiele）准数 ϕ 大，内扩散影响大，不利于提高反应速率。ϕ 的影响因素为温度、吸附剂颗粒的尺寸及结构。吸附剂孔径大、颗粒小、内扩散阻力小、西勒准数 ϕ 小、利于提高反应速率	吸附剂小颗粒、大孔径，孔径宜 10nm 左右

分析粉剂沉降性能及化学吸附宏观动力学影响因素可知推进剂 N_2O_4 污染物专用吸附剂 $Ca(OH)_2$ 应满足：粉剂粒径 0.5～5μm 为宜，比表面积尽可能大，微孔的孔径宜 10nm 左右，以避免内扩散的影响，从而可以提高宏观反应动力学速率。

7.2 处理 N_2O_4 泄漏专用粉剂制备

在 N_2O_4 泄漏处置中，为达到较好的效果，在吸附剂制备中除尽可能提高气-固反应速率和固-液反应速率外，还应遵循以下原则：

① 处理粉剂的物理化学性质稳定，无毒副作用，可长期保存。

② 与 N_2O_4 或 NO_2 的反应产物毒性更小或无毒，无二次污染。

③ 处理粉剂应具备可制造性，价格低廉，便于广泛使用。

根据以上原则，结合处理过程实际情况，$Ca(OH)_2$ 吸附剂的比表面积越大，表面化学悬空键越多，表面活性越高，由于处理过程是将吸附剂通过高压喷射的方式喷洒在泄漏物上，要求吸附剂具有一定的沉降性，因此制备的吸附剂需具有较高的比表面积和优良的沉降性。

市购 $Ca(OH)_2$ 粉体的比表面积约为 10.2m²/g，希望通过适宜的方法制备高比表面积粉剂、使颗粒分散均匀，拟采用的方法为均相沉淀法、多孔材料模板法、消化法等。

7.2.1 推进剂污染物吸附剂制备方法

（1）均相沉淀法

均相沉淀法是制备超细粉体常用的一类方法，特点是利用某一化学反应，使溶液中的晶体离子缓慢、均匀地生长。它克服了直接沉淀法制备粉体中存在的反应物混合不均匀、反应速率不可控等缺点，因此可得到形貌各异、颗粒均匀、易洗涤的粉体，并避免了其他杂质的共沉淀。

以表面活性剂或高分子材料为模板剂，用碱液调控钙盐溶液，形成 $Ca(OH)_2$ 沉淀，烘干后获得目标粉体吸附剂。

根据钙盐的溶解沉淀性，可以采用硝酸钙或氯化钙，采用氯化钙时选用氢氧化钠碱液进行调控的具体化学反应为：

$$NaOH+Ca^{2+} \longrightarrow 2Na^+ + Ca(OH)_2 \downarrow \tag{7-4}$$

通过控制反应过程的 pH 值、溶液浓度、温度等参数，并加入适当、适量的表面活性剂获得氢氧化钙颗粒。

具体实验：

① 常规沉淀法：称取 22.2g $CaCl_2$，放入 250mL 三颈瓶中，加入 80mL 去离子水溶解，采用磁力搅拌器常温强力搅拌；称取 8.0g NaOH 溶于 20mL 去离子水中，以 40mL/h 的速率滴入三颈瓶中，搅拌反应 0.5～2.5h。

② 表面活性剂模板均相沉淀：称取 22.2g $CaCl_2$，放入 250mL 三颈瓶中，加入 80mL 去离子水溶解，采用磁力搅拌器常温强力搅拌；称取所需量的表面活性剂加入三颈瓶中搅拌溶解；称取 8.0g NaOH 溶于 20mL 去离子水中，以 40mL/h 的速率滴入三颈瓶中，搅拌反应 0.5～2.5h。

制备的浆体通过抽滤后得到滤饼，用蒸馏水或乙醇洗涤滤饼数次，将滤饼于 60℃ 环境下真空干燥 24h，得到白色粉末作为样品进行分析测试。

（2）CaO 消化法

氧化钙和水消化反应后生成 $Ca(OH)_2$ 沉淀，表面活性剂在试验过程中起结构导向作用，该过程的化学反应方程式为：

$$CaO+H_2O \longrightarrow Ca(OH)_2 \downarrow \tag{7-5}$$

实验方法：称取一定量的 CaO，放入 100mL 锥形瓶中，配制一定浓度的不同种类表面活性剂溶液，将表面活性剂水溶液逐步加入锥形瓶中，采用磁力搅拌器常温强力搅拌 20～30min，待反应完全后，抽滤浆体得到滤饼，用蒸馏水或乙醇洗涤滤饼多次，于 50～60℃ 环境下真空干燥 24h，得到 $Ca(OH)_2$ 白色粉末作为样品进行分析测试。

（3）载体法

在消化法或均相沉淀法溶液体系中，填加一定量的多孔材料（硅胶、人造沸石）作为载体，在载体上沉积生成 $Ca(OH)_2$，以期获得 $Ca(OH)_2$ 单分子层覆盖的高比表面积 $Ca(OH)_2$ 复合材料，并改善材料对 N_2O_4、NO_2 等 NO_x 的吸附反应表面活性。

7.2.2 吸附剂表征方法

粉剂制备后采用以下各种方法进行表征和测试。

（1）比表面积(BET)及孔径分布（BJH）

采用氮吸附法计算粉体的比表面积，BET、BJH 测定采用美国 Beckman-Coulter SA3100 分析仪，N$_2$ 吸附/脱附采用麦克公司 ASAP2020 仪器，获得氮吸脱附等温线后，采用数学法计算其比表面积和孔径分布曲线。

（2）SEM、TEM 微观结构分析

实验采用日本 JEOL 6500F 场发射扫描电镜观察，加速电压 30kV；日本 Hitachi570 型扫描电镜观察，加速电压 25kV；荷兰 FEI 公司 Quanta200 型环境扫描电镜，加速电压 30kV。EDS、XRD、TEM 利用日本 Hitachi H-9000NAR 型透射电镜观察，加速电压 250kV。

（3）XRD

X 射线衍射主要是表征粉体的晶型以及粉体的构型，是材料分析中最为常用的一种检测手段，包括广角 XRD 和小角 XRD 两种。

实验 XRD（$\theta=10°\sim70°$）采用日本理学 D/MAX-Ⅱ型 X 射线衍射仪进行，采用 Cu 靶 K_{a1} 辐射，弯曲石墨晶体单色器滤波，工作电流 35mA，电压 35kV，扫描速度 4°/min，步长 0.02°。

（4）EDS

物质均具有各自的电子吸收能谱，根据其特征电子能谱，可分析图像中某点或图像整体的物质组成。实验中样品 CaO、Ca(OH)$_2$ 中 Ca 及其他元素相对含量采用 H-9000NAR 型能量散射分析仪进行，电压 20keV，角度 10.95°。

（5）FT-IR

采用美国 Petkin-Elmer 公司的 1730 型红外光谱仪，测定 FT-IR 光谱，采用 KBr 压片法，测量范围 400～4000cm^{-1}。

（6）NO$_x$ 吸附捕获性能测试

NO$_x$ 吸附捕获性能采用 WPF-101 催化剂活性评价装置，进口元件，由北京分析仪器厂组装；SR52 高性能单回路过程调节器，日本岛津公司生产；NO$_x$ 浓度化学发光分析仪：ML-9841AS NO$_x$（NO/NO$_2$/NO$_x$），美国 Monitor Labs。

7.2.3 CaO 消化法制备 Ca(OH)$_2$ 吸附剂及表征

分析材料的结构特征可知具有微孔、介孔结构及较高内比表面积的粉体均具有对 N$_2$O$_4$、NO$_2$ 等氮氧化物的物理吸附捕获作用，如活性炭、分子筛、硅基多孔材料等，吸附能力的大小与粉体中的孔结构（孔径分布、孔结构的有序性、孔体积大小）及比表面积密切相关。由于 N$_2$O$_4$、NO$_2$ 的水解产物为强酸，单纯的物理吸附不足以对污染物进行有效降解排除，且存在饱和吸附问题。当 Ca(OH)$_2$ 超细粉体具备多孔结构特征时，将具有吸附、降解的功能，因其在对氮氧化物进行物理吸附的同时，可进行酸碱中和作用，且粉体的比表面积越高反应速率越快。制备多孔结构或有序孔结构高比表面积的 Ca(OH)$_2$ 粉体，将能实现有效地对 N$_2$O$_4$、NO$_2$ 等氮氧化物捕收与降解排除。

Ca(OH)$_2$ 粉体具有很强的不稳定性，因此高比表面积活性 Ca(OH)$_2$ 粉体的制备及保存均比较困难。Ca(OH)$_2$ 粉体多采用石灰消化工艺生产，比表面积约为 20～25m^2/g；而采用液相化学沉淀法制备，Ca(OH)$_2$ 晶体颗粒极易长大，比表面积低（<15m^2/g）且颗粒不具备多孔性。国内外在

功能性 $Ca(OH)_2$ 超细粉体制备方面的研究非常少，有限的研究主要针对用于医药与高分子填料等方面 $Ca(OH)_2$ 粉体的制备。

多孔结构及超细颗粒的制备，是提高粉体比表面积的两个主要途径，而液相化学法是制备超细、多孔结构粉体最有效的方法。由于 $Ca(OH)_2$ 晶体是三方晶系六方简单格子的八配位晶体结构，为强极性晶体，在液相反应中晶体颗粒极易长大，因此，制备短程或长程有序孔结构的 $Ca(OH)_2$ 晶体非常困难，颗粒的超细化是制备大比表面积、高活性 $Ca(OH)_2$ 晶体较为可行的方法。理想的球形颗粒粉体，其比表面积与粒径存在 $S_总(m^2/g)=3/(\rho r)$ 关系式，粒径为 10nm、密度为 $2.5g/cm^3$ 的球形颗粒，$S_总≈120m^2/g$。因此制备纳米颗粒粉体，可有效提高 $Ca(OH)_2$ 的表面活性。

杜玉成等利用表面活性剂可有效降低反应体系表面张力的原理，有效地抑制 $Ca(OH)_2$ 晶体颗粒的生长及颗粒团聚，并利用表面活性剂在液相化学反应中形成胶束的结构导向作用，通过 CaO 的消化水解，制备出具有多孔结构特征、比表面积高达 $68m^2/g$ 的 $Ca(OH)_2$ 超细粉体，颗粒粒径可达 $200\sim500nm$。

（1）表面活性剂在吸附剂制备中的模板作用

均相沉淀法制备 $Ca(OH)_2$ 粉体是在可溶性阳离子的 $CaCl_2$ 溶液中加入沉淀剂 NaOH，形成不溶性沉淀的过程，包括沉淀（晶体）的形成、生长（晶核长大）阶段。当沉淀成核速率小于生长速率时，形成粒径大、晶形好的沉淀；当成核速率大于生长速率时，形成粒径小的沉淀。为了得到单分散的颗粒，在沉淀阶段需要加速成核，减缓生长速度，同时还要对粒子表面进行改性，降低粒子对水分子的吸附，改善湿凝胶的结构和性能。通常控制反应成核过程的方式有：加入有机酸、有机高分子物质或表面活性剂、高分子改性剂等物质，这些物质在溶液中通过自组装形成模板，这类模板受环境影响不具备精确的形态和结构，因此也称作软模板。软模板制备材料由于具有对设备要求简单的特点而被越来越多的科技工作者重视。表面活性剂作为软模板吸附在颗粒周围，一方面可改善颗粒 Zeta 电位，产生静电斥力稳定胶体，同时加大空间位阻防止颗粒相互靠近而长大团聚；高分子物质的作用机理较复杂，许多高分子本身是良好的表面活性剂，若分子链上存在极性键，可与阳离子形成键合而起模板阻聚作用。

如图 7-1 所示，表面活性剂作为模板在粉体制备中起结构导向作用，原则上能够降低体系表面（或界面）张力的物质均可以作为表面活性剂。表面活性剂按照其分子结构中带电性特征分为离子型和非离子型，离子型又可分为阳离子型（亲水基团带正电）、阴离子型（亲水基团带负电）和两性离子型。由于表面活性剂的双亲分子结构，有从水中逃离水相而吸附于界面上的趋势，但当表面吸附达到饱和后，浓度再增加表面活性剂分子无法再在表面上进一步吸附，此时为了降低体系的能量，表面活性剂分子中长链的亲油基可以通过分子间的吸引力互相缔合在一起，形成亲水基朝向水中的胶束。依据表面活性剂种类不同，胶束在溶液中呈球状、棒状、蝶状等，均为非晶体结构，具有与液相相似的内核；当表面活性剂浓度更高时，胶束呈现具有一定柔顺性的棒状结构；随着表面活性剂浓度再增大，由棒状胶束形成六角束状结构；浓度更大时，则形成层状结构。所以表面活性剂浓度的大小，影响着形成胶束的结构，从而影响合成前驱物的形状。

一般将开始大量形成胶团的浓度称为临界胶束浓度（critical micelle concentration，CMC）。临界胶束浓度受温度、浓度、电解质、pH 等影响。

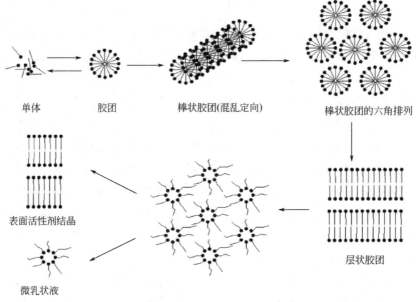

单体　　　胶团　　　棒状胶团(混乱定向)　　　棒状胶团的六角排列

表面活性剂结晶

层状胶团

微乳状液

图 7-1　水溶液中随表面活性剂浓度增大有序聚集体结构的变化

在粉剂制备中选用的表面活性剂有：阳离子型十六烷基三甲基溴化铵（CTAB）、阴离子型十二烷基硫酸钠（SDS）、高分子聚乙二醇 PEG6000、聚乙烯醇 PVA2488。希望通过加入常用表面活性剂或常用聚合物以降低粉剂的制备及生产成本。

（2）表面活性剂种类对样品比表面积的影响

各表面活性剂在其临界胶束浓度（CMC）条件下，反应体系浓度（以 H_2O 与 CaO 质量分数计）与产物比表面积关系曲线如图 7-2 所示。其中临界胶束浓度以物质的量浓度计，折算成相应质量，添加到反应体系中（如 SDS 的 CMC 为 0.0086mol/L 相对应的质量）。

由图 7-2 可知该反应体系中，填加表面活性剂所得产物比表面积值均高于空白样品，且均呈现随反应体系中浓度降低，产物比表面积减小的规律，其中以填加正丁醇的样品比表面积最高。在 CaO 水解生成 $Ca(OH)_2$ 的反应中，化学反应方程式中 CaO 与 H_2O 理论计算质量分数为 1∶0.35，水应适当过量有利于反应完全。由图 7-2 中 b 曲线可知，当 H_2O 与 CaO 的质量分数在（1∶1）～（2∶1）时，CaO 水解生成 $Ca(OH)_2$ 过程中，保持了一定的空间位阻，阻碍了 $Ca(OH)_2$ 晶体颗粒的生长，所得产物粒径均匀细小，比表面积较高。当 H_2O 与 CaO 的质量分数达到 4∶1 时，反应物呈流动性良好的浆体，为 $Ca(OH)_2$ 晶体生长提供了充足的空间环境，导致 $Ca(OH)_2$ 晶体颗粒粒径增大、比表面积降低。PVA 作为有机添加剂，其作用主要在于增大空间位阻，其曲线规律相类似。SDS 作为表面活性剂不仅可显著降低反应体系的表面张力，抑制晶体颗粒生长，由于其自身能形成一定结构的胶束，可制备具有一定孔隙结构的 $Ca(OH)_2$ 晶体颗粒，反应产物比表面积显著提高；正丁醇一方面可降低表面张力，并形成胶束导致产物多孔性，另一方面由于其沸点较水低，在反应后期水分蒸发过程中，仍能保持抑制 $Ca(OH)_2$ 晶体颗粒生长的特性，所得 $Ca(OH)_2$ 晶体颗粒均匀细小、比表面积高，最大可达 $68m^2/g$。

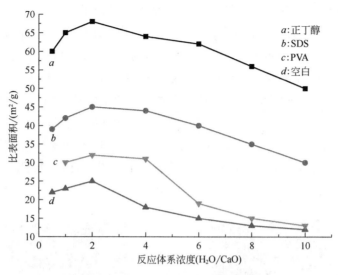

图 7-2　不同反应浓度条件下产物比表面积

（3）表面活性剂浓度对样品比表面积的影响

图 7-3 为 SDS、正丁醇不同浓度条件下，反应产物比表面积数值曲线。

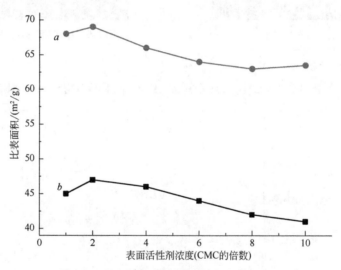

图 7-3　不同表面活性剂浓度下产物比表面积
a—正丁醇；b—SDS

由图 7-3 中 b 曲线可知，随着 SDS 浓度的增加，产物的比表面积降低，以溶液中 SDS 为 1～2 倍胶束浓度条件下为最好。SDS 作为阴离子表面活性剂，当超过其临界胶束浓度（CMC）时，将自发形成一个烷基作为疏水基朝向内侧、（—SO_4）$^-$作为亲水基朝向外侧的多分子（56 个）聚集体（胶束），胶束形状与浓度大小有关。这一原理在制备纳米多孔结构的金属氧化物或金属氢氧化物中有应用，并随着 SDS 浓度的增加，产物多孔结构的有序性增强、比表面积增大。但在本研究中，没有发现类似现象，即 SDS 浓度的增加对产物比表面积提高没有贡献，反而降低，以 2 倍 CMC 样品比表面积最高，48m²/g。添加 SDS 样品的 SEM 图如图 7-4 所示，由图可知，产物只表现出纳米球形颗粒形貌，而没有出现纳米棒状、管状结构，为粒径 300～500nm 的球形颗粒聚集体。表明在该反应体系中，SDS 没有出现胶束结构的叠加，相反当 SDS 浓度过高后，其溶解度变差（因反应体系中 H₂O 量减少），是造成实验现象的主要原因。正丁醇可与水互溶，其浓度的增加对溶解度影响不大，反应产物比表面积降低不明显，如图 7-3a 曲线所示，其中以 2 倍 CMC 样品最好，比表面积近 70m²/g。而正丁醇的结构导向以球形为主，并随着反应时间的增加、水分的消耗，正丁醇也将逐步挥发，可制备出较为纯正的 Ca(OH)₂ 纳米球形晶体颗粒，样品的 XRD、SEM 已证实此结论，图 7-5 为样品的 SEM 图，由图可知，样品呈分散良好、粒径均匀的纳米球形颗粒，粒径分布在 200～300nm。

图 7-4　添加 SDS 样品的 SEM 图

图 7-5　添加正丁醇样品的 SEM 图

（4）样品 XRD 分析

图 7-6 为 CaO 消解制备 Ca(OH)₂ 反应中添加 SDS、正丁醇所得样品的 XRD 图。

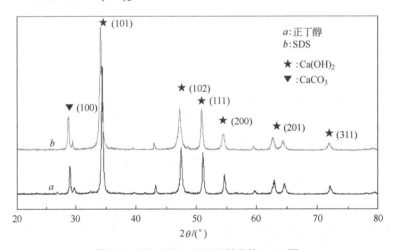

图 7-6　添加 SDS、正丁醇样品的 XRD 图

由图 7-6 可知，样品均为较纯正的 Ca(OH)₂ 晶体，所对应的三方晶型特征衍射峰分别为（101）、（102）、（111）、（200）、（201）、（311），与标准峰值非常吻合。半高宽公式（谢乐公式）计算颗粒直径约为 300nm，与样品 SEM 结果相符。而在 $2\theta=28.66°$ 处，出现了 CaCO₃ 特征衍射，对应（001）

面，表明在干燥过程中，有 Ca(OH)$_2$ 被碳化的倾向。

（5）样品 BET、BJH 分析

图 7-7 为添加 SDS、正丁醇样品的 N$_2$ 吸脱附曲线。图 7-8 为添加正丁醇样品的孔径分布曲线。

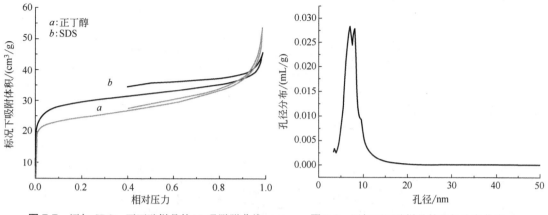

图 7-7　添加 SDS、正丁醇样品的 N$_2$ 吸脱附曲线　　　　图 7-8　添加正丁醇样品的孔径分布曲线

由图 7-7 的 N$_2$ 吸脱附曲线可知，两个样品均为 II 型曲线，存在迟滞环，表现出多孔材料的特性，且具有较好的吸附特性（饱和吸附量达 58g/cm^2）。两种吸附曲线均存在一个吸附"稳定平台"，低压区 SDS 样品高于正丁醇样品，而高压区 SDS 样品低于正丁醇样品，整体而言正丁醇样品吸附性能好于 SDS 样品，即比表面积数值、多孔性较好，同 BET 测试数值吻合。SDS 样品的吸脱附曲线未完全闭合，说明样品的孔结构较差；正丁醇样品具有较好的迟滞环，且属于 H$_4$ 型迟滞环，为狭缝状孔道，孔形状和尺寸均匀。由图 7-8 可知样品孔径集中于 5～15nm，孔径分布均一，表明样品为均匀孔结构的多孔性粉体颗粒，样品的多孔性也是导致比表面积增加的主要原因。

7.2.4　均相沉淀法制备 Ca(OH)$_2$ 吸附剂及表征

（1）表面活性剂用量及反应时间对样品比表面积的影响

图 7-9 为 SDS、PEG 表面活性剂不同浓度、不同反应时间条件下样品比表面积曲线。

图 7-9a 为未加表面活性剂，CaCl$_2$ 与 NaOH 液相反应体系中，Ca(OH)$_2$ 产物比表面积与反应时间关系曲线。由 a 可知，反应时间对 Ca(OH)$_2$ 产物比表面积影响不大，且反应时间过长，产物比表面积下降，以 1.5h、比表面积 18m^2/g 为最好，所生成 Ca(OH)$_2$ 晶体颗粒约 5～15μm。CaCl$_2$+2NaOH ⟶ Ca(OH)$_2$+2NaCl 为强碱置换，反应容易且速度极快，生成的 Ca(OH)$_2$ 为离子晶体，极性强，晶体颗粒极易长大，Ca(OH)$_2$ 晶体生长难以调控，因此该反应体系中，制备纳米 Ca(OH)$_2$ 晶体颗粒较为困难。

添加表面活性剂的条件试验一方面可降低反应体系的表面自由能，另一方面，通过表面活性剂胶束结构调控 Ca(OH)$_2$ 晶体生长过程及产物粒度。图 7-9 中 b～d 分别为添加 10%、5%、2% 质量分数的 PEG600，反应时间与产物比表面积关系曲线。添加 PEG 后，Ca(OH)$_2$ 产物比表面积均有提高，随 PEG 浓度增高，产物比表面积增大；反应时间增加，产物比表面积也随之增大。当反应时间为 2h、PEG 添加量为 10%时，产物比表面积达 28m²/g。PEG 为水溶性表面活性剂，在水溶液中能自发地形成球状或棒状等大分子聚集体，一方面可引导 Ca(OH)₂ 晶体颗粒生长形貌，另一方面阻止大颗粒 Ca(OH)₂ 晶体生成。从而改善了颗粒粉体的比表面积，产物粒径约为 500nm～1μm，如图 7-10 为样品 SEM 图。

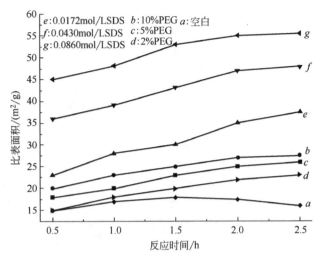

图 7-9 不同浓度表面活性剂反应时间与产物比表面积的关系曲线

研究者是利用 SDS 在液相中当浓度超过其本身临界胶束浓度（CMC 为 0.0086mol/L）时，形成球状、柔软棒状胶束特性，制备纳米结构或纳米颗粒形状 Ca(OH)₂ 晶体，以便大幅度提高 Ca(OH)₂ 晶体产物的比表面积。图 7-9e～f 分别为添加 2 倍 CMC、5 倍 CMC、10 倍 CMC 的 SDS，反应时间与产物比表面积关系曲线。由图 7-9e～f 可知，该反应体系中，加入 SDS 可显著提高 Ca(OH)₂ 晶体产物的比表面积。随 SDS 浓度增高，产物比表面积增大；反应时间增加，产物比表面积增大。反应时间 2h、SDS 浓度为 0.086mol/L（10 倍 CMC）时，产物比表面积达 55m²/g。SDS 作为阴离子表面活性剂，超过其临界胶束浓度（CMC=0.0086mol/L）时，将自发形成一个烷基作为疏水基朝向内侧、(-SO₄)⁻ 作为亲水基朝向外侧的多分子（56 个）聚集体（胶束），胶束形状与浓度大小有关。强碱置换的激烈反应不利于棒状或层状胶束及产物的生成，即只生成球形纳米颗粒 Ca(OH)₂ 产物，由于反应体系表面自由能的降低，球形颗粒呈单分散状，颗粒粒径约 200～300nm，此为显著提高产物比表面积的原因。如图 7-11 为样品 SEM 图。

（2）样品 XRD 分析和红外吸收光谱分析

图 7-12 为均相沉淀法制备 Ca(OH)₂ 反应中，不加表面活性剂，添加 SDS、PEG 所得样品的 XRD 图。由图可知，样品均为较纯正的 Ca(OH)₂ 晶体，所对应的三方晶型特征衍射峰，分别为（101）、（102）、（111）、（200）、（201）、（311），与标准峰值非常吻合。空白样品的结晶度明显高于添加 SDS、PEG 样品，表明晶体完整、颗粒大。添加 SDS、PEG 样品，半高宽公式（谢乐公式）计算颗粒直径约为 300～500nm，与样品 SEM 结果相符。而在 $2\theta=28.66°$ 处，出现了 CaCO₃ 特征衍射，对应（001）面，表明在干燥过程中，有 Ca(OH)₂ 被碳化的倾向。

图 7-10　添加 PEG 样品的 SEM 图

图 7-11　添加 SDS 样品的 SEM 图

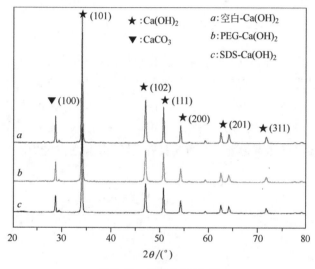

图 7-12　样品的 XRD 图

图 7-13 为添加 SDS 和未加表面活性剂制备 $Ca(OH)_2$ 样品的 FT-IR 图。图中可知，在 405cm^{-1} 处为 Ca—O 特征吸收峰，在 873cm^{-1} 处为 Ca—O—H 特征吸收峰，在 1030cm^{-1} 处为—OH 特征吸收峰。曲线 b 在 3520cm^{-1}、3750cm^{-1}、1450cm^{-1} 处出现 C—H、CH$_3$、OSO$_3$ 特征吸收峰，而曲线 a 则没有，表明十二烷基硫酸阴离子掺入 $Ca(OH)_2$ 的结构中。

（3）$Ca(OH)_2$ 样品曲线及吸附中和 NO$_x$ 性能测试

图 7-14 为添加 SDS 样品的 N$_2$ 吸脱附曲线。由图可知，在 p_s/p_0 为 0.35～0.80 范围内出现一个吸附平台，且最大吸附量可达 80mL/g，表明 $Ca(OH)_2$ 样品具有较好的吸附能力。

推进剂 N$_2$O$_4$ 泄漏后主要挥发生成 NO$_2$ 气体，在 NO$_x$ 吸附性能测试中，分别采用 5g、10g、20g 制备的 $Ca(OH)_2$ 物料，在 WPF-101 催化剂活性评价装置中组成吸附过滤床层，NO$_x$ 以 1000×10^{-6}/h 流速通过催化装置，采用 ML-9841AS NO$_x$（NO/NO$_2$/NO$_x$）浓度化学发光分析仪，测试经吸附床层前后 NO$_x$ 的浓度变化情况，以不同时间 NO$_x$ 去除率大小变化来评价 $Ca(OH)_2$ 物料对 NO$_x$ 的吸附性能。

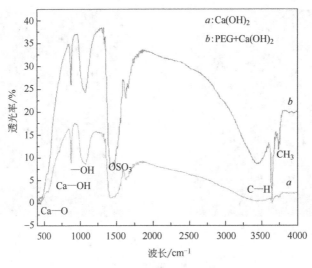

图 7-13 样品的 FT-IR 图

图 7-15 为 Ca(OH)$_2$ 在不同时间段对 NO$_x$ 吸附去除率的关系曲线。由图可知，在通 NO$_x$ 气体的初期，三个样品的去除率均在 95% 以上，但随着时间延长、通过 NO$_x$ 气体量的增加，去除率下降，当达到极值后，去除率迅速下降，表明样品存在 NO$_x$ 气体的饱和吸附状态，随着 Ca(OH)$_2$ 吸附材料量的增加，饱和吸附曲线滞后，表明 Ca(OH)$_2$ 对适量的 NO$_x$ 可做到完全吸附。因此，所制备 Ca(OH)$_2$ 样品在达到吸附饱和之前，对 NO$_x$ 具有良好的吸附去除能力。

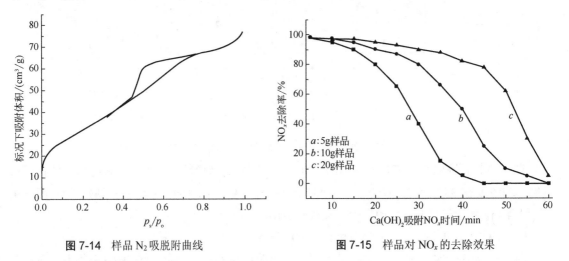

图 7-14　样品 N$_2$ 吸脱附曲线

图 7-15　样品对 NO$_x$ 的去除效果

7.2.5　吸附剂对氮氧化物吸附性能比较

对采用各种不同合成工艺制备的样品，分别进行了吸附性能测试。

称取不同量的待测样品，装入 WPF-101 催化剂活性评价装置组成的吸附过滤床层中，通入 1000×10^{-6} 浓度的 NO$_x$ 气体，气体流速为 40000mL/h，进出催化剂活性评价装置的气体浓度由 ML-9841AS NO$_x$（NO/NO$_2$/NO$_x$）浓度化学发光分析仪测定，测试经吸附床层前后气体 NO$_x$ 的浓度值，可以求出不同时间吸附剂对 NO$_x$ 的去除率，可以评价不同方法制备的 Ca(OH)$_2$ 粉体吸附剂对 NO$_x$ 的吸附捕获性能。

图 7-16 为不同方法制备的 Ca(OH)$_2$ 吸附剂对氮氧化物的吸附穿透曲线。

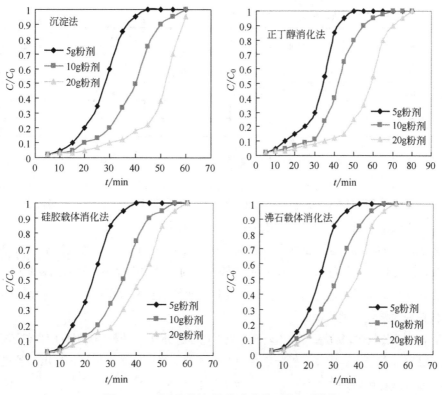

图 7-16 不同吸附剂对氮氧化物的吸附穿透曲线

图 7-16 中测试样品分别为：沉淀法 SDS 样品（比表面积 55m^2/g）、正丁醇消化法样品（比表面积 68m^2/g）、硅胶载体消化法样品（比表面积 114m^2/g）、沸石载体消化法样品（比表面积 78m^2/g）。

由图 7-16 可知，在通入 NO$_x$ 气体的初期，样品的出口浓度极低，去除率均在 95% 以上，但随着时间延长，进入装置的 NO$_x$ 气体总量增加，去除率逐渐下降。当吸附剂达到吸附饱和后，出口气体浓度 C 与进口气体浓度 C_0 比值几乎为 1，去除率为 0。

随着 Ca(OH)$_2$ 吸附剂量的增加，吸附剂饱和曲线滞后，表明一定量的 Ca(OH)$_2$ 吸附剂对适量的 NO$_x$ 可做到完全吸附去除。

不同方法制备的样品对氮氧化物去除率曲线比较可知，在相同时间内，相同量的吸附剂吸附性能为：正丁醇消化法＞沉淀法＞硅胶载体消化法＞沸石载体消化法，各样品的最大吸附量如表 7-4 所示。

目标吸附剂应满足较优的吸附性能和沉降性能，分析各方法制备样品及其表征结果：正丁醇消化法样品粒径小于 1μm 的占 80% 以上，难满足沉降要求；沉淀法制备的样品吸附性能和沉降性能均较优，但制备过程为强碱置换，反应容易且速度极快，产物极性强，晶体颗粒极易长大，产物生长过程难以调控；硅胶载体和沸石载体法样品粒径满足要求，吸附性能比消化法样品稍差，综合比较可知硅胶载体消化法样品中除含有少量未反应的 CaO 外，在 SiO$_2$ 骨架表面形成了较纯正的氢氧化钙晶体，吸附性能适中，颗粒粒径满足喷射沉降要求。分析了硅胶载体消化法样品和正丁醇消化法样品对 NO_2 吸附反应的产物，可知产物主要为预期的 $Ca(NO_3)_2$ 和少量水分子。

⊡ 表7-4 不同方法制备样品对氮氧化物的最大吸附量

样品	样品比表面积/（m²/g）	最大吸附量/（mg NO_x/g 样品）		
		5g 样品	10g 样品	20g 样品
沉淀法	55	6.79	4.76	3.00
正丁醇消化法	68	7.87	5.28	3.50
硅胶载体消化法	114	5.65	4.16	2.47
沸石载体消化法	78	5.84	3.76	2.23

氢氧化钙吸附剂吸附二氧化氮时，会在吸附剂表面形成一层产物层，二氧化氮通过产物层扩散到吸附剂表面的扩散作用成为速率控制因素。当产物层达到一定厚度时，将使吸附反应中止，因而吸附性能与吸附剂颗粒大小成反比：颗粒愈小，产物层扩散的阻力愈小，吸附剂利用率愈高；颗粒愈大，在吸附剂表面的产物层扩散阻力愈大，吸附剂利用率愈低。

各种方法制备的样品中正丁醇消化法样品粒径为 200～500nm，硅胶载体消化法样品粒径有少部分 $<1\mu m$，大部分粒径为 1～5μm，样品为较纯正的氢氧化钙晶体，样品比表面积（114m²/g）比正丁醇消化法样品（68m²/g）高，但对氮氧化物的吸附捕获性能不如正丁醇消化法样品，主要是由于颗粒粒径大导致其利用率低。

比较而言，硅胶载体消化法样品比表面积高，孔径为介孔，为化学吸附反应提供了反应场所，对二氧化氮吸附捕获能力居中，其颗粒满足泄漏处置的沉降性要求，所以，选用硅胶载体消化法样品作为泄漏处理使用粉剂。

7.3 N₂O₄处理粉剂及专用装置

为了实现推进剂泄漏应急处置目标，需要将研制的高活性粉剂装填于消防灭火粉剂装置中，形成不同规格的装置，从而满足不同泄漏处置需求。

7.3.1 处理粉剂的技术性能要求

利用喷射粉剂处理泄漏液体或气体的方法是具有化学反应的气/固传质过程，气体污染物在粉剂表面发生物理吸附、化学反应，参照《干粉灭火剂》（GB 4066—2004）要求，结合推进剂泄漏处理要求，粉剂应具有较大的比表面积，以便增大气/固接触面积，提高化学吸附效率，同时粉剂应具有防潮、抗结块及优良的流动性能，粉剂及反应物不产生二次污染，粉剂宜具有一定的灭火作用，从而可以取代目前配置于航天发射场推进剂库房的常规干粉灭火器。因此粉剂的技术要求除满足化学吸附反应要求外，还应满足下列要求。

（1）堆密度

堆密度又称松密度，指粉体质量与粉体所占容器的体积之比。其体积包括粉剂颗粒本身的孔隙以及颗粒之间空隙在内的总体积。当粉剂呈球形颗粒堆积时，其间隙小且休止角小，属流动性好的粉剂，易于装瓶，便于控制装量精度。反之，难以控制。一般堆密度大表示单位容积的质量大，粉剂流动性好，易于装瓶。当堆密度在 400mg/mL 以上时，易于装瓶且便于控制装量精度；当堆密度在 350mg/mL 以下时，则难以满足装瓶要求。

（2）抗结块性

抗结块性代表粉剂的抗聚集分散能力，一般采用针入度方法测量，将针自由落入盛满粉剂的烧杯中，5s 后记录针插入试样的深度。一般表面松散、针入度≥16mm 时，表示粉剂抗结块性较好。

（3）喷射性

喷射性表示粉剂装入处理装置后喷射效果的优劣，直接关系到对泄漏事故的处理效果。采用装填粉剂后形成的装置进行试验，当粉剂不喷射或粉剂喷射滞后时间超过 5s、喷射剩余率超过 10% 均为不合格，同时进行有效喷射距离、有效喷射时间的试验，为实际应用提供依据。

图 7-17 为粉剂喷射试验示意图。

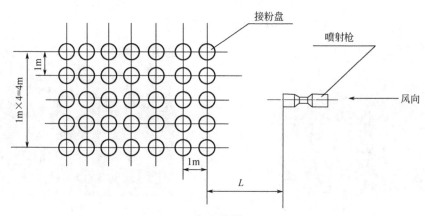

图 7-17 粉剂喷射试验示意图

试验时在喷射顺风方向前方放置 7 排接粉盘，每排 5 只，接粉盘尺寸为 300mm×300mm×30mm，接粉盘间相邻中心距离为 1m，喷射枪口至第一排接粉盘中心线距离 L 应不小于有效喷射距离的 50%。将同一排接粉盘收集的干粉放在一起称出质量，其中干粉质量最大的那一排接粉盘中心距喷射枪口的水平距离即为有效喷射距离。

（4）灭火性能

一般满足灭 B 类火灾效能即可，采用直径 1484mm、高 150mm、壁厚 2.5mm 的钢质油盘进行试验，首先在油盘内加入 20kg 水，再加入 55L 燃油，点火充分预燃 60s 后开始在油盘周围 1.5m 处喷射粉剂，进行三次试验，两次灭火成功即为合格。

为满足粉剂装瓶技术要求，采用前述章节中制备的满足要求的 Ca(OH)$_2$ 与无机分散剂（简称 M 物质）按照一定比例混合形成专用处理粉剂，无机物质 M 的加入提高了粉剂的分散性和流动喷射性，粉剂中 Ca(OH)$_2$ 含量大于 85%，根据上述各项技术要求的试验方法对研制的混合粉剂进行了测试，结果示于表 7-5 中，表明研制的混合粉剂的松密度、抗结块性（由北京消防器材厂完成测试）满足要求。

项目	技术指标
外观	白色粉末
堆密度/（g/m³）	≥0.4　　合格
抗结块性	针入度≥16mm（表面松散）斥水性　　合格

7.3.2　专用处理装置

结合航天发射场推进剂的使用和储存环境，参考国家干粉灭火器的设备外形，形成了适用于不同场合、不同泄漏规模的装置：手提式、推车式、车载式、固定式。

（1）手提式和推车式 N_2O_4 泄漏处理装置

手提式小型处理装置内部可以装填 4kg 粉剂，规格型号为 NO_x-4；推车式处理装置内可以装填 18kg 粉剂，规格型号为 NO_x-18。研制的装置如图 7-18 所示，由操作压力驱动装置、粉剂喷射喇叭口、粉剂输送管道、粉剂储存瓶（罐）和移动式装置组成。其中粉剂的储存瓶（罐）、粉剂的输送管道和喷射喇叭口均采用耐 $Ca(OH)_2$ 腐蚀的材料。

（a）手提式　　　　　　　　　　　　　　　　　（b）推车式

图 7-18　手提式和推车式泄漏处理装置

国家干粉消防器材中粉剂的喷射推动物质有外储式和内压式两种形式，由于内压式具有外形简洁和操作方便的优势，在液体推进剂 N_2O_4 泄漏处理装置中采用内压式。内压式操作中压力驱动气体可采用 CO_2 或 N_2，N_2O_4 泄漏处理装置中采用氮气进行压力驱动，并对装填在瓶（罐）内的粉剂起保护作用。航天发射场液体推进剂储存中一般用氮气作保护气体，因此在各个发射基地均有氮气供应站，该装置中采用氮气作为保护气体，当专用处理器定期检查发现压力不足时，可以在发射场进行充氮气增压，确保泄漏处理装置时刻处于良好可用状态，同时避免采用 CO_2 气体与粉剂进行反应。

手提式和推车式处理装置一般配置于固定库房内和移动运输车上，适用于微型、小型泄漏事故处理。

（2）大型车载式 N_2O_4 泄漏处理装置

大型车载式处理装置，粉剂装填量为 2t，规格型号为 NO_x-2000。其外形及构造如图 7-19 所示。

车载式系统由移动车辆、粉剂氮气系统、粉剂储罐、粉剂发射炮、边箱门等组成。非工作时间，移动式处理车停放在消防车库中，一旦有推进剂应急事故处理需求时，处理车立即移动至事故现场，定位于事故的上风向，车辆距离事故地点约 40m，由操作手启动发射装置，储罐内的粉剂通过发射炮由泄漏源的上风向沿发射方向喷洒于事故地点，达到控制泄漏的目的。

大型移动式处理车适用于中型和大型泄漏事故的处理，可用于固定泄漏源，也可用于航天发射场内部移动泄漏源的处理。

（3）固定式 N_2O_4 泄漏处理装置

固定式处理装置是在推进剂库房设计建设时，作为库房的附属单元一并设计建设的。固定式处理装置主要由多个大型粉剂储存罐、发射压力炮、压力气源及介质输送管线构成。当推进剂库房发生泄漏时，立即启动压力发射炮，开启压力气源，将专用处理粉剂源源不断地对准泄漏事故点进行有效喷射。固定式处理装置适用于液体推进剂库房内发生的大型泄漏事故的处理。

图 7-19　大型车载式 N_2O_4 泄漏处理装置外形及构造

7.3.3　处理粉剂及装置技术性能评估

7.3.3.1　喷射性能测试

北京消防器材厂对不同形式装置进行了喷射性能试验，结果见表 7-6。表中不同型号装置在相应的喷射时间内，喷射后剩余的粉剂为：车载式≤10%、手提式和推车式喷射剩余量≤7%，满足粉剂喷射剩余要求。

喷射滞后时间均≤5s，满足要求。

喷射距离：手提式为 5～7m，推车式≥10m，车载式≥40m，满足现场各种规模泄漏的处理要求，为各种规格装置的使用规范的制定奠定了基础。

试验结果表明装瓶粉剂具有喷射时间长、瓶中残留量小、喷散均匀、粉剂沉降性好等优点。

▫ 表 7-6　处理装置的型号规格及其喷射性能

项目	NO_x-4	NO_x-18	NO_x-2000
装置总重/kg	8	60	车载式 14100
粉剂净重/kg	4	18	2000
喷射时间/s	约 70	约 150	约 250
喷射距离/m	5～7	10.7	≥40
滞后时间/s	≤5	≤5	≤5
剩余量/%	≤7	≤5	≤10
充填喷射率/%	≥93	≥95	≥90
压力/MPa	1.5～20	1.5～20	1.4～15

7.3.3.2　灭火性能测试

灭火性能试验：在野外空旷平地上，环境温度 30℃，风速小于 3m/s 的条件下，在直径 1.5m

的自行加工的铁盘中加入 20L 水后再加入 55L 90 号汽油，点火燃烧 1min 后，用 4kg N_2O_4 干粉处理器进行灭火实验，如图 7-20 所示。灭火初始操作人员在火源 1.5m 外，对准火焰喷射干粉 10s 内即可把火扑灭，重复进行试验，同样获得成功。

图 7-20　粉剂灭火试验

自行试验三次，均成功灭火，结果满足《干粉灭火剂》（GB 4066—2004）中规定的"在三次灭火试验中，两次成功即表面具有灭火功能"的要求，研制的粉剂达到了灭 B 类火灾的技术要求，将研制的专用粉剂送国家固定灭火系统和耐火构件质量监督检验中心进行检验，检验结论表明研制的粉剂具有灭 B 类火灾效能，并出具了第三方检验报告。

7.3.3.3　处理粉剂实验室评估

如图 7-21 所示为实验室测定混合处理粉剂吸附 NO_2 气体去除率的定量试验装置，该试验方法准确可靠，重复性好，操作简便，安全性好，且可直接观察反应过程。选用 10L 玻璃瓶，在抽真空负压状态下使粉剂迅速吸入、瞬间发散、反复混合、自由落下，可以实现粉剂在不同状态下对各种浓度 NO_2 气体的处理效果试验和去除率的研究试验。

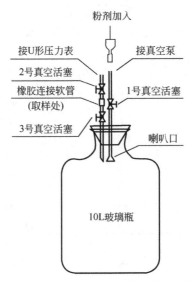

图 7-21　混合处理粉剂吸附 NO_2 气体去除率定量试验装置

定量试验装置的橡皮密封胶塞的中央及一侧分别打孔插入两根玻璃导管，其直径为 0.5cm 左右。中央的一根玻璃导管下端呈喇叭口状，便于粉剂进入玻璃瓶后均匀分散，该管上端带有一个玻璃真空活塞 1 号，主要用于 10L 玻璃瓶抽真空和导入粉剂。侧面的一根玻璃管下端应与喇叭口平齐，上端则带有两个玻璃真空活塞，二者用一根较短的耐压密封橡胶软管连接，便于取样针由此处插入取样。在反应瓶抽真空时，2 号、3 号两个活塞开启，玻璃管最上端连接 U 形压力表，抽真空结束后关闭两个活塞，试验过程中取样时此玻璃管的 3 号活塞开启而 2 号活塞始终处于关闭状态。

高浓度 NO_2 气体的产生方法：利用 N_2O_4 液体低沸点（21.15℃）的特性，在低温条件下（冰水浸泡）取 1~2mL N_2O_4 液体，将其加入 50mL 锥形瓶中，用玻璃管将锥形瓶和聚乙烯储气袋连接好，将装有 N_2O_4 液体的锥形瓶用温水浴（约 40℃左右）加热，高浓度 NO_2 即可进入储气袋内。

实验方法：

① 用真空泵连接定量试验装置，抽真空 5min 左右，此时 U 形水银压力表指示约 720mmHg，表明 10L 玻璃瓶中呈负压；

② 用 N_2O_4 液体产生一定量的 NO_2 气体导入真空储气袋中备用；

③ 用 100mL 针管从真空储气袋中根据试验浓度要求，分多次抽吸所需量的 NO_2 气体注入负压瓶中，形成一定浓度的 NO_2 试验环境条件；

④ 断开真空泵，将导入粉剂的漏斗连接上，然后打开 1 号真空活塞阀门，由于瓶内呈负压状态，粉剂很快进入玻璃瓶中，上下翻滚，与 NO_2 气体进行充分反应，很短时间内红烟消失，反应完毕；

⑤ 在开始反应后的不同时间内取样分析瓶内 NO_2 气体的浓度，通过比较初始浓度和反应结束时的浓度，可以计算出粉剂对 NO_2 气体的去除率。NO_2 气体的浓度定量分析方法采用《环境空气 氮氧化物（一氧化氮和二氧化氮）的测定 盐酸萘乙二胺分光光度法》（HJ 479—2009）。

NO_2 去除率计算公式如下：

$$N = \frac{A-B}{A} \times 100\% \qquad (7-6)$$

式中，N 为 NO_2 去除率；A 为定量试验装置内喷入粉剂前 NO_2 浓度，mg/m^3；B 为定量试验装置内喷入粉剂反应后不同时间 NO_2 浓度，mg/m^3。

（1）混合处理粉剂对 NO_2 去除率结果

采用混合专用处理粉剂 20g，将定量试验装置内抽真空（-720mmHg），针对不同 NO_2 气体初始浓度，进行去除率试验，结果见表 7-7。首先进行了空白试验：在 NO_2 气体进入定量试验装置 1min 后，取样分析试验装置中的 NO_2 浓度，进行比较。结果表明，试验装置自身玻璃瓶壁对气体的吸附有限，均在 2%以下，因此在后期的试验中不再进行空白对比试验。表中数据表明粉剂对 NO_2 去除效果显著，反应 30s 时平均去除率达 88.5%，1min 时平均去除率达 93.3%，3min 时平均去除率达 97%。

与表 7-1 比较可知，混合专用处理粉剂[$Ca(OH)_2 \geq 85\%$]对 NO_2 气体的去除率比市购 $Ca(OH)_2$ 化学纯粉剂去除率有明显的提高，同样的初始气体浓度和试验条件下，去除率从 81%提高到 98%。

表 7-7 中标题正文：

□ 表7-7　处理粉剂对 NO_2 去除率试验结果

NO₂ 初始浓度 /（mg/m³)	NO₂ 去除率/%				3min 吸附量 /[g NO₂/g Ca(OH)₂]
	空白试验 1min	30s	1min	3min	
84679	1.1	87	92	97	0.041
89973	1.5	88	93	97	0.044
76741	1.0	86	93	98	0.038
42340	1.3	90	93	98	0.021
39252	0.8	87	91	97	0.019
33518	0.9	96	98	98	0.016
14113	0.2	88	93	95	0.007
15139	0.7	87	94	98	0.008
12029	0.5	88	93	97	0.006
平均去除率/%	0.9	88.5	93.3	97	

（2）混合处理粉剂用量对 NO_2 去除率的影响

采用专用粉剂处理 NO_2 气体时发生在固气两相间的微粒碰撞化学反应，是一种同时发生吸附和化学反应的复杂处理过程，因此在 NO_2 浓度一定的条件下，粉剂的用量多少对去除率会产生影响。不同处理粉剂用的去除率对比试验结果见表 7-8，其他试验条件同前。

根据化学反应式计算，理想条件下完全反应时，$1g\ Ca(OH)_2$ 粉剂可以吸附 $1.243g\ NO_2$ 气体，由于试验用粉剂为活性 $Ca(OH)_2$ 粉剂和其他分散剂组成的混合粉剂，且粉剂沉降过程只有部分与气体分子发生碰撞进行化学反应，所以实际情况下的吸附量远小于理想吸附量。

□ 表7-8　不同粉剂用量对 NO_2 去除率的影响

专用粉剂量/g	NO₂ 浓度 /（mg/m³)	粉剂量/理论需求量	NO₂ 去除率/%			3min 吸附量 /[g NO₂/g Ca(OH)₂]
			30s	1min	3min	
20	84679	29.36	87	92	97	0.041
	89973	27.64	88	93	97	0.044
	76741	32.40	86	93	98	0.038
10	90856	13.68	77	84	91	0.083
	82916	14.99	76	82	87	0.072
	77625	16.02	77	81	86	0.068
5	94384	6.58	75	84	88	0.166
	82034	7.57	74	79	87	0.143
	79388	7.83	72	78	86	0.137

表 7-8 中数据表明，专用处理粉剂量对 NO_2 去除率有影响，当用量由 20g 降至约 10g 时，去除率下降 10% 左右，用量下降至 5g 时，去除率下降 13% 左右。

在有限容积的反应器内进行定量反应试验，粉剂喷洒量越多，粉剂的有效利用率越低，表现为混合粉剂量为 20g 时，单位粉剂吸附的气体量低于粉剂量为 5g 时的吸附量。从 5g 粉剂试验数据可知，当实际喷射的粉剂量为理论计算需要的粉剂量的 6~8 倍时，其粉剂吸附量为 0.13~0.17g NO_2/g $Ca(OH)_2$，此时，粉剂的有效利用率为 10%~14%。

实际使用时，一般在短时间内多次大量喷射干粉剂，因此，对 NO_2 的去除效果应好于实验室试验结果。

（3）压力对 NO_2 去除率的影响

由于处理粉剂是在负压条件下通过开启定量试验装置的 1 号真空活塞进入试验玻璃瓶内的，因此不同负压会对粉剂的扩散、搅拌速度产生影响，直接造成与 NO_2 碰撞、吸附和化学反应速率上的差异。在处理泄漏的实际应用中虽然处理粉剂是随着高压气流喷出，但粉剂与 NO_2 气体的碰撞、吸附和化学反应是在常压下进行的。所以进一步试验研究了不同压力条件下，处理粉剂对 NO_2 去除率的试验，试验结果见表 7-9。氢氧化钙用量为 20g，其他试验条件同前。

表 7-9 不同压力条件对 NO_2 去除率的影响

压力条件（真空度）/mmHg	NO_2 浓度/（mg/ m³）	NO_2 去除率/%		
		30s	1min	3min
-720	84679	87	92	97
	89973	88	93	97
	76741	86	93	98
-505	89973	79	81	92
	80393	78	82	87
	74094	77	81	86
-300	80269	73	78	82
	86444	74	79	84
	88209	74	78	85

试验表明，压力大小不同（即试验瓶内真空度不同），粉剂对 NO_2 的去除率有所变化，试验瓶内压力由-720mmHg 变为-505mmHg 时，对 NO_2 的去除率下降约 10%，瓶内压力为-300mmHg 时，去除率下降约 13%。真空度越大，则粉剂进入瓶内的吸力越大，粉剂的扩散更均匀，与 NO_2 气体的碰撞、吸附和化学反应更易发生，从而对 NO_2 的去除率更高。实际使用中氮气作为专用处理器的喷射动力，一般压力为 0.7～1.2MPa，相当于 5260～9000mmHg，远大于试验条件，因此有助于粉剂的分散和 NO_2 去除率的提高。

7.3.4 处理装置的现场评估

采用专用处理装置在某发射场进行了不同规模的现场应用效能评估试验。

现场试验分室内泄漏和室外泄漏两种试验，所用的专用处理器为 4kg 手提式和 18kg 推车式两种。室内试验时 N_2O_4 液体量为 0.5kg，室外试验量为 1kg、5kg、10kg。具体试验在发射场避风空旷地域进行。采用氮气挤压的方法，从 N_2O_4 钢贮罐中向试验现场输送 N_2O_4 液体模拟泄漏污染源。然后用所研制的专用处理器在污染源上风方向瞄准污染源上方的大量红烟进行喷射，使红烟得到控制并与粉剂发生吸附、中和反应。试验过程喷射粉剂处理前后下风向不同距离的大气样品进行浓度分析，分析方法采用 NO_2 定量快速检测管（200～10000mg/ m³，10000～300000mg/m³）和《环境空气 氮氧化物(一氧化氮和二氧化氮)的测定 盐酸萘乙二胺分光光度法》(HJ 479—2009)进行分析，同时用照相和摄像机拍摄了整个试验过程。通过对比处理前后的周围大气浓度及分析所记录的图片资料，可直观有效地评估处理器的处理效果及操作的可行性。

（1）室内评估试验

在一空房子中央地面上放一个 30×40cm² 的瓷盘，将 0.5kg（约 350mL）N_2O_4 倒入试验盘中，在试验盘内形成约 1cm 厚的液体，通过测量室内的干球温度和湿球温度计算相对湿度，其干湿球温度分别为 14℃、8.5℃，计算相对湿度基本为 0。将 N_2O_4 液体倒入盘后，立即用 4kg 手提式处理器喷射，喷干粉 2kg（约 30s），NO_2 红烟即得到有效控制和覆盖。但白色粉末与初始蒸发的大量 NO_2 红烟在整个房间内（$3.5×5.4×2.7m^3$）形成混合物，弥漫整个空间，约 3min 后，即完全沉降，部分粉剂落入盘中，盘内冒出少量红烟。盘底温度很低，说明整个处理过程热效应为吸热过程，重复实验测其浓度，计算 NO_2 去除率。试验结果见表 7-10。

（2）室外试验

在室外空地，将两块 $2×1.2m^2$ 的铝板分别埋入沙土中，使铝板的周边比中间稍高，以防止模拟泄漏在铝板上的 N_2O_4 液体流渗入周围沙土中。工作人员站在上风方向瞄准红烟上方喷射，处理前后进行大气采样和现场 NO_2 浓度检测，计算其处理效率。气体浓度监测取样点如图 7-22 所示。

取样在下风方向的 120° 弧度范围内均布三点，取样高度在距地面 0.8～1.5m 处。试验气象条件及干湿球温度读数见表 7-10，计算相对湿度基本为 0。

现场泄漏处理试验前后对比如图 7-23 所示。

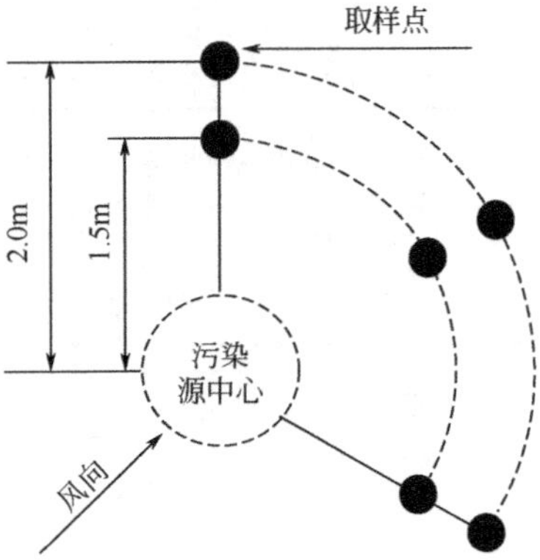

图 7-22　气体浓度监测取样点示意图

图 7-23　现场泄漏处理试验前后对比

观看对比试验的录像和照片知，喷射粉剂处理后，周围大气红烟要比未加处理的铝板周围的红烟明显减少，试验数据见表 7-10。

⊡ 表 7-10　现场模拟处理 N_2O_4 泄漏试验结果

泄漏 N_2O_4 量/kg	粉剂喷射量/kg	处理前 NO_2 浓度/（mg/m³）	处理后 NO_2 浓度/（mg/m³）	去除率/%
0.5	2	4000	170	95.75
0.5	4	5000	120	97.60
1	4	15000～20000	100	99.33
1	6	6000	50	99.17
		7000	70	99.00
5	4×4	15000～20000	130	99.13
10	18	15000～20000	200	98.67

喷射专用处理粉剂后，粉剂首先与泄漏液体挥发产生的 NO_2 红烟充分混合并进行吸附反应，$Ca(OH)_2$ 粉剂的比表面积大，因而其反应速率较快。反应产物及未反应粉剂由于重力作用，自然

沉降于泄漏 N_2O_4 液面上，形成一层薄膜，阻止了液面下 N_2O_4 的继续蒸发，从而抑制了红烟的扩散，为泄漏事故的处理创造了有利的条件。

使用专用混合处理粉剂控制四氧化二氮泄漏红烟及液体蒸发时，若所用粉剂量足以完全覆盖液体 N_2O_4，则事故处理后泄漏液体上层为白色粉剂，不冒黄烟，上层白色粉剂的下层粉剂已变成黄色，这是由于粉剂与 N_2O_4 液体未能来得及完全反应，被大量粉剂浸没的 N_2O_4 液体一边与粉剂反应，一边继续蒸发少量 NO_2 红烟。粉剂处理液体泄漏过程反应较复杂，不仅包含了酸碱中和反应，且伴随 N_2O_4 液体蒸发产生 NO_2 红烟及反应产生的少量水的蒸发，上述复杂反应及相变过程的综合热效应为吸热过程，降低了温度，而 N_2O_4 液体只有在 21.15℃（沸点）以上时蒸发速度快，温度越低越不利于 N_2O_4 液体的蒸发。因此处理过程的吸热效应也起到了抑制 NO_2 红烟蒸发的作用。

分析试验数据知，泄漏液体量与粉剂量一般为 1∶3～1∶8，NO_2 红烟的处理效果均在95%以上，且粉剂可以有效覆盖泄漏的液体量，因此在进行专用处理装置的配置时，首先分析各个泄漏环节的最大可能泄漏量，并以粉剂量为液体量的6～8倍标准进行处理装置数量的配置。

由处理粉剂的定量试验、现场评估及覆盖试验结果可知，研制的专用混合处理粉剂是一种反应活性高、流动性好、颗粒小、比表面积大、晶型完整、可有效覆盖泄漏液体并能捕获控制挥发污染气体的白色活性物质。处理粉剂以氢氧化钙微粉为主，碱性较弱，使用过程中不会对周围设备产生腐蚀。粉剂处理泄漏过程为综合吸热效应，抑制了泄漏液的进一步挥发，可以有效捕获挥发的气体，且可以覆盖泄漏液体，并与气体、液体反应生成无害的无机盐，可以用于现场泄漏控制中。

7.4 处理偏二甲肼泄漏粉剂

偏二甲肼的泄漏与 N_2O_4 泄漏情况不完全相同，二者泄漏后均可产生大量气体，其最大不同点是 N_2O_4 所产生的 NO_2 是一种分子量较小的红棕色气体，而偏二甲肼则属于蒸气状态下由液体蒸发（挥发）产生的一种气体，分子量大，易结团，形成雾滴，不能长时间在空气中停留，扩散范围小。

为了在泄漏发生现场能及时控制事故蔓延，同时不危及周边的精密仪器，一般采用泡沫类或粉剂类处理剂。

早期针对偏二甲肼泄漏，某研究所曾研究了用 NaClO 洗消偏二甲肼引起的泄漏，其主要原理是用泡沫剂覆盖隔绝空气防止废液蒸发和被空气氧化，并阻止挥发气体向大气扩散，覆盖后的废液采取抽吸法转移做二次处理。技术途径是：洗消液（以 NaClO 为主）与泡沫剂单独隔离存放，处理时通过气流（N_2）喷射混合发泡，形成混合型复合处理剂，因此处理装置由三部分组成，即洗消液贮罐、泡沫剂贮罐和高压气瓶（N_2），三者间通过管道减压阀、控制阀、喷射系统合为一体。显然装置复杂，操作环节多，泡沫剂液体由高速氮气 N_2 和洗消液引射，发泡、引射及各种物料比例难以控制，限制了该技术的推广应用。

由于偏二甲肼属弱碱性物质，能与多种氧化物发生剧烈反应，并放出热量，因此现场处理中有时用高锰酸钾和三合二[分子式为 $3Ca(ClO)_2 \cdot 2Ca(OH)_2 \cdot 2H_2O$，有效 Cl 含量为 56%]水溶液处理 UDMH，但由于这两种化学试剂在水中溶解度小，处理后有固体残渣，这些固体残渣具有发生爆炸着火的潜在危险，使用中有火灾隐患，也曾经发生过现场着火事故，因此该处理方法在现场使用中逐渐被淘汰。

偏二甲肼易燃，氧化还原性弱，根据偏二甲肼的物化性质及泄漏处理的要求，研究者提出了粉剂处理技术路线：采用具有孔隙率发达、比表面积大、吸附性强等特性的特殊粉剂，通过高压气体喷射，达到处理与控制 UDMH 泄漏产生的蒸气和残液的目的，对可能产生的燃烧事故具有消防灭火作用。

采用粉剂处理偏二甲肼泄漏过程中主要包括以下三方面的作用：

① 对偏二甲肼有强的物理吸附，以便于捕获蒸发的气体；

② 一定的化学反应，氧化降解偏二甲肼毒性，将其氧化分解成无害物质；

③ 凝固、固化作用，粉剂将液体覆盖后，一方面与其反应，另一方面将液体固化，阻止污染源扩散，且固化后的物质易于处理。在处理偏二甲肼泄漏时，覆盖泄漏液、固化液体并与之反应降低毒性是主要目标。

7.4.1 粉剂处理偏二甲肼泄漏理论基础

7.4.1.1 粉剂处理偏二甲肼泄漏的物理化学作用

采用专用粉剂处理 UDMH 泄漏时，处理过程包含了多个物理化学过程，如粉剂对泄漏产生的气体和残液较强的吸附、吸收、浸润、润湿作用和界面化学反应等过程。处理粉剂的主要性质及作用主要有以下几方面。

（1）粉剂的吸附作用

粉剂颗粒与推进剂液体和蒸气所发生的吸附属于固-液、固-气（汽）间吸附，是一个复杂的物理和化学过程。这种吸附发生在颗粒的表面和深层，包括直接吸附、黏附和双电子外层吸附。吸附力可以为化学键、氢键、分子键、静电作用和疏水缔合力。各种吸附均可通过吸附等温线或吸附方程表述。吸附作用和吸附类型主要取决于粉剂颗粒的表面与形态、粉剂和推进剂的物理化学性质以及发生泄漏的环境条件。其中粉剂的表面积是最重要的特性之一，是发生各种吸附的基础，在相同的条件下，比表面积越大，吸附作用越强。

（2）粉剂的吸收作用

粉剂的吸收是指粉剂颗粒物内部的孔隙与气、液的一种作用，是浸润和界面作用的结果，与吸附、润湿同时发生，对液体的吸收量通常以 mL/g 表示。如硅藻土经一定的加工过程，其孔隙率发生变化，对泄漏液的吸收作用更为明显，在液-固相之间占主导地位，可在推进剂偏二甲肼泄漏的覆盖处理中起主要作用。

（3）粉剂与液体的润湿作用

润湿是固-液相间最常见的一种界面变化，是固体表面与液体分子表面张力平衡时的特有现象。润湿可细分为浸湿、沾湿和铺展三种形式，显然润湿作用对吸附和覆盖处理极为有利。

（4）粉剂的界面化学反应

随着粉剂颗粒物粒度变小，其比表面积和表面能迅速增大，发生界面化学反应的概率也随之增大。随着粉剂表面能的蓄积，物质表面产生化学反应的界面作用会增强，这种反应及其引起的温度升高可明显加快处理反应速率。

（5）粉剂的分散隔离作用

粉剂粒度小，孔隙发达，比表面积大，堆密度小于 1g/mL，能在空中长时间停留，分散面积大，吸附能力强，因而具有分散隔离作用。粉剂的综合特性增强了其对气体的分散、隔离和净化作用。对于因推进剂泄漏而意外发生的燃烧，粉剂的分散隔离作用还可起到类似干粉和泡沫灭火剂的消防灭火效能。

7.4.1.2　处理偏二甲肼泄漏的常用无机粉剂及性能

考虑到发射场推进剂泄漏处理的实际应用需求，粉剂的筛选应综合考虑以下各方面因素：

① 泄漏处理粉剂可以是一种化学物质单独使用也可以是几种化合物复配；

② 粉剂应具有比表面积大、吸附力强、吸收容量大、润湿性好、吸湿性小、堆密度较小等性质；

③ 粉剂对 UDMH 吸附、吸收、润湿过程要有一定的界面物理化学反应发生，进一步增强粉剂的综合处理能力和提高覆盖效果；

④ 所有的粉剂化学组成要稳定，应尽可能选择经过一定加工处理的工业矿粉产品，可保障处理剂来源广、经济上可行；

⑤ 粉剂的粒度应在一定范围，并具有较好的分散性，不易结块，便于装瓶运输和保存，易于装填于消防器材中采用高压气体喷射或抛撒使用；

⑥ 处理粉剂自身以及与 UDMH 反应后不应有新的毒性物质产生并符合安全要求，应符合环境保护的要求；

⑦ 处理粉剂应兼有灭火剂（器）的作用，扩大其使用范围和应用价值。

综合上述各方面应用需求，处理粉剂应：比表面积大；原材料来源广泛；对偏二甲肼具有物理吸附和化学反应作用；与偏二甲肼的反应易于控制，防止发生爆炸和燃烧；反应产物无二次污染；材料易得，价格便宜。为此在非金属矿石和常用化工材料中筛选目标粉剂。

非金属矿石粉剂是自然界三大矿物资源之一。随着科学技术的发展，天然或经磨碎、焙烧的粉剂已成为制备各种功能材料的重要途径和方法，是吸附、吸收、润湿、黏结、覆盖、催化、助滤的重要原料。其特殊的功能和使用价值，正在通过综合改性、多种吸附、助滤脱色、催化载体、界面物理化学反应等方法，使其由单一表层吸附的体积效应，向纵深的表面效应和界面反应方向发展。因此选用合适的粉剂进行 UDMH 的泄漏处理在化工领域泄漏处理技术和方法上具有广阔的应用前景。

可以用于偏二甲肼泄漏处理的矿粉和化工材料及其基本性能如下。

（1）硅藻土

硅藻土是由硅藻遗骸沉积后形成的生物硅质岩，是一种具有天然长程有序微孔结构的无机矿物材料。自然硅藻土的物理结构是长程有序微孔结构，小孔孔径为 20～50nm，大孔孔径为 100～300nm。天然硅藻矿中硅藻含量 70%～90% ，其主要化学成分为非晶态二氧化硅（SiO_2），由硅氧四面体相互桥连而成网状结构，由于硅原子数目的不确定性，网络中存在配位缺陷和氧桥缺陷等，因此在表面 Si—O—"悬空键"上容易结合 H 而形成 Si—OH，即表面硅羟基，表面硅羟基在水中易解离成 Si—O^-和 H^+，使得硅藻土表面呈现负电性。因此，硅藻土吸附污染物，具有天然的结构优势。

天然硅藻矿中是单细胞硅藻并有吸附水存在，因此原矿土经烘干和焙烧后其孔隙十分发达，呈有序状排列，比表面积很大，吸附能力和吸收作用很强，可达自身重量的 4 倍。易溶于碱，化学稳定性好，堆密度一般在 0.3～0.64g/mL，均有利于 UDMH 泄漏的处理。有多种规格和不同用途的工业硅藻土产品可供选择，其价格低廉，易于获取。硅藻土原土及其衍生制品比表面积变化很大，选择时应予注意。

（2）沸石

沸石是沸石矿物族的总称，是一种含水的碱金属或碱土金属的铝硅酸盐。按照化学组成可以分为斜发沸石、丝光沸石、片沸石等；按照沸石矿物的形态可以分为片状、纤维状、架状等；按照沸石孔道结构特征又可以分为一维、二维、三维体系。沸石是硅氧四面体和铝氧四面体组成的架状硅酸盐，硅氧四面体中的硅被铝原子置换后形成铝氧四面体，铝原子是三价，因此其中的一个氧原子电价没有得到中和导致电荷不平衡，一般是由碱金属或碱土金属正电离子补偿使其平衡。沸石具有很大的吸附比表面积（500～1000m^2/g），吸附交换容量较大，能促使吸附物质在其表面发生化学反应，所以沸石又可以作为有效的催化载体。沸石化学稳定性好，耐热性好，一般可以耐受 650℃，具有良好的耐酸性，因此沸石常用于环境保护的环境修复、环境净化中，从废水中去除或回收金属离子，去除废水中的放射性物质，在环保领域中广泛应用。因此在 UDMH 泄漏处理中，沸石也是一种备选粉剂材料，市售产品除了天然沸石外还有蒙脱石、膨润土、高岭土经人工处理合成的沸石，价格、用途和性质均有差异。

（3）高岭土

高岭土是产于景德镇高岭山的一种硅铝酸盐矿，主要由小于 2μm 的片状或管状高岭石族矿物晶体组成，主要成分为 SiO_2、Al_2O_3 和 H_2O。比表面积大、孔隙率小、易溶于水和其他液体，是一种亲水性矿物粉体。煅烧高岭土因脱羟（—OH）而具有很好的化学稳定性、密度小、油吸附性强等特点，因此有多种市售产品可供选择。高岭土的粉粒极细，致密性好，具有双层结构，对泄漏覆盖处理非常有利。高岭土的煅烧品中有一种是以煤矸石为原料。煅烧品因煅烧温度分为低、中、高三种产品，性质和价格上有一定的差异。

（4）滑石

滑石是一种沉积层状含水硅镁酸盐矿物，主要化学成分为 $Mg_3Si_4O_{10}(OH)_2$，即 3MgO·4SiO_2·H_2O。白色，粒度小（325 目以下），吸油率高，具有良好的流变性能、分散流畅、比表面积大、有利于泄漏处理中的覆盖和吸附。

（5）伊利石

它是自然界中沉积岩中分布最广的黏土矿物，属云母类。伊利石与各类云母一样，是一种含有 K、Al、Mg、Fe 的层状硅铝酸盐，因最早发现于美国的伊利岛而得名。伊利石粒度小，比表面积大（60m²/g 以上），吸附力强，吸收容量大，流畅性好，干燥快，黏附覆盖作用强，其构成及结构对促进与 UDMH 发生更大的界面物理化学反应极为有利，同时有利于粉剂覆盖处理后的凝结，是选择用于处理偏二甲肼泄漏的主要依据。伊利石通过不同的加工工艺失水和脱羟，从而形成多种工业产品可以出售。

（6）膨润土

膨润土是一种以蒙脱石为主要矿物成分的含水层状铝硅酸盐黏土，专指由火山凝石经蚀变形成的遇水有膨胀作用的硅酸盐粉体，化学式为 $Al_2O_3 \cdot 4SiO_2 \cdot nH_2O$，晶体结构特点是两层硅氧四面体晶片与其间的铝氧八面体晶片结合形成晶层，构成为 2∶1 结构。具有粒度小、比表面积大、离子交换性好、吸附力强、吸收容量大、膨胀性好、黏结性好、在水或其他溶液中呈悬浮凝胶状等特性，有利于 UDMH 的吸附、界面反应和覆盖处理。同样有很多品种和以此为原料的工业矿粉可供选购，不同的产地其产品性质和价格稍有差异。

（7）凹凸棒

凹凸棒的成分、结构与坡缕石相似，属含水的镁铝硅酸盐，其化学成分是 $Mg_5Si_8O_{20}(OH)_2(OH_2)_4 \cdot 4H_2O$，其中 SiO_2 占 55%~60%，Al_2O_3 占 10%左右，MgO 占 11%~12%，是一种具有特殊的层链状结构的毛发状或纤维状粉剂。凹凸棒具有较大的比表面积，吸附能力比其他任何黏土矿粉都大。丰富的孔隙可使其对水的吸收容量达到自重的 2 倍以上。凹凸棒含有的 Al、Mg 及少量的 Fe、K、Na、Mn、Ca，增强了表面活性，有利于界面反应。凹凸棒在加热过程中具有一系列热效应。其中，加热到 90~150℃时，失去吸附水；240~300℃时，失去结晶水；450~520℃时，失去晶格水。放热效应在 900~1000℃之间。在 200~400℃下焙烧脱水后的产品比表面积最大，更高的温度将使比表面积减小，但吸收和脱色作用则加强。

（8）石膏

石膏有生熟之分，是一种含水的硫酸钙，生石膏的化学式为 $CaSO_4 \cdot 2H_2O$，加热至 80~90℃开始脱水，150℃脱水后即成半水化合物熟石膏 $CaSO_4 \cdot 1/2H_2O$。生石膏性脆，熟石膏的吸收性很强并结为硬块。石膏粒度极细，均值在 4μm 以下。石膏具有稳定的化学组分和强的吸水性，热导率低，是一种较好的覆盖粉剂，在土壤改良及环保领域有较大的应用。

（9）蛭石

蛭石是金云母或黑云母在地下经高温变质而成的，其结构特点为层状碎片，内部有很多细小的薄层空隙。蛭石是一种含水的镁铝硅酸盐，化学式为 $Mg_3(Si_3Al)O_{10}(OH)_2MgO_5(H_2O)_4$。蛭石经特殊加工焙烧可使体积增加 20 倍，成为一种多孔松散颗粒。膨胀蛭石和膨胀珍珠岩一样，是一种被广泛使用的轻质隔热保温材料。用作 UDMH 处理剂，除了它的微孔结构和吸附、吸收能力强以外，化学组成也是一个重要因素。其中 SiO_2 占 40%左右，Al_2O_3 占 12%，MgO 占 20%~23%，Fe_2O_3 占 12%左右。多种金属离子的存在可在一定条件下使其界面化学反应增强，有利于吸附、吸收、润湿和覆盖处理。

（10）海泡石

海泡石和坡缕石均是含水的镁铝硅酸盐矿物质。由于其特有的层链状结构，状如软木。海泡石微孔的最大特点是呈隧道状，孔隙体积占纤维体积的一半以上，因此它的比表面积巨大，吸附能力极强，吸收和润湿作用显著。它与坡缕石具有相似的结构、极强的吸附作用和相近的用途，因此同样被选作处理 UDMH 的主要试验粉剂。海泡石做成的工业产品很多，由于加工工艺中焙烧温度和时间不同，其吸附脱色能力上差别很大。

（11）酸性白土

它是一种经火山凝灰岩在酸性地表水作用下蚀变而成的白土。主要特点是 SiO_2 与 Al_2O_3 平均比值可达 7。由于岩体中的 Al 被释出，界面电荷不足，而增加了吸附性能，从而又称为活性白土。它的酸性和极强的吸附作用，使其成为处理 UDMH 的筛选粉剂之一。

（12）白炭黑

白炭黑的学名即微细硅胶，是一种沉淀淤积而成的含水 SiO_2，化学式为 $SiO_2 \cdot nH_2O$，主要成分为 SiO_2 和 $CaSiO_3$。白炭黑外观为白色，质轻，呈粉状，是一种比表面积大、吸附能力强、分散作用大的多孔性材料。粒度小于 $1\mu m$ 和价格较高是它的不利一面。

（13）千枚岩

试验用的千枚岩是由石英绢云母、滑石和绿泥石组成的一种混合黏土矿粉剂，属铝硅酸盐，并含有一定量的 Mg、Al 和 K，粒度小、吸附性强，易于分散。其界面反应和比表面积大是用于试验的主要因素。

（14）粉煤灰和硅灰石

粉煤灰和硅灰石均为硅酸盐类粉剂，价格低廉、来源广泛并有一定的吸附分散作用，因此被选作实验用处理剂。

（15）钙粉

进行试验用的 5 种钙粉为：氧化钙（CaO）、普通氢氧化钙[$Ca(OH)_2$]、特制高活性 $Ca(OH)_2$ 和轻、重两种碳酸钙（$CaCO_3$）。除了特制高活性 $Ca(OH)_2$ 已在处理 N_2O_4 泄漏中得到应用外，其余 4 种钙粉主要通过试验比较不同状态下的粉剂对 UDMH 的吸附作用和化学反应。显然，由于钙的活性和 5 种钙粉均不溶于水，润湿作用会受影响，但覆盖效果会较好，且不会出现过多的界面效应。

（16）化工原料

筛选试验材料中，除了各种非金属矿粉外，还选用了硫酸铜（$CuSO_4 \cdot 5H_2O$）、硫酸亚铁（$FeSO_4$）、漂白粉（$CaOCl_2$）和氯化钙（$CaCl_2$）4 种化工原料产品。分别单独使用或与其他粉剂复配成混合粉剂进行覆盖试验。这些金属盐除了它们的金属氧化性外，酸根的存在亦有利于其与 UDMH 的界面化学反应。实验用五水硫酸铜即胆矾，水溶性好，呈酸性，可与弱碱性 UDMH 反应，2 价铜离子具有明显的催化作用，已在 UDMH 废水自然净化法中得到实际应用。$FeSO_4$ 中的 Fe^{2+} 与 Cu^{2+} 具有相同的作用，但其催化氧化性较弱。$CaOCl_2$ 是漂白粉中最主要的成分，含量约 30%，此外还含有 29% 的 $CaCl_2$、15% 的 CaO 和 $Ca(OH)_2$ 及 10% 的 H_2O，最高有效氯含量可达 60%～70%，是一种强氧化剂，可以非常显著地加速 UDMH 氧化分解，其水溶液已被用于少量 UDMH 废液的处理。$CaCl_2$ 是一种干燥剂，它的多孔性和比表面积大是供选择的主要因素。

7.4.2 粉剂处理偏二甲肼泄漏初步筛选试验

采用上述选出的无机矿粉和化工原料单粉剂、复配粉剂设计了与 UDMH 混合反应和覆盖的筛选试验。

7.4.2.1 粉剂与 UDMH 的混合反应试验

在试管中加入 10mLUDMH 后徐徐加入试验粉剂，仔细观察反应的全过程，并详细记录所出现的温度、颜色、气味变化及是否有气泡产生，详细结果见表 7-11。试验表明除少量 CuSO₄ 即可引起 UDMH 剧烈反应、冒出大量红烟外，其他粉剂或制剂与 UDMH 反应十分缓慢，温升较小，溶液除少数粉剂反应变浑浊外，多数呈清液和沉淀分离状态。

☐ 表 7-11　无机矿粉及化工原料与 UDMH 反应试验结果（环境温度 23℃）

序号	名称	粉剂粒度	产地	现象	备注
1	活性氢氧化钙	120 目	自制高活性	浑浊、沉淀有温升 40℃	
2	氢氧化钙	120 目	金鹏环保	浑浊、沉淀有温升 40℃	外购
3	氢氧化钙	120 目	宏泰矿厂	浑浊稍轻，较清	自制
4	CaCO₃	800 目	北京	浑浊、沉淀有温升 40℃	
5	CaCO₃（轻质）	120 目	北京	浑浊、沉淀有温升 40℃	
6	硅灰石	200 目	吉林	清液，透明	
7	滑石粉	2500 目	吉林	清液，透明	
8	CaCO₃	1250 目	吉林	清液	
9	高岭土	—	山西	浑浊，沉淀	
10	伊利石	325 目	北京	有点浑浊，有点沉淀	
11	千枚岩	200 目	北京	有点浑浊，有点沉淀	
12	云母	325 目	河北	不反应，清液	
13	蛭石	40 目	河北	漂在液面上，沉淀，上下往复，液体依旧很清	
14	粉煤灰	120 目	北京	上清液透明，有沉淀	
15	白土	200 目	辽宁	次清液	
16	白炭黑	200 目	辽宁	清液	
17	石膏	200 目	市场	次清液，有沉淀	
18	海泡石	60 目	河北	稍有溶胀，细微气泡，清液，沉淀，温升 40℃	纤维状
19	凹凸棒（高）	200 目	江苏	沉淀伴有大量气泡	124m²/g
20	凹凸棒（高）	200 目	南京	沉淀	89m²/g
21	膨胀土（白）	200 目	河北	有气泡，沉淀	
22	沸石	200 目	辽宁	次清液，无大变化	
23	硅藻土	200 目	内蒙古	气泡较多	
24	氧化钙	200 目	北京	沉淀	
25	硫酸亚铁	—	市购	瞬间颜色变黑，有温升	
26	硫酸铜	80 目	市购	剧烈反应	
27	氯化钙	125 目	市购	溶解 40℃	
28	菱苦土	—	辽宁	泥状温升 45℃，3h 后变黄	

7.4.2.2 化工原料与粉剂复配混合粉与 UDMH 试验

分别采用 CuSO₄·5H₂O、FeSO₄、CaOCl₂、CaCl₂ 与硅藻土、伊利石、凹凸棒和自制氢氧化钙按质量比 1：4 复配后与 UDMH 进行覆盖反应试验，结果见表 7-12。CaCl$_2$ 反应效果不明显，很多无机矿粉比表面积、孔隙率、吸附、吸收和润湿作用均比 CaCl$_2$ 要强。尽管 CuSO$_4$·5H$_2$O 和 CaOCl$_2$ 加入量仅占 20%，但仍可使 UDMH 迅速分解导致覆盖层温度显著升高，并有鱼腥味渗出。其他干粉或制剂与 UDMH 溶液形成的润湿混合层和渗透层也出现明显颜色变化，界面化学反应和吸附吸收作用显著，考虑到使用安全显然不宜采用化工原料作为处置剂。

▢ 表 7-12　粉剂和化工原料复配处理剂与 UDMH 试验结果（环境温度 23℃）

序号	矿粉和化工原料	比值	现象
1	氢氧化钙和硫酸铜	4：1	无色气体冒出，粉体变为黄色，2h 变干，最高温度为 69℃
2	氢氧化钙和硫酸亚铁	4：1	反应慢，变黑，温升缓慢为 64℃
3	氢氧化钙和氯化钙	4：1	淡黄，10min 温升 59℃，40min 为 65℃
4	氢氧化钙和漂白粉	4：1	白色雾状，淡黄，20min 为 54℃
5	硅藻土和硫酸铜	4：1	变紫，迅速升温，2min70℃，5min83℃，15min100℃ 以上
6	硅藻土和硫酸亚铁	4：1	温升缓慢，无激烈反应，土黄色，52℃
7	硅藻土和漂白粉	4：1	"刺"一声，搅拌变稠，粉白色
8	伊利石和硫酸铜	4：1	有气泡，浆糊状，温升 51℃
9	伊利石和硫酸亚铁	4：1	变黑，泥状，温升 45℃
10	凹凸棒和硫酸亚铁	4：1	松散的黑土状，温升缓慢 65℃
11	凹凸棒和漂白粉	4：1	浅土黄色，温升 62℃

7.4.2.3　覆盖 UDMH 结果及分析

根据混合化学反应和复配试验结果进行了覆盖试验，覆盖试验选用的无机矿粉性能及其吸收 UDMH 的量见表 7-13。覆盖结果见表 7-14。

▢ 表 7-13　8 种无机矿粉材料性能及吸收 UDMH 量

序号	名称	吸 UDMH 量/(mg/g)	松散密度/(g/cm^3)	比表面积/(m^2/g)
1	凹凸棒	0.7	0.926	89
2	海泡石	2.04	0.398	—
3	膨润土	0.6	0.948	67.03
4	分子筛	0.58	0.598	—
5	沸石粉	0.42	1.02	—
6	硅藻土	0.65	0.972	—
7	凹凸棒	0.7	0.92	124
8	硅藻土	1.85	0.346	—

▢ 表 7-14　矿物粉剂对 UDMH 的覆盖试验结果

序号	矿粉	粉剂量/g	UDMH/mL	现象
1	硅藻土	200	30	维持环境温度
2	菱苦土	200	30	温升缓慢，最高为 45℃
3	膨润土	200	30	30min 后可温升到 58℃，以后降温，90min 后接近环境温度（33～41℃）
4	海泡石	200	30	30min 后温升到 104℃，以后降温
5	沸石粉	200	30	30min 后温升到 59℃，最高为 62℃，90min 后接近环境温度

序号	矿粉	粉剂量/g	UDMH/mL	现象
6	分子筛	200	30	30min 后温升到 71℃，120min 后接近环境温度（33～41℃）
7	凹凸棒	200	30	升温快而高，30min 可到 80℃，最高可升到 140℃
8	云母	200	30	无反应，温度始终维持环境温度

通过多种粉剂的性能研究和筛选试验可知：采用无机矿物粉剂处理 UDMH 泄漏是可行的，矿粉微粒的比表面积、孔隙率、吸附性、吸收性、润湿作用和界面化学均可对 UDMH 吸收与覆盖有较好作用。

分析比较试验过程的温度变化、颜色变化和所产生气味，选定硅藻土、海泡石、凹凸棒、膨润土和沸石五种矿粉，这些矿粉单独覆盖处理 UDMH 具有较好的综合处理效果。用于覆盖处理 UDMH 的粉剂用量应为 UDMH 量的 8～10 倍，可保证空间无气味产生和不发生较大的温升。

7.4.3 粉剂处理偏二甲肼泄漏挥发气体定量试验

7.4.3.1 气体定量试验装置

采用无机粉剂处理 UDMH 的定量试验装置与不同状态下对 NO_2 气体各种浓度的处理效果定量试验所用装置相同（图 7-21），玻璃试验装置可以直接观察反应过程，并具有准确可靠、重复性好、操作简便、安全性好等特点。

试验准备过程：按图 7-21 连接好真空泵和 U 形压力表，打开 1～3 号活塞，开真空泵，抽真空 5min 左右，至压力表达到-740mmHg 时，关闭 1～3 号活塞，停止抽真空。用 1mL 玻璃注射器准确抽取液体偏二甲肼 0.5mL（或 1mL）打开 3 号活塞，在偏二甲肼加入处（橡胶连接软管部分），注入偏二甲肼液体，关闭 3 号活塞。注入偏二甲肼后，用温水浴（40～50℃左右）在真空瓶底部稍加温 1～2min，然后放置 10min 左右，即可进行试验。

试验时粉剂由粉剂加入口进入瓶内，待反应一定时间后，取样测试粉剂反应后的浓度，与反应前浓度进行比较，即可求出粉剂的去除率。

试验过程中偏二甲肼浓度的确定：打开 1 号活塞，外界空气迅速进入发生瓶内，开始计时，在 1 号活塞处插入一根长 30cm、直径为 2mm 的聚四氟管，用 1mL 注射器通过该管吸取瓶内气体（先抽吸数次，让管道内气体与瓶内气体混均），在打开 1 号活塞放气后 3min 取 1mL 气样，迅速通过针头注入负压取样瓶内（取样瓶见图 7-24，取样瓶内先装入 10mL 的缓冲液，用 50mL 注射器抽真空使保持一定负压），充分摇晃取样瓶（约 1min）然后打开夹子，放气平衡，根据偏二甲肼浓度高低，取部分吸收液用缓冲液稀释，用氨基亚铁氰化钠方法比色测得瓶内初始偏二甲肼浓度。

图 7-24 负压取样瓶

7.4.3.2 气体定量试验结果

采用初步筛选试验后缩小范围的粉剂，经粉碎、研磨使其为 125 目以下的粉末，并在 180℃

烘箱内干燥 4h 后进行定量试验。

按高浓度偏二甲肼气体制备方法产生一定浓度的偏二甲肼气体，在 1 号活塞上方用胶管接一个装粉剂的漏斗，装入一定量的待试验粉剂（5g、10g、20g 不等），打开 1 号活塞，粉剂迅速喷入瓶内，开始计时，待反应不同时间后取样进行定量分析检测。试验时一般同时做 4 个体积相同的真空瓶实验，其中一个试验瓶不喷粉，放气平衡后测定瓶内初始偏二甲肼浓度，其他三瓶测定喷干粉剂后的偏二甲肼浓度，按下式计算干剂对偏二甲肼的去除率。

$$N = \frac{C - C_1}{C} \times 100\% \qquad (7-7)$$

式中　N——偏二甲肼气体去除率；

　　　C——瓶内初始偏二甲肼浓度；

　　　C_1——喷粉剂后偏二甲肼浓度。

如表 7-15 所示为八种粉剂对偏二甲肼气体去除率结果。试验条件：20g 粉剂，试验瓶内压力为 -740mmHg，室温 12～16℃，湿度 30%～50%。从表中数据可知，同条件下对偏二甲肼的去除率以凹凸棒、膨润土、混合粉及硅藻土四种较好，其余四种较差。

▫ 表 7-15　八种粉剂对偏二甲肼气体去除率结果

粉剂名称	处理前气体浓度/(μg/L)	处理 3min 后气体浓度/(μg/L)	去除率/%
凹凸棒	43500	6500	85
膨润土	46500	10000	78
硅藻土	46500	14500	69
沸石粉	46500	19500	58
海泡石	46500	21000	55
麦饭石	46500	36200	22
混合粉	43500	9500	78
N_2O_4 处理剂	43500	20000	54

不同 UDMH 液体量及不同上述四种粉剂量的去除率试验结果见表 7-16。试验条件：压力为 -740mmHg，温度 12～15℃，湿度 30%～50%，喷粉剂后 3min 取样测定。

▫ 表 7-16　不同 UDMH 量各种粉剂去除率试验结果

粉剂名称	UDMH 量/mL	反应前气体浓度/(μg/L)	喷 5g 粉剂		喷 10g 粉剂		喷 20g 粉剂	
			反应后浓度/(μg/L)	去除率/%	反应后浓度/(μg/L)	去除率/%	反应后浓度/(μg/L)	去除率/%
凹凸棒	0.5	25000	11500	54	5700	77	1200	95
膨润土		25000	16500	34	7000	72	3000	88
硅藻土		23500	17500	26	13600	42	3400	86
混合粉		25000	15500	38	8000	68	2500	90
凹凸棒	1.0	46500	24500	47	15000	68	6500	85
膨润土		46500	26500	44	14000	70	10000	78
硅藻土		43500	31000	29	26500	39	14500	69
混合粉		46500	26100	44	16200	65	9500	78
N_2O_4 处理剂		46500	37000	20	30500	34	20000	54

由试验结果可知，试验用粉剂对偏二甲肼气体去除率以凹凸棒、膨润土为最好，硅藻土次之，混合粉对偏二甲肼的去除率也较高，N_2O_4 处理剂较差。另外，无论加 0.5mL 还是 1mL 偏二甲肼，相同偏二甲肼浓度下，同一种粉剂喷粉量大的比喷粉量小的去除率高，即 20g＞10g＞5g。

采用混合粉在不同压力（真空度）条件下进行了试验，列于表 7-17 中，可以看出不同压力（-740mmHg 和 -300mmHg）条件下粉剂对偏二甲肼气体去除率影响不大，压力为 -300mmHg 时的去除率稍低于 740mmHg 时的去除率。实际使用中一般为 1.2MPa。

▣ 表 7-17　混合粉在不同压力下反应 3min 时去除率

混合粉数量	偏二甲肼浓度/（μg/L）	-740mmHg		-300mmHg	
		偏二甲肼浓度/（μg/L）	去除率/%	偏二甲肼浓度/（μg/L）	去除率/%
20g	46500	10200	78	11100	76
10g	46500	16200	65	19500	58
5g	46500	26100	44	26900	42

7.4.4　粉剂处理偏二甲肼泄漏液体定量试验

7.4.4.1　液体定量试验方法

将 10mL 偏二甲肼液体（7.92g）置于 ϕ11cm 的培养皿中，迅速用 100g 混合粉剂均匀覆盖其上。粉剂的加入方法：用 40 目筛子筛混合粉，使粉剂迅速均匀覆盖在偏二甲肼液体上。将覆盖粉剂的培养皿放入 22℃±1℃ 的恒温箱内，6h 后取出观察外观变化及粉剂分层情况，然后将粉剂充分混合均匀，取 1g 覆盖粉剂样品加 100mL 水充分摇匀，用二层滤纸过滤，取少量清液用氨基亚铁氰化钠比色方法测定偏二甲肼含量。其他粉剂再放入恒温箱内放置 12h 后，再取 1g 样品定量偏二甲肼含量。

7.4.4.2　粉剂覆盖液体定量试验结果

覆盖用粉剂在培养皿中高度约 13～14mm。覆盖 6h 后，粉剂分层情况为：底层 2～3mm 为灰白色，但培养皿四周底层为浅棕色；中间层，灰黑色 3～4mm；上层，浅灰黄色（粉剂原色）6～8mm，表面局部有灰黑色。

覆盖不同时间后粉剂的水浸样品定量试验结果见表 7-18。

▣ 表 7-18　覆盖不同时间后粉剂的水浸样品中 UDMH 含量

覆盖前计算偏二甲肼含量/（μg/g）	覆盖放置时间/h	测定含量/（μg/g）	对偏二甲肼去除率/%
79200	6	235	99.7
79200	18	95	99.8

显然表中数据表明，100g 混合粉剂覆盖 10mL 液体偏二甲肼 6h 后，对液体偏二甲肼去除率达到 99% 以上，效果很好。

系列试验研究确定了处理偏二甲肼泄漏覆盖剂的专利配方，混合粉剂主要包括膨润土、凹凸棒、硅藻土、叶蜡石或滑石，各组分按照一定的质量份数配比。

7.4.5 偏二甲肼泄漏处理粉剂性能及评估

7.4.5.1 粉剂性能

检测了凹凸棒、膨润土、硅藻土及其按照一定比例形成的混合粉的性质和对 UDMH 的吸收量，结果见表 7-19。

□ 表 7-19 偏二甲肼泄漏处理粉剂的主要性质及其吸收量

粉剂名称	化学通式	平均粒度 /μm	比表面积 /(m²/g)	堆密度 /(g/mL)	针入度 /mm	对 UDMH 吸收量 /(mL/g)
凹凸棒	$Mg_5Si_8O_{20}(OH)_2(OH_2)_4 \cdot 4H_2O$	12.21	136.75	0.43	>50	0.7
膨润土	$Al_2O_3 \cdot 4SiO_2 \cdot nH_2O$	21.26	65.31	0.87	42	0.6
硅藻土	$SiO_2 \cdot nH_2O$	21.49	23.54	0.23	>50	0.65
混合粉剂	—	—	81.24	0.54	>50	—

7.4.5.2 粉剂喷射试验

采用上述四种粉剂分别加入一定添加剂硅化后装入消防用干粉灭火器中形成 UDMH 处理器，进行了喷射试验，试验的自然环境条件为：室外温度 37℃，自然风速≤2m/s，湿度早 10:00 时为 70%、下午 15:40 时为 50%。试验时用处理器沿风向进行水平喷射试验，测量粉剂的最大喷射距离和沉降时间，并观察其喷射流畅性。结果见表 7-20，4 种粉剂流畅性良好，喷射最远距离基本相当，膨润土和混合粉剂沉降性能较好。

□ 表 7-20 粉剂处理器喷射性能结果

粉剂名称（产地）	处理器规格/kg	喷射流畅性	喷射最远距离/m	粉剂沉降性能
凹凸棒（安徽）	4	良好	12	差
膨润土（宣化）	4	良好	10	较好
硅藻土（吉林）	4	良好	12	差
混合粉剂	4	良好	10	较好

7.4.5.3 粉剂覆盖试验

用量筒量取 500mL 的 UDMH 倒入 30cm×40cm 的搪瓷盘内，形成污染源，用定量检测管在污染源下风方向 50cm 处、不同高度范围内测量其浓度并记录；然后用处理器在上风向距离污染源约 2.5m 处，对污染源进行喷射覆盖处理，处理后用定量检测管进行浓度测量，测量点与处理前相同，对测量数据进行对比。每种粉剂处理器进行重复试验，结果见表 7-21。

试验过程现象和检测结果表明，混合粉剂的覆盖效果明显好于单一粉剂，而且无温度升高现象。

研究的混合粉剂能够捕获 UDMH 泄漏所产生的气体，通过喷射粉剂覆盖泄漏液面，进行吸附、吸收、浸润及界面化学反应，可以达到去除 UDMH 的目的。混合粉剂克服了凹凸棒、膨润土单一粉剂反应剧烈甚至沸腾的不利影响和硅藻土堆密度小装瓶不利的因素，提高了整体处理过程的安全性；混合粉剂喷射流畅性好，其沉降性能克服了凹凸棒粒度细、不易沉降的缺陷。

粉剂名称	距离污染源 50cm 高度 1.0m 处/(mg/m³)	距离污染源 50cm 高度 0.3m 处/(mg/m³)	距离污染源 50cm 高度 0.1m 处/(mg/m³)	试验现象
	喷前 63.85	喷前 255.4	喷前超出检测管极限，>460	
凹凸棒（安徽）	未测出	51.1	>460	起始无反应，约 5min 后沸腾有气泡、发焦、发黄，温升大
膨润土（宣化）	10.2	84.3	398.4	完全覆盖液面，浸透液体发黄，反应
硅藻土（吉林）	未测出	51.1	383.1	无温升现象
混合粉剂	未测出	5.1	287.3	覆盖效果好，无温升现象，粉剂原色

7.4.5.4　粉剂灭火试验

在直径为 1.5m 的专用灭火试验盘中，将 500mL UDMH 点燃后，用混合粉剂处理器连续三次进行灭火试验，三次扑灭火源共用粉剂小于 4kg。结果见表 7-22，显然所用粉剂量很少，可以起到灭火作用，采用混合粉剂装填形成的专用处理器满足灭火器的灭火试验要求。

⊡ 表 7-22　粉剂对 UDMH 的灭火试验结果

编号	第一次	第二次	第三次
扑灭火情所用时间/s	8.04	2.23	<1

UDMH 泄漏专用处理器如图 7-25 所示。

图 7-25　UDMH 泄漏专用处理器（18kg）

用 UDMH 泄漏处理粉剂处理实际泄漏污染源时，在距离地面 1m 高度处基本检测不到 UDMH 气体，处理过程无温升现象，无安全隐患。用于 UDMH 泄漏控制的专用处理器使用过程喷射流畅性、降落时间、喷射距离等性能均满足使用要求。专用处理器可以有效扑灭 UDMH 引起的火灾。专用粉剂处理 UDMH 泄漏形成的覆盖固体污染物可通过燃烧处理，达到彻底无害化的处理目的。

7.5 推进剂泄漏分类及综合处理技术

7.5.1 泄漏分类

泄漏发生的直接原因有：

① 设备设计缺陷；

② 人为操作失误；

③ 设备检修不当；

④ 腐蚀与机械穿孔；

⑤ 制度及管理原因。

实际工作中除要加强管理外，需要通过研究建立处理环境事故的技术体系，制订针对性的环境事故应急预案，期望将环境事故概率及其危害降至最低。推进剂泄漏环境安全保障综合技术体系包括事故前的模拟分析预警、事故快速处置、事故后的污染物无害化处理等三大部分。

防患于未然是一切事故防控的基本原则，首先需要分析液体推进剂的使用程序，分析每一个程序可能存在的安全隐患，为事故处理提供依据。通过辨识危险源确定可能发生泄漏的位置，可以通过数值模拟计算分析确定液体泄漏量，确定液体源强、气体扩散范围，以此确定危险距离和安全范围，在危险范围内布设快速应急监测系统，将监测数据实时传输至中央控制室，一旦发现异常立即采取应急措施，防止事故进一步扩大。

以硝基氧化剂泄漏为例，根据泄漏量及危害不同，可将泄漏分成四类如图 7-26 所示。

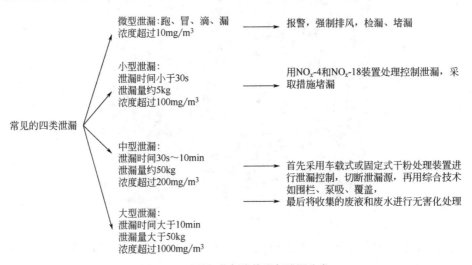

图 7-26　硝基氧化剂类推进剂泄漏分类

图 7-26 中第一种微型泄漏一般不会形成液池，后续三种泄漏均可能形成液池。对于跑、冒、滴、漏引起的微型泄漏，由设施周围的监控仪器根据检测到的浓度进行适时超限报警，自动控制设施启动加大排风设备程序，同时操作人员穿戴防护用具进行现场检漏，发现阀门、管件连接处有滴漏时，及时采取紧固措施，若发现管道、储罐有砂眼滴漏隐患时，及时报告，并尽快进行管道和储罐补漏，避免进一步的泄漏发生。

小型泄漏，一般为瞬时发生，且泄漏量较少，因此，采用手提式干粉处理装置进行喷射覆盖，控制液体挥发产生气体后，采取措施堵漏即可。

中型泄漏和大型泄漏一般泄漏量大、连续发生，要求泄漏处置要快、准。因此从应急处置控制污染的实际需求考虑，应遵循先切断泄漏源、再堵漏、最后进行污染物后处理的流程，采用多项技术组合的综合处理技术。

肼类推进剂按照其泄漏量也可以分为四种类型的泄漏。

7.5.2 推进剂泄漏综合处理技术

"安全第一 预防为主"体现了以人为本的安全生产和事故防范的基本原则。安全系统工程要求全面系统地分析、预测各个过程存在的潜在危险，对可能发生泄漏的部位进行全方位、实时地监控和预警，同时还要采用科学工程原理、标准和技术知识分析与评价事故的原因和控制技术。

完善的自控和监测系统是排除人为操作失误、防止泄漏发生的最有效办法之一。自动控制安全系统应包括自动操作、自动调节、自动联锁保护和自动监测预警系统。在项目设计初期通过工艺参数的选定、材质的选择，建立自动信号报警、安全联锁和双重保险装置、实施程序的自动控制，可以把泄漏的潜在危险和发生事故的概率降到最低水平。

一旦发生泄漏则需要快速安全处理，所有泄漏的应急处理均应遵循切断泄漏源—堵漏—污染物后处理的流程。

（1）切断泄漏源

推进剂一旦发生泄漏，迅速关闭阀门、停止加压输送或停止充压保护、阻断泄漏源是最为关键的一步，可以防止泄漏的进一步扩大，对瞬间发生喷射溢出，快速阻断泄漏源尤为重要。切断泄漏源要求现场操作者胆大心细、熟悉工艺、掌握设备布局、遇险不乱，日常应加强各个工作岗位的管理、严格培训，提高操作者责任心，才能确保临危不惧、精准操作。

发射场推进剂加注管线长、加注量较大、关闭阀门需要一定的操作时间，因此实际泄漏中均会有一定的推进剂泄漏到环境中，在切断泄漏源后，需要对泄漏的液体进行有效处理。

（2）堵漏及密封

密封是防止泄漏和处理泄漏最常用的方法之一。密封是确保主体设备与管道、泵、各种阀门、法兰、测量仪表、保护装置一体化，避免出现任何渗漏的主要技术手段。多数泄漏发生的原因是密封面上出现间隙、产生压力或浓度差，各种裂纹和腐蚀穿孔也是发生泄漏的原因。

实现主辅设备一体化、确保密封效果良好的首要办法是从设计上严格各种设备和零部件的选用程序，使所选设备设施的材质与介质推进剂1级相容，尽量避免或减少管线及设备连接上的密封部位和数量。其次是用各种密封圈、垫、环和胶隔离和堵塞。无论采取何种密封，都要经过严格的试验和研究，绝不可贸然使用。

针对发射场推进剂泄漏使用的主要密封技术有：密封圈、垫密封；中、低压法兰密封；填料函密封；聚四氟乙烯塑料橡胶件以及机械密封。实际工作中应严格按照规定选择密封件，严禁违规更换和使用未经严格试验的代用品，从密封环节降低泄漏事故概率。

采用适宜的材料进行堵漏是推进剂泄漏处理过程中必要的技术措施。黄继庆等已经开发研究了 N_2O_4 泄漏带压快速堵漏剂，需要进一步完善堵漏的具体实施技术，从而完善推进剂泄漏处理的环境安全体系，使之真正用于推进剂泄漏处理中。

（3）干粉或泡沫处理技术

干粉和泡沫的组成和状态是截然不同的两类物质，在泄漏处理中，干粉处理是利用其呈微粒状、比表面积大的特点，可在空间长时间停留，对泄漏液和形成的蒸气有很强的中和、吸附、包围、阻隔和围墙作用，接触面的增大可大大提高处理效率，干粉的选择要全面考虑它与处理推进剂的化学性质，充分利用二者之间的酸碱中和、氧化还原反应等化学作用。用高活性氢氧化钙微粉喷射的方法可以有效控制 N_2O_4 泄漏。采用膨润土、凹凸棒、硅藻土、叶蜡石或滑石粉按照一定的质量比形成的混合粉剂可以有效处理 UDMH 泄漏。上述干粉处理剂已经装填于处理器中形成系列产品，适用于不同的泄漏场所。

泡沫处理泄漏也是一类行之有效的方法，但是目前此方向研究较少，希望经过研究可以生产出系列装置，实现现场快速发泡覆盖泄漏液，并与泄漏液发生化学反应降低其毒性。

（4）围拦泵吸技术

围拦、泵吸对控制泄漏污染物进一步扩大有明显作用。围拦和围堰是对液体泄漏扩散的一种阻挡技术。用泵吸的方法把泄漏液收集到专门的容器，可控制和减轻泄漏的危害和污染作用。围拦和泵吸虽然只能用于泄漏后的处理，但对不同量的泄漏，尤其在推进剂贮存、加注设备固定的情况下，完善其使用条件会对泄漏处理发挥很大作用。

由于推进剂贮存和加注管线固定，泄漏发生在相对固定的地点、范围和空间内，因此可以借鉴海面上石油泄漏的处理方法，采用围拦技术将意外出现的泄漏控制在一定范围，采用已经研制的可迅速铺展、耐酸丁基胶布做成的带有充气围堰的实体容器，对泄漏推进剂施以盛、围、堵的措施，控制污染源进一步扩大。在环境狭小或地面复杂的位置发生泄漏时，可通过抛洒大量处理粉剂的办法，自动形成围堰，阻止泄漏液体流淌。因此，围拦对相对固定的液体泄漏控制是行之有效的方法。

泵吸技术是和围拦技术配套使用的一项技术，即把泄漏出的推进剂液体经围拦使其流量得到有效控制后，用带有自吸泵的移动罐或车把残液吸收起来，从而减少和控制污染的进一步扩大，并为泄漏液体的进一步处理争取时间，减少了处理量，降低了处理难度，泵吸收集的液体可以采用废液处理技术装备使其达到无害化处理的目的。

（5）覆盖技术

覆盖技术是针对少量推进剂泄漏或在大量推进剂泄漏液体被抽吸泵转移之后的剩余残液进

一步处理采取的一种方法，覆盖不是简单地掩埋，覆盖处理应从覆盖剂的组成、化学性质、形状和与推进剂的作用进行综合考虑，并进行实际试验研究。良好的覆盖剂应是一种专用处理剂，如干粉、泡沫能与待处理的推进剂发生化学反应或多种吸附，有一定的粒度和活性要求。覆盖处理剂应具有来源广泛、制造工艺简单、价格低廉等特点。覆盖要有一定的厚度，但绝不是无限量地抛撒。前述针对硝基氧化剂，特别是 N_2O_4 泄漏的高活性氢氧化钙微粉、针对偏二甲肼的混合干粉处理剂均可用于泄漏的覆盖，这些专用粉剂廉价易得、可大量抛撒，并能与泄漏的推进剂发生中和反应，进一步强化覆盖作用，从而有效控制处理残液。

根据航天发射场推进剂的生产和使用过程，推进剂的泄漏一般发生在固定的库房、泵房、塔架间固定加注管道、阀门和取样排放口。由于事故的偶然性，虽不能事先准确定位事故发生点，但发生事故的相对位置和范围是可预测的。因此，可以将专用处理装置装配于可能发生事故的场所，确保一旦发生事故可以迅速、快捷地控制推进剂泄漏及环境污染。

（6）水处理技术

水是应用最广、价格最低的泄漏处理剂之一，但对于硝基氧化剂和其他强酸及固体粒状氧化剂严禁使用水处理。2015 年 8 月 12 日发生在天津化学品港口的大爆炸事故处理即是典型案例。水处理泄漏并非简单地用水冲洗，也不是简单地对泄漏液进行稀释，一般可以采用细水雾控制肼类泄漏，在水中溶入可以与泄漏液反应生成低毒或无毒物质的化学物质，形成洗消水溶液，采用消防高压细水雾装置在泄漏现场喷出洗消液，其主要作用是利用细水雾对泄漏液挥发形成的有害气体进行控制吸附吸收，细水雾可以很好地吸收挥发气体，隔绝毒性气体，保护现场操作人员。细水雾也可以与泄漏液体反应，不仅起到一定的稀释作用，使挥发气体减少，同时可以与泄漏液反应，降低毒性。最后收集反应后的残液再进一步处理。

硝基氧化剂类泄漏严禁使用水处理技术。

（7）后处理技术

推进剂泄漏的后处理包括泄漏的设施设备去污、场地去污和应急处理产生的污染物的去除三部分。

设施设备去污主要指泄漏处理后现场的设备表面清理、贮罐或管道内部的清理。按照常规推进剂贮罐或管道在发射加注任务中的使用流程进行清理和清洗，清洗产生的污染物后续合并处理。

场地去污主要指泄漏覆盖剂或洗消液收集后对地面进行清洗，采用常规推进剂库房地面清洗流程中规定的清洗剂和流程实施，清洗产生的液体污染物并入后续污染物统一处理。

应急处理产生的污染物包括固体废物和收集的液体废物。如果用干粉处理硝基氧化剂泄漏形成的固体废物主要为硝酸钙，属于无毒盐，少量的盐可以收集淋洗液进一步处理；大量固体废物应送专门处理机构统一处置。如果用混合粉剂处理肼类泄漏后形成的固体物质中尚有少量肼类，可以用水淋洗，收集淋洗液后统一按照废水处理流程进行无害化处理，淋洗的固体废物建议采用燃烧法进行高温处理，将固体中肼类及其反应产物在高温燃烧条件下使其无害化。

液体废物包括高浓度泄漏液和冲洗地面形成的水溶液，水溶液可进入废水处理系统进行处理后达标排放。高浓度废液量较大时建议回收再利用，少量高浓度废液宜采用废液燃烧处理设施使之无害化。

（8）泄漏引起火灾的处理

由推进剂泄漏引发火灾时，采用现场配置的火灾消防设施进行处理，快速灭火是首要目标，严防由火灾引发更大的安全事故。一般在推进剂作业过程中均配有消防人员和设施，并有操作程序，按照应急预案处理即可。

所有处理泄漏和火灾的人员必须穿戴全封闭式防护衣和佩戴防毒面具。只允许对面部、身体有防护的、并佩戴自供式专用防毒面具的工作人员进入污染区域或在区域内停留；受到污染的人员，必须立即离开污染区，并给予必要的处理。

7.6 推进剂泄漏处理小结

推进剂氧化剂泄漏是推进剂使用和生产中危害较大的一类事故，以 N_2O_4 为例，当 N_2O_4 泄漏后一旦遇到水，则会发生反应生成酸性较强的硝酸，如果不及时处理，硝酸会对周边的管道、阀门及控制仪器产生腐蚀作用，引起更大的危害，因此，氧化剂泄漏后严禁使用水溶性溶液进行处理。历史上国内外发射场发生泄漏造成人员死亡事故的多由氧化剂泄漏引起。燃烧剂泄漏的主要危害是毒性危及人员和爆炸隐患。

针对推进剂的物化性能和发生事故的危害，在对事故模拟分析基础上，可以采用干粉、泡沫、水等处理技术。由于水与氧化剂反应放热且腐蚀性危害更大，而泡沫处置泄漏技术现场操作复杂不易实现，因此采用粉剂喷射覆盖反应的处置技术是处置推进剂泄漏的一种可行技术。

根据酸碱中和原理，采用消化法研制的高活性氢氧化钙粉剂添加一定的防潮剂后可形成硝基氧化剂专用处理剂，不仅具有捕获氧化剂挥发产生的氮氧化物气体、有效控制泄漏的功效，还具有灭火作用，经过消防器材厂鉴定满足灭火粉剂效能，因此系列装具可以实现氧化剂泄漏控制和灭火作用，可以参照消防灭火相关规程进行现场配制，一般粉剂的配制质量为理论泄漏量的 6～8 倍。

根据偏二甲肼物性及泄漏危害，研究者采用膨润土、凹凸棒、硅藻土、叶蜡石或滑石粉按照一定的质量比混合形成 UDMH 泄漏专用处理剂，混合专用粉剂覆盖泄漏的 UDMH 液体后，对液体 UDMH 去除率可达到 99%以上，气体浓度测定表明在距离地面 1m 处基本检测不到 UDMH 气体，达到了较好的控制泄漏液体和挥发气体的处理效果。采用混合专用粉剂覆盖处理过程无温升现象，无安全隐患。采用 UDMH 混合专用粉剂装填形成的专用处理器符合喷射要求的流畅性、降落时间、喷射距离等，专用处理器可以有效扑灭 UDMH 引起的火灾，专用粉剂处理 UDMH 泄漏后形成的覆盖固体污染物可通过燃烧处理，达到彻底无害化的处理目的。

根据推进剂物性及其泄漏危害可以将其分为四类泄漏：微型泄漏、小型泄漏、中型泄漏和大型泄漏。所有泄漏处理都必须建立健全应急处置预案，对于中型泄漏和大型泄漏应采用启动应急预案—切断泄漏源—堵漏密封—围拦泵吸—覆盖—后处理等综合处理技术，实现安全处理泄漏的目标。

采用专用处理粉剂和处理器进行推进剂泄漏控制是一种行之有效的手段，随着技术的发展，研究者正在开发快速形成胶体的物质，既可以固化泄漏的推进剂，也可以与之反应，从而达到控制泄漏的目的。

针对不同推进剂介质开展堵漏技术研究是未来的一个研究新领域，希望通过新材料的研究进一步完善推进剂泄漏处理的环境安全体系，使之真正用于推进剂泄漏处理中。

在推进剂泄漏控制技术中可以将专用粉剂、专用洗消剂装填于不同的新式消防处理设施中，结合机器人或无人机、远程信息传输检测控制手段，更好地进行事故的快速处理，实现无人化操作，降低事故的危害。

防患于未然是处理一切事故的基本原则，高效的技术装备和健全的处理制度是防控事故的有力保障。

参考文献

[1] 国防科工委后勤部. 火箭推进剂监测防护与污染治理[M]. 长沙：国防科技大学出版社，1993，10.

[2] 侯瑞琴. N₂O₄泄漏干粉处理剂的筛选试验研究[C]. 中国宇航学会发射工程与地面设备专业委员会学术会议论文集，2000：100-105.

[3] 侯瑞琴. 液体推进剂的泄漏与污染控制[J]. 靶场试验与管理，2001（6）：8-11.

[4] 侯瑞琴. 航天靶场液体推进剂的泄漏研究与污染控制[J]. 安全环境学报，2002，5（2）：39-41.

[5] 侯瑞琴. N₂O₄泄漏过程模拟与应急处置技术研究[D]. 北京：清华大学博士论文，2010.

[6] 郭锴，唐小恒，周绪美. 化学反应工程[M]. 2版. 北京：化学工业出版社，2007.

[7] 赵成. 利用曲拉通 X-00 室温合成管状氢氧化钙[J]. 安徽化工，2006，3：41-42.

[8] 李慧芝，李红，熊颖辉. 异丙醇改性氢氧化钙的研究[J]. 无机盐工业，2008，9：32-34.

[9] 许娆，钱庆荣，肖良建，等. 聚乙烯醇合成链状纳米氢氧化钙机理研究[J]. 化工工程，2008，11：50-54.

[10] 侯瑞琴，杜玉成，刘铮，等. 纳米氢氧化钙颗粒制备、表征及 NOₓ 捕获性能研究[J]. 非金属矿，2010，33（5）：5-7，12.

[11] 杜玉成，侯瑞琴，史树丽，等. 高比表面超细 Ca(OH)₂ 粉体制备与表征[J]. 中国粉体技术，2010，16（3）：33-36.

[12] 侯瑞琴，刘铮. 应急处理 N₂O₄ 泄漏的粉体制备及试验研究[J]. 火炸药学报，2010，33（1）：43-45.

[13] Du Yucheng, Meng Qi, Hou Ruiqin, et al. Fabrication of nano-sized Ca(OH)₂ with excellent adsorption ability for N₂O₄ [J]. Particuology, 2012, 10(6)：737-743.

[14] Sheng, G D, Wang S W, Hu J, et al. Adsorption of Pb(Ⅱ) on diatomite as affected via aqueous solution chemistry and temperature[J]. Colloids and Surfaces A: Physicochemical and Engineering Aspects, 2009, 339：159-166.

[15] Necla Caliskan，Ali Riza Kul，Salih Alkan，et al. Adsorption of Zinc(Ⅱ) on diatomite and manganese-oxide-modified diatomite: A kinetic and equilibrium study[J]. J Hazard Mater, 2011, 193：27-36.

[16] Myroslav Sprynskyy. The separation of uranium ions by natural and modified diatomite from aqueous solution[J]. J Hazard Mater, 2010, 181：700-707.

[17] Majeda A M Khraisheh. Remediation of wastewater containing heavy metals using raw and modified diatomite[J]. Chemical Engineering Journal, 2004, 99：177-184.

[18] Mohammad A，Al-Ghouti. Flow injection potentiometric stripping analysis for study of adsorption of heavy metal ions onto modified diatomite[J]. Chemical Engineering Journal, 2004, 104：83-91.

[19] 商平，申俊峰，赵瑞华，等. 环境矿物材料[M]. 北京：化学工业出版社，2008.

[20] Mansoor Kazemimoghadam, Afshin Pak, Toraj Mohammadi. Dehydration of water/1-1-dimethylhydrazine mixtures by zeolite membranes[J]. Microporous and Mesoporous Materials, 2004, 70：127-134.

[21] Mansoor Kazemimoghadam, Toraj Mohammadi. Separation of water/UDMH mixtures using hydroxysodalite zeolite membranes[J]. Desalination, 2005, 181：1-7.

[22] Tesng J M, Su T S, Kuo C Y .Consequence evaluation of toxic chemical releases by ALOHA[J]. Procedia Engineering, 2012, 45：384-389.

[23] William J Nichols. An overview of the USEPA national oil and hazardous substances pollution contingency plan, subpart J product schedule (40 CFR 300.900) [J]. Spill Science and Technology Bulletin, 2003,8 (5)：521-527.

[24] 黄继庆，程永喜，温婧，等. 用于 N_2O_4 液体推进剂的新型带压快速堵漏剂的研究[J]. 化学推进剂与高分子材料，2018，16（2）：50-52.

第 **8** 章

低温推进剂泄漏
及防控

液氢/液氧低温推进剂组合与常规偏二甲肼/四氧化二氮组合相比，产生相同能量时具有体积小、重量轻、无污染等优点，因此在航天发射中应用日益广泛。液氢/液氧低温清洁型推进剂使用中主要存在泄漏安全隐患。本章以液氢为例，介绍了液氢推进剂的泄漏评估及防控技术。

8.1 液氢/液氧推进剂的安全性能

液氧、液氢属于低温液体推进剂，标准沸点分别为-183℃（90K）和-253℃（20K），常温下处于沸腾状态，均无毒，使用时一般不会发生中毒作用。

低温液氢/液氧使用过程中的危害主要包括生理学、物理学和化学方面的危害。生理学危害是指低温引起的冻伤，泄漏局部浓度过高导致呼吸困难和窒息；物理学危害是指较低的温度引起运输或传输管线的元件故障和脆变；化学方面的危害是指泄漏后引起燃烧爆炸，造成创伤或烧伤。绝大多数的液氢/液氧事故都是由上述原因引起的，任何形式的氢泄漏造成的最大危险是由于疏忽产生了可燃的、可爆炸的混合物，从而导致大火和爆炸。设计者和操作者在处理和使用液氢/液氧时应时刻防范其危险性，从而提高使用过程的安全性。

8.1.1 冻伤窒息危害

低温液体推进剂引起的冻伤多数属冰冻型局部性冻伤。接触物体低于 0℃时，局部组织受冻，受冻部位温度迅速下降至 0℃以下，致使受冻的组织细胞损伤，称为冰冻型局部性冻伤。在封闭的空间中液氢蒸发成气氢时，由于空气中氧含量下降，人进入含有氢气或含氧体积分数低于 19.5%的空气区域时会产生窒息危险。

8.1.2 氢的危险性

（1）氢的爆燃危险

氢有很高的爆炸和火灾危险性，这是由于它容易与氧化物发生化学反应并放出大量热。在大多数情况下，氢与氧化物起反应不需要大的热脉冲。例如氢与氧化物反应生成水时放出大量的热（1678.48kJ/kg），而氢的着火能量只有烃着火能量的 10%。氢气的可燃极限较宽，在空气中的可燃极限体积分数为 4%～75%，在氧气中为 4.5%～94%，仅次于乙炔和肼。氢气燃烧通常引起爆燃，在封闭或半封闭的环境中，可能演变为爆轰。通常发生爆轰的氢气体积分数比可燃极限要窄，在空气中为 18.3%～59%，在氧气中为 15%～90%。

氢气在空气中的最小点燃能量为 0.019mJ，在氧气中为 0.007mJ。极小的点燃能量是其极易发生着火和爆炸的原因之一。

氢气在标准工况下空气中的燃烧速度很快，为 2.70～3.30m/s，约是汽油的 8.8 倍、甲烷的 7.3 倍。氢气在氧气中的燃烧速度更快，为 8.9m/s。氢气不仅燃烧速度快，而且火焰持续的时间很短。

氢气燃烧时火焰温度很高，空气中的体积分数为 31.6%时，燃烧的火焰温度为 2129℃，在氧气中达到 2660℃。并且氢的火焰不可见，使人极易被烧伤。火焰上喷上 Na^+ 或 Ca^{2+} 的溶液或粉状显色剂后，火焰立即显示黄色或砖红色。

液氢的泄漏速度、汽化速度和扩散速度都很大，因此容易发生危险。

（2）静电危险性

液氢的电导率很小，约为汽油的 1/500000，属于高绝缘体。在接地良好系统中流动或排放，由于摩擦产生静电荷，存留时间很长，存在着火和爆炸危险性。当静电的电场强度为 17.5kV/cm，电量为 $1.1×10^{-9}Q$ 时，放电产生的电火花能量可使氢气-空气混合物发生着火或爆炸。液氢在三种情况时容易产生较高电势和静电荷：一是在液氢、氢气或系统中含有固体、液体颗粒杂质时；二是存在液氢和气氢两相流时；三是当液氢或气氢高速冲击绝缘体时。

因此，氢系统应避免任何杂质和两相流以及直接高速喷出，避免产生静电危险。

（3）氢中固体氧气和固体空气危险性

液氢的低温会使氧气和空气凝结并冻结为固体氧气（固氧）和固体空气（固空）或富氧固空，在它们的交界面上固体微粒的剪切、摩擦或撞击会产生静电放电。产生固氧和固空主要有以下情况：一是氢气源含微量氧；二是容器和管道中的空气未置换干净；三是系统不密封，负压造成空气冷抽吸；四是液氢或低温氢气直接排入大气，在出口处形成富氧固空；五是液氢和液氧同时泄漏在一起。

固氧积累越多，爆轰危险性就越大。固空中氧体积分数超过 40% 时，也存在爆轰危险性。当打开或关闭阀门时发生剧烈爆炸，就是液氢与固氧或富氧固空因摩擦产生静电火花而引发的爆轰。

8.1.3 氧的危险性

液氧为强氧化剂，助燃，与可燃物混合形成燃烧式爆炸性混合物。与还原剂能发生强烈反应。氧气比空气重，在空气中易扩散，流速过快容易产生静电积累，放电可引发燃烧爆炸。液氧的泄漏可以形成有潜在危险性的高浓度氧气。液氧受热汽化，可以形成大量的氧气。在封闭场地内，由于静电、电火花或火源，会引起氧气和燃料气的混合物发生爆炸，产生严重后果。

如果液氧和液体燃料接触，会引起冷却并凝固，在加压情况下常常会引发爆炸。油脂、沥青、煤油等有机物和氧气剧烈反应。

燃烧反应的类型取决于氧和燃料的混合比和点火情况。一种是液氧与大多数液体燃料混合，形成的混合物点火或受到机械撞击时，能发生爆炸。另一种是在发生燃烧的情况下，液氧的存在会加速燃烧并反复爆炸。燃烧反应的强度取决于燃料的性能。

所有的可燃物质（包括液体、气体、固体在内）和液氧混合时都呈现出爆炸的危险性。尤其是混合物被凝固时，由于静电、机械撞击、电火花等，极易发生爆炸。

8.2 氢系统泄漏故障原因及危害

8.2.1 氢系统故障的主要形式

（1）贮存容器故障

液氢贮罐在贮存、运输和使用过程中，机械损伤、热应力、压应力、操作不当、安全阀失效、容器绝热失效以及火焰包围造成罐体强度下降等因素或某些因素联合作用，造成罐体出现不同程度的破裂。大多数的危害都是由破裂导致外泄的氢引燃引起的。

罐体材料缺陷、材料疲劳、腐蚀以及边角、焊缝处的失效与强度降低均会造成容器机械损伤；多种因素联合作用，如容器材料疲劳诱导，并由传热或安全系统失效引起容器机械损伤；如果与氢接触的材料选择不当，发生氢脆，也会引起容器机械损伤。液氢容器真空绝热失效还会使容器外层出现结霜，碳钢材质的外容器与低温接触，产生脆变、脆裂。

操作不当会引起压力超限；液氢容器真空绝热失效引起液氢快速蒸发，贮罐内气枕压力超限；气化系统增压控制失效引起压力超限等。所有液氢容器以及常处于密封情况下的贮氢系统，应设置安全阀，防止超压使容器或贮存系统破裂或爆炸。并应经常注意检查氢容器或贮氢系统的排气口是否被空气中水汽所冻结堵塞，避免超压爆炸。

由于氢是最轻的元素，比液体燃料和其他气体燃料更容易从小孔中泄漏，因此，贮罐破裂失效后，在不同环境下会引发不同形式的灾害。贮存的氢气或液氢的释放可能引起自身的燃烧从而引发大火或爆炸。由于氢气云的扩散，其破坏范围远远大于容器贮存区域。

（2）输送管道泄漏

液氢传输管路、阀门等处的内外温差极大，易使材料发生变形产生缝隙而造成泄漏；管道连接处密封圈变形易引起泄漏；管道（尤其是薄壁软管）材料腐蚀穿孔或腐蚀裂纹引起泄漏；管道热应力不足引起管道裂纹等。传输管道发生泄漏时，应关闭输送系统、更换泄漏部件，隔绝泄漏区域，隔离火源并尽快将蒸气云团驱散。

（3）排气系统故障

排气系统故障主要有排放管空气回流及排放管静电引起的故障。

氢气排气量不足会使空气回流侵入进排气管道造成排气系统处于燃爆范围引起故障。合理的排放系统设计，应考虑氢气流的补充（或提供足量的氮气等惰性气体补充），以保持排放正压，排放口应设置防止空气回流装置，以及改善密封结构防止空气回流，避免故障的出现。

氢气排气量过大会造成静电危害，液氢属非导电体，当其在管路中高速流动时，会产生高达数千伏特的静电。若在管路中混有固体氧气或固体空气，极易发生爆炸。或在管路出口与空气相遇，易产生静电放电，排放氢的流速超过 0.225kg/s 时，也会引起着火或爆炸。控制氢排放流速，合理的导静电设计，可避免故障的出现。

（4）低温冷脆危害

液氢温度很低，具有冷脆破坏效应，黑色金属、锡、镁、锌等在其中会变脆，失掉延展性。润滑油脂在其中也会凝固变脆而失效。

排放管线及汽化系统中非绝热的存有液氢或低温氢气的管线温度低于 90K 时，该温度足以使管外的空气冷凝，冷凝空气中当含氧量高达 50%时，绝对不允许接触到敏感设备和碳钢等不适合在低温环境下工作的材料，否则会脆变而变形失效。其他可活动的部件和电子设备也会受到不利影响。冷凝的空气不能滴落在可燃烧的物体上如焦油和沥青上，因其会变成可爆炸的物体。

（5）氢脆危害

当金属或非金属材料的力学性能由于氢脆而退化时，会导致贮存系统发生故障，并出现溢出和泄漏，从而造成危险。氢脆常发生在长期持续使用的氢系统中。

（6）运输过程中碰撞危害

氢运输路径包括公路、铁路、空运和水运，运输过程发生碰撞会导致泄漏和溢出，从而引起大火或爆炸。

绝大多数的运输事故都不是由工业设备缺陷造成的。据统计 71%的氢气排放不会引起燃烧，燃烧事故较少的原因可能是没有火源或泄漏的氢气很快扩散到了大气中。不论何时，液氢的运输、转注和室外贮存都要远离人员居住的地方。

（7）氢系统净化不足

液氢或气氢的贮存及生产系统中如果干燥、置换净化（包括系统盲腔及残留物的净化）不足，会产生氢-空气或氢-固空混合物，产生破裂或爆燃风险。因此在液氢贮存或生产系统引入氢之前，应先将其中空气用高纯度氮气反复置换数次，再用氢气（或氦气）置换氮气，符合要求后再注入液氢或气氢。

氢贮存系统应保持正压，从而可以防止空气、水分和微粒等外来的污染物进入系统，或渗漏进低温贮存容器中，避免产生危险。由于氧固体颗粒在氢贮存系统的某个局部聚积会接近并达到可燃水平，因此需要防止高沸点的异物的累积。加压用气体应使用纯净符合要求的气体。由于止回阀会产生内漏，因此，氢系统不能依靠止回阀来隔离相互连接的系统。

（8）设备残留氢的净化不足

贮存或运输氢的设备和管道的所有维修和改造过程中，处理氢时都必须小心谨慎地施工和测试。

管道和容器在通入氢气前或通入氢气后应采用惰性气体进行吹除净化。系统温度如果在80K以上可用氮气置换，系统温度在80K以下用氦气置换。当系统温度低于80K时可先用氢气使系统加温到80K以上，再改用氮气置换；如果系统内残留有液氢，则气氢可能会发生冷凝。如果置换速率太慢，持续时间太长，混合程度太小，设备内易出现氢气或是吹除气体的残留气。据统计惰性气体净化不充分原因造成的氢事故占总事故的 8%，从大型系统中清除残留氢相当困难。在部分封闭的空间里氢气不容易进行均衡的混合和稀释。经过合格置换后的系统内部应在多个位置测量气体浓度并分析数据。如果为了减少置换的时间和置换气体用量而只隔离部分的氢系统，这种危险的净化操作会导致净化不足产生爆炸。

8.2.2 氢泄漏的危害

只要有氢就有潜在的火灾危险。氢发生火灾或爆炸危险的原因主要有：

① 大量液氢意外紧急泄漏出；

② 贮存液氢被氧化物污染；

③ 液氢或氢气高速排入大气中；

④ 通风系统工作不符合要求。

引发事故的例子有：液氢贮罐损坏，大量液氢流到地面上、蒸发并与周围空气形成易燃易爆混合物；管路破裂时喷出氢气团，着火时形成很大火焰；固态氧或空气积聚在专用工艺设备的附件和部件中；容器爆炸时形成碎片伤及其他容器或人员。

引燃的火源包括机械火花（如快速关闭的阀门、焊接切割设备）、静电（接地未达到要求）、电气设备的打火（未按防爆要求设置）和雷击靠近排放竖管等等。

（1）液氢泄漏蒸发危险

液氢泄漏虽然是爆炸和火灾危险的潜在原因，但在没有着火源的时候，可认为没有危险。事实上少量几升液氢泄漏瞬间就蒸发了，如泄漏几百升，出事地点的土壤会冻结，周围空气与液氢接触而冷凝，形成由冰晶和水蒸气组成的气团。

虽然气态氢明显地比空气轻，但大量的低温气态氢可能具有大致与空气相同的密度，泄漏的氢在升温之前主要分布在离地面很近的低空。这时氢气团周围的空气中含氢不到 1%，只有在易燃的空气-氢混合物的气团范围内才有爆炸或失火的可能，充满易燃混合物的气团范围随着氢的蒸发速度和它与周围空气的混合速度而不断变化。蒸发速度本身取决于泄漏速度、热流强度（向液体供热的速度）和产生蒸发的地面的性质。

通过测量液氢蒸发速度的试验可知，液体首先从地面上得到热量。液氢泄漏到地面 3min 后，空气冷凝成"氢潭"时，与空气之间的热交换变慢。蒸发速度迅速降低到接近平衡状态（大约降低 3/4）。空气-氢混合物着火对蒸发速度影响不大。只有在砾石地面上蒸发时，蒸发速度才大大提高。所以为了在液氢泄出时加快蒸发和迅速消除危险，液氢库区宜采用砾石围垫。

氢气扩散速度比空气快 3.8 倍，往地面倾泄 $2.25m^3$ 液氢，约 1min 后即可扩散成不爆炸的混合物，通风会增大扩散速度。

（2）液氢泄漏着火危险

由于空气湍流加速了氢气的扩散率，氢气在空气中扩散得非常快。溢出的液氢快速蒸发会导致这种可燃的气液混合物危及相当大的范围。这种可燃混合物移动接触到火源时，火灾依旧会发生。仅靠肉眼观察来判断纯氢与空气是否产生火焰或评估火势的大小是不可靠的。

在泄出液氢上方的敞开空间中空气-氢混合物着火时，形成不稳定的迅速扩散的火球，逐渐变成蘑菇云，以大约 6.5m/s 速度向上升。火球的大小取决于泄出液氢的体积、排放速度、液体洒落到的地面性质、点燃火焰的分布和点燃时刻，但是这样的火球通常会炸裂，很快就消失。

泄出的少量氢点燃时，很快燃烧，一般不会发生严重的火灾危险。大量氢燃烧或者氢在敞开的容器中燃烧直到液体全部蒸发为止，这个过程可延续几分钟。泄出的氢点燃后平静地燃烧，不爆炸。这时火焰温度达到 1900K，但辐射强度很低，大约比烃类（例如丙烷）燃烧时低 10 倍。

对泄出的液体蒸发形成的气态氢，被火花或火焰点燃时的爆燃效应进行的研究表明，氢焰的爆燃效应不论在持续时间上还是辐射流密度上都小于烃类燃料。

（3）大量液氢泄漏爆炸危险

大量液氢泄出会导致灾难性的后果，这是由于泄出的液体因相变蒸发形成了大量空气-氢混合物。氢气的可燃范围广，燃烧温度高，一旦燃烧，可能引发爆燃甚至爆轰现象。同时，液氢具有低温危害性，泄漏后空气或杂质混入液氢中，会产生固氧和固态空气，形成类似炸药的易爆混合物，很容易造成剧烈爆炸。例如贮罐 27t 液氢泄漏时，由于蒸发并随后与空气混合会形成 950t 爆炸性混合物，催生爆轰危害。

在敞开地区用明火点燃氢-空气混合气时，会发生爆燃，火焰以每秒十几米的速度传播，可能会破坏附近的建筑物。

在封闭或部分封闭（如三面墙一面敞开）地区的氢-空气混合物被点燃时，会引起爆轰，产生每秒近千米的冲击波，压力比初始压力升高 20 倍，当冲击波遇到障碍物时，压力会上升到 40～60 倍，甚至更高。

通常，氢-空气混合物中氢浓度达 32%（体积分数）时，爆炸效率最大。但是，氢在空气中不可能得到如此理想的混合比例，故实际爆炸效率并不大。封闭程度也极大地影响爆炸效率的大小，通风良好的区域会降低爆炸效率或避免爆炸。

研究表明在敞开空间中氢-空气混合物只有在一定的反应混合物成分和足够强烈的冲击波源的条件下才可能爆炸，即使有火花也未必引起混合物爆炸，只有当固态氧晶体直接接近火花作用范围时才会发生爆炸。

（4）对人体的伤害

由于液氢温度极低，身体裸露部位接触到泄漏的液氢会造成严重冻伤。液氢蒸发时形成的冷气作用在皮肤和眼睛上也有危害，冷的气态氢也能引起冻伤。身体裸露部位接触未绝热的管路和设备也会严重受伤。

无论是液态氢还是气态氢均无毒，但在封闭的空间中液氢蒸发成气氢时，由于空气中氧含量下降，人进入含有氢气或含氧体积分数低于 19.5%的空气区域时会产生窒息危险，而且操作人员可能感觉不到任何预兆，如头晕、虚弱、无力等现象。氧含量（体积分数）值引起窒息的具体阶段过程见表8-1。但在实践中，低温伤害或缺氧窒息的危险与氢的爆炸和火灾危险相比，其危害小得多。

▣ 表 8-1　氧含量（体积分数）值引起窒息的具体阶段过程

氧含量（体积分数）	身体症状
15%～19%	降低工作能力，人的心、肺、循环系统出现问题的一些早期症状
12%～15%	深度呼吸，脉搏加快，协调能力变差
10%～12%	眼花，判断能力下降，嘴唇轻度变紫
8%～10%	恶心，呕吐，神志不清，面色灰白，眩晕，精神失常
6%～8%	8min 内可导致死亡；6min 内抢救的成功恢复率为 50%，死亡率为 50%；4～5min 内抢救的 100%可得到恢复
4%	40s 内昏迷，痉挛，呼吸停止，死亡

人体从氢燃爆过程中受到和吸收的热辐射与许多因素有直接的比例关系，包括暴露时间、烧伤程度、燃烧的热度、烧伤面积和大气条件（尤其是水汽含量）。爆炸产生的冲击波造成的伤害，具体过压数值对应的伤害结果或具体过压数值和持续时间对应的伤害结果见表 8-2。

▣ 表 8-2　爆炸产生的冲击波造成的伤害

爆炸产生的冲击波过压数值和持续时间	对应的伤害结果
3 psi 过压	1%人的耳膜破裂
16 psi 过压	50%人的耳膜破裂
10 psi 过压状态下持续 50ms 或 20～30 psi 下持续 3ms	肺开始破裂
27 psi 过压状态下持续 50ms 或 60～70 psi 下持续 3ms	1%的人会致命

注：1psi=6.895kPa。

人体受到的氢气在空气中燃烧的火焰热辐射通量暴露级别见表 8-3。

人体受到 134J/m² 热辐射时，三级烧伤距离与氢燃料质量的关系如图 8-1 所示。图 8-2 给出了热辐射强度与暴露时间的关系。图 8-3 显示了水蒸气对氢燃烧火焰的能量辐射的影响。

▣ 表 8-3　人体受到的氢气在空气中燃烧的火焰热辐射量级别

火焰热辐射量	人体感应
热通量为 0.47W/cm²	15～30s 内感觉疼痛，30s 导致皮肤烧伤
热通量为 0.95W/cm²	立即烧伤皮肤

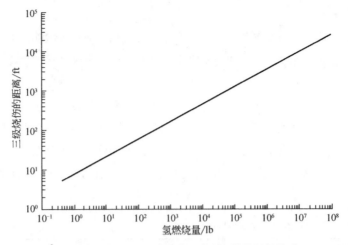

图 8-1　热辐射强度为 134kJ/m² 时火焰辐射造成三级烧伤的距离与氢燃烧量的关系（1ft=0.3048m；1lb≈0.4536kg）

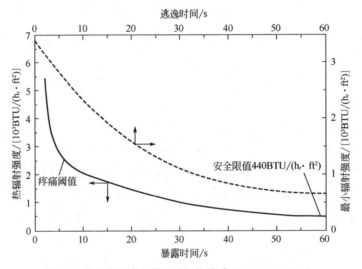

图 8-2　热辐射强度与暴露时间的关系（1BTU =1055.05J）

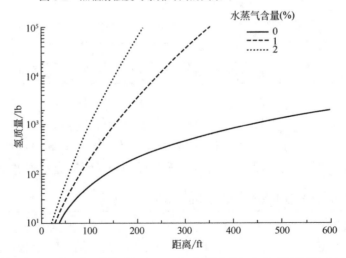

图 8-3　热辐射强度为 8.4 J/cm²、持续时间为 10s 时，不同水蒸气含量时氢质量与氢火源距离的关系

8.2.3　氢泄漏着火处理

有氢的场所就存在着火爆炸的危险性，氢中若无杂质，在空气中燃烧时，火焰是无色看不见的，不易鉴别着火区域和火势大小，所以一旦发生火灾，灭火效果也不易判断。

液氢泄漏造成的主要危险是低温状态的氢燃烧并造成火灾。确保氢的贮存、输送和使用场所通风并避开点火源有助于避免火灾的发生。液氢泄漏一旦引起燃烧火灾时，建议采取下列措施：

① 迅速隔绝火源。关闭相应的阀门，阻止液态氢或气态氢接近火灾发生地。同时可用水冷却氢容器，扑灭非燃氢的其他火焰。

② 氢泄漏着火后，首先应切断液氢源或气氢源。无法切断氢泄漏源时，应让其完全烧掉，并设法阻止火势蔓延，控制着火区不扩大。如果灭火时没有切断气流，可能形成爆炸性混合物，造成比火灾更为严重的危险事故。通常的办法是阻止火势的扩散，并等待氢气耗尽后火焰自动熄灭。

由泄漏引起液氢失火，即使确实被扑灭，若液氢仍在泄漏，会形成可燃气体云，一旦复燃，会发生猛烈爆炸。因此，应确定已无泄漏或液氢已完全挥发掉，才准许人员进入现场。

③ 液氢贮槽或容器附近发生火灾时，若发现容器保温层或真空夹套已损坏，压力可能上升，会发生爆裂，人员应迅速撤离（此时只可让液氢完全烧掉），疏散到距离泄漏点150m以外的区域。由于普通冷水温度相对超低温的液氢也属于"高温"，若使用水冷却容器表面会加剧容器内液氢沸腾，所以，此种情况下不可用水冷却容器表面。

④ 氢泄漏着火后，应使用大量水（水雾）冷却火焰邻近区域和易燃物，使其温度低于它们的着火点。当大量的氢燃烧时，可采用液氮或水蒸气作为冷却源防止火势蔓延，可以有效扑灭火焰。使用含氮和碳酸氢钾的泡沫或单用大量的碳酸氢钾也是有效的。

⑤ 电气设备着火应使用二氧化碳灭火器或化学干粉灭火器灭火，严禁用水灭火。普通的二氧化碳灭火器可以用来扑灭小型氢火源。在杜瓦容器颈口燃烧的氢或从低温恒温器上部排出的氢可以用强烈的二氧化碳气流扑灭，但是必须注意，氢的火焰无色，很难发现。为了发现氢的火焰，可以使用对红外辐射敏感的专门探测仪。

⑥ 由于氢火焰是看不见的，其辐射热也比普通火焰小并容易为周围潮湿空气吸收，使人的视觉和热的感觉几乎不能发现氢火焰的存在，而看不见的氢火焰可能已达数米，并随风改变方向，故消防人员扑灭氢火灾时，应穿戴好防护用品，防止烧伤。

⑦ 氢系统的设计、建造、操作、维护和测试应考虑防止爆燃爆炸，控制氧化物浓度，控制可燃物浓度，采用遏制爆炸措施，提高爆燃压力的承受能力和使用有效的灭火系统。

8.3　氢泄漏评估

氢是自然界最轻的元素，具有易泄漏扩散的特性。氢气无色无味，泄漏后很难发觉，若在受限空间内泄漏，易形成氢气的积聚，存在引发着火爆炸事故的潜在威胁。

液氢具有超低温（标准沸点 20.3K）、易汽化、易燃及易爆等特性，一旦发生泄漏，极易与周围空气及环境中的水分冷凝形成雾气，并混合形成爆炸性蒸气云，若大规模泄漏易在地面形成液池，蒸发扩散后会与空气形成可燃气云。如果遇到引火源将会引起火灾及爆炸，所产生的爆炸冲击波伤害性极大。液氢在地面停留的时间长，蒸发后形成的氢气量大，使得被点燃的风险大大增加，危险系数远超过氢气泄漏。研究氢泄漏及扩散规律，对液氢推进剂的爆燃进行危害分析评估，对其泄漏温度场、浓度场的预测模拟，预知爆炸源周围不同距离处的危险程度，划分出安全距离，提出相应预防措施，对氢的安全应用具有重要意义。

液氢试验危险性高，费用昂贵，大规模液氢泄漏试验研究数量有限，主要为早期美国航空航天局（NASA）和德国联邦材料研究所（BAM）实施的建筑物间液氢泄漏试验及英国健康与安全实验室及执行局（HSL/HSE）实施的大规模液氢泄漏试验。上述试验得到的液氢扩散范围、速率及指定位置浓度、温度等数据为验证计算流体力学 CFD 数值模型的准确性提供了依据。

8.3.1　液氢溢出实验及分析

研究者开展了液氢大量溢出造成的可燃性云雾扩散实验，实验数据对于评估氢系统的安全性、建立氢系统与建筑物和道路之间的安全距离以及制订防止点火与泄漏措施奠定了基础。

表 8-4 列出了 A.D. Little、Inc. Zebetakis 和 Burgess 试验得出的初始数据。采用气量计测量的气体扩散速度和通过计算得出的氢汽化速度进行了对比。用一个直径为 0.6m 的真空绝热的液氢容器进行试验得出了大部分的氢汽化数据。氢泼洒在沙子或者碎石中的初始汽化速率为 2.12～2.96mm/s，随后液体以 0.635mm/s 的速度匀速递减。

☐ 表 8-4　液氢溢出实验数据

溢出量/gal	表面	蒸发性	分散性	可燃性	辐射性
0.18	固体石蜡	有	无	无	无
1.8	碎石	无	只有可见上升烟雾	无	无
1.8	砂砾	无	只有可见上升烟雾	无	无
14.4	砂砾	无	无	有	火焰大小
15.4	钢	无	无	有	火焰大小
0.8	碎石	无	在静止大气中有垂直浓缩	无	无
2.0～23.6	碎石	无	无	有	火焰大小且有热通量辐射
23.55～44.4	沙子	有	无	无	无
35.2	浅滩沙	有	无	无	无
25.0～50.0	粉碎岩石	有	无	无	无
1.3	沙子	平均水平	可观察到蒸发时的烟云	有	火球大小
32.0	沙子	平均水平	可观察到蒸发时的烟云	无	火球大小
500.0	沙子	平均水平	可观察到蒸发时的烟云	无	火球大小与辐射热流
5000.0	沙子	无	无	有	火球大小与辐射热流

注：1gal=3.785L。

开展了液氢大量泄漏造成的可燃烧云雾扩散试验，测试得出了基本数据。该试验中，在 35s

时间内向地面泼洒了大约 5.7m³ 的液氢。在泼洒液氢地点的下风处的监测塔中，得到了氢蒸气云团在向下风处移动时的温度、浓度和湍流程度的数据。实验结果表明，快速泼洒出的氢在热力和动力湍流的作用下稀释至安全浓度水平，并在空气中上浮，因此仅有少部分泼洒出来的氢气会和正常气流混合。

试验了液氢的泼洒量、速度和方式，有限的试验数据分析可得出以下结论：

① 液氢贮存设施的破裂会造成液氢的迅速泄漏，其泄漏特点是地表在短时间内会有易燃气团，因泄漏造成的剧烈湍流，液态氢迅速汽化以及在该云团的热不稳定性的共同作用下，氢蒸气和空气迅速混合，稀释至不易燃烧的浓度，温度升高，然后在空气中上浮。地表气团大约会扩散至 50～100m 处，随后以 0.5～1.0m/s 的速度上浮。

② 液氢的管道破裂会造成氢长时间逐渐泄漏，这种泄漏会造成地表氢气团扩散时间加长。少量氢缓慢泄漏或者动力引发的气团流失造成地表气团扩散的时间延长，此外气团在地表停留时间增加造成气团温度下降可能也是造成气团扩散速度减慢的原因。大量的热量交换也影响了氢汽化的速度。

③ 由于氢的浮力特性，氢泄漏时产生的可燃性混合气体在水平方向上的扩散距离会受到限制。

④ 尽管泄漏的液氢在汽化温度下产生的饱和氢气比空气重，但其很快就会被稀释，变得比空气轻，泄漏产生的氢云雾很快上升。氢云的扩散受风速、风向及湿度的影响，通常通过水分的冷凝可以看出冷氢气，但是不能得到氢云准确的扩散位置。

⑤ 试验显示，在液氢贮存设施周围设置的防护装置可能会降低地表易燃气团的扩散速度。因此建议不要使用堤防或围墙，优先利用氢扩散及氢汽化达到稀释泄漏氢的目的。

⑥ 如果液氢泄漏源距离建筑物、火源等较近，需采用护墙限制或延迟溢出的液氢向建筑物、火源的扩散。

8.3.2 氢与空气/氧发生爆燃的计算

因意外等原因使得氢气与空气或氢气与氧气混合并产生爆燃造成的事故中，可能的危险包括：爆燃转变为爆炸、周围设备因火焰而发生损毁、人员受伤、容器内介质因火焰加热而可能发生爆炸等。通过估算容器内的压力值进行分析评估。

当混合物处于表 8-5 所示的可燃极限范围内时需要考虑燃烧爆炸隐患。10%氢、10%氧、80%氮气的混合物可燃。空气中氧气<4.9%且氮气>75%的氢混合物不可燃。

⊡ 表 8-5　爆燃温度和压力值

体积 (H₂) /%	T_0/K	p_0/kPa	T_f/K	p_f/kPa	T_0/K	p_0/kPa	T_f/K	p_f/kPa
				氢/空气				
5	298	101.3	707.9	234.7	273	101.3	684.3	247.6
25	298	101.3	2159.2	643.8	273	101.3	2141.9	697.0
50	298	101.3	1937.9	590.0	273	101.3	1917.7	637.3
75	298	101.3	1165.	375.6	273	101.3	1142.6	401.9

体积 (H₂)/%	T_0/K	p_0/kPa	T_f/K	p_f/kPa	T_0/K	p_0/kPa	T_f/K	p_f/kPa
				氢/氧				
5	298	101.3	694.2	230.1	273	101.3	671.6	243.0
25	298	101.3	2134.5	639.1	273	101.3	2118.3	692.2
50	298	101.3	2913.0	808.5	273	101.3	2908.3	880.0
75	298	101.3	3003.4	837.5	273	101.3	2999.2	911.6
90	298	101.3	1899.2	581.4	273	101.3	1878.6	612.2
95	298	101.3	1132.8	365.9	273	101.3	1132.8	399.4

注：T_f 和 p_f 是指 2m³ 的容器内达到热动力学平衡时的最终温度和压力值。

该计算方案对给定体积的容器中一定数量的氢和氧的混合物进行计算，如图 8-4 所示。图中的容器体积假设为 2m³。采用 Gorden-McBridge 程序进行计算。该程序利用了美国陆-海-航空航天局-空军（Joint Army-Navy-NASA-Air Force，JANNAF）的热动力学数据，进行热平衡计算。表 8-5 给出了容器内装有不同混合物时的温度和压力值。

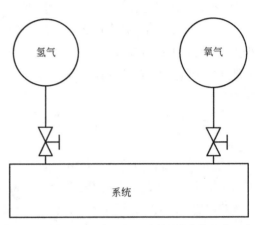

8.3.3　氢气与空气/氧混合发生爆炸的计算

因意外使得氢气进入含有空气或氧气混合物的容器中，或者空气或氧气混合物进入含有氢气的

图 8-4　给定体积的容器中一定数量的氢和氧的混合

容器，如图 8-4 所示。进行危险分析时需要混合物爆炸时的压力和温度数据。采用 Gorden-McBridge 程序进行计算。该程序利用了美国陆-海-航空航天-空军（Joint Army-Navy-NASA-Air Force，JANNAF）的热力学数据，进行热平衡计算。表 8-6 给出了在一定混合比例范围内的计算结果。

T_1/T_0 和 p_1/p_0 的值给出了爆炸震动过程中温度和压力的增长幅度，这些都是平衡值。该计算值较初始压力值增长了大约 10 倍（101.3 kPa 和 10.1Pa），爆炸震动过程中温度和压力值相对增幅差不多。

☐ **表 8-6　爆炸温度和压力值**

体积(H₂)/%	T_0/K	p_0/kPa	T_1/T_0	p_1/p_0	T_0/K	p_0/kPa	T_1/T_0	p_1/p_0
				氢/空气				
18.3	298	101.3	7.657	12.154	298	10.1	7.580	12.111
25	298	101.3	9.257	14.605	298	10.1	8.870	14.223
50	298	101.3	8.706	13.713	298	10.1	8.482	13.555
59	298	101.3	7.678	12.144	298	10.1	7.601	12.119
				氢/氧				
5	298	101.3	3.118	4.880	298	10.1	3.119	4.882
25	298	101.3	9.034	14.289	298	10.1	8.660	13.896
50	298	101.3	11.646	17.857	298	10.1	10.537	16.616
75	298	101.3	12.111	18.671	298	10.1	10.834	17.250
90	298	101.3	8.576	13.584	298	10.1	8.327	13.393

注：T_0 和 p_0 指初始温度和压力，T_1 和 p_1 指最终温度和压力。

8.3.4 氢泄漏扩散状态评估

氢的泄放和泄漏事故导致氢与空气形成可燃混合物，从而引发安全问题。进行危险分析时，应考虑混合物是否通过自然扩散就足以稀释到低于可燃气体着火下限浓度（LFL）值，或者还需要增加一些其他措施才能使混合物浓度低于 LFL 值。

（1）泄漏氢气与空气瞬时混合

瞬时完全混合指泄放的氢气与空气瞬间完全混合。

假设氢气容积总量在 294.1K（70°F）和 101.3kPa（14.7psi）时为 11m³（400ft³），氢气泄放到容积为 56.6m³（2000ft³）的实验室空间中。实验室空间的通风为 56.6m³/min（2000 ft³/min）（即每一分钟空气更新一遍）。

状态 1：假设氢气释放后立刻和空气混和，因此房间内刚开始氢气的浓度（体积分数）为 20%。则氢气的浓度计算如下：

$$\frac{n}{RT} = \frac{14.7}{\dfrac{14.7 \times 359}{492} \times 530} \times 0.2 = 0.00052 \text{lb} \cdot \text{mol} / \text{ft}^3 = 0.008 \text{kg} \cdot \text{mol/m}^3 \tag{8-1}$$

空间中氢气的质量平衡为（单位为 kg•mol）：

$$\frac{d}{dt} V_{rm} C = -vC \tag{8-2}$$

$$\ln \frac{C}{C_0} = -\frac{v}{V_{rm}} t \tag{8-3}$$

$$C = C_0 \exp \left(-\frac{v}{V_{rm}} \right) \tag{8-4}$$

式中，V_{rm} 为房间大小；v 为房间通风率；C 为 H_2 浓度；C_0 为 H_2 初始浓度。

将房间内氢气浓度降至低于 LFL 值（4%）所用的时间：

$$t = \frac{V_{rm}}{v} \ln \frac{C}{C_0} = -\frac{2000 \text{ft}^3}{2000 \text{ft}^3 / \text{min}} \ln \frac{4}{20}$$

$$t = 1.6 \text{min}$$

如果空气更新速度为 4min 更新一遍，则 v=14.2m³/min（500ft³/min），t = 6.4min。这些值仅适用于通风时排出的空气不循环利用的情况。

状态 2：假设泄漏的氢气与空间中的空气立刻混合，则产生浓度低于 LFL 值（4%）的最大泄漏速度（N_{GH_2}）计算如下（氢气的质量以 kg•mol 为单位）：

$$\frac{dV_{rm} C}{dt} = N_{GH_2} - vC \tag{8-5}$$

$$\frac{V_{rm}}{v} \times \frac{dC}{dt} + C = \frac{N_{GH_2}}{v} \tag{8-6}$$

如果 V_{rm}/v=1min 且空气更新率为 2000 ft³/min，计算如下：

$$C = \frac{N_{GH_2}}{v} (1 - e^{-1}) \tag{8-7}$$

$$t \to \infty \qquad C = \frac{N_{GH_2}}{v} \tag{8-8}$$

因此：

$$N_{GH_2} = 1.92 \times 10^{-3} \times 56.63 = 0.109 \text{kg} \cdot \text{mol} / \min \text{ 或} N_{GH_2} = 80\text{ft}^3 / \min$$

$$0 < t < \infty$$

$$C < 1.2 \times 10^{-4} \text{lb} \cdot \text{mol} / \text{ft} (\text{或} C < 1.92 \times 10^{-3} \text{kg} \cdot \text{mol} / \text{m}^3)$$

（2）泄漏氢气的自然扩散

另外一种情况是初始释放的氢气为纯氢气，随着时间的推移（$t=0$），自然消散使得氢气浓度降低。假设在常温常压（298K，101.3kPa）下，有一个直径为 1m 的球形氢气云。球形氢气云中氢的浓度：

$$\frac{p}{RT} = 0.041 \text{kg} \cdot \text{mol/m}^3 = 0.003 \text{lb} \cdot \text{mol/ft}^3 \tag{8-9}$$

① 假设出现的是等摩尔浓度的逆扩散，离开球形云团的氢被空气所取代。

② 假定球形云团表面的氢的浓度大约为 0，可通过对扩散的分析解法求得氢气的浓度。

球形云团中央的氢的浓度：

$$C_c = 2C_0 \sum_{n=1}^{\infty} (-1)^n e^{-Dn^2 \pi^2 t / a^2} \tag{8-10}$$

式中，D 为氢在空气中的扩散率，0.65cm²/s；t 为时间，s；a 为球形云团半径，50cm。

8.3.5 液氢泄漏扩散数值模拟

液氢在储罐内部处于热平衡状态，一旦发生泄漏后，在地表积聚形成液池，同时汽化扩散，并在空气中形成爆炸性混合气体，当被引燃时，在不同的条件下，可发生爆燃、高速爆燃、爆轰和气云爆炸等化学爆炸。对周边人员、试验设备和建筑设施的安全构成严重威胁。因此，研究液氢的泄漏扩散规律对氢的安全使用意义重大。

目前，NASA 和美国火灾科学国家重点实验室针对液氢以及氢气泄漏的研究比较全面。NASA 在 20 世纪 50 年代在墨西哥沙滩开展了液氢大规模扩散受风速和风向的影响试验；1988 年，美国火灾科学国家重点实验室 Shebeko 等人对封闭空间氢气的泄漏扩散做了实验研究，并分析得出射流动能是影响氢气扩散的主要因素。数值模拟方面，美国国家科学研究中心利用数值模拟软件分析得出液氢泄漏后泄漏源类型和来自地面的热量是影响液氢蒸发扩散的主要影响因素；美国 Prankul Middha 等人针对 1980 年 NASA 关于液氢泄漏的实验开展了相关的数值模拟研究，验证了数值模拟方法的可行性。国内对液氢泄漏与扩散的研究目前大多集中在数值模拟的理论研究阶段，实验室研究正在开展。

然而，液氢过程复杂，所受影响因素多，其 CFD 模拟中的两相流泄漏、泄漏后的相变（如蒸发和冷凝，空气中氧气、氮气和水的凝固）、周围环境条件（风向，风速，液氢与空气和地面的热传导、对流传热及热辐射）影响、浮力影响等问题均有待深入研究。缺乏上述问题的相关试验数据成为液氢泄漏扩散数值模型验证和应用的主要障碍。凡双玉等人采用 ALOHA 软件进行了液氢泄漏扩散数值模拟研究。

（1）泄漏扩散预测模型

有害大气空中定位软件 ALOHA 软件是由美国环保署（EPA）及美国海洋和大气管理局为化学品泄漏事故进行泄漏速率分析的通用工具。ALOHA 软件可以对广阔区域性的大面积扩散进行数值模拟，可以快速预测可燃性范围及可燃性气体爆炸所能波及的范围。利用 ALOHA 软件对不同风速、温度、泄漏量条件下的液氢扩散进行数值模拟，可以为液氢泄漏事故的应急处理提供依据。

ALOHA 软件中的预测模型包括高斯预测模型和重气体模型两部分，根据模拟气体不同，用户可自行选择；用户不确定时，可由软件根据用户设定的物质来选择。液氢储罐发生泄漏时，会在地面形成液池。液氢由于低温性，会吸收周围空气与水的热量，蒸发成低温气体扩散到大气中形成蒸气团，气体在扩散界面的体积分数分布呈高斯分布。假定泄漏源位于坐标原点，对于瞬时泄漏，该泄漏模型可由高斯烟羽模型表示为：

$$C(x,y,z,t) = \frac{Q}{2\pi^{\frac{3}{2}}\delta_x\delta_y\delta_z} e^{\frac{(x-ut)^2}{2\delta_x^2}} e^{\frac{y^2}{2\delta_y^2}} \left[e^{\frac{(z-H_r)^2}{2\delta_z^2}} + e^{\frac{(z+H_r)^2}{2\delta_z^2}} \right] \tag{8-11}$$

式中，C 为液氢泄漏扩散后在大气中的体积分数，mg/m^3；Q 为液氢的泄漏总质量，mg；u 为环境平均风速，m/s；H_r 为有效源高度，m；t 为扩散时间，s；x、y、z 为预测点坐标，m；δ_x、δ_y、δ_z 分别为下风向、横风向和竖直方向的扩散系数，m。

（2）泄漏扩散模拟计算

在液氢泄漏扩散模拟中，根据氢气的爆炸极限范围将泄漏扩散范围划分为 3 个区域：第一个区域氢气体积分数大于等于 75%；第二个区域氢气体积分数大于等于 10%；第三个区域氢气体积分数大于等于 4%。

① **环境风速**　改变环境风速，计算泄漏扩散距离。

假设风速分别为 2m/s、4m/s、6m/s、8m/s，测点为地面上 3m。其他模拟的基础数据为：环境温度25℃，湿度50%，贮罐尺寸ϕ1.6m×2m，氢泄漏量 3m³。

液氢泄漏后在不同风速中的扩散距离的模拟结果见表 8-7 及图 8-5，从中可以看出：泄漏扩散距离随着风速的增大而变小，风速越大，泄漏扩散范围越小。

▱ 表 8-7　不同风速泄漏扩散范围

风速/（m/s）	泄漏扩散范围		图
	轴线长度/m	轴线垂直长度/m	
2	295	96	图 8-5（a）
4	139	25	图 8-5（b）
6	113	23	图 8-5（c）
8	98	15	图 8-5（d）

② **环境温度**　改变环境温度，计算泄漏扩散距离。

假设温度分别为-10℃、0℃、25℃、35℃，测点为地面上 3m。其他模拟的基础数据为：风速 2m/s，湿度 50%，贮罐尺寸ϕ1.6m×2m，氢泄漏量 12m³。

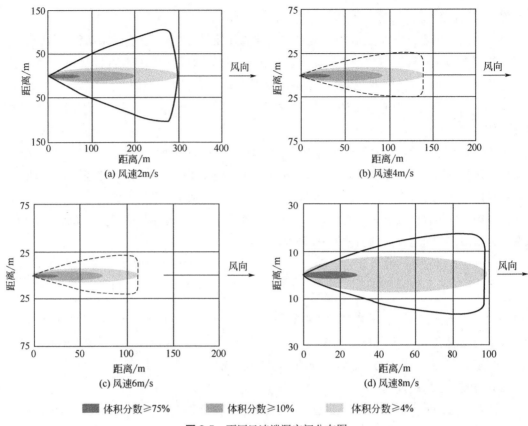

图 8-5 不同风速泄漏空间分布图

液氢泄漏后在不同环境温度中的扩散距离的模拟结果见表 8-8 及图 8-6，从中可以看出：泄漏扩散距离随着环境温度的升高而变大，温度越高，泄漏扩散范围越大。但环境温度对泄漏扩散范围的影响较之风速对泄漏范围的影响甚小。

⊡ 表 8-8   不同环境温度泄漏扩散范围

环境温度/℃	泄漏扩散范围		图
	轴线长度/m	轴线垂直长度/m	
-10	490	180	图 8-6（a）
0	496	175	图 8-6（b）
25	513	172	图 8-6（c）
35	523	173	图 8-6（d）

③ **泄漏量** 改变液氢瞬时泄漏量，计算泄漏扩散距离。

假设液氢泄漏体积分别为 $3m^3$、$6m^3$、$9m^3$、$12m^3$，测点为地面上 3m。其他基础数据为：环境温度 25℃，风速 2m/s，湿度 50%，贮罐尺寸 $\phi1.6m×2m$。

液氢在不同体积泄漏量时的扩散距离的模拟结果见表 8-9 及图 8-7，从中可以看出：泄漏扩散距离随着液氢泄漏量的增加而变大，泄漏量越大，泄漏扩散范围越大。

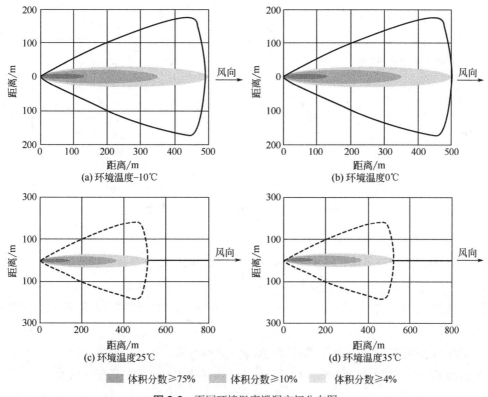

图 8-6 不同环境温度泄漏空间分布图

□ **表 8-9** 不同液氢泄漏量的扩散范围

液氢泄漏量/m³	泄漏扩散范围		图
	轴线长度/m	轴线垂直长度/m	
3	295	96	图 8-7（a）
6	392	142	图 8-7（b）
9	460	170	图 8-7（c）
12	513	201	图 8-7（d）

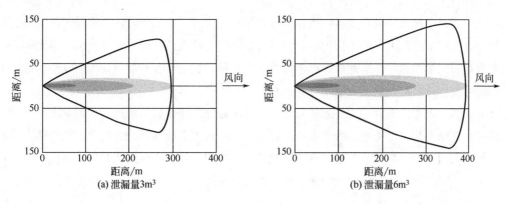

图 8-7

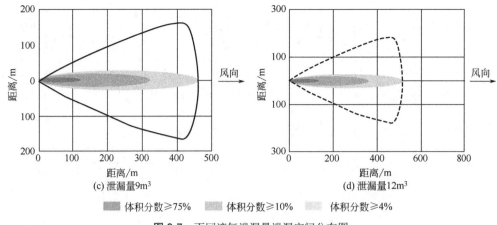

图 8-7　不同液氢泄漏量泄漏空间分布图

（3）泄漏扩散模拟结果

通过改变液氢扩散的风速、环境温度和泄漏量，用 ALOHA 软件进行扩散模拟并对结果进行分析得出：

① 环境风速对氢气扩散范围影响显著，泄漏扩散距离随着风速的增大而变小，风速越大，泄漏扩散范围越小。

② 泄漏扩散距离随着环境温度的升高而变大，温度越高，泄漏扩散范围越大。

③ 泄漏扩散距离随着泄漏量的增加而变大，泄漏量越大，泄漏扩散范围越大。

国内航天技术研究所进行了几次小规模液氢泄漏蒸发试验与氢气扩散试验，利用氢浓度传感器进行浓度采集。将液氢蒸发和氢气扩散试验的体积分数数据与 ALOHA 软件模拟数据进行对比，结果表明：对于液氢蒸发试验，软件模拟与试验结果的相对误差小于 11%；对于氢气扩散试验，软件模拟与试验结果的相对误差小于 17%。二者均在可接受范围内。ALOHA 软件对氢的体积分数值模拟结果具有良好的精度，能为液氢泄漏事故的应急处理提供重要的理论依据。

8.4　氢排放的环境安全处理

氢氧火箭发动机试验以及液氢贮罐在加注、预冷、排放、泄压等阶段，将排放出大量低温氢气。低温氢气直接排入大气后迅速扩散，同时冷凝空气中的水蒸气形成氢气云团，遇到碰撞、静电或者微弱的火星均有可能引起爆燃爆轰，对周边人员、实验设备和建筑设施的安全构成严重威胁。因此氢安全排放对氢的安全使用意义重大。

目前国际上处理排放氢的主要方式有三种，分别是高空排放、火炬燃烧和燃烧池燃烧。其中高空排放装置结构简单，适合于处理中小流量的氢气；火炬烟囱和燃烧池处理氢气的能力理论上没有限制。我国在发动机试验过程中排放以及液氢贮罐泄压的低温氢气大都采用高空排放方式，在发射场火箭氢箱预冷、加注中大都采用燃烧池处理氢气。而美国处理大量氢气采用火炬燃烧和燃烧池燃烧方式较多。

8.4.1 氢高空排放

（1）高空排放氢的要求

利用氢气密度小、扩散快的特点，将所要排出的氢气通过管道引至适当的高度以排气烟囱的形式泄放，达到在大气中自然扩散稀释的目的。少量氢可通过高度合适的排放竖管排到室外进行高空排放处理掉。通过排气系统处理氢需获得批准。

氢气的高空安全排放与气象条件、周边环境、排放速度及排放流量等多种因素有关。气象、风速是自然客观因素，人为无法改变，但可以选择气象条件较理想的时机排放，而排放流量和流速则是可以通过理论分析、设计和操作进行控制的。据国内有关统计美国 NASA 对所有排氢着火事故的分析和自身实践经验得到结论：在没有其他点火能源存在的情况下，所有排氢系统中引起着火都可能和高速氢气流本身的静电积累太高有关。静电积累的电压无法测量，但氢气流的静电积累与氢气流速有直接的关系。有资料显示，安全排放氢气的临界马赫数大致在 $Ma=0.24\sim0.28$ 的范围内，为了氢排放系统设计更安全，一般排放氢气的流速小于 0.2 马赫数，因此排放管内氢气流速度 v 满足下式：

$$v \leqslant 0.2a = 0.2\sqrt{kgRT} \tag{8-12}$$

低温氢气在排放管内的流动为可压缩气体流动，服从连续性方程和理想气体状态方程：

$$G = \pi D^2 v \rho \tag{8-13}$$

$$\rho = \frac{p}{RT} \tag{8-14}$$

联立上述三个方程，可求得氢安全排放流量和管径的关系：

$$G \leqslant 0.492D^2 \frac{p\sqrt{k}}{\sqrt{RT}} \tag{8-15}$$

式中，G 为排放氢气的质量流量，kg/s；D 为排放管直径，m；p 为计算截面内的气流压力，Pa；R 为氢的气体常数，kg·m/（kg·K）；T 为排放氢气的温度，K；k 为氢气的绝热指数。

通过估算氢最大排放流量，并假定氢气的温度和压力，由式（8-15）可求得安全排放允许的最小管径，指导排放管的设计。

高空排放是一种比较简单的排放方式，但是将低温氢气直接排入大气，会在排放管出口附近形成可燃云团，尤其是大量、快速排放，遇到轻微的电火能量（如静电、碰撞等）就会引起爆燃、爆轰。在风的作用下，可燃云团会顺风飘移，对人员、设备和建筑物安全造成威胁，因此排放管离周边建筑物应有一定的安全距离。

除非排气系统可以承受氢与空气混合后发生的爆炸，否则氢在空气中的浓度必须低于最低可燃浓度（LFL）值的 25%。

可排放的氢气量取决于风向、风速、是否接近有人员的建筑物、排放竖管的高度、局部排放的限制或其他的环境限制条件。在风势强的区域可以使用多顶排口，间隔至少 5m。如果有数个需要排放的氢源，最好通过多排口排放，而不要使用单一的排放口。相互连接的排放管道向同一个排放竖口排放，可能会造成部分排放系统承受过压。排放系统必须能处理排放出来的所有流体，否则流体会回流到系统中。如果设计不合理，也会改变排放系统连接的安全阀门和保险片所承受的释放压力。排放系统的过压有时可能达到很高的值，这还会导致连接设备承受过压并发生故障。

高压高容量的排放道和低压排放道不得连接到同一个排放竖管，除非排放容量足够大，能够避免对系统中最弱的地方造成过压。氢排塔和氧排塔之间要有一定的安全距离。

在导入氢时，应净化排放管道以确保管内不会产生可燃性混合物。当温度高于 77K 时，氮气可以作为净化气体和密封气体使用；对于更低的温度，使用氦气。在离开排放管道时氢有可能被静电点燃，需要使用氦气或氮气吹扫以熄灭可能出现的火焰，如果氢气无法在大气中得到充分的扩散，那么排放竖管的选址一定要利于防范火险。

（2）氢高空排放系统

高空排放是液氢贮运系统最早采用的氢气处理方式，低温氢气经排放管直接排入大气，结构简单，操作方便。在国内外氢氧发动机试验台、液氢生产厂和发射场得到了广泛应用。据了解，国内液氢生产，贮运设备以及试验台等大部分采用高空排放。

美国路易斯研究中心允许单管直径为 50m 的排放速度分别为 0.113kg/s（稠密区）和 0.226kg/s（非稠密区）的高空排放，相当于流量为 7～14kg/min，排放高度高出屋顶 5m。肯尼迪航天中心在贮箱加注期间，氢气以 6.8m³/min（0.6kg/min）的速度排放到 25.9m 的高空，向大气排放。36 号发射台人马座试验时排出的氢气是通过远距离约 6m 高的高空排放。法国库鲁航天中心第一发射场以 0.6m³/min 的流量加注时，贮箱氢气排放，是用管道引至距发射点 150m 以外的高空排放。

氢高空排放系统如图 8-8 所示。高空排放系统主要由排放管、阀门、气体吹除装置、氮气灭火设备、阻火器、静电消电器、火焰感应器、单向阀和氢排塔等组成。设置的单向阀使排气平稳流出，防止氢气倒流和大气中的空气混合倒灌进入排氢系统中；在氢排塔排气竖管的底部设一排水阀，排除冷凝水之用；排放塔应利用场地的地形设置在较高处气体易扩散的地方，用钢结构制作，如场地较平坦氢气要用几十米塔进行高空排放。

通常每次排放低温氢气或是液氢前，排放管必须用氮气（氦气）吹除置换，以免在排放管内低温氢气或液氢遇到空气将其冷凝成液空或固空，存在碰撞和摩擦放电起火引起燃烧甚至爆轰。为防止在排放管口附近形成液空甚至固空，设计排放管的长度时应考虑使低温氢气能吸热升温至 81K 以上排入大气。

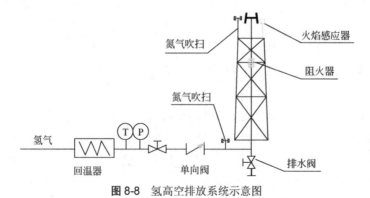

图 8-8 氢高空排放系统示意图

8.4.2 火炬燃烧处理排放氢气

（1）氢火炬燃烧的要求

火炬燃烧在石油化工领域应用广泛，主要用于处理生产中排放的烃类。氢在大气中燃烧产物为水蒸气，无污染、无毒，安全又环保。火炬燃烧一般用来处理大流量氢气，不适合通过高空直接排放系统安全处理的氢应通过燃烧系统来处理。据资料显示氢流速在 0.001~0.002kg/s 时，可以直接排入大气，但流速大于 0.1kg/s 时，应通过燃烧处理。

通过燃烧竖管的氢流体的流速必须在操作速度范围内，以保证燃烧的稳定。气流的速率低于下限时会造成火焰下降或迅速回侵到管中。气流的速率高于上限时会造成火焰被吹灭或喷出。极限范围以外的操作会导致空气进入竖管或将未燃烧的氢排放到大气中去。氢与氮的排放实验证明，在管内有向上的气流时，高浓度（60%~85%，体积分数）的空气会在火焰竖管内的一定距离内出现。

火焰竖管的故障通常发生在管内氢流速很低，且来自大气的空气进入竖管并向下流动的时候。竖管的排放速度应为声音在氢中速度的 10%~20%。当流量太低不能维持稳定燃烧时，应该充入连续的净化气体或提供微小的正压，而且竖管应设置限制空气回流装置。

对可能发生高流量的火炬竖管系统来说，在排放系统中应建立并保持压力。此外要确保排放系统能够防渗漏，以避免空气入侵并发生爆炸。

火焰竖管中最常见的是扩散火焰，尽管通过火炬来处理氢气基本上是安全的，但还可能存在危险。如火焰是否稳定，火焰被吹灭和火焰被喷出都可能造成危险。

在燃烧系统中，气体或液体通过管路输送到远处，在多点燃烧装置中与空气燃烧。这样的系统应该有一个控制燃烧及警报系统以防熄火，并采取措施净化排放管道。火炬竖管系统内部要能够防爆。燃烧氢时的辐射通量等级应该不对人员和设备造成伤害。

从液氢和气液混合态氢系统中接出的管线要足够长，以使氢能升温到高于空气液化温度点（大约81K），防止液态空气回流到系统中形成氢与空气的可燃性混合物，氢与空气的可燃性混合物在有限空间内容易发生爆炸。

火炬烟囱排放的最大优点是人为点燃低温氢气，使其在空气中燃烧成水蒸气，消除了可燃混合气的潜在危害。但是火炬燃烧存在的最大缺陷是回火，如果在火炬排放管内存在氢和空气的可燃混合气体，极易发生回火事故。此外，如果从火炬头排放的氢气速度和流量很小，低于燃烧速度时，火焰会倒飘入烟囱内引发回火。当流量太低不能维持稳定燃烧时，应该充入连续的净化气体或提供微小的正压，否则竖管应设置限制空气回流装置。

（2）火炬燃烧氢气处理系统

与高空排放相比，火炬燃烧与试验系统连接结构基本一样，在末端增加了燃烧处理装置。在美国肯尼迪航天中心36号人马座发射场使用高空火炬燃烧排放氢气，NASA所属的一些试验站也有使用，国内长征新型火箭的氢系统的氢排放采用了火炬燃烧处理。

火炬烟囱处理氢气的结构如图8-9所示，它主要由火炬头、分子密封器、氮气吹除系统、单向阀、燃气供应装置、点火器等组成。火炬头通常使用耐热性能优良的 25Cr-12Ni 或 25Cr-20Ni

等特种钢材，其结构可以是圆柱形管或锥形管。火炬头下端接分子密封器用以阻止外界空气向系统内扩散。

根据资料介绍，国外研究者做出的试验数据表明，在无分子密封器的排放管用 2.125L/s 的氮气流量吹除时，排放管（ϕ196）中离排放口约 0.61m 处的氧气含量为 11%～12%，离排放口约 2.43m 处的氧气含量为 9%～10%；而在使用分子密封器（离排放管口 3.66m）前，用 0.22L/s 和 0.34L/s 的氮气流量吹除时，测得的氧气含量分别小于 2% 和小于 1%，因此分子密封器能有效阻止外界空气向火炬烟囱向的扩散。在靠近大气排放口的流体输送系统中应使用分子密封垫、止回阀和其他合适装置。

点火系统由长明灯和点火器等组成。长明灯是一种用可燃气体点燃的小火炬，可燃气体可以采用压缩燃气和液化石油气。点火器可以选用具有良好可控性的电子点火方式，通过脉冲式火花直接点燃长明灯。

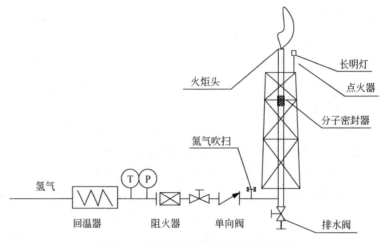

图 8-9 火炬烟囱处理氢气的结构示意图

8.4.3 燃烧池燃烧处理排放氢气

（1）燃烧池燃烧处理氢气的特点

燃烧池是另一种采用燃烧处理氢气的设施，对于快速释放大量氢气或相对较长时间释放氢气的场所均可使用燃烧池。

燃烧池燃烧处理氢是将工艺系统所要排出的氢气通过管道引到较安全的燃烧池，一般大气量时采用水池燃烧处理。氢气经潜在水池中分组的集气管和带有齿形泡罩的竖管扩散，以气泡的形式通过水层后到达燃烧水池的表面，由点火装置点燃进行燃烧，池水主要起水封作用，达到完全、稳定燃烧处理的目的。

氢气燃烧具有燃烧速度快、火焰辐射距离短、辐射率小等特点，较快的燃烧速度、较低的火焰高度以及较大的燃烧池面积，使燃烧池的火焰影响不会超出安全警戒区。即使有风时，火焰将变短，火焰的影响也不会超出安全警戒区，因此燃烧池处理氢气较为安全可靠。

氢燃烧池处理氢气系统的特点除安全、可靠地处理氢气外，还对排氢的浓度、压力、温度和流量四大参数变化，排氢时间间隔长短，气象条件的异常均具有广泛的适应性。随着排氢量的加大燃烧池火焰不断增高并使池面的燃烧火焰飘浮。

从液氢和固液混合态氢系统中接出的管线要足够长，以使氢能升温到高于空气液化温度点（大约81K），防止空气液化产生富氧集聚发生爆炸。

燃烧池燃烧处理氢气能避免火炬排放燃烧存在的回火问题，同时又可以处理任意流量大小的氢气，是目前公认最安全的处理方式。燃烧池还具有适应氢流量大幅度波动的优点，非常适用于在试验的不同阶段排放氢气流量跨度较大的场合。

燃烧池位于地面，与火炬燃烧相比，占地面积大（例如内华达试验站的燃烧池宽10.7m，长25.9m，池深1m）；投资大；设在燃烧池不同位置的多个点火装置相对复杂。

据有关资料介绍，美国肯尼迪空间中心的34#、37#、39#发射工位以及萨科拉曼多的道格拉斯试验站、日本种子岛的H-Ⅱ火箭发射场和法国库鲁航天中心第三发射场及我国低温火箭发射场氢系统大都采用了燃烧池燃烧来处理氢气。

美国肯尼迪的37B号发射场的氢燃烧池在最小背压条件下设计处理能力大约0.454kg/s；39号发射场土星Ⅴ的燃烧池，在火箭氢箱的反压小于0.105kg/m^2（表压）时，氢气的处理量超过1.64kg/s，其水池大小为27.4m×30.48m（835m^2），深为0.945m，补充水量为1.14m^3/min。

（2）燃烧池燃烧处理氢气系统

氢燃烧池处理氢气系统主要由氢排放管路、蝶阀、单向阀、燃浇池等组成，氢气通过水下集气管从泡罩帽下缘逸出水面燃烧，进燃烧池之前设有单向阀防止氢气倒流。

燃烧池通常由水池、单向阀、分配主管、竖管、泡罩、防波板、点火装置、溢流堰、进水和排水系统等部分组成，典型的燃烧池结构简图如图8-10所示。水池通常为混凝土结构，水池中的水位要比泡罩帽底部高出一定高度，为了维持热平衡和保持水位恒定，维持合适的水封高度，燃烧池中的水要不断地循环和补充，因此需配备循环补水系统。燃烧池循环和补水系统主要由冷却水池、水泵、进出水管路、阀门和水表等部件组成。

氢气通过水下集气管从泡罩帽下缘逸出水面，利用离水面一定高度不同位置的多个点火器点燃，采用水封是为了避免空气进入氢管道内引起爆炸。此时水能防止火焰倒吸入排放管内，又能有效阻止外界空气向排放管的扩散，起到水封作用，因此燃烧池方式能够可靠地防止回火。水的作用就像是密封圈，防止混合的空气回流到输送集管和管线中，并且提供保护，使输送集管免遭热辐射的破坏。

点火装置分布在水面上的不同位置，离水面保持一定的距离。若燃烧池面积大，泡罩多，可将水池分区布置。

为确保点火装置的可靠运行，点火系统设置了脉冲式电点火装置及燃气点燃长明灯的燃烧器点火装置两套不同的点火装置。电点火装置由高压磁电机组、高压电缆、电打火防护设施和电打火针组成。燃烧器点火装置由可燃气体（常用液化石油气或压缩天然气）燃烧器、气体输送管路、阀门和气体贮罐组成。

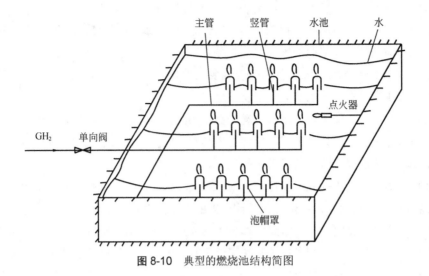

主管　　竖管　　水池　　水

点火器

GH₂　单向阀

泡帽罩

图 8-10　典型的燃烧池结构简图

参考文献

[1] ANSI/AIAA　G-095—2004 Guide to Safety of Hydrogen and Hydrogen systems.

[2] 张泽明. 发射技术[M]. 北京：中国宇航出版社，2004.

[3] 李亚裕. 液体推进剂[M]. 北京：中国宇航出版社，2011.

[4] 郑津洋，张俊峰，陈霖新，等. 氢安全研究现状[J]. 安全与环境学报，2016，16（6）.

[5] 凡双玉，何田田，安刚，等. 液氢泄漏扩散数值模拟研究[J]. 低温工程，2016（6）.

[6] Witcofski R D. Dispersion of flammable clouds resulting from largespills of liquid hydrogen[C]. National Aernautics and Space Administration，NASA Teschnical Memorandom，United States，1981.

[7] Angal R，Dewan A，Subraman K A. Computational study of turbulent hydrogen dispersion hazards in a closed space[J]. IUP Journal of MechanicalEngineering，2012，5(2).

[8] Venetsanos A G，Bartzis J G. CFD modeling of largescale LH₂ spills in open environment[J]. International Journal of Hydrogen Energy，2007，32(13).

[9] Shebeko Y N，Keller V D，Yemenko O Y，et al. Regularities of formation and combustion of local hydrogenair mixtures in a large vol[J].Chemical Industry，1988，21(24).

[10] US Environmental Protection Agency，National Oceanic and Atmospheric Administration. ALOHA: area locat ions of hazardous atmospheres user's manual[M]. Washington，2006.

[11] 胡二邦. 环境风险评价实用技术和方法[M]. 北京：中国环境科学出版社，1999.

[12] 谷清，李云生. 大气环境模式计算方法[M]. 北京：中国气象出版社，2002.

[13] 朱森元. 氢氧火箭发动机及其低温技术[M]. 北京：国防工业出版社，1995.

[14] 符锡理. 国外火箭技术中氢的安全排放与处理[J]. 国外导弹与宇航，1981（12）.

附录 1 常用液体推进剂物理化学性质

理化指标	偏二甲肼(UDMH)	甲基肼(MMH)	无水肼(HZ)	四氧化二氮(N₂O₄)	液氢(LH)	液氧(LO)	单推-3(DT-3)	过氧化氢(100% H₂O₂)	烃类燃料煤油 美国 RP-1	烃类燃料煤油 俄罗斯 RG-1	硝酸-27S	硝酸-20S	混胺-50	胺肼-20	肼混合物(DT-2)	硝酸异丙酯
分子式	$(CH_3)_2N_2H_2$	CH_3HNNH_2	H_2NNH_2	N_2O_4	H_2	O_2	—	H_2O_2	—	—	—	—	—	—	—	—
分子量	60.10	46.08	32.05	92.02	2.016	32.00	35.125	34.016	167.4	178.34	66.14	70.08	—	91.058	37.404	105.09
颜色	无色、淡黄色	无色	无色	红棕	无色	无色	—	无色	—	—	红棕	红棕	棕黄	浅琥珀	无色	无色
臭味	鱼腥	似氨味	似氨味	刺激	无味	无臭	—	似低浓度氮氧化物	—	—	刺激	刺激	似氨味	鱼腥味,氨味	似氨味	类醚味
冰点/℃	-57.2	-52.5	1.5	-11.23	-259	-218.8	-30	—	-49	-47	低于-50	-39.3	-72	低于-50	-40	低于-60
沸点/℃	63.1	87.5	113.5	21.15	-253	-183.0	110	149.85	175~275	195~275	46	32.1	103	—	—	102.0
密度(20℃)/(g/cm³)	0.7911	0.8744	1.0083	1.446	0.07077(沸点时)	1.14(液体沸点时)	1.112	1.444(25℃)	0.806(22℃)	0.832(22℃)	1.6050	1.6295	0.835~0.855	0.9221	1.139	1.036
黏度(20℃)/mPa·s	0.527	0.775	0.971	0.419	0.013(沸点时)	0.186(沸点时)	2.24	1.153	0.917(16℃)	2.90(20℃)	2.09	2.44	1.04	3.90	2.689	—
表面张力(20℃)/(N/m)	2.473×10^{-2}(15℃)	3.392×10^{-2}	6.98×10^{-2}	2.66×10^{-2}(15℃)	2.008×10^{-3}(沸点时)	1.32×10^{-2}(沸点)	7.18×10^{-2}	8.015×10^{-2}	—	—	4.74×10^{-2}	4.29×10^{-2}	2.47×10^{-2}	—	7.76×10^{-2}	—
比热容[J/(g·℃)]	2.721(15℃)	2.94(25℃)	3.086(20℃)	1.51(20℃)	2.38(-252.2℃)	1.696①(沸点)	3.09	—	2.093	1.98	1.91	1.99	2.25	—	2.79	1.83(25℃)
导热系数(20℃)/[J/(cm·s·℃)]	1.6×10^{-3}	2.51×10^{-3}(29.73℃)	4.99×10^{-3}(25℃)	1.53×10^{-3}	—	1.5×10^{-3}(-173~-132)	4.43×10^{-3}	5.842	—	—	2.6×10^{-3}	2.7×10^{-3}	1.39×10^{-3}	—	4.8×10^{-3}	—
介电常数	2.5	19	52.9	2.42(18℃)	1.2278(沸点时)	1.46(沸点)	—	73.6	—	—	—	—	—	—	—	—
电导率(25℃)/(S/m)	5×10^{-5}	—	$(2.8\sim3.0)\times10^{-4}$(25℃)	2.217×10^{-9}(20℃)	4.6×10^{-17}											

① Harold D. Beeson, Walter F. Stewart, Stephen S. Woods. Safe Use of Oxygen and Oxygen Systems: Guidelines for Oxygen System Design, Materials Selection, Operations, Storage, and Transportation. ASTM Manual Series: MNL36, January 2000.

理化指标	偏二甲肼 (UDMH)	甲基肼 (MMH)	无水肼 (HZ)	四氧化二氮 (N_2O_4)	液氢 (LH)	液氧 (LO)	单推-3 (DT-3)	过氧化氢 (100%) (H_2O_2)	烃类燃料煤油 美国 RP-1	烃类燃料煤油 俄罗斯 RG-1	硝酸-27S	硝酸-20S	混胺-50	胺肼-20	肼混合物 (DT-2)	硝酸异丙酯
折光率 (20℃) /NaD	1.4056 (25℃)	1.4284	1.4708	1.42	1.1142 (-253.3℃)	1.2222 (沸点)	—	1.4067 (25℃)	—	—	—	—	—	—	—	1.3913
燃烧热 (25℃) /(kJ/Kg)	$3.29×10^4$	$2.83×10^5$	$1.941×10^4$	—	$1.43×10^5$	—	—	—	—	—	—	—	—	—	—	$1.8567×10^4$ (液体)
汽化热 (20℃) /(J/kg)	$5.692×10^5$	$8.756×10^5$ (25℃)	$1.254×10^6$ (沸点)	$4.14×10^5$ (沸点)	$4.43×10^3$ (沸点时)	$2.13×10^5$ (沸点)	$1.45×10^6$	—	—	—	$609.21×10^3$	$505.01×10^3$	—	—	—	$3.694×10^5$
临界温度/℃	248.26	312	345.3	158.2	-240	-118.4	347.44	—	410	391.2	—	246.06	—	—	346.06	—
临界压力/Pa	$5.411×10^6$	$8.237×10^6$	$1.156×10^7$	$1.013×10^7$	$1.29×10^6$	$5.08×10^6$	$1.34×10^7$	—	$2.148×10^6$	$2.392×10^6$	—	$1.12×10^7$	—	—	$1.289×10^7$	—
临界比容积 /(m³/kg)	$3.622×10^{-3}$	—	—	—	—	—	—	—	—	—	—	$1.873×10^{-3}$	—	—	—	—
闪点 (开杯法) /℃	-15	21.5/17	52.0	—	—	—	—	—	68	71	—	—	-14	—	52	12
饱和蒸气压 (20℃) /Pa	16026.5	$6.6×10^3$ (25℃)	$1.413×10^3$	$9.5×10^4$	$1.01×10^5$ (沸点时)	$1.63×10^5$ (-178.2℃)	$2.67×10^3$	399.47 (30℃, 98% H_2O_2)	2000 (71℃)	773	$2.85×10^4$	$2.0×10^4$	$4.9×10^3$	$9.4×10^3$	$1.3×10^3$	$3.45×10^3$
生成热 (25℃) /(J/kg)	$8.866×10^5$	$1.190×10^6$	$1.574×10^6$	$1.018×10^5$	—	$1.183×10^4$ (沸点时)	—	—	—	—	—	—	—	—	—	—
热爆炸温度/℃	345~350	290	252	565	—	—	—	—	—	—	>330	>330	—	—	228	222
可燃极限 (爆炸极限) /%	2.5~78.5	2.5~93	9.3~100	—	(20℃) 4~75	—	—	—	—	—	—	—	1.5~6.1	2.5~78.5	<9.3~100	2~100
空气燃烧压 /(kg/cm²)	52 (爆炸)	危险	≥60 爆炸	无异常	危险	—	—	—	—	—	无异常	无异常	不敏感	不敏感	爆炸	≥50 爆炸
冲击感度/kg·cm	无异常	不敏感	不敏感	无异常	危险	—	—	—	—	—	无异常	无异常	不敏感	不敏感	10×100, 30%爆炸	2.5×70 爆炸
枪击	无异常	不敏感	不敏感	无异常	危险	—	—	—	—	—	无异常	无异常	不敏感	不敏感	燃烧缓 (着火)	不敏感
雷管引爆	无异常	不敏感	不敏感	无异常	危险	—	—	—	—	—	无异常	无异常	不敏感	不敏感	不爆	不敏感

附录 2 推进剂水污染物排放标准

⊡ 附表 1 GB 14374—1993《航天推进剂水污染物排放标准》

序号	项目	测定方法及标准号	最高允许排放浓度（除 pH 值外）/（mg/L）
1	pH 值	电极法 HJ 1147—2020	6~9（无量纲）
2	化学需氧量（COD_{Cr}）	重铬酸盐法 HJ 828—2017	150
3	生化需氧量（BOD_5）	稀释与接种法 HJ 505—2009	60
4	悬浮物	重量法 GB 11901—1989	200
5	氨氮	纳氏试剂分光光度法 HJ 535—2009	25
6	氰化物	容量法和分光光度法 HJ484—2009	0.5
7	甲醛	乙酰丙酮分光光度法 HJ 601—2011	2.0
8	苯胺类	N-（1-萘基）乙二氨偶氮分光光度法 GB/T 11889—1989	2.0
9	肼	对二甲氨基苯甲醛分光光度法 HJ 674—2013	0.1
10	一甲基肼	对二甲氨基苯甲醛分光光度法 HJ 674—2013	0.2
11	偏二甲肼	氨基亚铁氰化钠分光光度法 GB/T 14376—1993	0.5
12	三乙胺	溴酚蓝分光光度法 GB/T 14377—1993	10.0
13	二乙烯三胺	水杨醛分光光度法 GB/T 14378—1993	10.0

⊡ 附表 2 GJB 3485A—2011《肼类燃料和硝基氧化剂污水处理与排放要求》

序号	项目	测定方法及标准号	最高允许排放浓度（除 pH 值外）/（mg/L）
1	pH 值	电极法 HJ 1147—2020	6~9（无量纲）
2	化学需氧量（COD_{Cr}）	重铬酸盐法 HJ 828—2017	120
3	生化需氧量（BOD_5）	稀释与接种法 HJ 505—2009	30
4	悬浮物	重量法 GB 11901—1989	150
5	氨氮	纳氏试剂分光光度法 HJ 535—2009	25
6	氰化物	容量法和分光光度法 HJ 484—2009	0.5
7	甲醛	乙酰丙酮分光光度法 HJ 601—2011	2.0
8	肼	对二甲氨基苯甲醛分光光度法 HJ 674—2013	0.1
9	一甲基肼	对二甲氨基苯甲醛分光光度法 HJ 674—2013	0.2
10	偏二甲肼	氨基亚铁氰化钠分光光度法 GB/T 14376—1993	0.5
11	硝酸盐氮	酚二磺酸分光光度法 GB 7480—1987	30
12	亚硝酸盐氮	N-（1-萘基）-乙二胺分光光度法 GB 7493—1987	0.1